全国中等职业学校机械类专业通用教材
全国技工院校机械类专业通用教材（中级技能层级）

钳工工艺学

（第六版）

人力资源社会保障部教材办公室组织编写

中国劳动社会保障出版社

简介

本书主要内容包括：钳工常用测量器具，钳工基本操作知识，钳工常用设备及工具，装配基础知识，固定连接的装配，传动机构的装配，轴承和轴组的装配，卧式车床及其总装配，机械装置的润滑、密封与治漏，机床夹具，数控机床及其装配等。

本书由朱礼程任主编，杨洋、孙正见任副主编，孙喜兵、宋刚、胡顺英、王荣圣、高立瑞、林清大参加编写，赵孔祥任主审。

图书在版编目（CIP）数据

钳工工艺学 / 人力资源社会保障部教材办公室组织编写 . -- 6 版 . -- 北京：中国劳动社会保障出版社，2022

全国中等职业学校机械类专业通用教材　全国技工院校机械类专业通用教材 . 中级技能层级

ISBN 978-7-5167-5202-9

Ⅰ. ①钳…　Ⅱ. ①人…　Ⅲ. ①钳工 – 工艺学 – 中等专业学校 – 教材　Ⅳ. ①TG91

中国版本图书馆 CIP 数据核字（2022）第 046886 号

中国劳动社会保障出版社出版发行

（北京市惠新东街 1 号　邮政编码：100029）

*

北京市白帆印务有限公司印刷装订　　新华书店经销

787 毫米 ×1092 毫米　16 开本　22 印张　520 千字

2022 年 12 月第 6 版　　2023 年 5 月第 2 次印刷

定价：49.00 元

营销中心电话：400-606-6496

出版社网址：http：//www.class.com.cn

http：//jg.class.com.cn

前言

为了更好地适应全国技工院校机械类专业的教学要求，全面提升教学质量，人力资源社会保障部教材办公室组织有关学校的一线教师和行业、企业专家，在充分调研企业生产和学校教学情况、广泛听取教师对教材使用反馈意见的基础上，对全国技工院校机械类专业通用教材中所包含的车工、钳工、机修钳工、铣工、焊工、冷作工、机床加工等工艺学、技能训练教材进行了修订。

本次教材修订工作的重点主要体现在以下几个方面：

第一，合理更新教材内容。

根据机械类专业毕业生所从事岗位的实际需要和教学实际情况的变化，合理确定学生应具备的能力与知识结构，对部分教材内容及其深度、难度做了适当调整；根据相关专业领域的最新发展，在教材中充实新知识、新技术、新设备、新材料等方面的内容，体现教材的先进性；采用最新国家技术标准，使教材更加科学和规范。

第二，紧密衔接国家职业技能标准要求。

教材编写以国家职业技能标准《车工（2018年版）》《钳工（2020年版）》《铣工（2018年版）》《焊工（2018年版）》等为依据，涵盖国家职业技能标准（中级）的知识和技能要求，并在与教材配套的习题册、技能训练图册中增加了针对相关职业技能鉴定考试的练习题。

第三，精心设计教材形式。

在教材内容的呈现形式上，尽可能使用图片、实物照片和表格等形式将知识点生动地展示出来，力求让学生更直观地理解和掌握所学内容。针对不同的知识点，设计了许多贴近实际的互动栏目，在激发学生学习兴趣和自主学习积极性的同时，使教材“易教易学，易懂易用”。在教材插图的制作中采用了立体造型技术，同时部分教材在印刷工艺上采用了四色印刷，增强了教材的表现力。

第四，引入“互联网+”技术，进一步做好教学服务工作。

在《车工工艺学（第六版）》《车工技能训练（第六版）》《钳工工艺学（第六版）》等教材中使用了增强现实（AR）技术。学生在移动终端上安装App，扫描教材中带有AR图标的页面，可以对呈现的立体模型进行缩放、旋转、剖切等操作，以及观察模型的运动和拆分动画，便于更直观、细致地探究机构的内部结构和工作原理，还可以浏览相关视频、图片、文本等拓展资料。在部分教材中使用了二维码技术，针对教材中的教学重点和难点制作了动画、视频、微课等多媒体资源，学生使用移动终端扫描二维码即可在线观看相应内容。

本套教材中的工艺学教材配有习题册，技能训练教材配有技能训练图册。另外，还配有方便教师上课使用的电子课件，电子课件和习题册答案可通过技工教育网（http://jg.class.com.cn）下载。

本次教材的修订工作得到了辽宁、江苏、浙江、山东、河南等省人力资源和社会保障厅及有关学校的大力支持，在此我们表示诚挚的谢意。

人力资源社会保障部教材办公室

2020年8月

目　录

绪　论

在人类改造客观世界的过程中，大量地使用了各种各样的机器与设备，如交通运输中的汽车、火车、轮船、飞机，建筑施工中的起重设备，机械加工中的各种机床，工业、民用制冷空调机组等。这些机器或设备都是由零件组成的，而零件都是由工程材料（如钢铁、有色金属、复合材料等）制成的。

机械制造的生产过程就是“毛坯制造、零件加工、机器装配”的过程，它是按照一定的顺序进行的，如图 0–1 所示。

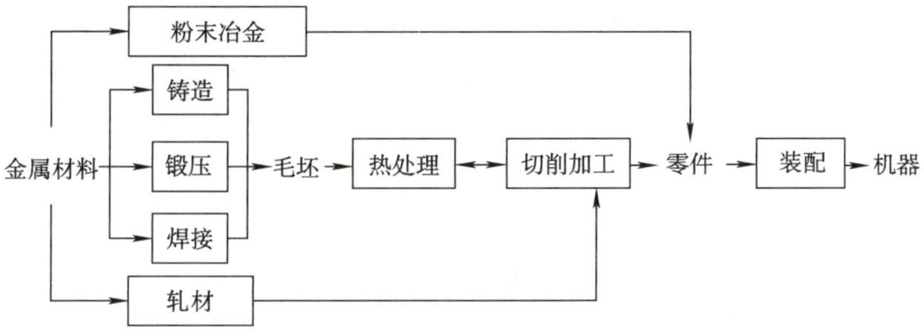

图 0–1　机械制造的过程

为了完成整个生产过程，机械制造企业一般都有铸造工、锻造工、焊工、热处理工、车工、钳工、铣工、磨工等多个工种。其中，钳工是起源较早、技术性较强的工种之一。

一、钳工概述

钳工是使用钳工工具或设备，主要从事工件的划线与加工、机器的装配与调试、设备的安装与维修及工具的制造与修理等工作的工种。在机械制造过程中，一般采用机械加工方法不太适宜或难以解决的工作，都要由钳工来完成，如零件加工中的划线、配刮、研磨等。钳工的特点是以手工操作为主、灵活性强、工作范围广、技术要求高，操作者的技能水平对产品质量的影响大。钳工是机械制造业中不可缺少的工种。

随着科学技术的飞速发展，机械制造正在经历着从传统制造技术向自动化、最优化、柔性化、绿色化、智能化、集成化和精密化方向发展的转变。各种新工艺、新设备、新技术、新材料的大量出现与推广应用，客观上使钳工的工作范围越来越广泛，分工也越来越细，对钳工的技术水平也提出了更高的要求。

钳工应当掌握扎实的专业理论知识，具备精湛的操作技艺，如划线、錾削、锯削、锉削、钻孔、扩孔、锪孔、铰孔、攻螺纹、套螺纹、矫正、弯形、铆接、刮削、研磨以及机器装配调试、设备维修、基本测量和简单的热处理等。

二、钳工的工作场地和生产要求

合理组织钳工的工作场地，是提高劳动生产率，保证产品质量和安全生产的一项重要措施。钳工的工作场地一般应当符合以下要求：常用设备布局安全、合理，光线充足，远离震源，道路畅通，起重、运输设施安全可靠等。

在现代工业生产中，作为一名钳工，要增强“安全第一，预防为主”的意识，严格遵守安全操作规程，养成文明生产的良好习惯，避免疏忽大意而造成人身事故和国家财产的重大损失。

三、本课程的教学要求和学习方法

钳工工艺学是一门研究钳工所需的工艺理论知识的专业课。学完本课程后，应达到以下教学要求：

1. 掌握钳工所需要的基础理论知识，具有分析和解决工艺问题的能力。
2. 具备零件加工技术综合运用的能力，能正确选择加工和检测方法。
3. 掌握零件加工、机器装配与调试及精度检验的工艺要点，并能熟练地进行有关工艺计算。
4. 对本专业的发展有一定的了解，并能在实践中进行创新。

本课程的涉及面广，实践性强，与生产实际联系密切，特别是工艺方法的应用具有很大的灵活性。因此，学习过程中要培养勤于观察、思考和独立分析问题、解决问题的好习惯；注意结合生产实习，加强实践知识的学习与积累；善于综合运用相关专业理论知识指导实践。

知识链接

钳工安全生产知识

（1）工作时必须按规定穿戴好劳动防护用品。

（2）不得擅自使用不熟悉的设备和工具。

（3）使用电动工具时，插头插座必须完好，外壳要接地，并应戴绝缘手套、穿胶靴，防止触电。如发现防护用具失效，应立即修补或更换。

（4）多人作业时，必须有专人指挥调度，密切配合。

（5）使用起重设备时，应遵守起重工安全操作规程。在吊起的工件下面，禁止进行任何操作。

（6）高空作业时必须戴安全帽，系安全带。不准上下投递工具或零件。

（7）易滚、易翻的工件应放置牢靠。搬动工件时要轻放。

（8）试车前要检查电源连接是否正确，各部分的手柄、行程开关、撞块等是否灵敏可靠，传动系统的安全防护装置是否齐全，确认无误后方可开车运行。

（9）使用的工、夹、量器具应分类依次排列整齐，常用的放在工作位置附近，但不要置于钳台的边缘处。精密量具要轻取轻放，工、夹、量器具在工具箱内应放固定位置、整齐安放。

（10）工作场地应保持整洁。工作完毕，对所使用的工具、设备都应按要求进行清理、润滑。

思考与练习

1. 钳工工作有哪些特点？主要适用于什么场合？
2. 在机械制造及生产过程中，钳工主要担负哪些工作任务？
3. 钳工应遵守的安全、文明生产知识有哪些？

第一章

钳工常用测量器具

为了保证零件和产品的质量，必须用测量器具对其进行测量。可单独或与其他装置一起，用以确定几何量值的器具称为几何量测量器具（简称“测量器具”）。几何量测量器具的种类很多，根据其特点和用途可分为长度测量器具、角度测量器具、几何误差测量器具、表面结构质量测量器具、齿轮测量器具、螺纹测量器具以及其他测量器具等多种类型。本章主要介绍钳工常用的部分长度、角度及几何误差测量器具。

§1–1 长度测量器具

用于在平面内测量长度量的测量器具称为长度测量器具。它包含卡尺类、千分尺类、指示表类以及实物量具类等若干类。钳工常用的长度测量器具有游标卡尺、外径千分尺、光滑极限量规、塞尺、量块、百分表等。

一、游标卡尺

卡尺是一种中等精度的量具，它有游标卡尺、数显卡尺、带表卡尺、游标深度卡尺、游标高度卡尺等多种类型，可以直接测量出工件的内径、外径、长度、宽度、深度等。

利用游标原理对两同名测量面相对移动分隔的距离进行读数的测量器具称为游标卡尺。

1. 游标卡尺的类型及结构

游标卡尺可分为三用游标卡尺、双面量爪游标卡尺和单面量爪游标卡尺三种类型，其中三用游标卡尺和单面量爪游标卡尺又分为带台阶测量面和不带台阶测量面两种形式。其主要结构如图 1–1 所示。

2. 游标卡尺的基本参数

（1）标尺间距

标尺间距是指沿着标尺长度的同一条线测得的两相邻标尺标记之间的距离。游标卡尺尺身上的标尺间距为 1 mm。

（2）测量范围

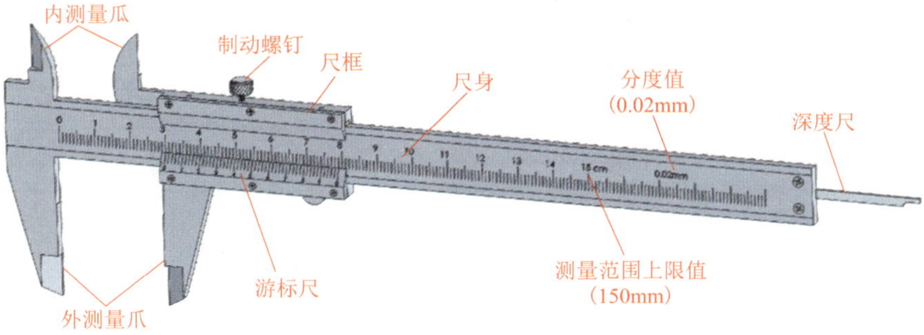

a)

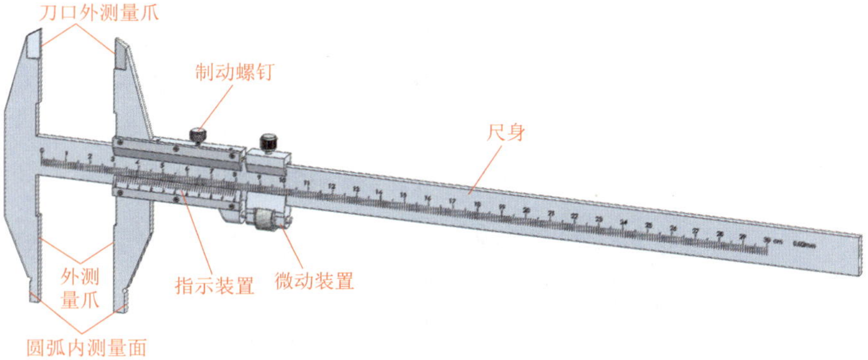

b)

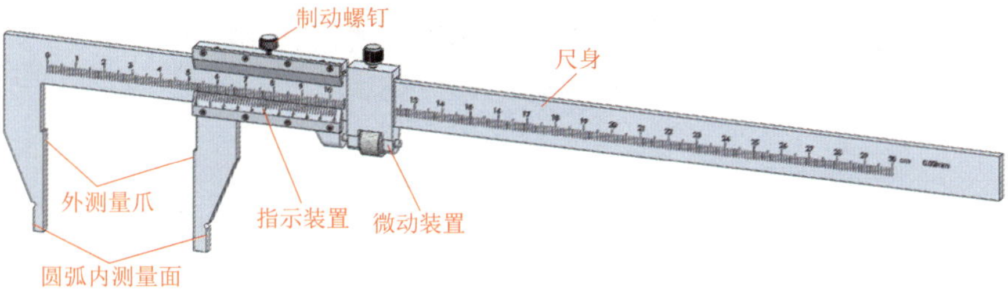

c)

图 1–1　游标卡尺结构

a）三用游标卡尺　b）双面量爪游标卡尺　c）单面量爪游标卡尺

测量范围是指测量器具的误差在规定极限内的一组被测量的值（被测量值的下限值至上限值的范围）。钳工常用的游标卡尺的测量范围有 0 ～ 150 mm、0 ～ 200 mm、0 ～ 300 mm 等几种。

（3）分度值

对应两相邻标尺标记的两个值之差。游标卡尺的分度值有 0.02 mm、0.05 mm 和 0.10 mm 三种。

分度值是测量器具所能直接读出示值的最小单位量值，它反映了该测量器具的测量精度高低。一般来说，分度值越小，测量器具的测量精度越高。

（4）最大允许误差（允许误差极限）

对于测量器具，由技术规范、规程等允许的误差极限值称为最大允许误差。它是测量器具本身各种误差的综合反映。游标卡尺外测量的最大允许误差见表 1–1。

表 1–1　　游标卡尺外测量的最大允许误差　　mm

<table>
<tr><th rowspan="3">测量范围</th><th colspan="3">最大允许误差</th></tr>
<tr><th colspan="3">分度值</th></tr>
<tr><th>0.02</th><th>0.05</th><th>0.10</th></tr>
<tr><td>0 ~ 70</td><td>± 0.02</td><td rowspan="3">± 0.05</td><td rowspan="5">± 0.10</td></tr>
<tr><td>0 ~ 150</td><td rowspan="2">± 0.03</td></tr>
<tr><td>0 ~ 200</td></tr>
<tr><td>0 ~ 300</td><td>± 0.04</td><td>± 0.06</td></tr>
<tr><td>0 ~ 500</td><td>± 0.05</td><td>± 0.07</td></tr>
<tr><td>0 ~ 1 000</td><td>± 0.07</td><td>± 0.10</td><td>± 0.15</td></tr>
</table>

3. 游标卡尺的标记原理与示值读取方法

钳工常用游标卡尺的分度值有 0.02 mm、0.05 mm 两种，如图 1–2 所示。

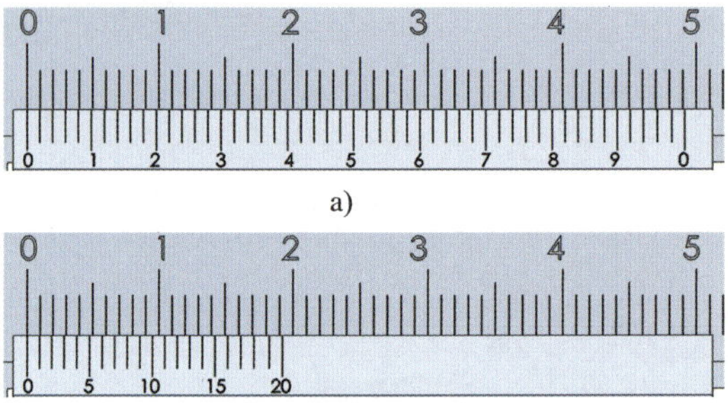

a)　b)

图 1–2　游标卡尺的标记原理

a）0.02 mm 的游标卡尺　b）0.05 mm 的游标卡尺

（1）标记原理

1）分度值为 0.02 mm 的游标卡尺　尺身上主标尺间距（每小格长度）为 1 mm，当两测量爪合并时，游标尺上的 50 格刚好与主标尺上的 49 mm 对正。则游标尺间距（每小格长度）为 49 mm/50=0.98 mm，主标尺间距与游标尺间距每格相差 1 mm–0.98 mm=0.02 mm。即 0.02 mm 就是该游标卡尺的分度值（最小读数值）。

2）分度值为 0.05 mm 的游标卡尺　尺身上主标尺间距（每小格长度）为 1 mm，当两测量爪合并时，游标尺上的 20 格刚好与主标尺上的 19 mm 对正。尺身与游标每格之差为：1 mm–19 mm/20=0.05 mm，此差值即为 0.05 mm 游标卡尺的分度值。还有一种 0.05 mm 的游标卡尺，是游标尺上的 20 格刚好与主标尺上的 39 mm 对正，则游标尺间距（每小格长度）= 39 mm/20=1.95 mm，主标尺两格与游标尺一格相差 0.05 mm，这种放大刻度的游标卡尺线条清晰，容易看准。

（2）游标卡尺的示值读取方法

游标卡尺是以游标零线为基准进行读数的，其读数步骤为：

1）读整数　在主标尺上读出位于游标尺零线左边最接近的整数值。

2）读小数　用游标尺上与主标尺刻线对齐的刻线格数，乘以游标卡尺的分度值，读出小数部分。

3）求和　将两项读数值相加，即为被测尺寸数值，如图 1–3 所示。

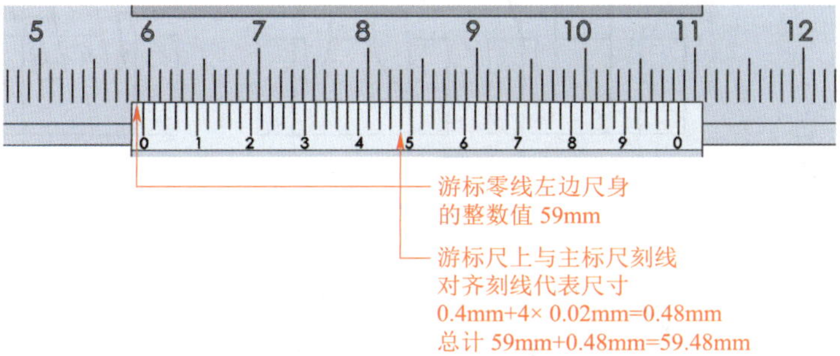

图 1–3　游标卡尺的示值读取方法

4. 使用游标卡尺的注意事项

（1）游标卡尺适用于 IT10 ~ IT16 尺寸的测量和检验，应按工件的尺寸及精度要求合理选用。

（2）不能用游标卡尺测量铸、锻件毛坯尺寸，也不能用游标卡尺去测量精度要求过高的工件。

（3）使用前要检查游标卡尺测量爪和测量刃口是否平直无损；两量爪贴合时无漏光现象，主标尺和游标尺的零线是否对齐。

（4）测量外尺寸时，外量爪应张开到略大于被测尺寸，以固定量爪贴住工件，用轻微推力把活动量爪推向工件，卡尺测量面的连线应垂直于被测量表面，不能偏斜，如图 1–4 所示。

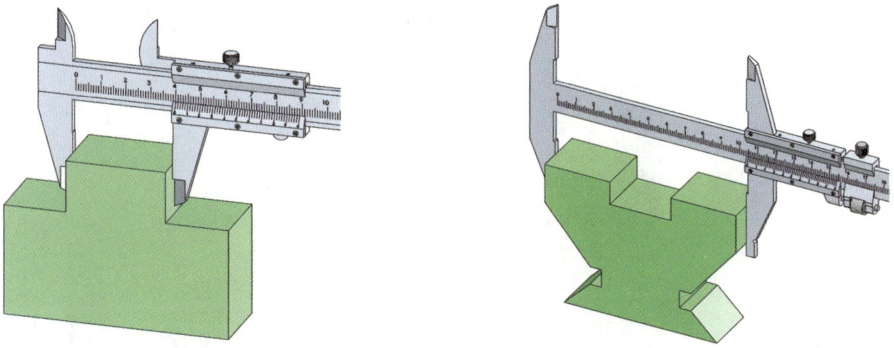

a）

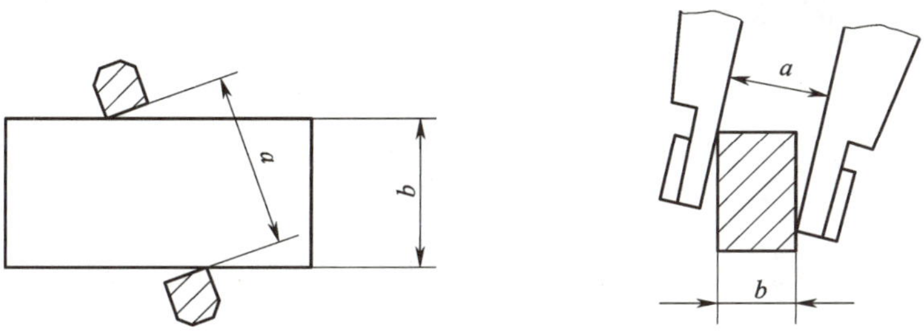

b）

图 1–4　测量外尺寸的方法

a）正确　b）错误

（5）测量内尺寸时，内量爪开度应略小于被测尺寸。测量时，两内量爪测量位置要正确，不得倾斜，如图 1–5 所示。

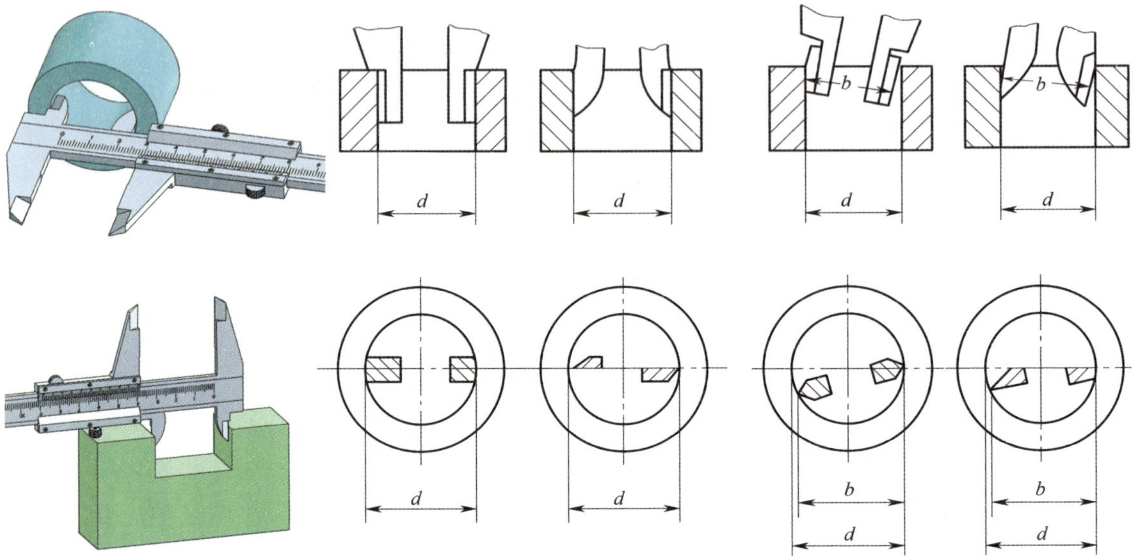

a)　　　　b)

图 1–5　测量内尺寸的方法

a）正确　b）错误

（6）测量孔深或高度尺寸时，应使深度尺的测量面紧贴孔底，游标卡尺的端面与被测件的表面接触，且深度尺要垂直，不可前后左右倾斜，如图 1–6 所示。

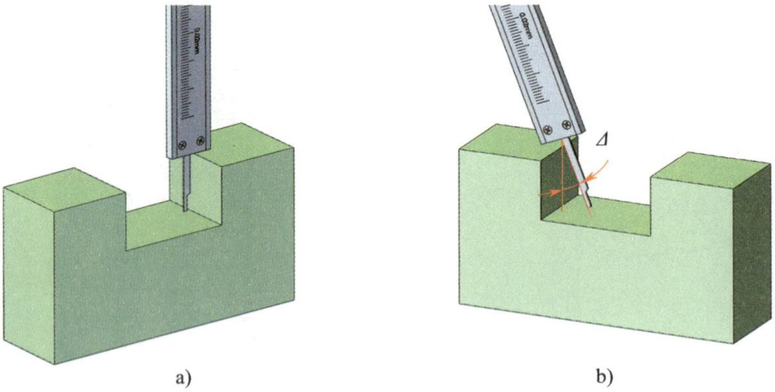

a)　　　　b)

图 1–6　测量深度尺寸的方法

a）正确　b）错误

（7）读数时，游标卡尺应置于水平位置，视线垂直于刻线表面，避免视线歪斜造成示值读取误差。

知识链接

1. 数显卡尺（图 1–7）

数显卡尺是利用电子测量、数字显示原理，对两同名测量面相对移动分隔的距离进行读数的测量器具。此类卡尺用分辨力（一般为 0.01 mm）来代替分度值，其特点是读数直观准确，使用方便。当数显卡尺测得某一尺寸时，数字显示部分就清晰地显示出测量结果。使用米制英制转换键，可用米制和英制两种长度单位分别进行测量。

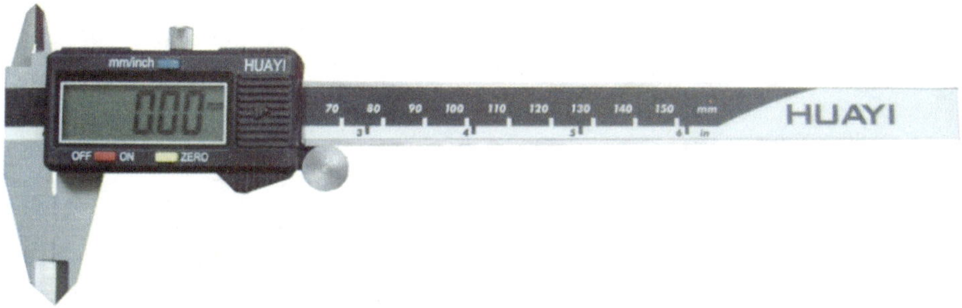

图 1–7　数显卡尺

2. 带表卡尺（图 1–8）

带表卡尺是利用机械传动系统，将两同名测量面的相对移动转变为指示表指针的回转运动，并借助尺身标尺和指示表对两同名测量面相对移动所分隔的距离进行读数的测量器具。其分度值一般为 0.01 mm，它是由指示表标记代替游标读数，读数直观、使用方便。

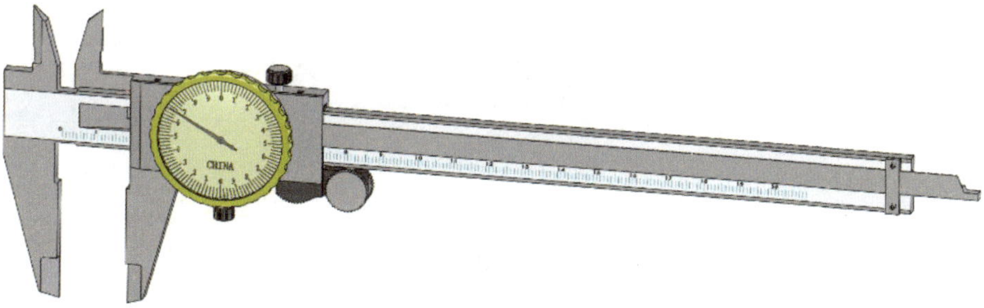

图 1–8　带表卡尺

3. 游标深度卡尺（图 1–9）

利用游标原理对尺框测量面和尺身测量面（或测量爪的深度测量面）相对移动分隔的距离进行读数的测量器具。其主要用来测量孔的深度、台阶的高度和沟槽深度。

4. 游标高度卡尺（图 1–10）

利用游标原理对装置在尺框上的划线量爪或测量头工作面与底座工作面相对移动分隔的距离进行读数的测量器具。主要用来测量零件的高度和进行划线。

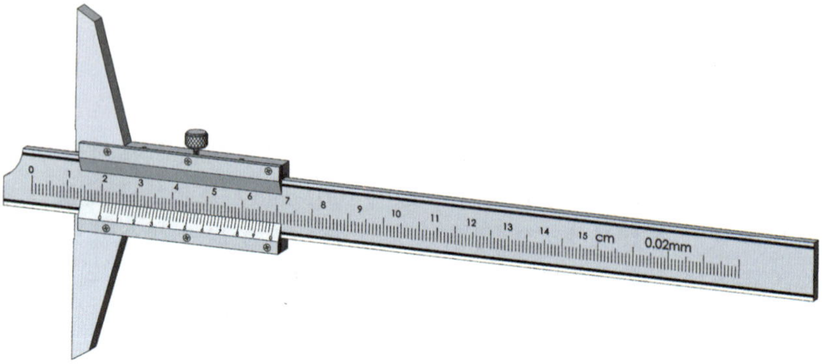

图 1–9　游标深度卡尺

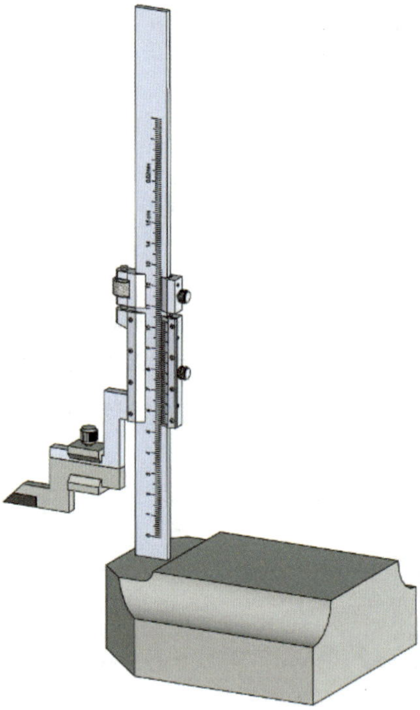

图 1–10　游标高度卡尺

二、外径千分尺

利用螺旋副把测微螺杆的旋转角度转换成测微螺杆的轴向位移，对尺架上两测量面间分隔的距离进行读数的外尺寸测量器具称为外径千分尺。

外径千分尺是一种精密量具，其测量精度比游标卡尺高，应用广泛。

1. 外径千分尺的结构

图 1–11 所示为外径千分尺的结构，它由尺架、固定测砧、测微螺杆、固定套管、微分筒、测力装置和锁紧装置等组成。外径千分尺应附有调零位的工具，测量范围下限大于或等于 25 mm 的外径千分尺应附有校对量杆，尺架上应安装有隔热装置。

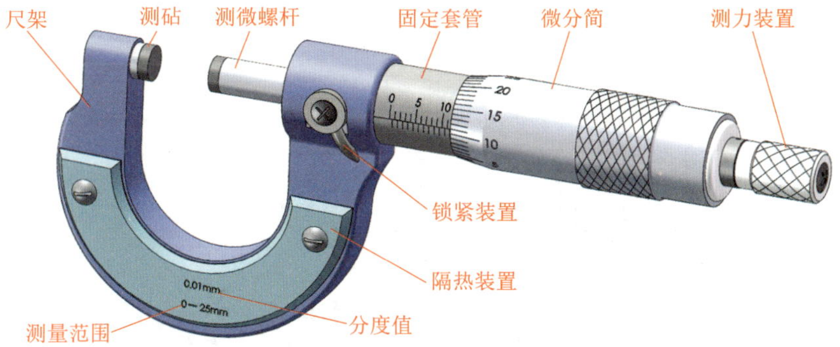

a)

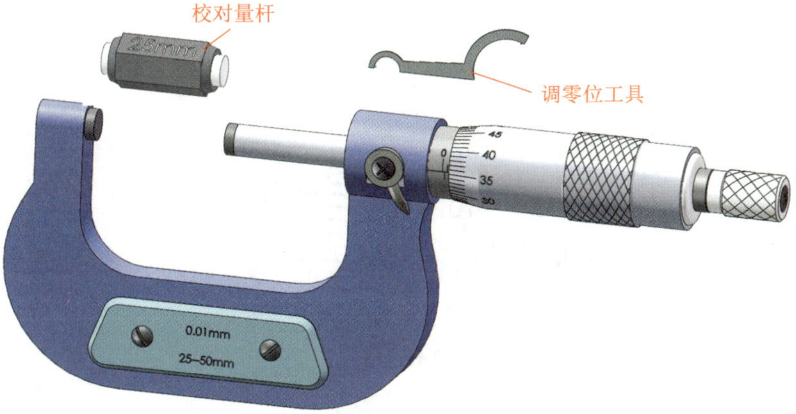

b)

图 1–11　外径千分尺的结构

a）0 ～ 25 mm 外径千分尺　b）25 ～ 50 mm 外径千分尺

2. 外径千分尺的标记原理与示值读取方法

外径千分尺的分度值有 0.01 mm、0.001 mm 和 0.002 mm 几种，其中分度值为 0.01 mm 的外径千分尺的标记原理如下：

如图 1–12 所示，固定套管上的标记为主标尺，在基准线两侧分别有两排标记，标有数字的一排间距为 1 mm，另一排为每毫米标记的中分线，即上、下两相邻标记的间距为 0.5 mm；微分筒圆锥面上的标记为副标尺，在圆周上有 50 个等分标记。由于外径千分尺测微螺杆的螺距为 0.5 mm，因此，当微分筒（与测微螺杆相连接）旋转 1 周时，测微螺杆就轴向移动 0.5 mm。若微分筒旋转 1/50 周时（转过 1 格），则测微螺杆移动的轴向距离为 0.5 mm ÷ 50=0.01 mm。

由此可知，该外径千分尺的分度值为 0.01 mm。

外径千分尺的示值读取方法为：

（1）在固定套管上读出与微分筒相邻近的标记数值。

（2）用微分筒上与固定套管的基准线对齐的标记格数，乘以外径千分尺的分度值（0.01 mm），读出不足 0.5 mm 的数值。

（3）将两项读数相加，即为被测尺寸的数值，如图 1–13 所示。

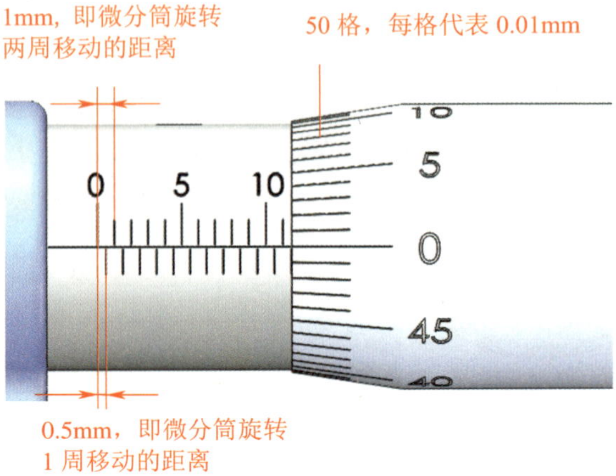

图 1-12　外径千分尺的标记原理

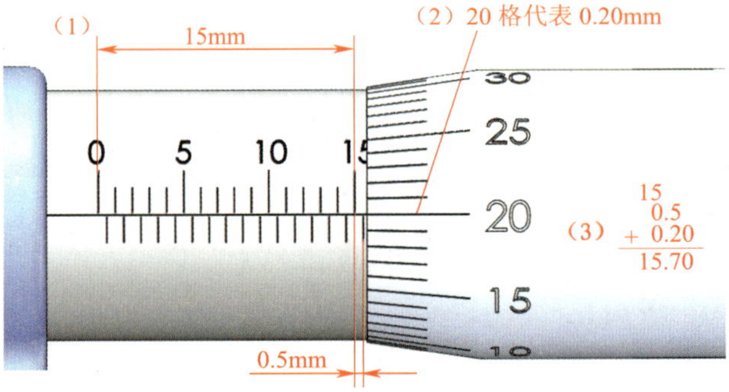

图 1-13　外径千分尺的示值读取方法

3. 外径千分尺的测量范围

外径千分尺的测量范围是指被测量值的下限值至上限值的范围，常用的有 0 ～ 25 mm、25 ～ 50 mm、50 ～ 75 mm、75 ～ 100 mm、100 ～ 125 mm、125 ～ 150 mm 等几种。

4. 使用千分尺的注意事项

（1）千分尺适用于较精密零件的测量和检验，应按零件的尺寸及精度要求正确合理的选用千分尺。

（2）千分尺的测量面应保持干净，使用前应校对零位，如图 1-14 所示。

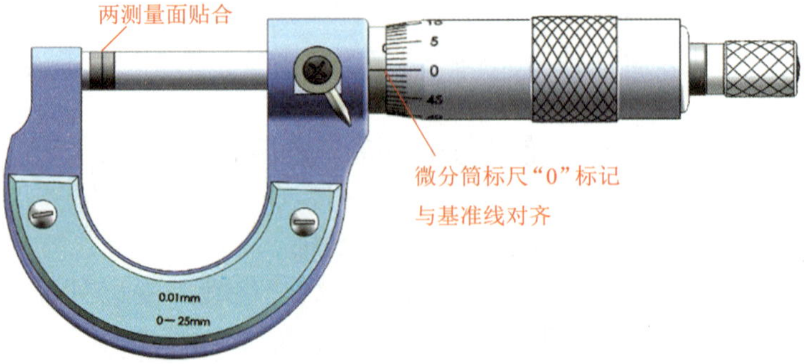

a)

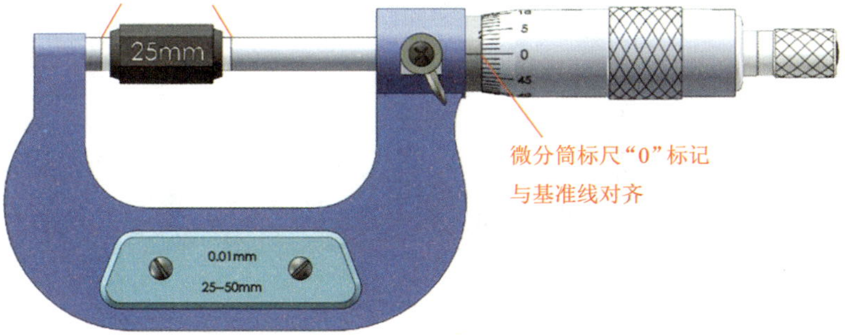

b)

图 1–14　外径千分尺校零

a）测量范围 0 ~ 25 mm　b）测量范围 25 ~ 50 mm

（3）测量时，先转动微分筒，当测量面接近工件时，改用测力装置，直到测力装置发出“吱、吱”声为止。

（4）测量时，千分尺要放正，并注意温度的影响。

（5）不能用千分尺测量毛坯或转动的工件。

（6）为防止尺寸变动，可转动锁紧装置，锁紧测微螺杆。

知识链接

1. 内测千分尺（图 1–15）

具有两个圆弧测量面，适用于测量内尺寸的千分尺，用来测量内径及槽宽等尺寸。其刻线方向与外径千分尺的刻线方向相反。

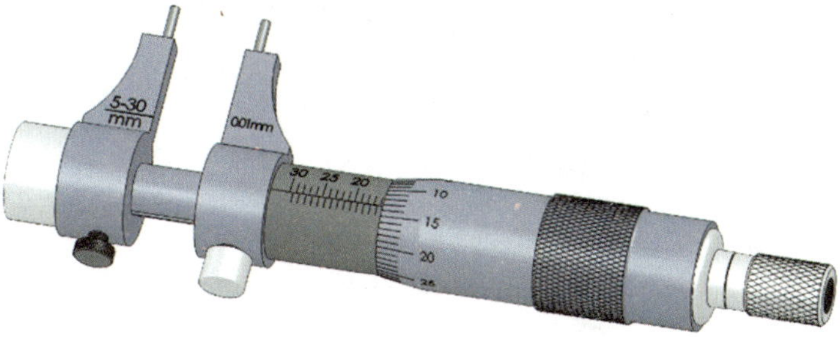

图 1–15　内测千分尺

2. 深度千分尺（图 1–16）

利用螺旋副原理，对底板测量面与测杆测量面间分隔的距离进行读数的深度测量器具，主要用来测量孔的深度、台阶的高度和沟槽深度。

3. 壁厚千分尺（图 1–17）

具有球形测量面和平测量面及特殊形状的尺架，适用于测量管材壁厚的外径千分尺。

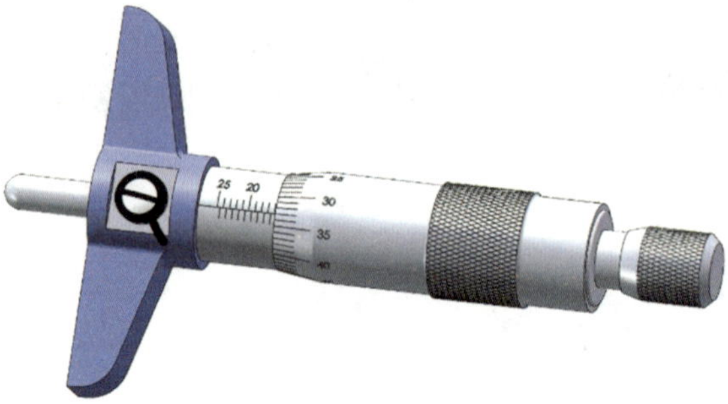

图 1–16　深度千分尺

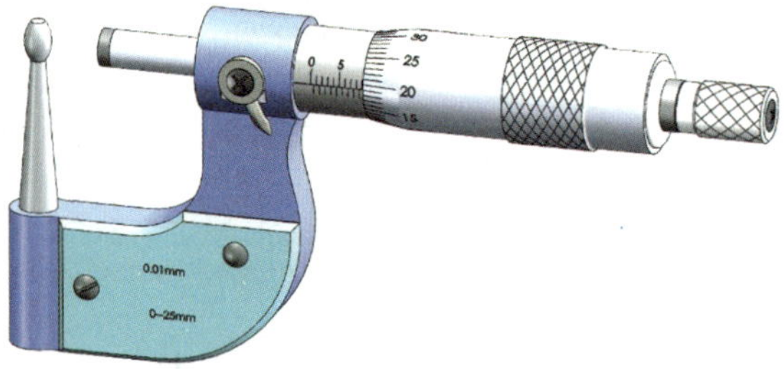

图 1–17　壁厚千分尺

4. 三爪内径千分尺（图 1–18）

利用螺旋副原理，通过旋转塔形阿基米德螺旋体或移动锥体使三个测量爪作径向位移，使其与被测量内孔接触，对内孔尺寸进行读数的内径千分尺。

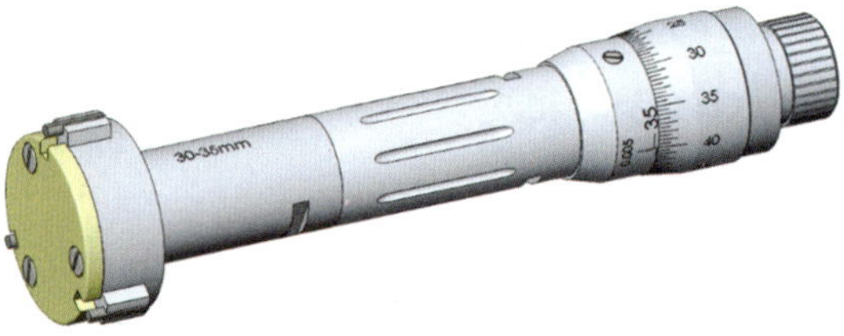

图 1–18　三爪内径千分尺

5. 测砧可更换千分尺（图 1–19）

千分尺的测砧可以根据测量的尺寸不同进行更换，以适应不同长度的尺寸测量。

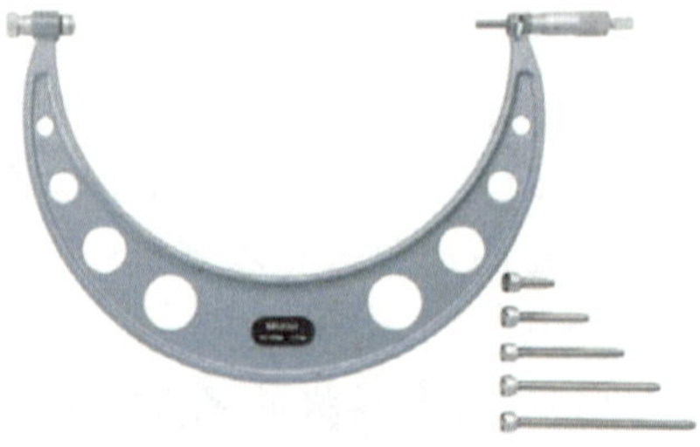

图 1–19　测砧可更换千分尺

三、实物量具

前面介绍的长度测量器具，如游标卡尺等，它们的最大特点是可以直接读出被测零件的尺寸数值。此外，还存在一类长度测量器具，它们是以固定形态复现或提供给定量的一个或多个已知量值的器具，称为实物量具（简称“量具”）。如光滑极限量规（塞规、卡规等）、塞尺和量块等。

1. 塞规

塞规是指用于孔径检验的光滑极限量规（具有以孔径或轴径的上极限尺寸和下极限尺寸为标准测量面，能以包容原则反映被检孔或轴边界条件的实物量具），其测量面为外圆柱面。其中，圆柱直径具有被检孔径下极限尺寸的一端为孔用通规，具有被检孔径上极限尺寸的一端为孔用止规。塞规及测量原理如图 1–20 所示。

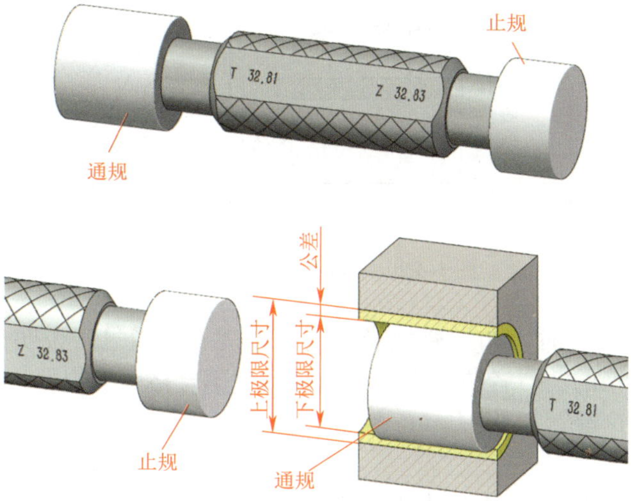

图 1–20　塞规及测量原理

塞规是一种专用测量器具，它不能读出被测零件的实际尺寸数值，但是能判断被测零件的尺寸是否合格。当用塞规检验工件时，如果通规能通过，止规不能通过，这就说明这个零件尺寸是合格的。否则，为不合格。塞规有多种类型和规格，其中钳工常用来检验铰孔精度的锥柄圆柱塞规（利用 1∶50 的锥度将通规和止规测头安装在手柄上）结构如图 1–21 所示。

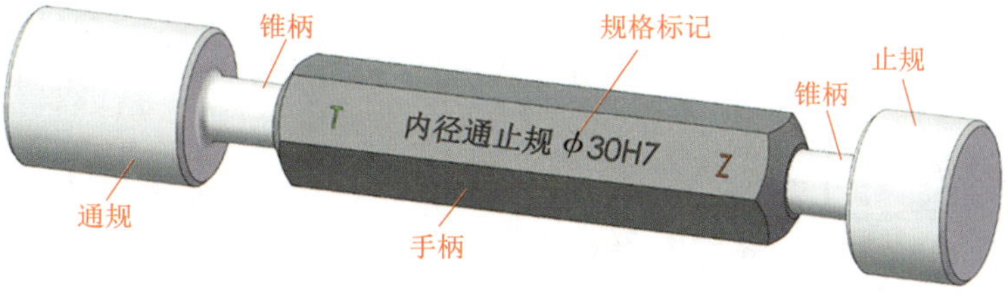

图 1–21　锥柄圆柱塞规

2. 卡规

卡规是用于轴径检验的光滑极限量规，其测量面为两对称的平面。两测量面间距具有被检轴径上极限尺寸的为轴用通规，具有被检轴径下极限尺寸的为轴用止规。卡规有两端使用和一端使用两种形式，其结构及测量原理如图 1–22 所示。

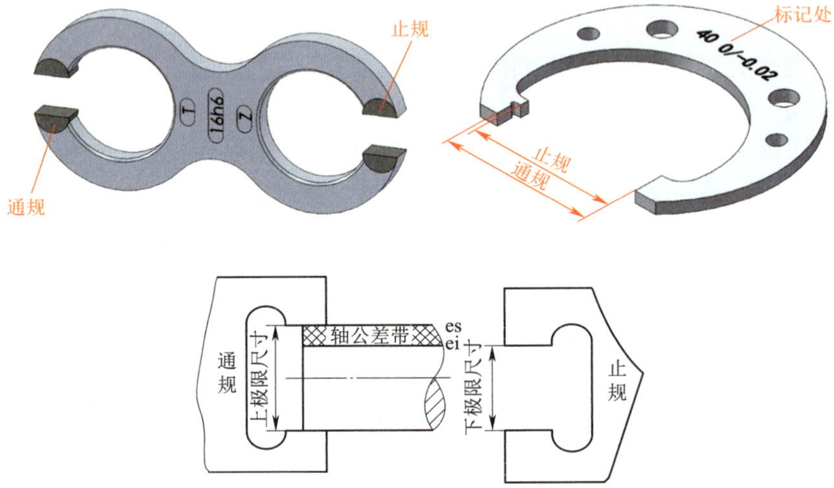

图 1–22　卡规结构及测量原理

用卡规检验轴类工件时，如果通规能通过且止规不能通过，说明该工件的尺寸在允许的公差范围内，是合格的。二者缺一不可，否则，就不合格。卡规的特点是检验效率高，在成批大量生产中应用广泛。

3. 塞尺

塞尺是具有准确厚度尺寸的单片或成组的薄片，用于检验间隙的实物量具。它有两个平行的测量平面，每套塞尺由若干片组成，如图 1–23 所示。测量时，用塞尺片直接塞入间隙，当一片或数片能塞进两贴合面之间，则一片或数片的厚度（可由每片上的标记值读出），即为两贴合面的间隙值。

图 1–24 所示为用塞尺配合直角尺检测工件垂直度的情况。

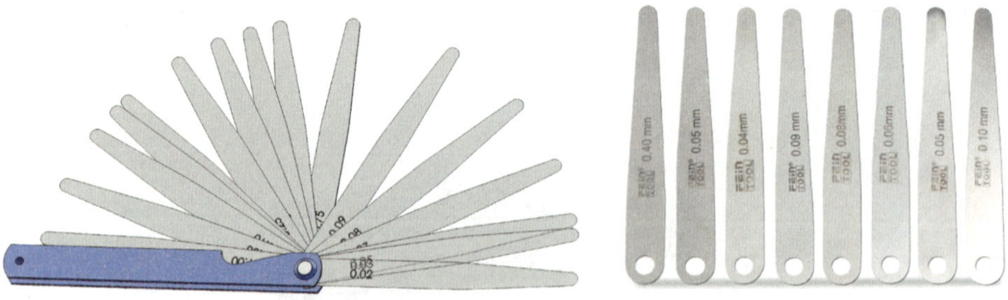

图 1–23　塞尺

a）成组塞尺　b）单片塞尺

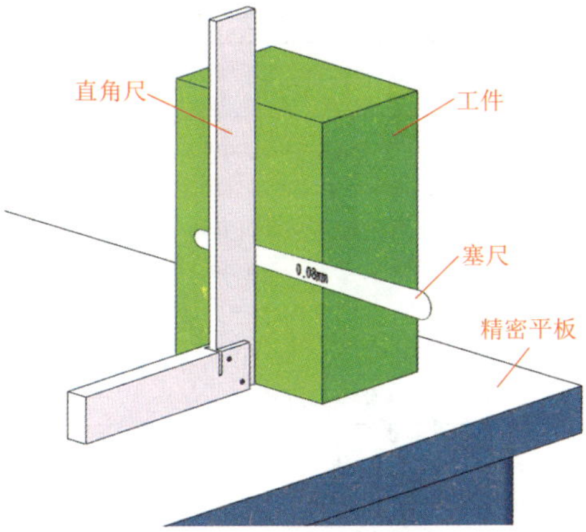

图 1–24　用塞尺配合直角尺检测工件垂直度

塞尺可单片使用，也可多片叠起来使用，在满足所需尺寸的前提下，片数应越少越好。塞尺容易弯曲和折断，测量时不能用力太大，塞入间隙以稍感拖滞为宜，也不能用于测量温度较高的工件，用完后要擦拭干净，及时合到夹板中。

4. 量块

量块是具有一对相互平行测量面，且两平面间具有准确尺寸，其横截面为矩形的实物量具。量块是机械制造业中长度尺寸的标准，它可以用于测量器具和测量仪器的检验校验、精密划线和精密机床的调整，附件与量块并用时，还可以测量某些精度要求较高的工件尺寸。

（1）量块的结构

如图 1–25a 所示，量块有两个工作面和四个非工作面，工作面是一对相互平行而且平面度误差及表面粗糙度 *Ra* 值极小的平面（即测量面），并具有较好的研合性，其准确度等级分为 K 级、0 级、1 级、2 级和 3 级共五个级别（K 级最高，3 级最低）。量块按材质分为钢制量块、硬质合金量块和陶瓷量块等。

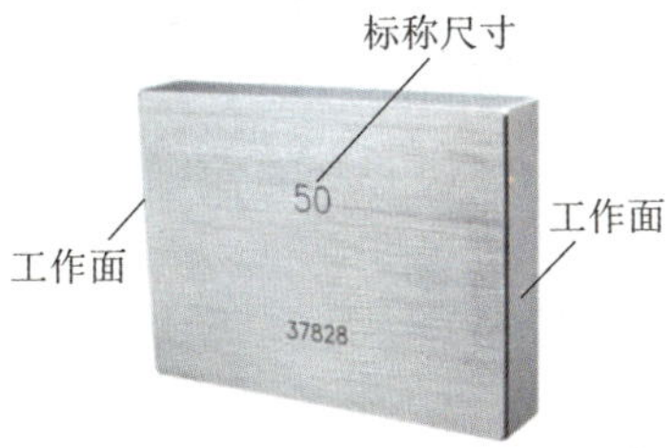

a)

b)

图 1–25　量块

a）量块结构　b）成套量块

（2）量块的应用

量块一般成套使用，装在特制的木盒中，如图 1–25b 所示。常用成套量块的标称尺寸和块数见表 1–2。

表 1–2　　成套量块

套别	总块数	尺寸系列 /mm	间隔 /mm	块数
1	91	0.5	—	1
		1	—	1
		1.001、1.002、…、1.009	0.001	9
		1.01、1.02、…、1.49	0.01	49
		1.5、1.6、…、1.9	0.1	5
		2.0、2.5、…、9.5	0.5	16
		10、20、…、100	10	10
2	83	0.5	—	1
		1	—	1
		1.005	—	1
		1.01、1.02、…、1.49	0.01	49
		1.5、1.6、…、1.9	0.1	5
		2.0、2.5、…、9.5	0.5	16
		10、20、…、100	10	10
3	46	1	—	1
		1.001、1.002、…、1.009	0.001	9
		1.01、1.02、…、1.49	0.01	9
		1.1、1.2、…、1.9	0.1	9
		2、3、…、9	1	8
		10、20、…、100	10	10
4	38	1	—	1
		1.005	—	1
		1.01、1.02、…、1.09	0.01	9
		1.1、1.2、…、1.9	0.1	9
		2、3、…、9	1	8
		10、20、…、100	10	10

把不同标称尺寸的量块进行组合可得到所需要的尺寸。为了工作方便，减少累积误差，选用量块时，应尽可能选用最少的块数，一般情况下块数不超过 5 块。计算时，应根据所需组合的尺寸，从最后一位数字开始选择，每选一块，应使尺寸数字的位数减少一位，以此类推，直至组合成完整的尺寸。例如，所要尺寸为 38.935 mm，从 83 块一套的盒中选取：

38.935	组合尺寸
−1.005	第一块量块尺寸
37.93	
−1.43	第二块量块尺寸
36.5	
−6.5	第三块量块尺寸
30	第四块量块尺寸

即选用 1.005 mm、1.43 mm、6.5 mm、30 mm 量块共四块。

小提示

使用量块时的注意事项

（1）量块属精密量具，应轻拿轻放，在桌上放置量块时只允许非工作表面与桌面接触。

（2）测量时应注意灰尘和温度对测量精度的影响。

（3）用完后的量块，应及时擦净，涂上凡士林后，放入盒中。

（4）为了保持量块的精度，一般不允许用量块直接测量工件。

四、百分表

利用机械传动系统，将测量杆的直线位移转变为指针在度盘上的角位移，并由度盘进行读数的测量器具称为指示表。其中，分度值为 0.1 mm 的称为十分表，分度值为 0.01 mm 的称为百分表，分度值为 0.001 mm、0.002 mm 的称为千分表，钳工常用的是分度值为 0.01 mm 的百分表。

百分表主要用来测量工件的尺寸和几何误差，也可用于检验机床的几何精度或调整工件的装夹位置偏差等。

1. 百分表的结构

百分表的外形及结构如图 1–26 所示，主要由测头、测杆、大小齿轮、指针、度盘、表圈等组成。

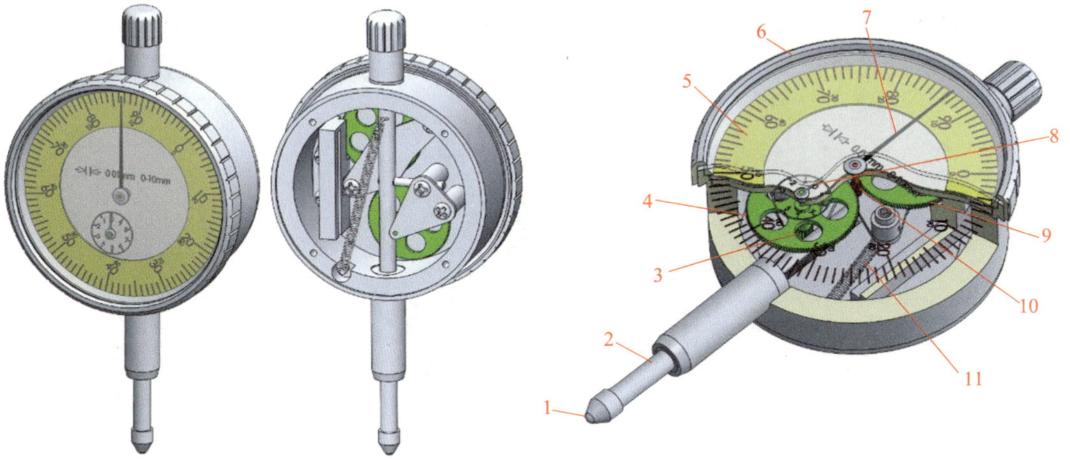

图 1–26　百分表的外形及结构

1—测头　2—测杆　3—小齿轮（z=16）　4、9—大齿轮（z=100）　5—度盘　6—表圈　7—长指针　8—转数指针　10—小齿轮（z=10）　11—拉簧

2. 百分表的标记原理与示值读取方法

百分表测杆上的齿距是 0.625 mm。当测杆上升 16 齿时（即上升 0.625 mm × 16=10 mm），16 齿的小齿轮正好转 1 周，与其同轴的大齿轮（z=100）也转 1 周，从而带动与之啮合齿数为 10 的小齿轮和指针转 10 周。即当测杆移动 1 mm 时，长指针转一周。由于度盘上共等分

100 格，长指针每转一格，表示测杆移动 0.01 mm。所以百分表的分度值为 0.01 mm。

测量时，测杆被推向轴套内，测杆移动的距离等于短指针的读数（测出的整数部分）加上长指针的读数（测出的小数部分）。

3. 百分表的测量范围和精度

钳工常用百分表的测量范围一般有 0 ～ 3 mm、0 ～ 5 mm 和 0 ～ 10 mm 等几种规格，使用时测杆的移动不能超过其上限值，也不允许测量过于粗糙的工件，通常可用来进行 IT6 ～ IT12 精度工件的测量和检验。

4. 使用百分表的注意事项

（1）百分表使用时应安装在专用表架或磁性表架上。

（2）百分表装在表架上后，一般可转动度盘，使指针处于零位。

（3）测量平面或圆形工件时，百分表的测头应与平面垂直或与圆柱形工件轴线垂直，否则百分表测杆移动不灵活，测量结果不准确。

（4）测量时测杆的升降范围不宜过大，以减少由于存在间隙而产生的误差。

知识链接

1. 内径百分表

利用机械传动系统，将活动测头的直线位移转变为指针在度盘上的角位移，并由度盘进行读数的内尺寸测量器具称为内径指示表。其中，分度值为 0.01 mm 的称为内径百分表。它可用来测量孔径和孔的形状误差，对于测量深孔极为方便。

内径百分表的外形与结构如图 1–27 所示。测量时，测头通过摆块使杆上移，推动百分表指针转动而指出读数。测量完毕，在弹簧力的作用下，测头自动回位。

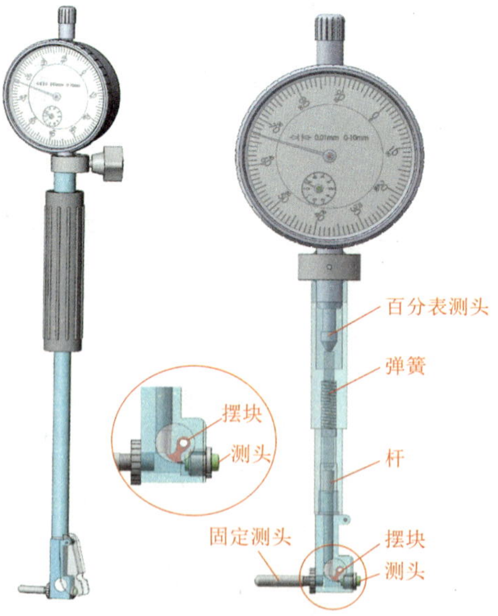

图 1–27　内径百分表

通过更换固定测头可改变百分表的测量范围。内径百分表的示值误差较大，一般为±0.015 mm。因此，在每次测量前都必须用外径千分尺进行校对。

2. 杠杆百分表

利用机械传动系统，将杠杆测头的摆动位移转变为指针在度盘上的角位移，并由度盘上的标尺进行读数的测量器具称为杠杆指示表。其中，分度值为0.01 mm的称为杠杆百分表，量程有0.8 mm和1.6 mm两种规格。杠杆百分表常用于在机床上校正工件的安装位置或用在普通百分表无法使用的场合。其结构如图1–28所示。

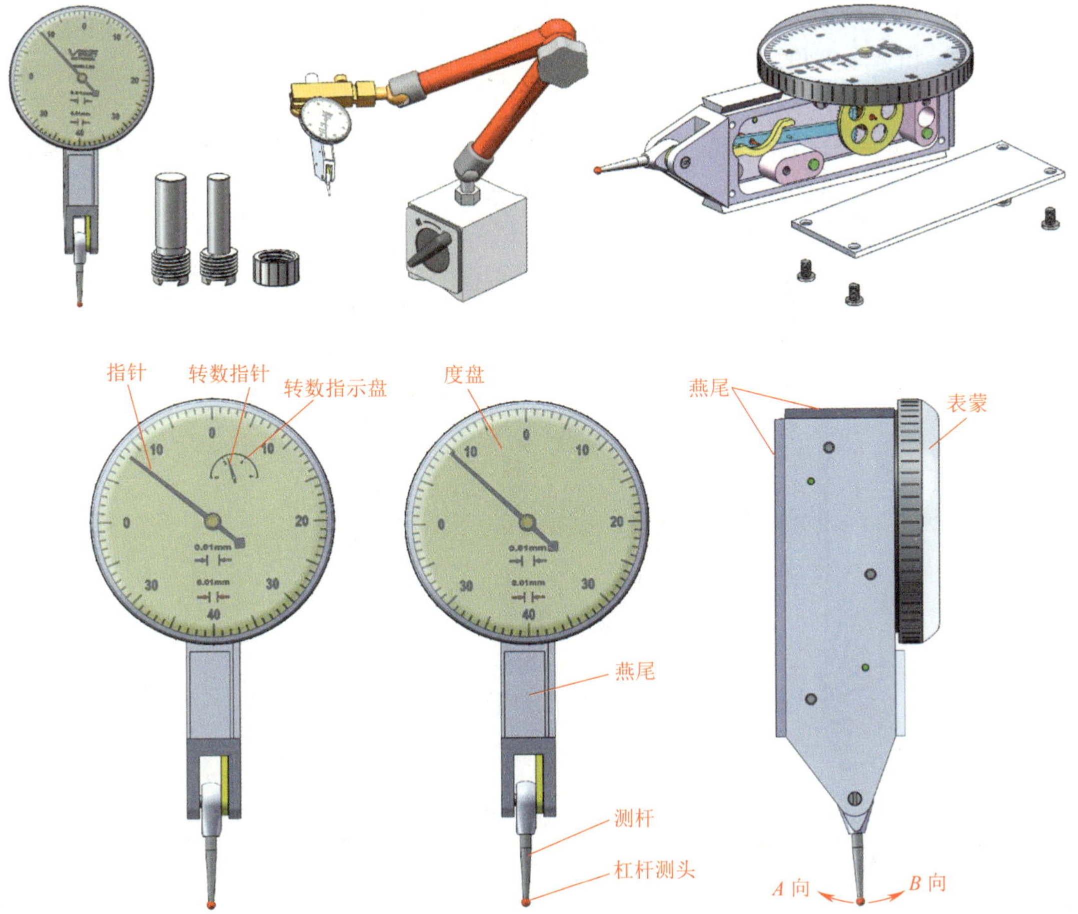

图 1–28 杠杆百分表

杠杆百分表在使用时，应安装在相应的表架或专用的夹具上。

§1-2 角度测量器具

用于在平面内测量角度量的测量器具称为角度测量器具。钳工常用的角度测量器具有直角尺、游标万能角度尺、正弦规等。

一、直角尺

测量面和基面相互垂直，用于检验直角、垂直度和平行度误差的测量器具称为直角尺。它具有结构简单、使用方便、制造精度高、稳定性好等特点。钳工常用的有刀口形直角尺、平面形直角尺和宽座直角尺等。

1. 刀口形直角尺

刀口形直角尺是指两测量面为刀口形的直角尺，如图 1–29 所示。其基本参数见表 1–3。

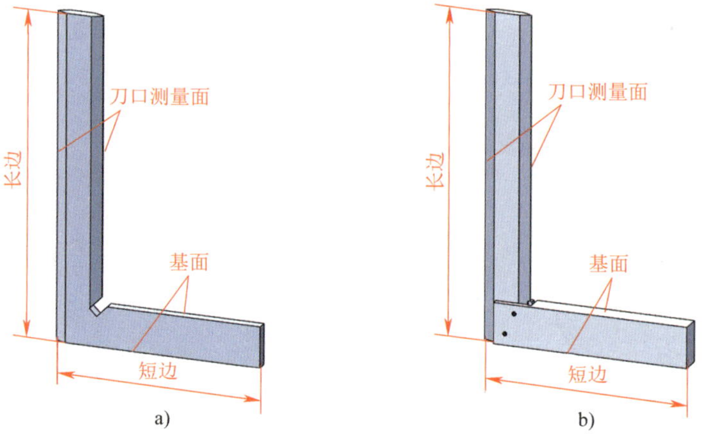

图 1–29　刀口形直角尺

a）平面刀口形直角尺　b）宽座刀口形直角尺

表 1–3　常用刀口形直角尺基本参数（摘自 GB/T 6092—2021）　mm

平面刀口形直角尺	精度等级	0 级、1 级						
	长边	50	63	80	100	125	160	200
	短边	32	40	50	63	80	100	125
宽座刀口形直角尺	精度等级	0 级、1 级						
	长边	50	75	100	150	200	250	300
	短边	40	50	70	100	130	165	200

2. 平面形直角尺

平面形直角尺是指测量面与基面宽度相等的直角尺，如图 1–30 所示。其基本参数见表 1–4。

3. 宽座直角尺

宽座直角尺是指基面宽度大于测量面宽度的直角尺，如图 1–31 所示。其基本参数见表 1–4。

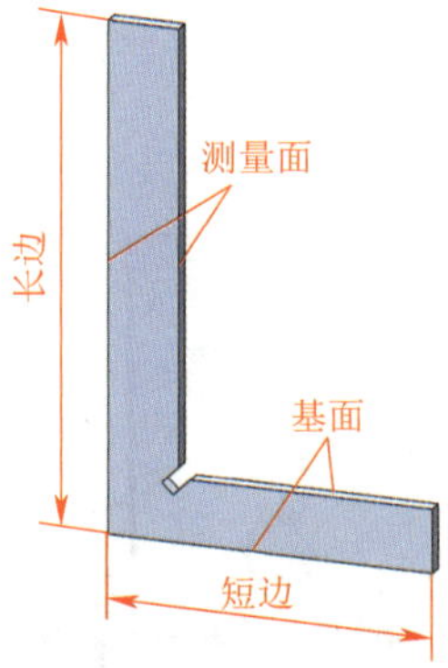

图 1–30 平面形直角尺

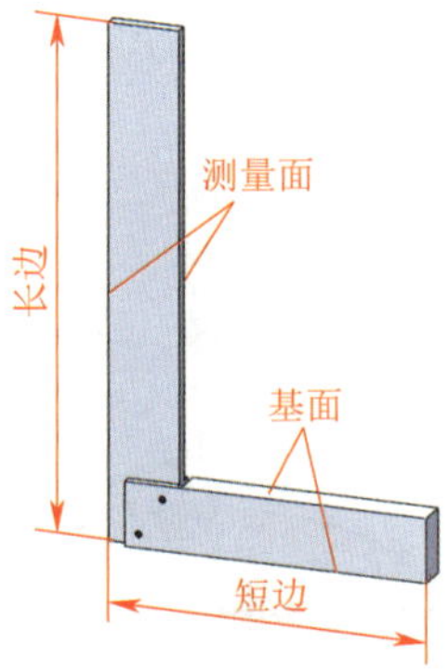

图 1–31 宽座直角尺

表 1–4 常用平面形和宽座直角尺基本参数（摘自 GB/T 6092—2021） mm

平面形直角尺	精度等级	0 级、1 级、2 级						
	长边	50	75	100	150	200	250	300
	短边	40	50	70	100	130	165	200
宽座直角尺	精度等级	0 级、1 级、2 级						
	长边	63	80	100	125	160	200	250
	短边	40	50	63	80	100	125	160

知识链接

使用直角尺的注意事项

（1）使用前，必须将直角尺和工件被测面擦干净。

（2）使用时，先将直角尺的基面紧贴工件的测量基准面，然后逐步慢慢向下移动（直角尺基面不可与工件基准面分离），使直角尺的测量面与工件的被测表面接触，平视观察透光情况，凭经验根据光隙强弱进行估测，或用塞尺在最大间隙处试塞获取数值。

（3）使用直角尺要轻拿、轻放，不许与其他工、量具堆放。

（4）使用完毕，应将直角尺擦净放置在专用盒内。若长时间不用，应涂上专用防锈油保存，以防生锈。

二、游标万能角度尺

游标万能角度尺是利用活动直尺测量面相对于基尺测量面的旋转，对该两测量面间分隔的角度利用游标原理进行读数的角度测量器具。游标万能角度尺用来测量工件和样板的内、外角度和进行角度划线。它有Ⅰ型、Ⅱ型两种，其测量范围分别为 0° ~ 320° 和 0° ~ 360°。其中，0° ~ 320° 游标万能角度尺应用较为普遍。

1. 0° ~ 320° 游标万能角度尺的结构

0° ~ 320° 游标万能角度尺的结构如图 1–32 所示。其游标尺固定在扇形板上，基尺和主尺连成一体，游标尺与主尺可做相对回转运动，直角尺和直尺可根据需要通过卡块安装到扇形板上。

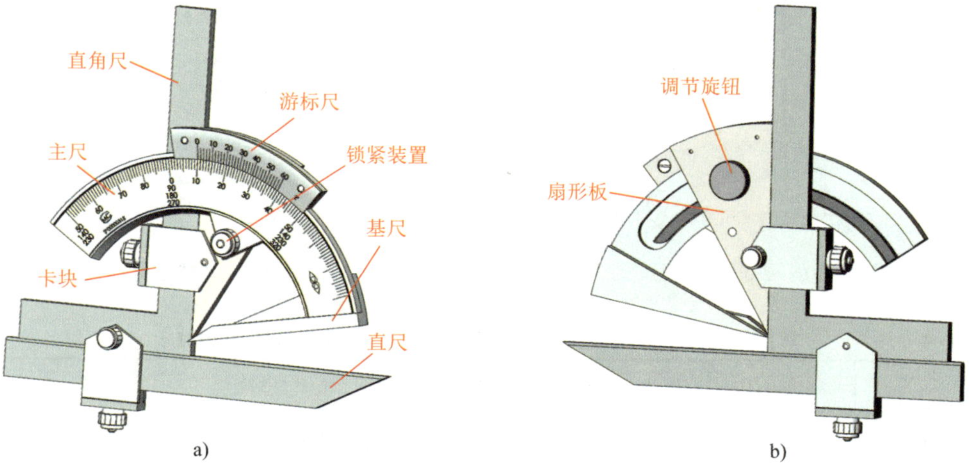

图 1–32　0° ~ 320° 游标万能角度尺
a）正面　b）背面

2. 0° ~ 320° 游标万能角度尺的标记原理

游标万能角度尺的分度值有 5′ 和 2′ 两种。

分度值为 2′ 的万能角度尺的标记原理是：主尺每格标记的弧长对应的角度为 1°，游标尺标记是将主尺上 29° 所占的弧长等分为 30 格，每格所对的角度为 29° /30，因此游标尺 1 格与主尺 1 格相差：

$$1° - \frac{29°}{30} = \frac{1°}{30} = 2'$$

即万能角度尺的分度值为 2′，如图 1–33 所示。

3. 0° ~ 320° 游标万能角度尺的示值读取方法

游标万能角度尺的示值读取方法与游标卡尺相似，即先从主尺上读出游标尺“0”标记前的整“度”数，然后在游标尺上读出分的数值（格数 ×2′），两者相加就是被测工件的角度数值，如图 1–34 所示。

4. 游标万能角度尺的测量范围和测量方法

使用 0° ~ 320° 游标万能角度尺时，可通过主尺与直角尺、直尺的相互组合，将测量范围划分为 4 个测量段，其组合形式和测量方法如图 1–35 所示。

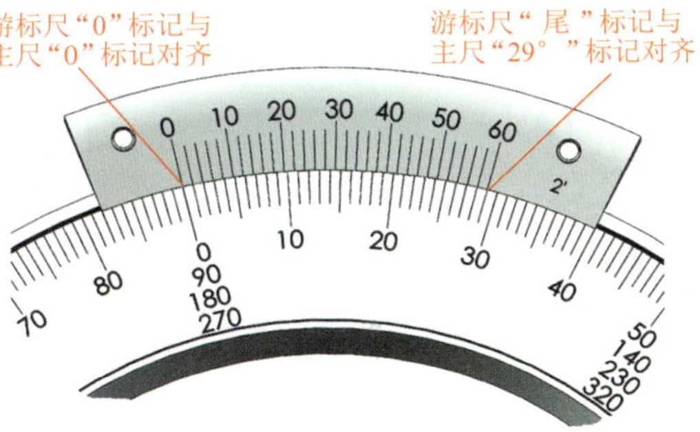

图 1-33　0° ~ 320° 游标万能角度尺的标记原理

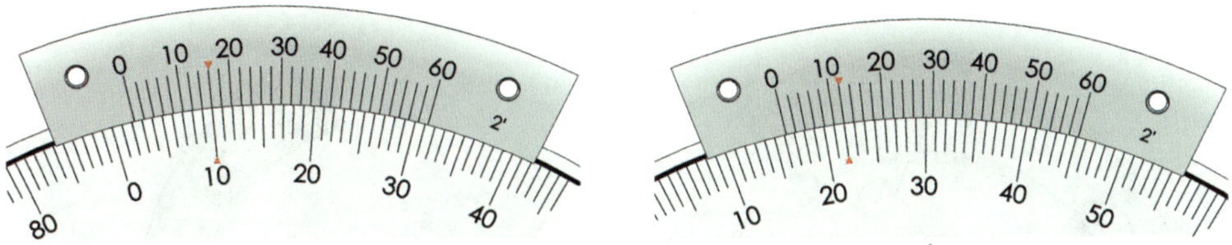

a)　　b)

图 1-34　游标万能角度尺的示值读取示例

a）2° +8 × 2′ = 2° 16′　b）16° +6 × 2′ = 16° 12′

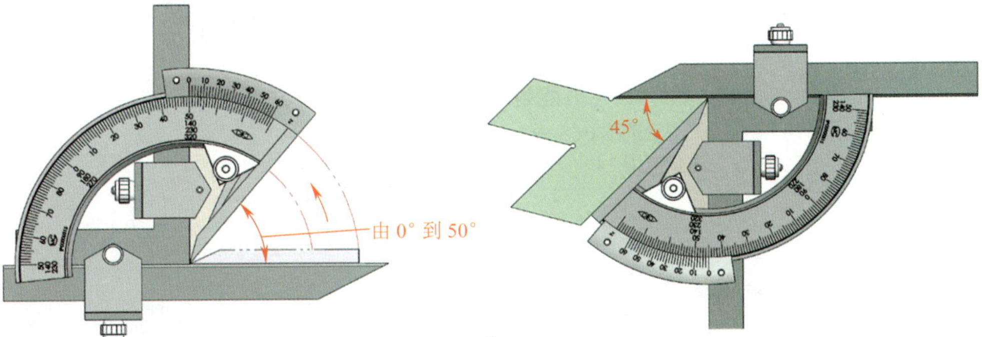

a)

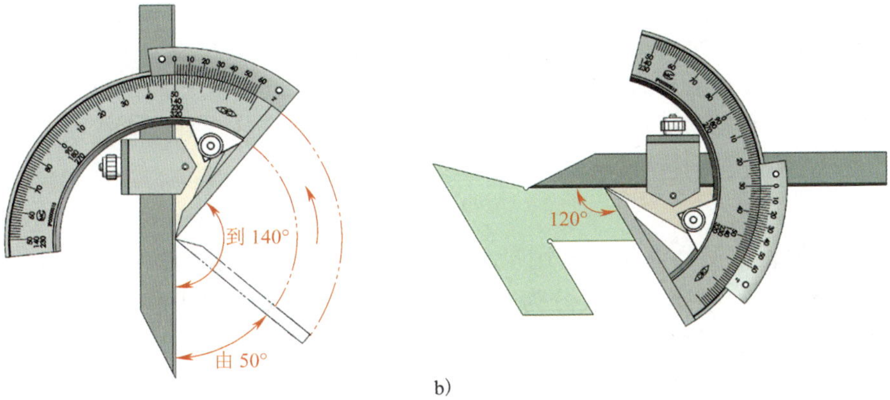

b)

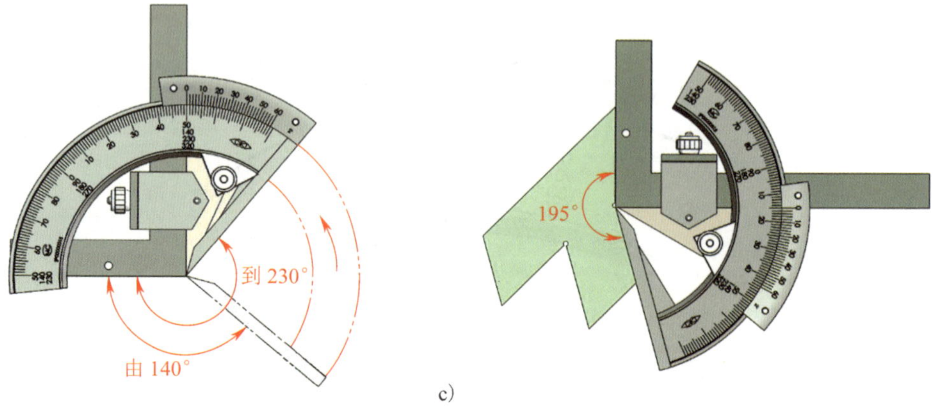

c）

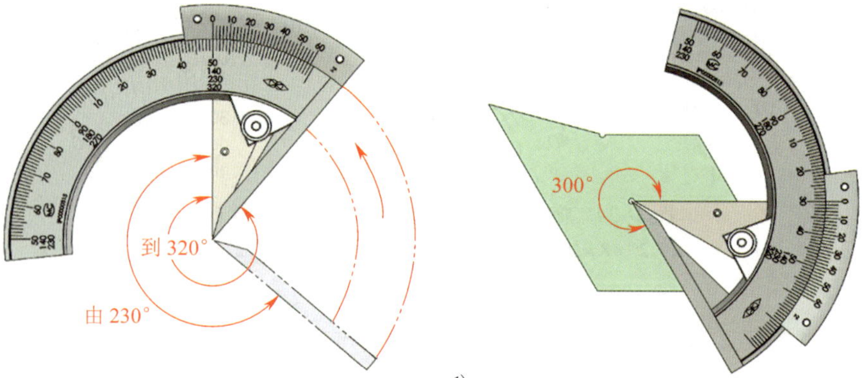

d）

图 1–35　游标万能角度尺组合形式和测量方法

a）测量范围 0° ~ 50°　b）测量范围 50° ~ 140°

c）测量范围 140° ~ 230°　d）范围测量 230° ~ 320°

知识链接

使用游标万能角度尺的注意事项

（1）根据测量工件的角度，正确选用直尺和直角尺。

（2）使用前要检查主尺和游标尺的零线是否对齐，基尺和直尺间是否漏光。

（3）测量时，工件应与角度尺的两个测量面在全长上接触良好，避免误差。

三、正弦规

正弦规是根据正弦函数原理，利用量块的组合尺寸，以间接方法测量角度的测量器具。它有Ⅰ型、Ⅱ型两种，准确度等级分为 0 级和 1 级。钳工常用的普通正弦规由平台工作面和直径相同且轴线互相平行的两个支承圆柱所组成。正弦规的规格用两个圆柱体的中心距表示，一般有 100 mm、200 mm 两种。其中心距精度很高，100 mm 规格的正弦规如图 1–36 所示。

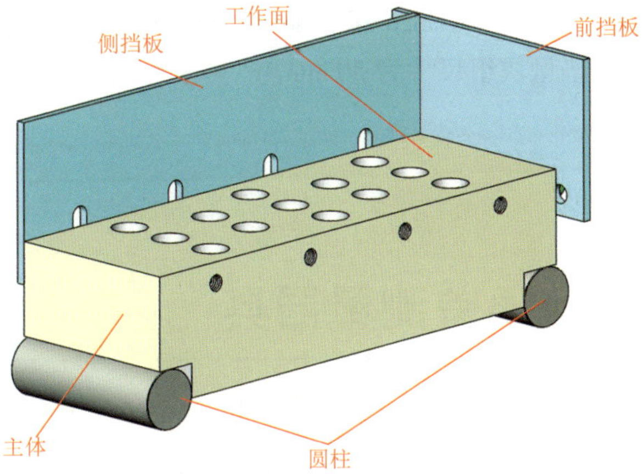

图 1–36　100 mm 正弦规

使用时，将正弦规放置在精密平板上，工件放在正弦规的工作面上，在正弦规一个圆柱的下面垫上一组量块，如图 1–37 所示。量块组的高度根据被测工件的角度或锥度通过计算获得。然后用百分表检查工件上表面两端的高度，若两端高度相等，说明角度正确，若高度不等，说明工件的角度有误差。

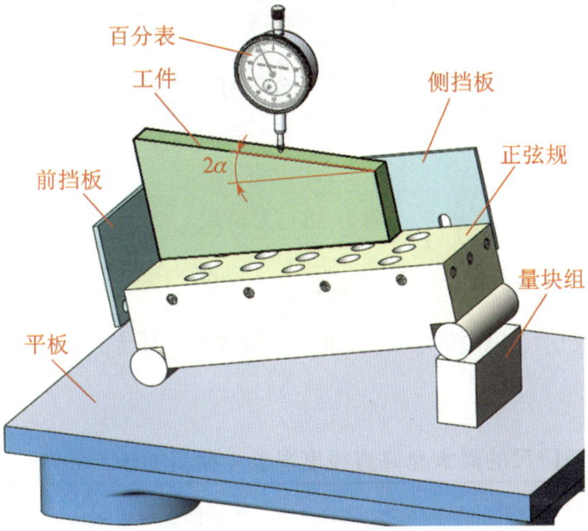

图 1–37　正弦规的使用方法

所需量块组的高度可按下式计算：

$$h=L\sin 2\alpha$$

式中　h——量块组高度，mm；

L——正弦规中心距，mm；

2α——被测工件角度。

例 1–1　使用中心距为 100 mm 的正弦规，检验圆锥角为 30° 的圆锥塞规，试求圆柱下应垫量块组的高度。

解：由题意知 L=100 mm，2α =30°，则

$$h=L\sin2\alpha=100\text{ mm}\times0.5=50\text{ mm}$$

答：正弦规圆柱下应垫量块组尺寸为 50 mm。

§1–3 几何误差测量器具

钳工常用的几何误差测量器具有刀口尺、平板、方箱等。

一、刀口尺

具有一个刀口状测量面，用于测量工件平面形状误差的测量器具称为刀口尺。其结构如图 1–38 所示。刀口尺主要用来测量工件的直线度或平面度误差，具有结构简单，操作方便，测量效率高等优点，是机械加工常用的测量器具。

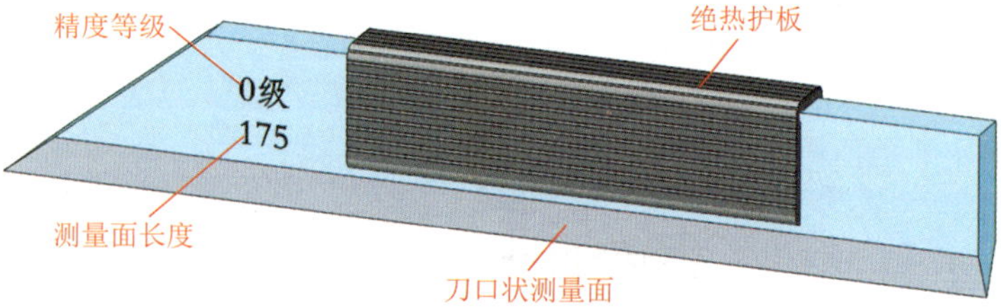

图 1–38　刀口尺

1. 刀口尺的规格及精度等级

刀口尺的精度等级分为 0 级和 1 级两个级别。其规格及最大允许直线度误差见表 1–5。

表 1–5　常用刀口尺的最大允许直线度误差（摘自 GB/T 6091—2004）

规格（测量面长度 /mm）	测量面直线度最大允许误差 /μm	
	0 级	1 级
75	0.5	1.0
125	0.5	1.0
200	1.0	2.0
300	1.5	3.0
400	1.5	3.0
500	2.0	4.0

2. 用刀口尺测量平面度的方法

手握刀口尺的绝热护板，使刀口测量面轻轻地（凭刀口尺的自重）与工件被测表面垂直接触，采用透光法检查。如刀口尺测量面与被测位置之间透光均匀一致，说明该处较平直。如透光不均与或光隙较大时，可借助于塞尺试塞获取其间隙值。测量时应在纵向、横向、对角方向多处逐一进行测量，其最大直线度误差即为该测量面的平面度误差。如图 1–39 所示。

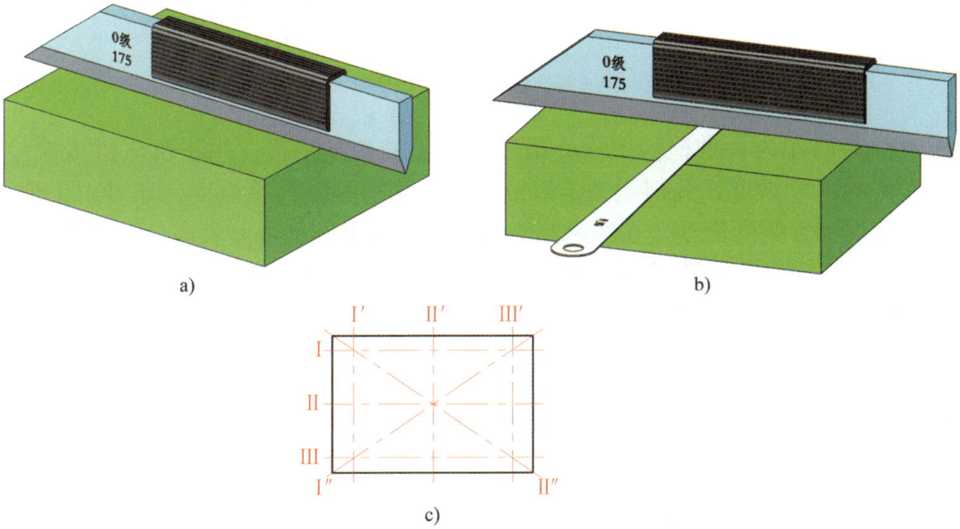

图 1–39　用刀口尺测量平面度的方法

a）用透光法检查　b）用塞尺配合检查　c）检测不同位置

知识链接

使用刀口尺的注意事项

（1）测量前，应确保刀口尺测量面及被测平面整洁，且没有毛刺、碰伤、锈蚀等缺陷。

（2）使用刀口尺时，手应握持绝热护板，以避免温度影响测量结果以及使刀口尺产生锈蚀。

（3）使用刀口尺时不得碰撞，以确保其工作测量面的完整性，否则将影响测量的准确度。

（4）在变换测量位置时，应将刀口尺提起，不得在工件表面上拖动，以免刀口测量面磨损，影响刀口尺精度。

（5）使用完毕，应将刀口尺擦净后放置在专用盒内。若长时间不用，应涂上专用防锈油并用防锈纸包好以防生锈。

二、平板

平板是用于工件检测或划线的平面基准器具，又称为平台。其结构如图 1–40 所示。

钳工常用的平板有铸铁平板和岩石平板，铸铁平板采用优质的灰口铸铁或合金铸铁等材料制造，其工作面硬度为 170 ~ 220 HB。岩石平板是用天然的石质材料制成的精密基准测量工具，形态稳定、无磁性反应、无塑性变形，其硬度为铸铁的 2 ~ 3 倍。

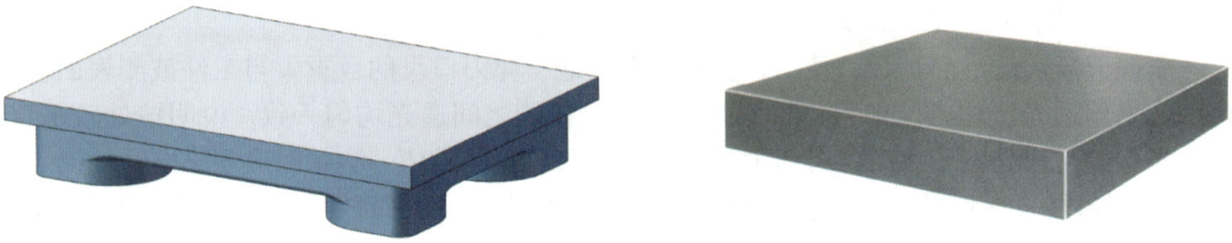

a)　　　　　　　　　　　　　　　　b)

图 1-40　平板

a）铸铁平板　b）岩石平板

平板工作面可作为各种检验工作、精度测量用的基准平面，用于机床机械检验测量基准，检查零件的尺寸精度或几何误差，以及用涂色法检验零件平面度，还可用于精密划线，具有准确、直观、方便的优点。在经过刮研的铸铁平板上推动百分表座、工件比较顺畅，无发涩感觉，方便了测量，保证了测量准确度。

1. 平板的规格及精度等级

钳工常用平板规格及平面度公差见表 1-6。

表 1-6　　常用平板规格及平面度公差（摘自 GB/T 22095—2008）

平板尺寸（公称尺寸）	对角线长度（近似值）	边缘区域（宽度）	准确度等级对应的整个工作面平面度公差值 /μm			
mm			0 级	1 级	2 级	3 级
长方形：						
160 × 100	188	2	3	6	12	25
250 × 160	296	3	3.5	7	14	27
400 × 250	471	5	4	8	16	32
630 × 400	745	8	5	10	20	39
1 000 × 630	1 180	13	6	12	24	49
1 600 × 1 000	1 880	20	8	16	33	66
方形：						
250 × 250	354	5	3.5	7	15	30
400 × 400	566	8	4.5	9	17	34
630 × 630	891	13	5	10	21	42
1 000 × 1 000	1 414	20	7	14	28	56

准确度等级为 0 级和 1 级的平板工作面应采用刮研法进行精加工；准确度为 2 级和 3 级的平板工作面允许采用机械加工方法进行精加工。

2. 铸铁平板的使用注意事项

（1）铸铁平板的支承点应垫好、垫平，保证每个支撑点受力均匀，保证整个平板平稳放置。

（2）使用平板时，工件要轻拿轻放，不要在平板上挪动比较粗糙的工件，以免对平板工作面造成磕碰、划伤等损坏。

（3）为了防止铸铁平板整体变形，使用完毕后，要将工件从平板上拿下来，避免工件长时间对平板重压造成铸铁平板的变形。

（4）铸铁平板不用时要及时将工作面洗净，然后涂上一层防锈油，并用防锈纸盖上，再用平板的外包装将其盖好，以防止平时不注意造成对平板工作面的损伤。

（5）铸铁平板应放置在通风、干燥的环境中，并远离热源、有腐蚀的气体、液体。

（6）铸铁平板按国家标准实行定期检定，检定周期根据具体情况可为 6 ~ 12 个月。

三、方箱

方箱是由相互垂直的平面组成的矩形基准器具，又称为方铁。钳工常用的方箱是用优质灰铸铁（HT200）制成的具有 6 个工作面的空腔正方体，尺寸规格用边长表示，其中一个工作面上有 V 形槽，结合配件可以对轴类零件进行支撑和装夹。其结构如图 1–41 所示。

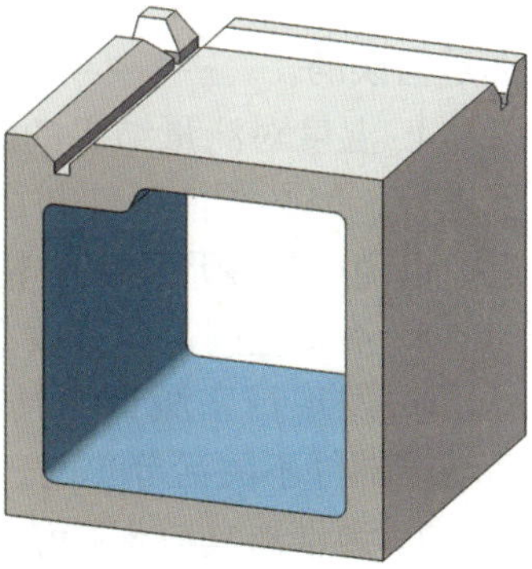

图 1–41　方箱

方箱主要用于零部件的平行度、垂直度等的检验和划线时支撑工件，准确度等级分为 0 级和 1 级。钳工常用方箱的规格及工作面的几何公差要求见表 1–7。

表 1–7　　常用方箱规格及工作面的几何公差要求（摘自 JB/T 12196—2015）

尺寸规格 /mm	工作面的平面度公差 /μm		工作面的垂直度、平行度及 V 形槽对底面和侧面的平行度公差 /μm	
	准确度等级			
	0 级	1 级	0 级	1 级
100	1.5	3	3	6
150	2	4	4	8
200	2.5	4.5	5	9
250	2.5	5	5	10
315	3	5.5	6	11
400	3	6.5	6	13
500	3.5	7	7	14

平板与方箱配合使用，可以检测工件的平面度和垂直度。准确度等级较高的方箱可以作为小型的平台使用，也可以作为直角测量的基准，还可以作为等高垫箱使用。

§ 1–4 常用测量器具的维护和保养

为了保持测量器具的精度，延长其使用寿命，必须要注意对测量器具的维护和保养。为此，应做到以下几点：

1. 测量前应将测量器具的测量面擦洗干净，以免脏物存在而影响测量精度和加快测量器具的磨损。不能用精密测量器具测量粗糙的铸、锻毛坯或带有研磨剂的表面。

2. 测量器具在使用过程中，不能与刀具、工具等堆放在一起，以免磕碰；也不要随便放在机床上，以免因机床振动使测量器具掉落而损坏。

3. 测量器具不能当做其他工具使用，例如用千分尺当小锤子使用，用游标卡尺划线等都是错误的。

4. 温度对测量结果的影响很大，精密测量一定要在 20 ℃左右进行；一般测量可在室温下进行，但必须使工件和量具的温度一致。测量器具不能放在热源（电炉子、暖气设备）附近，以免受热变形而失去精度。

5. 不要把测量器具放在磁场附近，以免使其磁化。

6. 发现精密测量器具有不正常现象（如表面不平、有毛刺、有锈斑、尺身弯曲变形、活动零部件不灵活等）时，使用者不要自行拆修，应及时送交计量部门检修。

7. 测量器具应保持清洁。测量器具使用后应及时擦拭干净，并涂上防锈油放入专用盒内，存放在干燥处。

8. 精密测量器具应定期送计量部门鉴定，以免其示值误差超差而影响测量结果。

思考与练习

1. 什么是几何量测量器具？它有哪几种类型？
2. 试述游标卡尺的示值读取方法。
3. 使用游标卡尺应注意哪些事项？数显卡尺有什么特点？
4. 试述外径千分尺的示值读取方法。
5. 使用千分尺时的注意事项有哪些？
6. 百分表有什么用途？
7. 试用量块组配下列尺寸：（1）47.43 mm，（2）68.315 mm。
8. 用中心距为 100 mm 的正弦规，测量角度为 30° 的工件，试求应垫量块组的高度尺寸？
9. 平板的用途有哪些？
10. 如何对测量器具进行维护保养？

第二章

钳工基本操作知识

§2-1 划线

一、划线概述

划线是指在毛坯或工件上，用划线工具划出待加工部位的轮廓线或作为基准的点和线，这些点和线标明了工件某部分的形状、尺寸或特性，并确定了加工的尺寸界线，如图 2-1 所示。

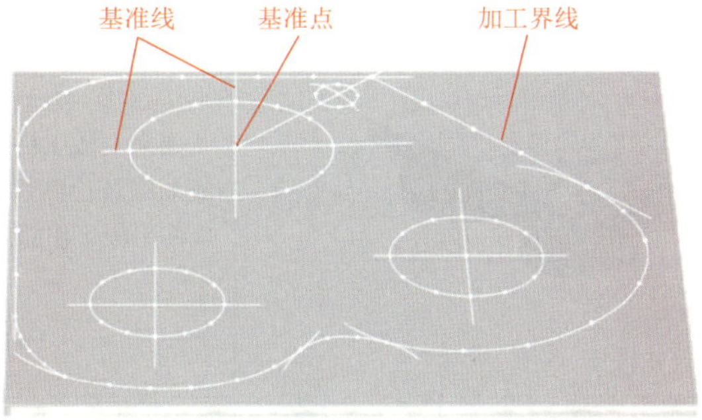

图 2-1　划线

划线分平面划线和立体划线两种。只需要在工件的一个表面上划线即能明确表示加工界线的，称为平面划线，如图 2-2 所示。需要在工件的几个互成不同角度（通常是互相垂直）的表面上划线，才能明确表示加工界线的，称为立体划线，如图 2-3 所示。

划线是机械加工的重要工序之一，广泛用于单件和小批量生产。凭借划出的基准线和加工界线，可作为校正和加工的依据。划线的具体作用如下：

1. 确定工件的加工余量，使机械加工有明确的尺寸界线。
2. 便于复杂工件在机床上装夹，可按划线找正定位。
3. 能够及时发现和处理不合格的毛坯，避免加工后造成损失。
4. 采用借料划线可使误差不大的毛坯得到补救，提高毛坯的利用率。

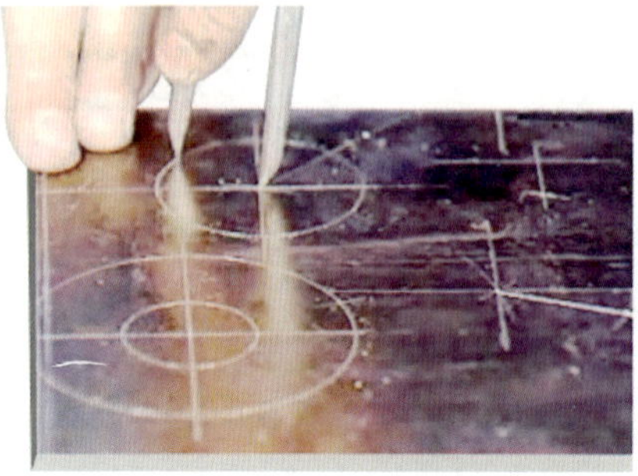

图 2-2　平面划线

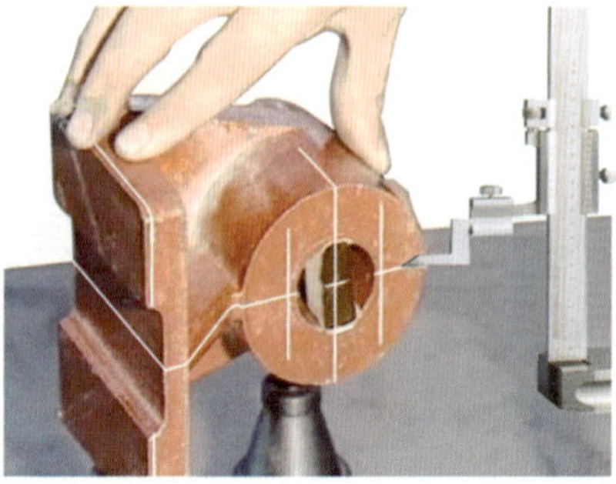

图 2-3　立体划线

划线的准确与否，将直接影响产品的质量和生产效率的高低。划线除要求划出的线条清晰均匀外，最重要的是保证尺寸准确。划线精度一般为 0.25 ~ 0.5 mm。因此，在加工过程中，必须通过测量来保证尺寸的准确度。

二、划线工具与涂料

1. 常用划线工具及应用

在划线工作中，为了保证尺寸的准确性和达到较高的工作效率，必须熟悉各种划线工具并熟练使用。钳工常用的划线工具及应用见表 2-1。

表 2-1　　**常用划线工具及应用**

工具名称	用途
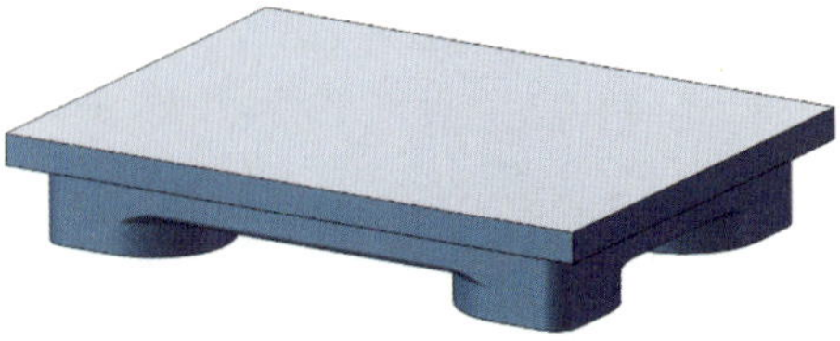 平板	用来安放工件和划线工具并在其工作面上完成划线及检测过程。一般用木架搁置，放置时应使平板工作面处于水平状态
 划线盘	用来直接在工件上划线或找正工件位置。一般情况下，划针的直头端用来划线，弯头端用来找正工件位置

续表

工具名称	用途
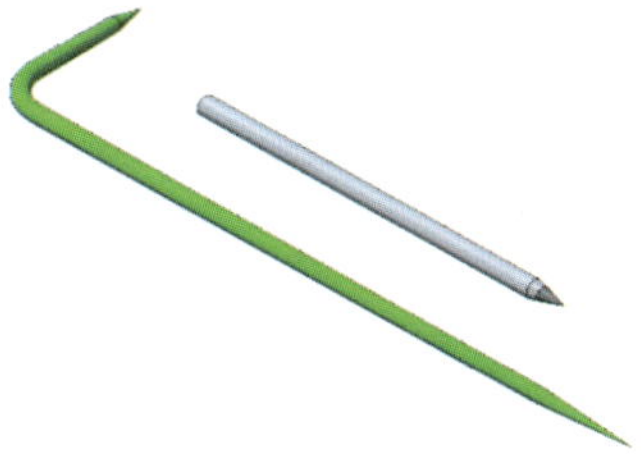 划针	划线用的基本工具。常用的划针是用 $\phi3$ ～ $\phi6$ mm 的弹簧钢丝或高速钢制成，其长度为 200 ～ 300 mm，尖端磨成 15° ～ 20° 的尖角，并经热处理淬硬，以提高其硬度和耐磨性（硬度可达 55 ～ 60 HRC）
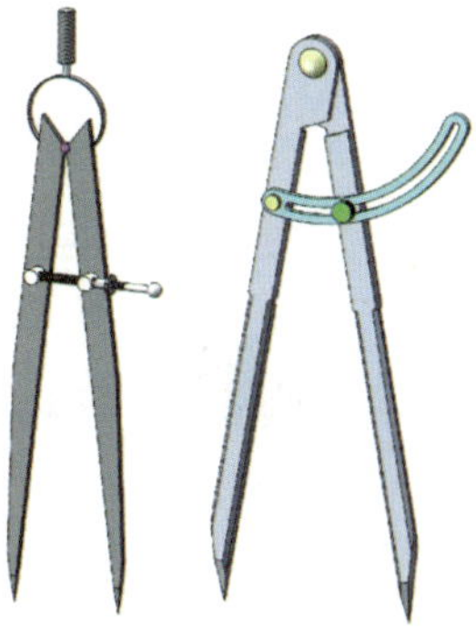 划规	用来划圆和圆弧、等分线段、等分角度及量取尺寸等。一般用工具钢制成，脚尖经热处理，硬度可达 48 ～ 53 HRC。有的划规在两脚端部焊上一段硬质合金，耐磨性更好 划规两脚的长短要磨得稍有不同，而且两脚合拢时脚尖能靠紧，才能划出尺寸较小的圆弧
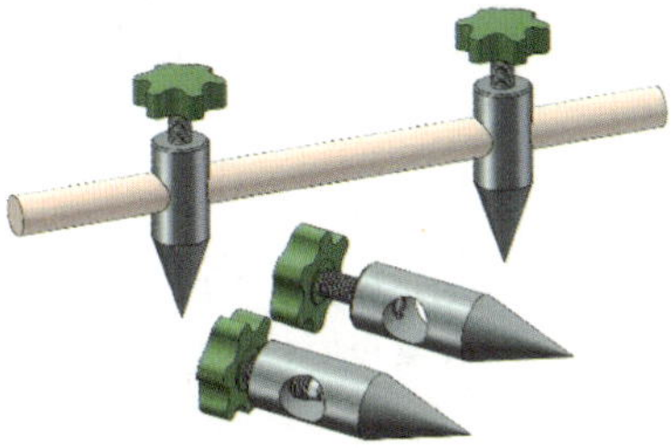 长划规	专门用来划大尺寸圆或圆弧。在滑杆上调整两个划规脚，就可得到所需要的尺寸
 a)　　b) 单脚划规	用非合金工具钢制成，尖端焊上硬质合金。可用来求出圆形工件的中心（图 a），操作比较方便。也可沿加工好的平面划平行线（图 b）

续表

工具名称	用途
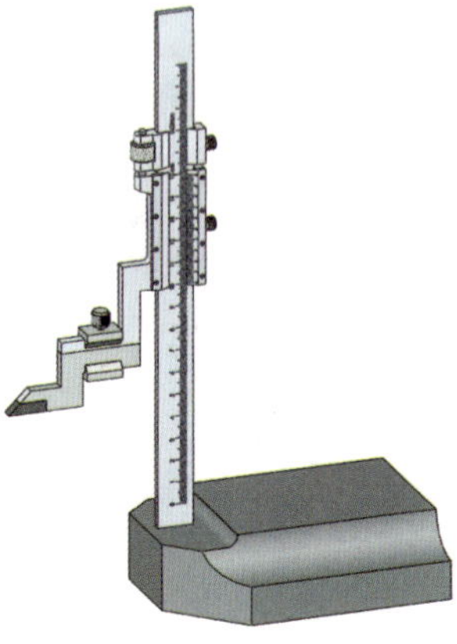 游标高度卡尺	常用的有 0 ~ 200 mm、0 ~ 300 mm 等规格，既可以用来测量高度，又可以用量爪直接划线
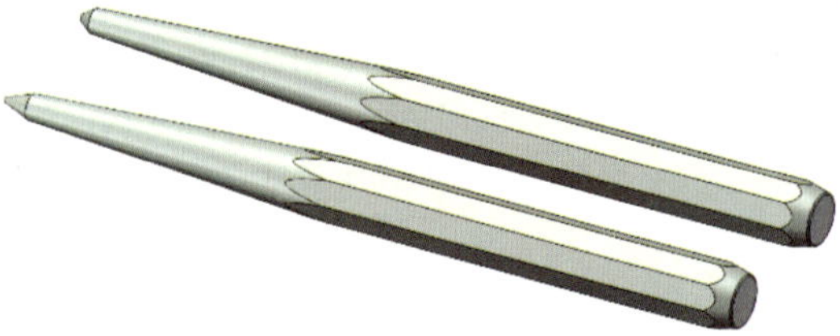 样冲	用于在所划的线条或圆弧中心上冲眼。一般用合金工具钢制成，并经热处理，硬度可达 55 ~ 60 HRC，其顶角约为 40° 或 60°（顶角为 40° 的样冲用于加强界线标记时用，顶角为 60° 的样冲用于钻孔冲中心）
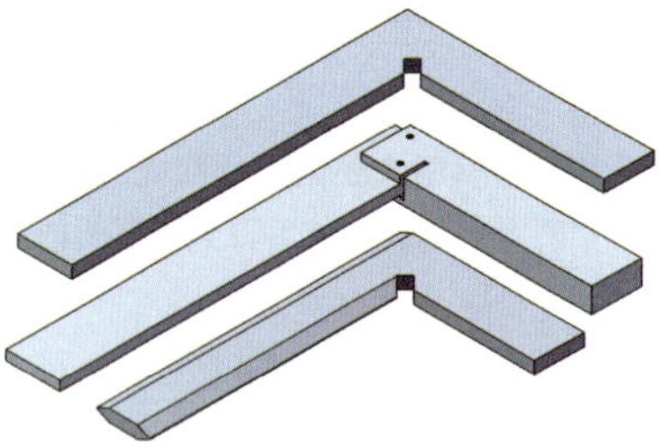 直角尺	划线时可作为划垂直线或平行线的导向工具，同时可用来找正工件在平板上的垂直位置
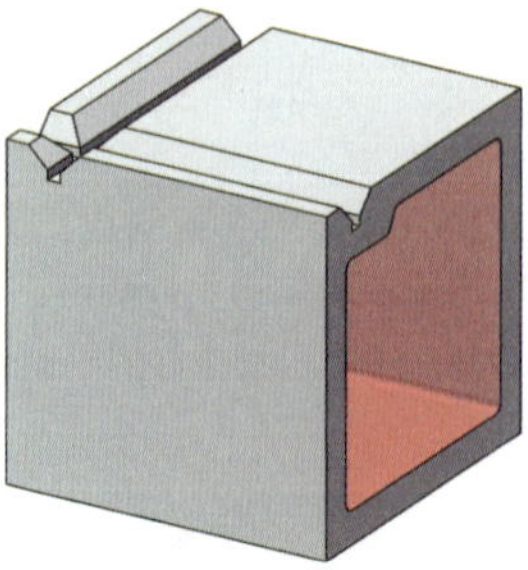 划线方箱	方箱上的 V 形槽平行于相应的平面，它用于装夹圆柱形工件 划线时，可用 C 形夹头将工件夹于方箱上，再通过翻转方箱，便可以在一次安装的情况下，将工件上互相垂直的三个方向的线全部划出来

续表

工具名称	用途
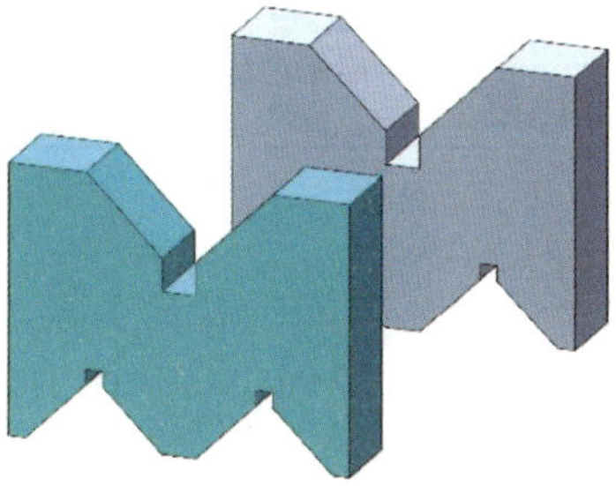 V 形架	一般的 V 形架都是两块一副，V 形槽夹角为 90°或 120°，主要用于支承轴类工件
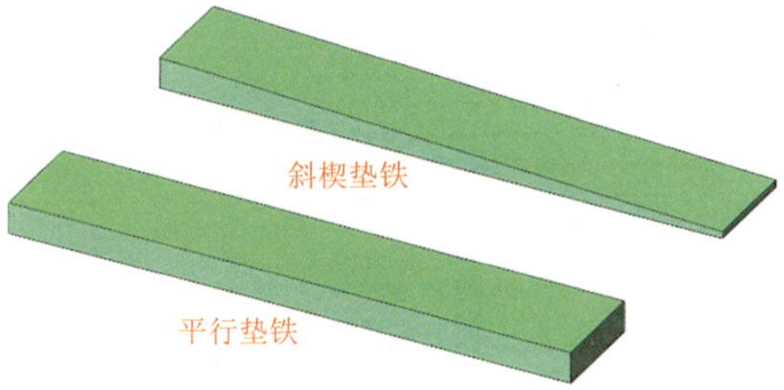 垫铁	垫铁一般有平行垫铁和斜楔垫铁。平行垫铁相对的两个平面互相平行，每副平行垫铁有两块，两块的高度和宽度两个尺寸是一起磨出的。平行垫铁常有许多副，其尺寸各不相同，主要用来把工件平行垫高。斜楔垫铁用于支承和调整各种毛坯件，也可用于微量调节工件的高低
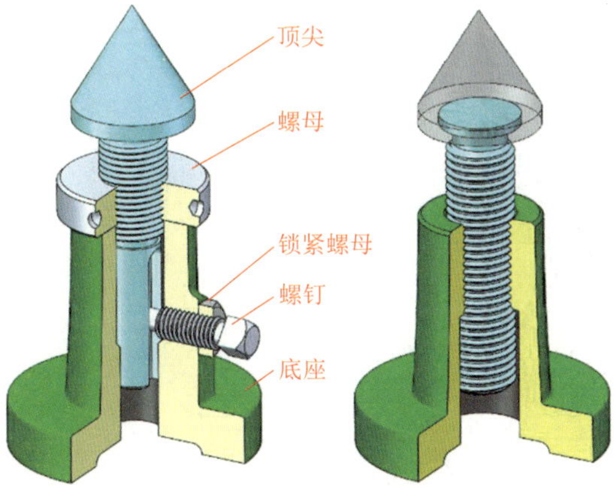 千斤顶	用来支持毛坯或形状不规则的工件进行立体划线。它可调整工件的高度，以便安放不同类型的工件

2. 划线用涂料

为使工件表面上划出的线条清晰，一般在工件表面的划线部位涂上一层薄而均匀的涂料。常用的划线涂料配方和应用见表 2-2。

表 2-2　　常用划线涂料配方和应用

名称	配制比例	应用场合
石灰水	稀糊状熟石灰水加适量牛皮胶调和而成	用于表面粗糙的铸件、锻件毛坯
蓝油	2% ~ 4% 龙胆紫加 3% ~ 5% 虫胶漆和 91% ~ 95% 酒精混合而成	用于已加工表面或黄铜等有色金属

三、划线基准的选择

基准是指图样（或工件）上用来确定生产对象上几何要素间的几何关系所依据的那些点、线、面。设计时，在图样上所采用的基准，称为设计基准。划线时，在工件上所采用的基准，称为划线基准。

划线时应从划线基准开始。划线基准选择的基本原则是应尽可能使划线基准与设计基准相一致。划线基准一般有以下三种选择类型：

1. 以两个互相垂直的平面（或直线）为基准，如图 2-4a 所示。
2. 以两条互相垂直的中心线为基准，如图 2-4b 所示。
3. 以一个平面和一条中心线为基准，如图 2-4c 所示。

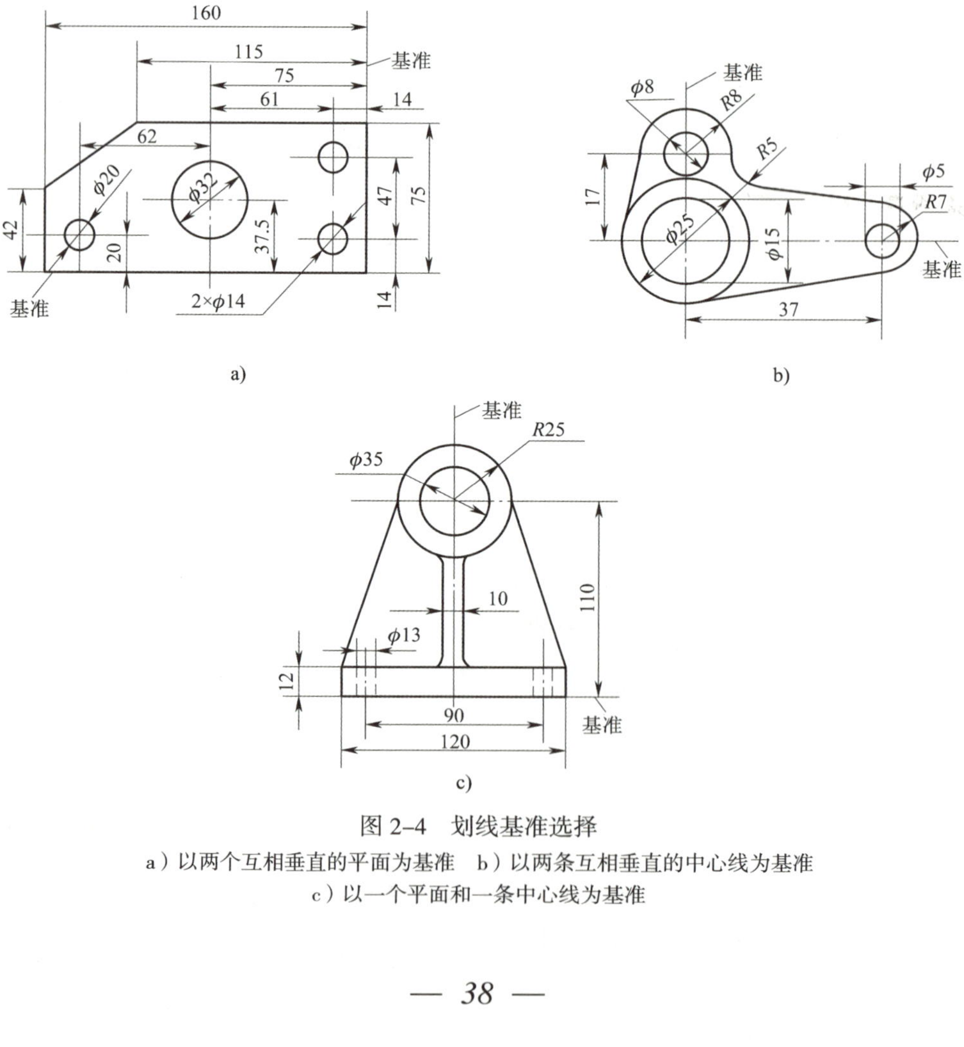

图 2-4　划线基准选择

a）以两个互相垂直的平面为基准　b）以两条互相垂直的中心线为基准
c）以一个平面和一条中心线为基准

划线时在工件的每一个方向都需要选择一个划线基准。因此，平面划线一般要选择两个划线基准；立体划线一般要选择三个划线基准。

四、划线前的准备工作

划线的质量将直接影响工件的加工质量，因此要做好划线前的准备工作。

1. 分析图样，了解工件的加工部位和要求，选择好划线基准。

2. 清理工件，对铸、锻件毛坯，应将型砂、毛刺、氧化皮去除掉，并用钢丝刷清理干净，对已生锈的半成品，要将浮锈刷掉。

3. 在工件的划线部位涂色，要求涂得薄而均匀。

4. 在工件孔中安装中心塞块。

5. 擦净划线平板，准备好划线工具。

五、划线时的找正和借料

各种铸、锻件由于某些原因，会形成形状歪斜、偏心、各部分壁厚不均匀等缺陷。当形位误差不大时，可通过划线找正和借料的方法来补救。

1. 找正

对于毛坯工件，划线前一般要先做好找正工作。找正就是利用划线工具使工件上有关的表面与基准面（如划线平板）之间处于合适的位置。找正时应注意：

（1）当工件上有不加工表面时，应按不加工表面找正后再划线，这样可使加工表面与不加工表面之间保持尺寸均匀。如图 2–5 所示的轴承架毛坯，内孔和外圆不同心，底面和 *A* 面不平行，划线前应进行找正。在划内孔加工线之前，应先以外圆（不加工）为找正依据，用单脚规找出其中心，然后以找出的中心为基准划出内孔的加工线，这样内孔和外圆就可以达到同心要求。在划轴承座底面加工线之前，应以 *A* 面（不加工）为依据，用划线盘找正 *A* 面的位置与划线平板基本平行，然后划出底面加工线，这样底座各处的厚度就比较均匀。

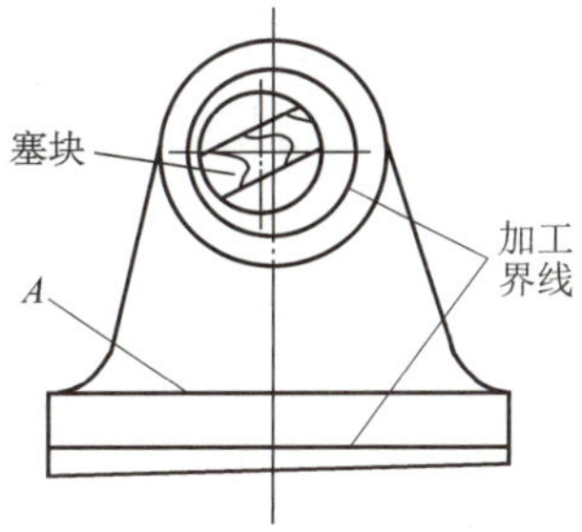

图 2–5　毛坯工件的找正

（2）当工件上有两个以上的不加工表面时，应选择重要的或较大的表面为找正依据，并兼顾其他不加工表面，这样可使划线后的加工表面与不加工表面之间尺寸比较均匀，而使误差集中到次要或不明显的部位。

（3）当工件上没有不加工表面时，通过对各加工表面自身位置的找正后再划线，可使各加工表面的加工余量得到合理分配，避免加工余量相差悬殊。

2. 借料

当工件上的误差或缺陷用找正后的划线方法不能补救时，可采用借料的方法来解决。

借料就是通过试划和调整，将各加工表面的加工余量合理分配，互相借用，从而保证各加工表面都有足够的加工余量，而误差或缺陷可在加工后排除。借料的一般步骤是：

（1）测量工件的误差情况，找出偏移部位和测出偏移量。

（2）确定借料方向和大小，合理分配各部位的加工余量，划出基准线。

（3）以基准线为依据，按图样要求，依次划出其余各线。

例 2–1 图 2–6 所示为套筒的锻造毛坯，其内、外圆都要进行加工。图 2–6a 所示为合格毛坯的划线。如果锻造毛坯的内、外圆偏心量较大，以外圆找正划内孔加工线时，会造成内孔的加工余量不足，如图 2–6b 所示；按内孔找正划外圆加工线时，则会造成外圆的加工余量不足，如图 2–6c 所示。只有将内孔、外圆同时兼顾，采用借料的方法才能使内孔和外圆都有足够的加工余量，如图 2–6d 所示。

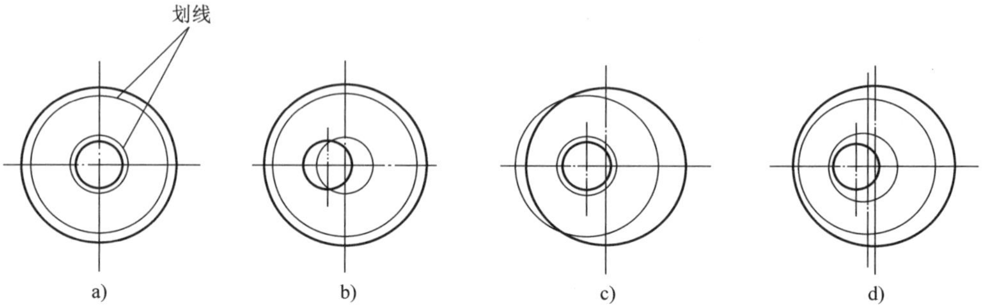

图 2–6　套筒划线

a）合格毛坯划线　b）以外圆找正　c）以内孔找正　d）借料划线

例 2–2 某轴承架的尺寸要求如图 2–7a 所示。铸造后的毛坯，其内孔出现了偏心，图 2–7b 所示为内孔偏心的轴承架铸件，即该铸件毛坯上 ϕ40 mm 孔的中心向下偏移了 6 mm，如何对其进行划线？

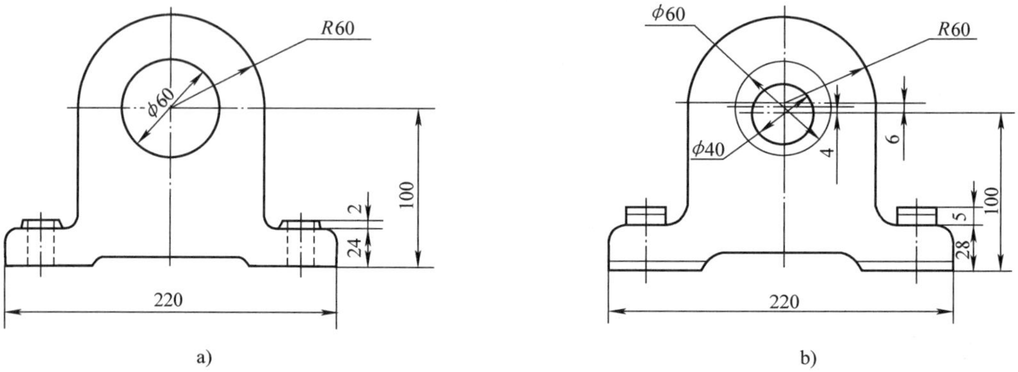

图 2–7　轴承架划线

a）轴承架　b）借料划线

解：

（1）按一般划线，因孔偏移量较大，轴承架底面已没有加工余量，所以须进行借料。

（2）把 ϕ40 mm 孔的中心线向上移动（即借用）4 mm，如图 2–7b 中所示。这样，ϕ60 mm 孔的最小加工余量为：$\frac{60-40}{2}$ mm–4 mm=6 mm，底面的加工余量为 4 mm，加工余量合理借用且余量充足，从而使该铸件得到补救。

小提示

通过借料划线，可以使有误差或缺陷不大的毛坯仍能得到很好的利用。但应当注意：对较复杂的工件，往往需要经过多次试划，才能最后确定合理的借料方案。如果误差或缺陷过大，则无法补救。

六、分度头划线

分度头是铣床上用来等分圆周用的附件。钳工常用它来对中、小型工件进行分度和划线。其优点是使用方便，精确度较高。其外形如图 2–8 所示。

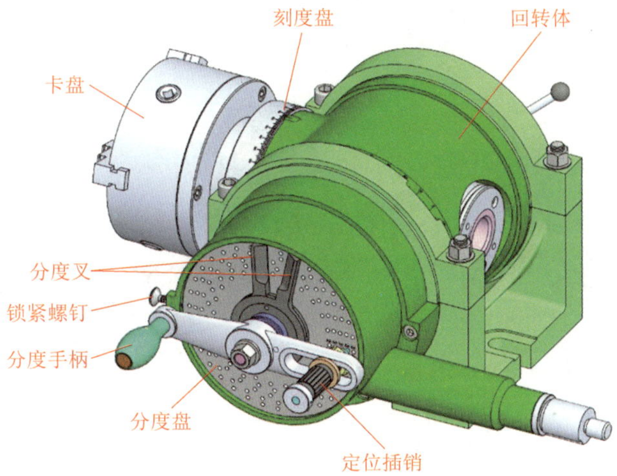

图 2–8　分度头外形

分度头主要规格是以主轴中心线到底面的高度（mm）表示的。例如 F11125 型万能分度头，其主轴中心到底面的高度为 125 mm。常用万能分度头的型号有 F11100、F11125、F11160 等几种。

分度头的传动系统如图 2–9 所示。分度前应先将分度盘 8 固定（旋紧锁紧螺钉 11 使之不能转动），再调整手柄插销 9，使它对准所选分度盘的孔圈。分度时先拔出定位插销 9，转动分度手柄 10，带动主轴转至所需要分度的位置，然后将定位插销 9 重新插入分度盘孔中。

分度头的分度原理是：当手柄 10 转一周，蜗杆 4 也转一周，与蜗杆啮合的 40 个齿的蜗轮 3 转一个齿，即转 1/40 周，被三爪自定心卡盘夹持的工件也转 1/40 周。如果将工件作 z 等分，则每次分度主轴应转 $1/z$ 周，分度手柄 10 每次分度应转过的圈数为：

$$n=\frac{40}{z}$$

式中　n——分度手柄转数；

　　　z——工件的等分数。

例 2–3　在工件某一圆周上划出均匀分布的 10 个孔，试求每划完一个孔的位置后，分度手柄应转几圈后再划第二个孔的位置？

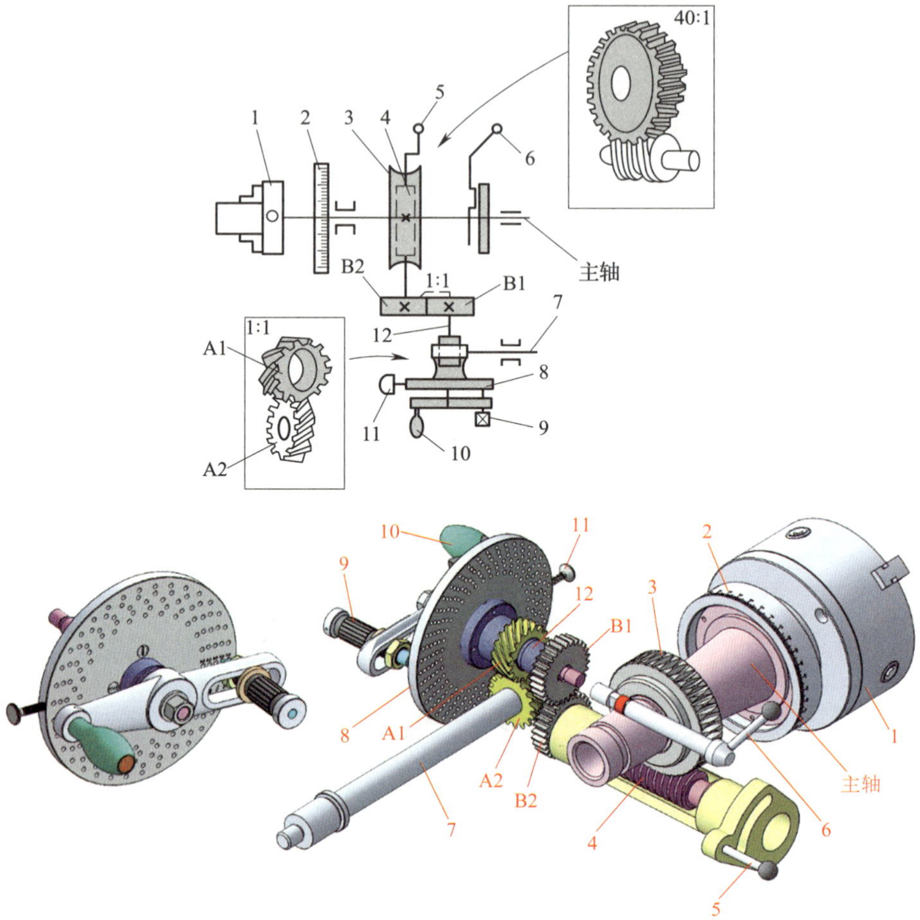

图 2–9　分度头传动系统

1—卡盘　2—刻度盘　3—蜗轮　4—蜗杆　5—蜗杆脱落手柄　6—主轴锁紧手柄
7—挂轮轴　8—分度盘　9—定位插销　10—分度手柄　11—锁紧螺钉　12—轴

解：

$$n=\frac{40}{z}=\frac{40}{10}=4$$

即每划完一个孔的位置后，分度手柄应转过 4 圈再划第 2 个孔的位置。

例 2–4　要将一圆盘端面进行 7 等分，求每划一条线后，分度手柄应转过几圈后再划第二条线？

解：

$$n=\frac{40}{z}=\frac{40}{7}=5\ \frac{5}{7}$$

由此可见，分度手柄的转数，有时不是整数。如何使手柄精确地转过 $5\ \frac{5}{7}$周，这时就需要利用分度盘进行分度。根据分度盘各孔圈的孔数（见表 2–3），将分子、分母同时扩大相同倍数，使扩大后的分母数与分度盘某一孔圈的孔数相同，则扩大后的分子数就是分度手柄在该孔圈上应转过的孔距数。根据表 2–3，将 $5\ \frac{5}{7}$分母、分子同时扩大倍数，则分度手柄的转数有$5\ \frac{20}{28}$、$5\ \frac{30}{42}$、$5\ \frac{35}{49}$等多种选择。一般情况下，应尽可能选用孔数较多的孔圈，因为孔圈的孔数越多，分度误差越小。所以此例应选用 49 孔的孔圈进行分度，即分度手柄应在 49 孔的孔圈上转 5 圈后再转 35 个孔距。

表 2–3　分度盘的孔数

分度头形式	分度盘的孔数
带一块分度盘	正面：24、25、28、30、34、37、38、39、41、42、43 反面：46、47、49、51、53、54、57、58、59、62、66
带两块分度盘	第一块　正面：24、25、28、30、34、37 反面：38、39、41、42、43 第二块　正面：46、47、49、51、53、54 反面：57、58、59、62、66

用分度盘分度时，为使分度准确而迅速，避免每分度一次要数一次孔数，可利用安装在分度头上的分度叉进行计数。分度时，应先按分度的孔数调整好分度叉，再转动手柄。图 2–10 所示为分度叉的结构及每次分度转 8 个孔距的情况。

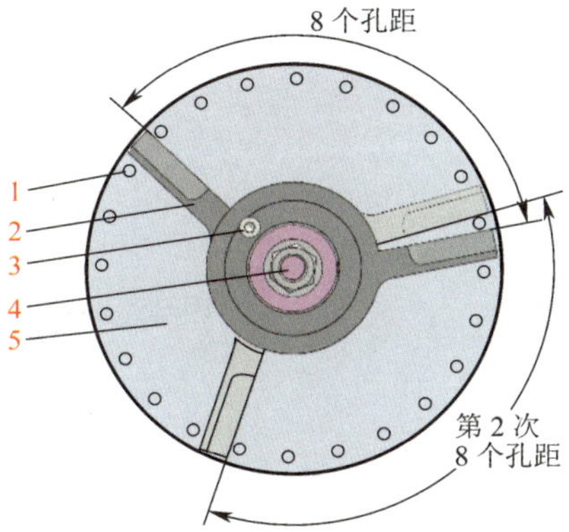

图 2–10　分度叉

1—插销孔　2—分度叉　3—紧固螺钉　4—心轴　5—分度盘

知识链接

划线时的注意事项

（1）保持划线平板的整洁，对暂不使用的平板应涂油、加盖保护。

（2）划针不用时，应套上塑料套，以防伤人。

（3）工具要合理放置，左手用的工具放在工作位置的左边，右手用的工具放在工作位置的右边。

（4）较大工件的立体划线，安放工件位置时应在工件下加上垫木，以免发生事故。

（5）划线完毕，收好工具，清理工作场地。

§2–2 錾削、锯削与锉削

一、錾削

用锤子打击錾子对金属工件进行切削加工的方法称为錾削，如图 2–11 所示。錾削是一种粗加工，一般按所划加工线进行加工，平面度可控制在 0.5 mm 之内。目前，錾削工作主要用于不便于机械加工的场合，如清除毛坯上的多余金属、分割材料、錾削平面及沟槽等。

1. 錾削工具

錾削工具主要是錾子和锤子。

（1）錾子

錾子是錾削用的刀具，一般用非合金工具钢（T7A）锻成，它由头部、錾身及切削部分组成。头部顶端略带球形，以便锤击时作用力容易通过錾子中心线。錾身部分为便于把持，多成八棱形，以防止錾削时錾子转动。切削部分刃磨成楔形，经热处理后硬度达到 56 ~ 62 HRC，如图 2–12 所示。

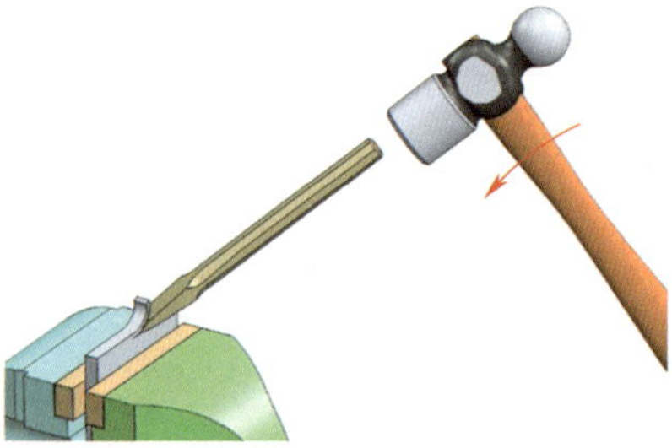

图 2–11　錾削

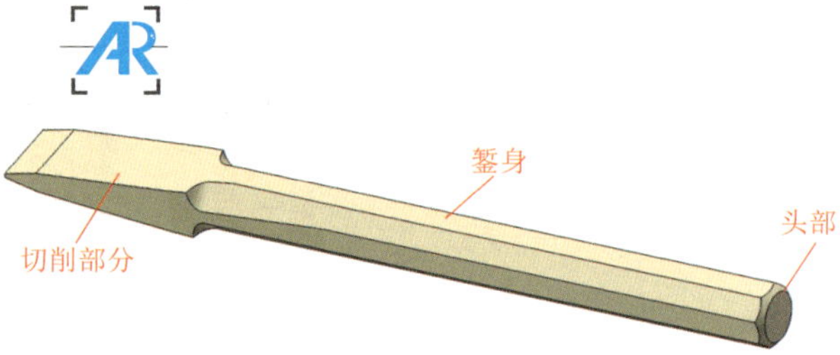

图 2–12　錾子的结构

錾子种类及用途见表 2–4。

（2）锤子

锤子是钳工常用的敲击工具，它由锤体、锤柄和倒楔三部分组成，如图 2–16 所示。

锤子的规格用锤体的质量大小表示，钳工常用的有 0.22 kg、0.34 kg、0.45 kg、0.61 kg 和 0.91 kg 等几种。锤体用非合金工具钢 T7 制成，并经淬硬处理。锤柄用硬而不脆的木材制成，如檀木、胡桃木等。锤柄截面为椭圆形，其长度应根据不同规格的锤体来选用，如 0.61 kg 的锤子柄长一般为 350 mm 左右。锤柄装入锤孔后，应打上倒楔，以防锤体脱落。

2. 錾削角度

錾削时，錾子与工件之间应形成适当的切削角度。图 2–17 所示为錾削平面时的情况。

表 2-4　　錾子种类及用途

简图和名称	特点及用途
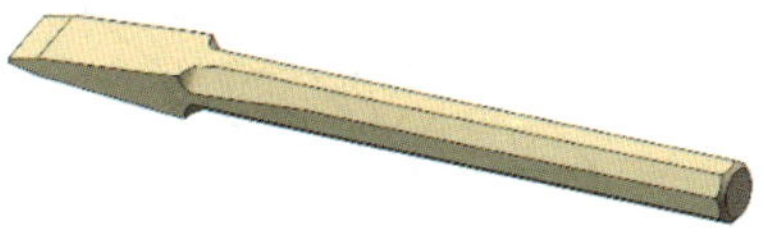 扁錾	切削部分扁平，刃口略带弧形。常用于錾削平面、分割材料及去毛边等，如图 2-13 所示
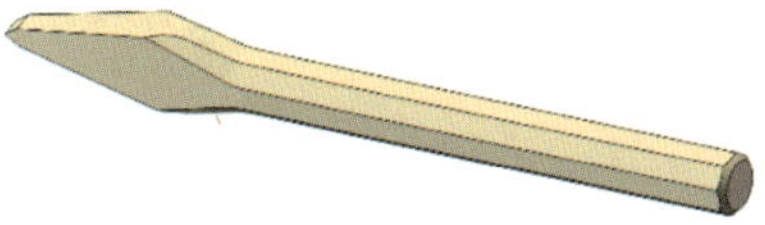 尖錾	切削刃比较短，切削部分的两侧面从切削刃到錾身逐渐变窄。主要用来錾削沟槽及分割曲线形板料，如图 2-14 所示
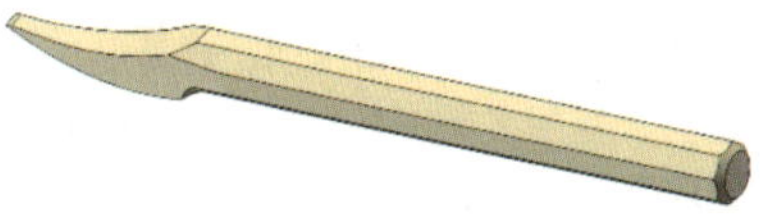 油槽錾	切削刃很短，并呈圆弧形，且与油槽截面一致，其切削部分常做成弯曲形状。主要用来錾削润滑油槽，如图 2-15 所示

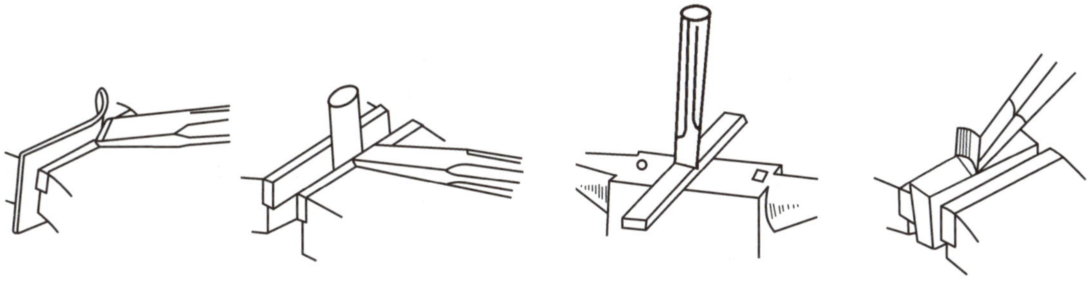

a)　　b)　　c)

图 2-13　扁錾的应用

a）板料、棒料錾切　b）錾断条料　c）錾切窄平面

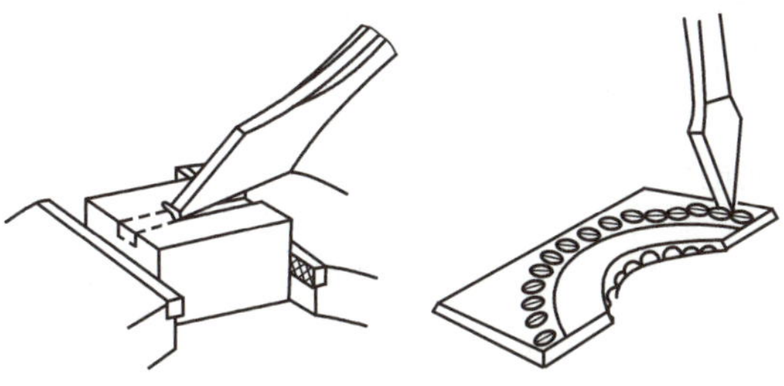

a)　　b)

图 2-14　尖錾的应用

a）錾槽　b）分割曲线形板料

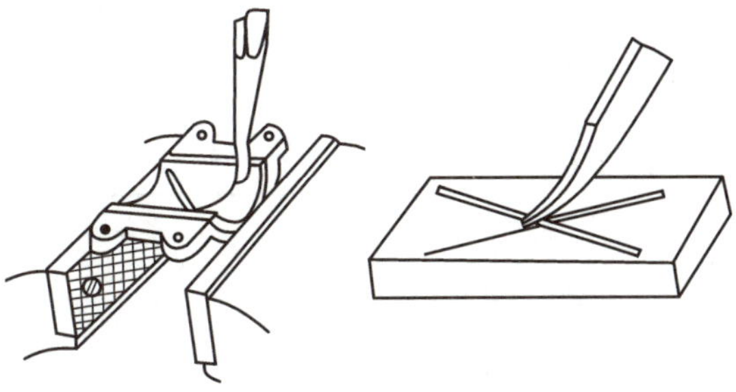

图 2-15　油槽錾的应用

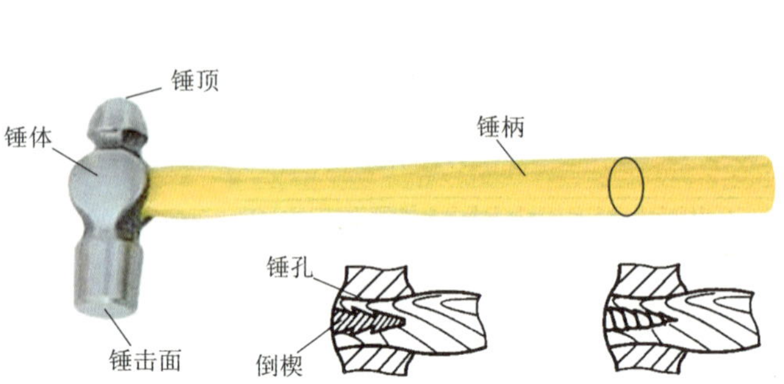

图 2–16　锤子

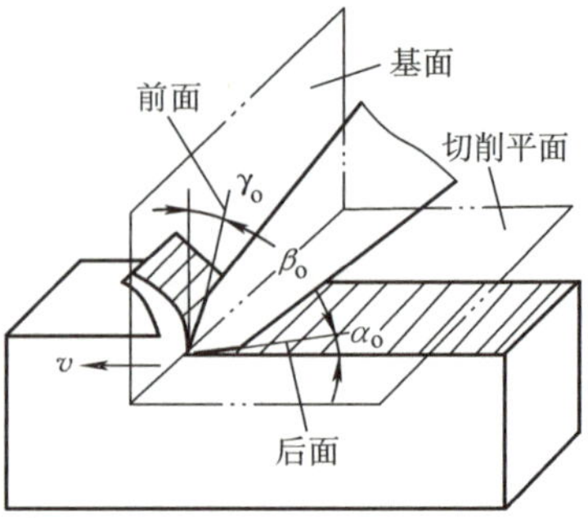

图 2–17　錾削角度

錾削角度的定义、作用及大小选择分别见表 2–5、表 2–6。

表 2–5　　**錾削角度的定义及作用**

錾削角度	定义	作用
楔角 β_o	錾子前面与后面之间的夹角	楔角小，錾削省力，但刃口薄弱，容易崩损；楔角大，錾削费力，錾削表面不易平整。通常根据工件材料的软硬选取楔角的大小
后角 α_o	錾子后面与切削平面之间的夹角	减少錾子后面与切削表面间的摩擦，使錾子容易切入材料。后角大小取决于錾子被掌握的方向，其对錾削的影响如图 2–18 所示
前角 γ_o	錾子前面与基面之间的夹角	减小錾削时切屑的变形，减小切削阻力。前角越大，切削越省力

a)　　b)

图 2–18　后角大小对錾削的影响

a）后角过大　b）后角过小

表 2–6　　**錾子几何角度的选择**

工件材料	楔角 β_o	后角 α_o	前角 γ_o
工具钢、铸铁等硬材料	60° ~ 70°	5° ~ 8°	γ_o=90° –（β_o+α_o）
结构钢等中等硬度材料	50° ~ 60°		
铜、铝、锡等软材料	30° ~ 50°		

3. 錾削的操作要点

（1）正确使用台虎钳，夹紧时不应在台虎钳的手柄上加套管子或用锤子敲击台虎钳手柄，工件要夹紧在钳口中间。

（2）錾削时要保持正确的操作姿势和挥锤速度，做到“稳、准、狠”。

（3）起錾时应从工件的边缘尖角处采用斜角起錾，将錾子头部向下倾斜，先向上錾出一小斜面，然后开始正常錾削，如图 2–19a 所示。錾削沟槽需要正面起錾，錾子刃口要贴住工件端面，錾子头部仍向下倾斜，待錾出一小斜面后，再按正常角度錾削，如图 2–19b 所示。

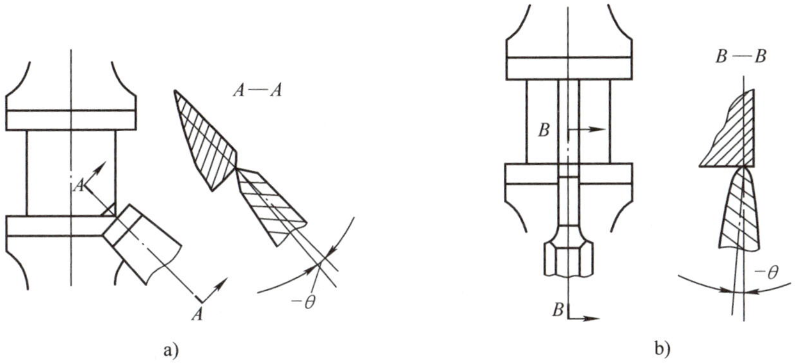

图 2–19　起錾方法
a）斜角起錾　b）正面起錾

（4）当錾削距尽头 10 ~ 15 mm 时，必须掉头錾去余下的部分，以防工件边缘崩裂，如图 2–20 所示。

图 2–20　终錾方法
a）正确　b）错误

知识链接

（1）錾子刃磨时操作者应站在砂轮机的斜侧位置，要戴好防护眼镜。使用砂轮搁架时，搁架与砂轮相距应在 3 mm 以内，刃磨时对砂轮不能施加太大的压力，不允许用棉纱裹住錾子进行刃磨。

（2）錾削时应设立防护网，以防切屑飞出伤人。錾屑要用刷子刷掉，不得用手抹或用嘴吹。

（3）錾子头部、锤子锤击面和柄部都不应沾油，以防滑出。发现锤柄有松动或损坏时，要立即装牢或更换，以免锤体脱落造成事故。

（4）錾子头部有明显的毛刺时要及时磨掉，避免碎裂伤人。

二、锯削

用手锯对材料或工件进行切断或切槽等的加工方法称为锯削，如图 2–21 所示。

图 2–21　锯削

锯削是一种粗加工，平面度一般可控制在 0.2 ~ 0.5 mm。它具有操作方便、简单、灵活的特点，应用较广。锯削的应用如图 2–22 所示。

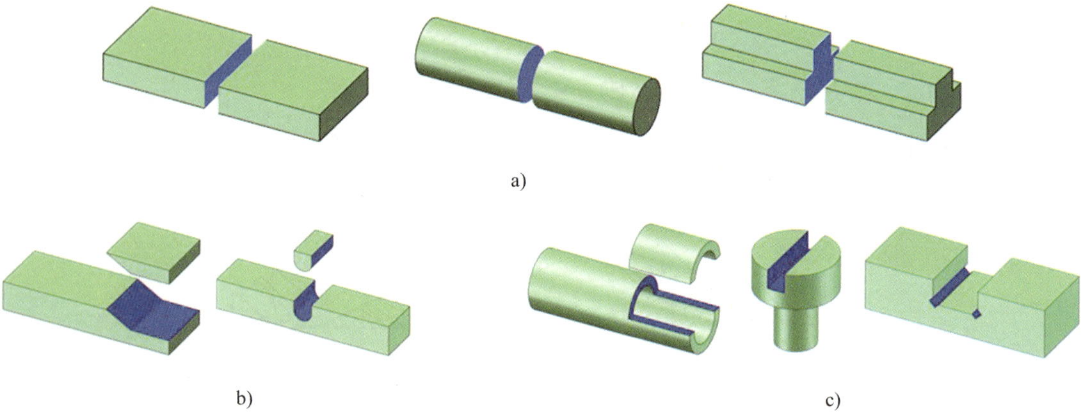

图 2–22　锯削的应用

a）锯断各种原材料或半成品　b）锯掉工件上多余部分　c）在工件上锯沟槽

1. 手锯的组成

手锯由锯弓和锯条两部分组成。锯弓用于安装和张紧锯条，有固定式和可调式两种，如图 2–23 所示。

图 2–23　锯弓的形式

a）固定式　b）可调式

锯条在锯削时起切削作用，其结构如图 2–24 所示。锯条按使用材质分为碳素结构钢（代号 D）、非合金工具钢（代号 T）、合金工具钢（代号 M）、高速钢（代号 G）以及双金属复合钢（代号 Bi）五种类型；按特性分为全硬型（代号 H）和挠性型（代号 F）两种类型；按齿形分为单面齿（A）和双面齿（B）两种类型。

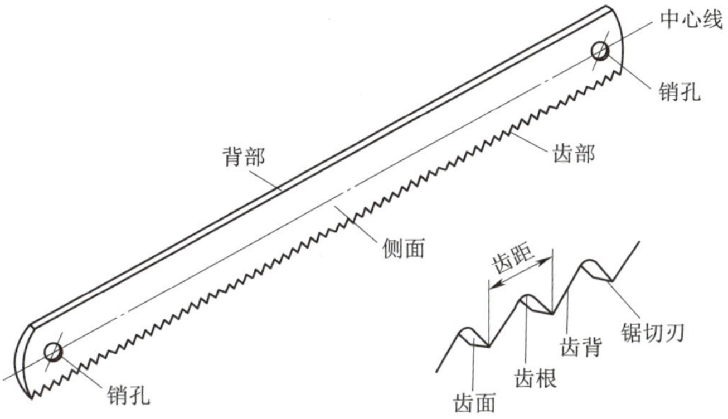

图 2–24　锯条结构

2. 锯条

（1）锯条的规格及标记

锯条的规格包括长度规格和粗细规格两部分。锯条的长度规格是以两端销孔的中心距来表示，常用的锯条长度为 300 mm。粗细规格用 25 mm 长度内的锯齿数或用齿距（两相邻锯切刃之间的距离）表示。锯条的规格及基本尺寸见表 2–7。

表 2–7　　锯条的规格及基本尺寸（摘自 GB/T 14764—2008）

锯条类型	长度规格 l/mm	粗细规格		宽度 a/mm	厚度 b/mm
		每 25 mm 内的齿数	齿距 p/mm		
单面齿型（A 型）	300 或 250	32	0.8	12.0 或 10.7	0.65
		24	1.0		
		20	1.2		
		18	1.4		
		16	1.5		
		14	1.8		
双面齿型（B 型）	296	32	0.8	22	0.65
		24	1.0		
	292	18	1.4	25	

锯条标记示例：全硬型、非合金工具钢、单面齿型、长度 l=300 mm、宽度 a=12 mm、齿距 p=1.0 mm 的钢锯条应标记为：

“手用钢锯条 GB/T 14764—2008 HTA 300 × 12 × 1.0”

（2）锯齿的切削角度

锯条的切削部分由许多按齿距均匀分布的锯齿组成，其锯齿形状如图 2–25 所示。

锯齿的切削角度见表 2–8。

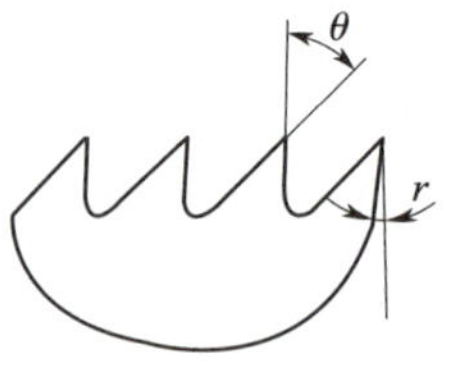

图 2–25 锯齿的形状

表 2–8 锯齿的切削角度（摘自 GB/T 14764—2008）

齿距 /mm	θ /（°）	r /（°）
0.8、1.0、1.2	46 ~ 53	−2 ~ 2
1.4、1.5、1.8	50 ~ 58	

（3）锯条的分齿

在制造锯条时，使锯齿按一定的规律左右错开，排列成一定形状，将锯齿从锯条两侧凸出以提供锯切间隙的方法称为锯条的分齿。锯条的分齿形式有交叉形和波浪形等，如图 2–26 所示。

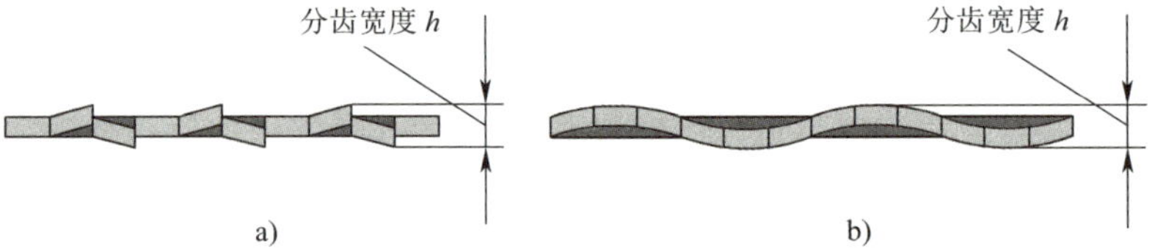

图 2–26 锯条的分齿形式

a）交叉形 b）波浪形

分齿的作用是使工件上的锯缝宽度大于锯条背部的厚度，从而减少锯削过程中的摩擦，避免“夹锯”和锯条折断现象，延长锯条使用寿命。

3. 锯削的操作要点

（1）工件夹持牢靠，同时防止工件装夹变形或夹坏已加工表面。

（2）合理选择锯条的粗细规格。

（3）锯条的安装应正确，锯齿应朝前、锯条松紧要适当，如图 2–27 所示。

（4）选择正确的起锯方法。起锯有远起锯和近起锯两种，为避免锯齿被卡住或崩裂，一般应尽量采用远起锯。起锯时起锯角要小些，一般不大于 15°，如图 2–28 所示。

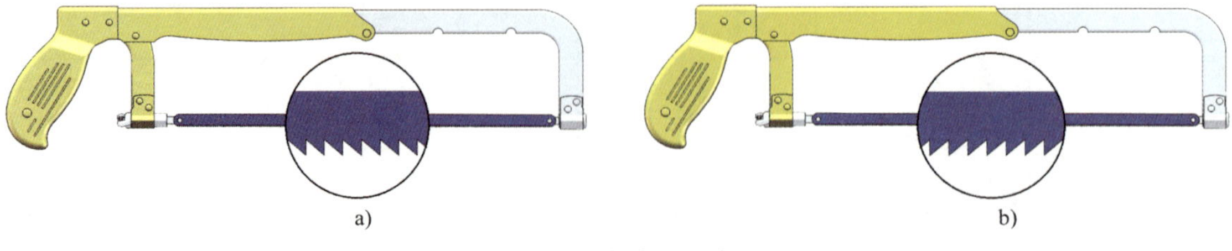

图 2–27 锯条的安装

a）正确 b）错误

图 2–28　起锯方法

a）远起锯　b）近起锯

（5）锯削姿势正确，压力和速度适当。一般锯削速度为 40 次 /min 左右。

小提示

（1）通常锯削软材料或切面较大的工件时，应选用齿距较大的锯条；锯削硬材料或切面较小的工件时，则应选用齿距较小的锯条；锯削管子或薄板材料时，必须选用齿距小的锯条，以防锯齿卡住或崩裂。

（2）锯削时要防止锯条折断从锯弓上弹出伤人。

（3）要防止工件被锯下的部分跌落砸在脚上。

三、锉削

用锉刀对工件进行切削加工，使其尺寸、形状和表面粗糙度符合要求的操作方法称为锉削，如图 2–29 所示。锉削一般是在錾、锯之后对工件进行的精度较高的加工，其精度可达 0.01 mm，表面粗糙度可达 $Ra0.8$ μm。锉削的应用范围较广，可以锉削工件的内、外平面、内外曲面、沟槽及各种复杂表面，是钳工常用的重要操作之一。钳工在装配中经常使用锉削的方法对零件进行修整和加工。

图 2–29　锉削

1. 锉刀的结构

锉刀用非合金工具钢 T12 或 T13 制成，经热处理后硬度达 62 ~ 72 HRC。锉刀由锉身和锉柄两部分组成，各部分名称如图 2–30 所示。

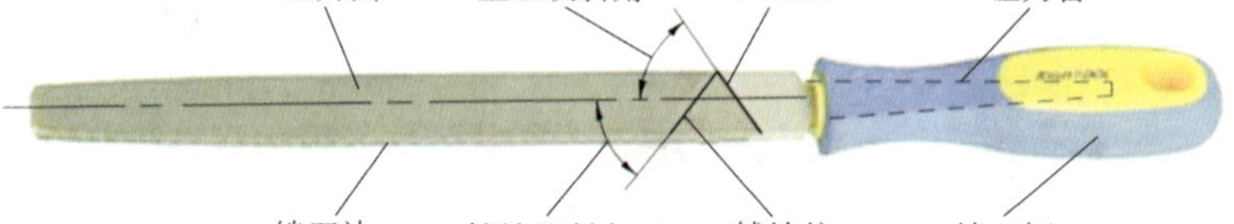

图 2–30　锉刀的结构

锉刀面上有无数个锉齿，根据锉齿的排列方式，可分为单齿纹和双齿纹两种，如图 2–31 所示。单齿纹锉刀适用于锉削软材料；双齿纹由主锉纹（起主要切削作用）和辅锉纹（起分屑作用）构成，双齿纹锉刀适用于锉削硬材料。

a)　　b)

图 2–31　锉刀的齿纹

a）单齿纹　b）双齿纹

2. 锉刀的种类

按用途不同，锉刀可分为钳工锉、异形锉和整形锉三类。

（1）钳工锉

钳工锉是钳工最常用的锉削工具，按其断面形状不同，分为平锉、方锉、三角锉、半圆锉和圆锉五种，如图 2–32 所示。

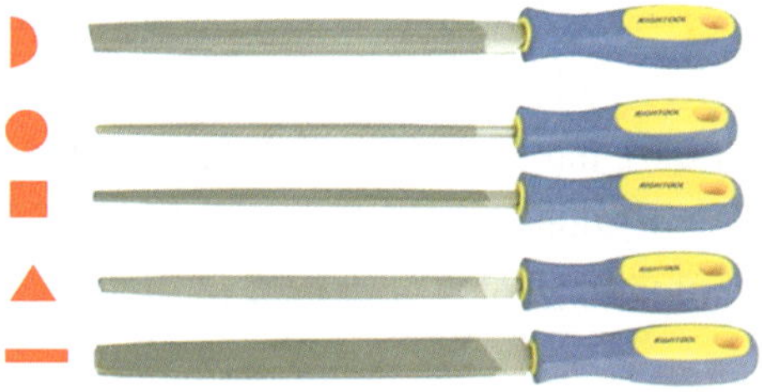

图 2–32　钳工锉断面形状

（2）异形锉

异形锉用来锉削工件上的特殊表面，有弯形的和直形的两种，如图 2–33 所示。

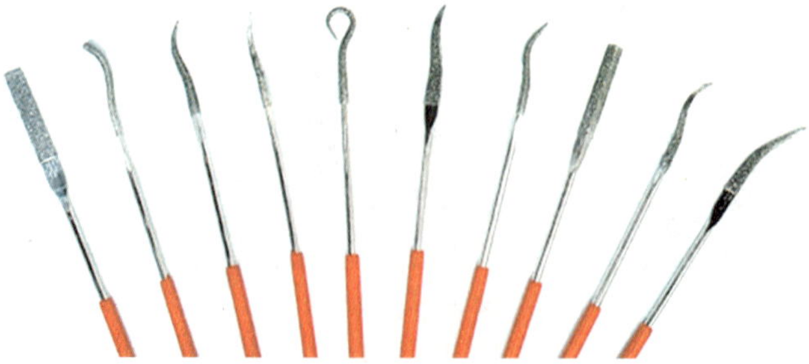

图 2–33　异形锉

（3）整形锉

整形锉主要用于修整工件上的细小结构。通常以多把不同断面形状的锉刀组成一组（常用的有 5 支、8 支、10 支为一组），其断面形状有平锉、方锉、三角锉、圆锉、半圆锉、菱形锉、刀口锉、椭圆锉、单边三角锉等多种，如图 2–34 所示。

3. 锉刀的规格

锉刀的规格包括尺寸规格和锉纹的粗细规格。

（1）尺寸规格

锉刀的尺寸规格，圆锉以其断面直径、方锉以其边长为尺寸规格，其他锉刀以锉身长度表示。常用的锉刀长度有 100 mm、150 mm、200 mm、250 mm、300 mm、350 mm 等几种。异形锉和整形锉的尺寸规格用锉刀的全长来表示。

（2）粗细规格

以锉刀每 10 mm 轴向长度内的主锉纹条数来表示，普通钳工锉的锉纹参数见表 2–9。

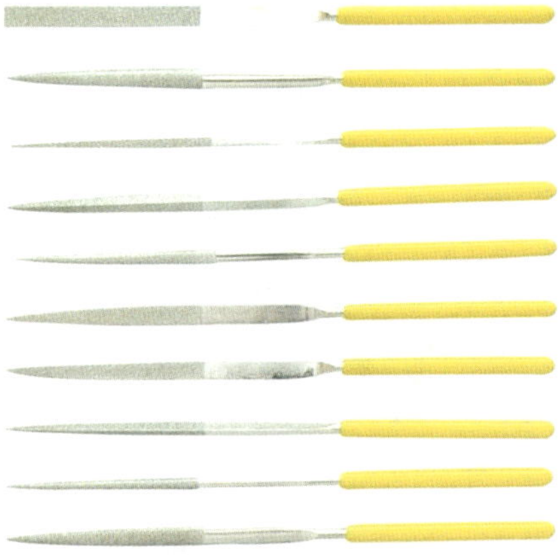

图 2–34　整形锉

表 2–9　　普通钳工锉的锉纹参数（摘自 GB/T 5806—2003）

长度规格 / mm	每 10 mm 主锉纹条数					辅锉纹条数	边锉纹条数	主锉纹斜角 λ		辅锉纹斜角 ω		边锉纹斜角 θ
	锉纹号											
	1	2	3	4	5			1 ～ 3 号锉纹	4 ～ 5 号锉纹	1 ～ 3 号锉纹	4 ～ 5 号锉纹	
100	14	20	28	40	56	为主锉纹条数的 75% ～ 95%	为主锉纹条数的 100% ～ 120%	65°	72°	45°	52°	90°
125	12	18	25	36	50							
150	11	16	22	32	45							
200	10	14	20	28	40							
250	9	12	18	25	36							
300	8	11	16	22	32							
350	7	10	14	20	—							
400	6	9	12	—	—							
450	5.5	8	11	—	—							

注：1 号锉纹为粗齿锉刀，2 号锉纹为中齿锉刀，3 号锉纹为细齿锉刀，4 号锉纹为双细齿锉刀，5 号锉纹为油光锉。

4. 锉刀的选择

锉刀选用是否合理，对工件的加工质量、工作效率和锉刀寿命都有很大的影响。通常应根据工件的表面形状、尺寸精度、材料性质、加工余量以及表面粗糙度等要求来选用。

锉刀断面形状及尺寸应与工件被加工表面形状与大小相适应，如图 2–35 所示。

一般来说粗齿锉刀用于锉削铜、铝等软金属及加工余量大、精度低和表面粗糙的工件；细齿锉刀用于锉削钢、铸铁以及加工余量小、精度要求高和表面粗糙度数值较低的工件；油光锉则用于最后修光工件表面。锉刀粗细规格的选用见表 2–10。

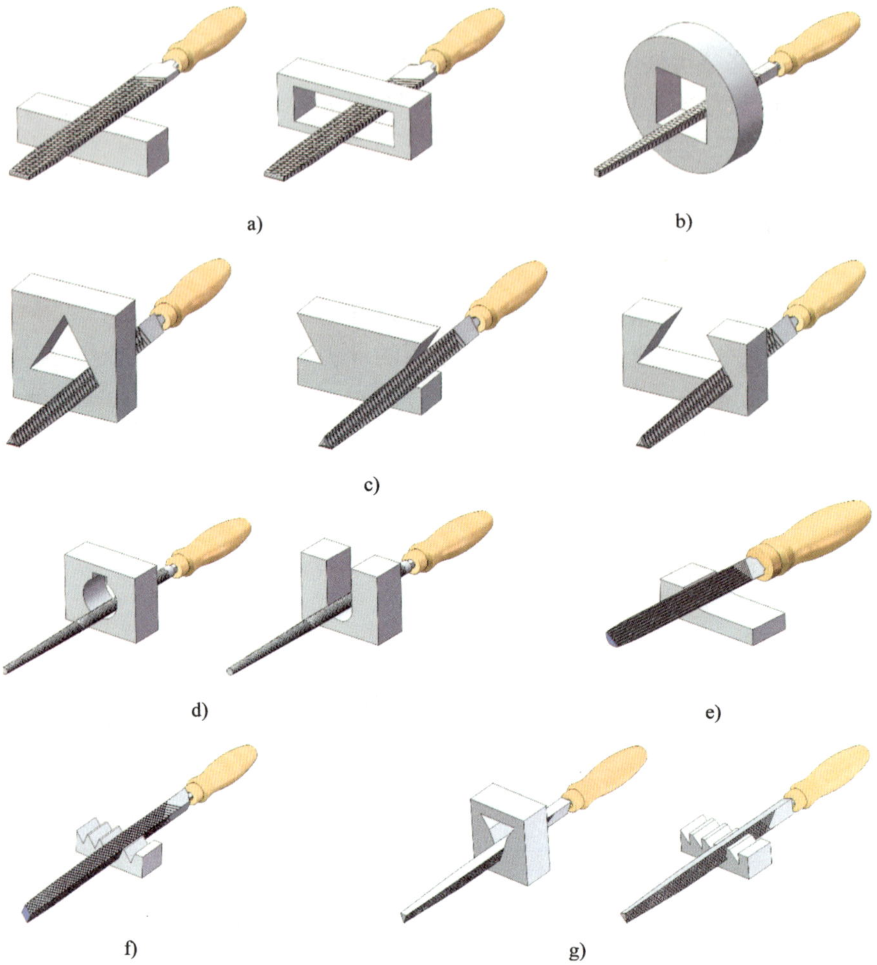

图 2–35　不同加工表面使用的锉刀

a）平锉　b）方锉　c）三角锉　d）圆锉

e）半圆锉　f）菱形锉　g）刀口锉

表 2–10　　锉刀粗细规格的选用

粗细规格	适用场合		
	锉削余量 /mm	尺寸精度 /mm	表面粗糙度 Ra/μm
1 号（粗齿锉刀）	0.5 ～ 1	0.2 ～ 0.5	100 ～ 25
2 号（中齿锉刀）	0.2 ～ 0.5	0.05 ～ 0.2	25 ～ 6.3
3 号（细齿锉刀）	0.1 ～ 0.3	0.02 ～ 0.05	12.5 ～ 3.2
4 号（双细齿锉刀）	0.1 ～ 0.2	0.01 ～ 0.02	6.3 ～ 1.6
5 号（油光锉）	0.1 以下	0.01	1.6 ～ 0.8

5. 锉削的操作要点

（1）锉削时要保持正确的操作姿势和锉削速度。锉削速度一般为 40 次 /min 左右。

（2）锉削时两手用力要平衡，回程时不要施加压力，以减少锉齿的磨损。

知识链接

锉削时的注意事项

（1）锉刀放置时不要露出钳台边缘，以防跌落伤人。

（2）不能用嘴吹切屑或用手清理切屑，以防伤眼或伤手。

（3）不使用无柄或手柄开裂的锉刀。

（4）锉削时不要用手去摸锉削表面，以防锉刀打滑而造成损伤。

（5）锉刀不得沾油或沾水。锉屑嵌入齿缝必须用钢丝刷清除，不允许用手直接清除。

§2–3 孔加工

钳工加工孔的方法主要有两类：一类是用麻花钻、中心钻等在实体材料上加工出孔；另一类是用扩孔钻、锪钻或铰刀等对工件上已有的孔进行再加工。

一、钻孔

用钻头在实体材料上加工孔的方法，称为钻孔，如图 2–36 所示。钳工钻孔时常在各类钻床上进行。

钳工常用的钻床有台式钻床、立式钻床和摇臂钻床，分别用来加工不同规格的孔。在钻床上钻孔时，钻头的旋转是主运动，钻头沿轴向的移动是进给运动。

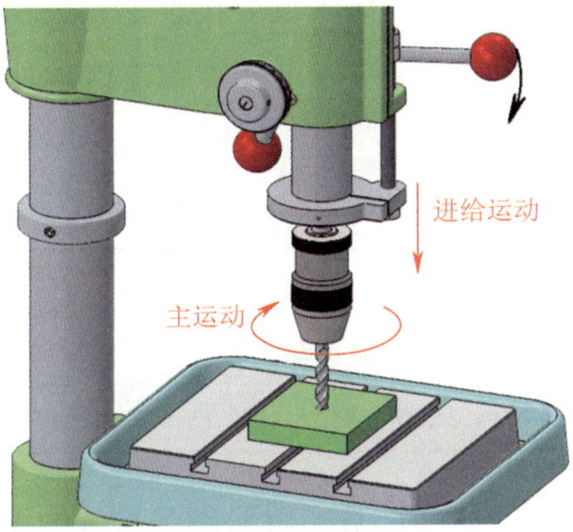

图 2–36　钻孔

钻削时钻头是在半封闭的状态下进行切削的，转速高，切削量大，排屑困难，摩擦严重，钻头易抖动，所以加工精度低，一般尺寸精度只能达到 IT11 ~ IT10，表面粗糙度值只能达到 Ra50 ~ 12.5 μm。

1. 麻花钻

钻头的种类较多，如麻花钻、扁钻、深孔钻、中心钻等。其中，麻花钻（俗称钻头）是指容屑槽由螺旋面构成的钻头，钻体部分形状像麻花一样，它是钳工常用的钻孔刀具。麻花钻的规格用直径表示（靠近钻尖处测量），主要用来在实体材料上钻削直径 100 mm 以下的孔。

麻花钻工作部分用 W6Mo5Cr4V2 或其他同等性能的普通高速钢（代号：HSS）制造，热处理淬火后硬度达 62 ~ 67 HRC。也可用高性能高速钢（代号：HSS–E）制造，淬火后硬度可达 64 ~ 68 HRC。焊接麻花钻柄部用 45 钢或同等性能的其他钢材制造。

（1）麻花钻的组成

麻花钻由钻柄和钻体部分组成，结构如图 2–37 所示。

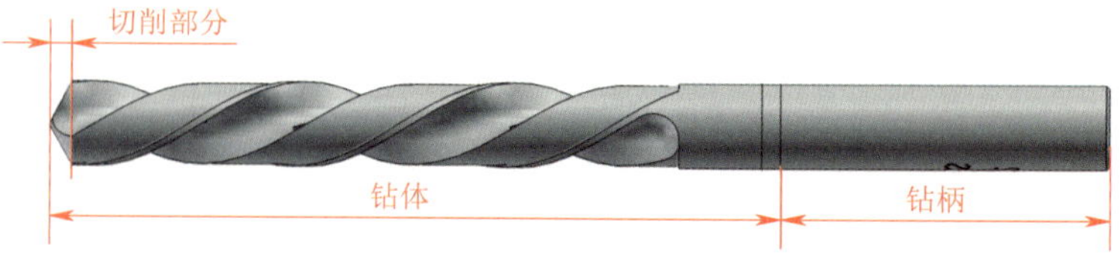

a)

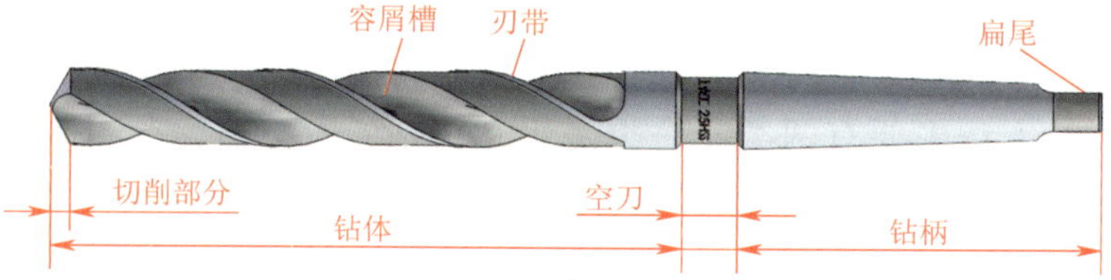

b)

图 2–37　麻花钻

a）直柄式麻花钻　b）锥柄式麻花钻

1）钻柄　钻柄是麻花钻的夹持部分，主要用来连接钻床主轴并传递动力，有直柄和锥柄两种。一般直径小于 13 mm 的钻头做成直柄，用钻夹头夹持；直径大于 13 mm 的做成锥柄，通过锥柄莫氏锥度（或变径套）与钻床主轴锥孔连接，具体规格见表 2–11。在锥柄的小端有一扁尾，以备嵌入锥孔的槽中，作顶出钻头之用。

表 2–11　　莫氏锥柄的大端直径及钻头直径　　mm

莫氏圆锥号	1	2	3	4	5	6
大端直径 d_1	12.240	17.980	24.051	31.542	44.731	63.760
钻头直径 d_0	14.00 及以下	14.25 ~ 23.00	23.25 ~ 31.75	32.00 ~ 50.50	51.00 ~ 76.00	77.00 ~ 100.0

2）钻体　麻花钻的钻体包括切削部分（又称钻尖）和由两条刃带形成的导向部分及空刀。切削部分是指由产生切屑的诸要素（主切削刃、横刃、前面、后面、刀尖）所组成的工

作部分，它承担着主要的切削工作。标准麻花钻的切削部分由五刃（两条主切削刃、两条副切削刃和一条横刃）、六面（两个前面、两个后面和两个副后面）和三尖（一个钻尖和两个刀尖）组成，如图 2-38 所示。

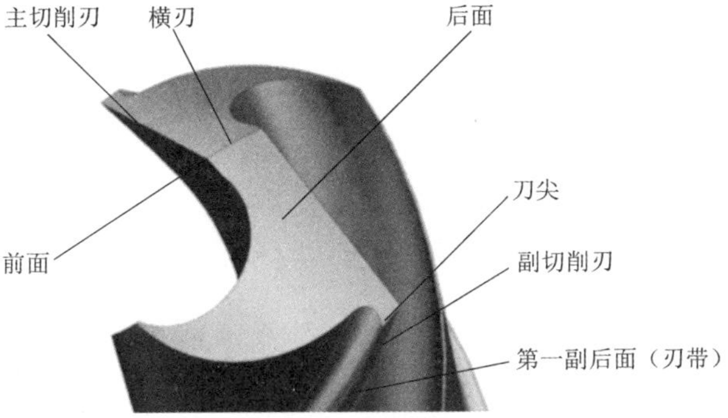

图 2-38　麻花钻切削部分的构成

麻花钻的导向部分用来保持麻花钻钻孔时的正确方向并修光孔壁，在麻花钻刃磨时可作为切削部分的后备。两条容屑槽的作用是形成切削刃，便于容屑、排屑和切削液输入。为了减少刃带与孔壁的摩擦，便于导向，麻花钻的导向部分直径略有倒锥（用倒锥度表示，每 100 mm 长度上为 0.02 ~ 0.12 mm，但总倒锥量不应超过 0.25 mm）。

空刀是钻体上直径减小的部分，它的作用是在磨制麻花钻时作退刀槽使用，通常锥柄麻花钻的规格、材料及商标也打印在此处。

（2）标准麻花钻的切削角度

1）确定麻花钻切削角度的辅助平面　为了确定麻花钻的切削角度，需要引进几个辅助平面：基面、切削平面、正交平面（此三者互相垂直，见图 2-39）和柱剖面。

①基面　麻花钻主切削刃上任一点的基面就是通过该点，且垂直于该点切削速度方向的平面，实际上是通过该点与钻心连线的径向平面。由于麻花钻两主切削刃不通过钻心，所以主切削刃上各点的基面也就不同。

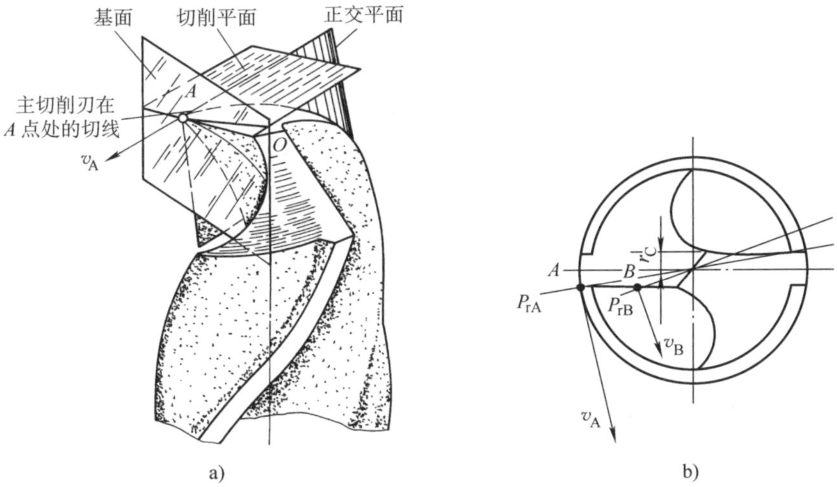

图 2-39　麻花钻的辅助平面

②切削平面　麻花钻主切削刃上任一点的切削平面，是由该点的切削速度方向与该点切削刃的切线所构成的平面。标准麻花钻主切削刃为直线，其切线就是钻刃本身。切削平面即为该点切削速度与钻刃构成的平面。

③正交平面　通过主切削刃上任一点并垂直于基面和切削平面的平面。

④柱剖面　通过主切削刃上任一点作与麻花钻轴线平行的直线，该直线绕麻花钻轴线旋转所形成的圆柱面的切面，如图 2–40 所示。

2）标准麻花钻的切削角度　标准麻花钻的切削角度如图 2–41 所示。

标准麻花钻切削角度的定义、作用及特点见表 2–12。

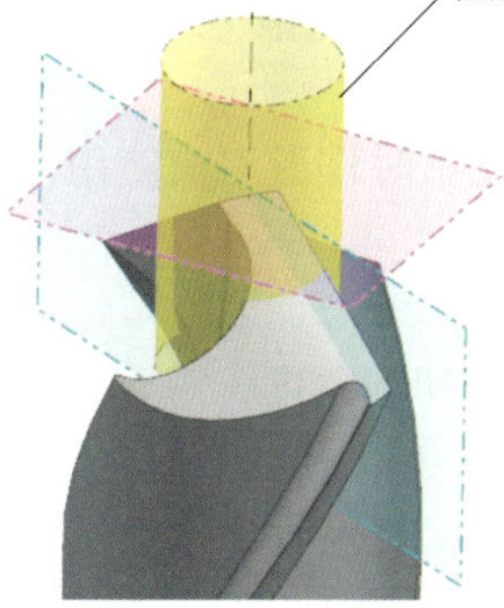

图 2–40　柱剖面

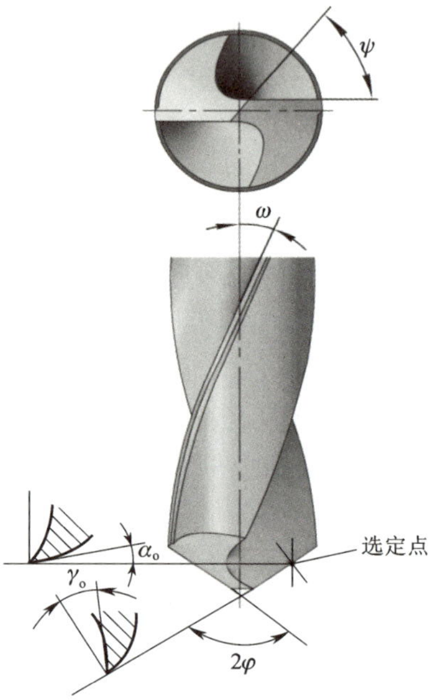

图 2–41　标准麻花钻的切削角度

表 2–12　　标准麻花钻切削角度的定义、作用及特点

切削角度	定义	作用及特点
前角 γ_o	在正交平面内前面与基面之间的夹角	前角大小决定着切除材料的难易程度和切屑在前面上的摩擦阻力大小。前角越大，切削越省力。主切削刃上各点前角不同：近外缘处最大，可达 γ_o=30°；自外向内逐渐减小，在钻心至 d/3 范围内为负值；横刃处 γ_o 为 –54° ~ –60°；接近横刃处的前角 γ_o=–30°
主后角 α_o	在柱剖面内后面与切削平面之间的夹角	主后角的作用是减小麻花钻后面与切削面间的摩擦。主切削刃上各点的主后角也不同：外缘处较小，自外向内逐渐增大。直径 d 为 15 ~ 30 mm 的麻花钻，外缘处 α_o 为 9° ~ 12°，钻心处 α_o 为 20° ~ 26°，横刃处 α_o 为 30° ~ 36°

续表

切削角度	定义	作用及特点
顶角 2φ	两条主切削刃在其平行平面上的投影之间的夹角	顶角影响主切削刃上轴向力的大小。顶角越小，轴向力越小，外缘处刀尖角 ε 越大，利于散热和提高钻头使用寿命。但在相同条件下，钻头所受扭矩增大，切屑变形加剧，排屑困难，不利于润滑。顶角的大小一般根据麻花钻的加工条件而定。标准麻花钻的顶角 2φ 为 $118° \pm 3°$，其大小对主切削刃形状的影响，如图 2–42 所示
横刃斜角 ψ	横刃角的补角称为横刃斜角（注：横刃角是指在垂直于轴线的平面内，测量从外转角到横刃转角组成的直线与横刃的夹角）	在刃磨钻头时自然形成。其大小与主后角有关。主后角大，则横刃斜角小，横刃较长。标准麻花钻的横刃斜角 ψ 为 50° ~ 55°

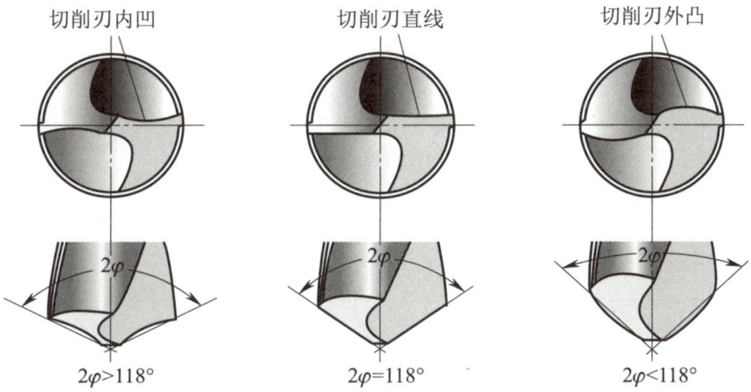

图 2–42　顶角对主切削刃形状的影响

（3）标准麻花钻的缺点

1）横刃较长，横刃处前角为负值。切削中，横刃处于挤刮状态，产生很大的轴向力，钻头易抖动，导致不易定心。

2）主切削刃上各点的前角大小不一样，致使各点切削性能不同。由于靠近钻心处的前角是负值，切削为挤刮状态，切削性能差，产生热量大，钻头磨损严重。

3）棱边处的副后角为零。靠近切削部分的棱边与孔壁的摩擦比较严重，易发热磨损。

4）主切削刃外缘处的刀尖角 ε 较小，前角很大，刀齿薄弱，而此处的切削速度最高，故产生的切削热最多，磨损极为严重。

5）主切削刃长且全部参与切削。增大了切屑变形，排屑困难。

（4）标准麻花钻的修磨

为改善标准麻花钻的切削性能，提高钻削效率和刀具寿命，通常要对其切削部分进行修磨。刃磨钻头常在砂轮机上进行，砂轮的粒度为 F46 ~ F80，硬度为中等。一般是按钻孔的具体要求，有选择地对麻花钻进行修磨，见表 2–13。

表 2–13　　标准麻花钻的修磨

修磨措施	修磨要求及效果	图示
磨短横刃并增大靠近钻心处的前角	这是最基本的修磨方式。修磨后横刃的长度“*b*”为原来的 1/3 ~ 1/5，以减小轴向抗力和挤刮现象，提高钻头的定心作用和切削的稳定性。同时，在靠近钻心处形成内刃，内刃斜角 τ=20° ~ 30°，内刃处前角 γ_τ=0° ~ −15°，切削性能得以改善。一般直径在 5 mm 以上的麻花钻均须修磨横刃	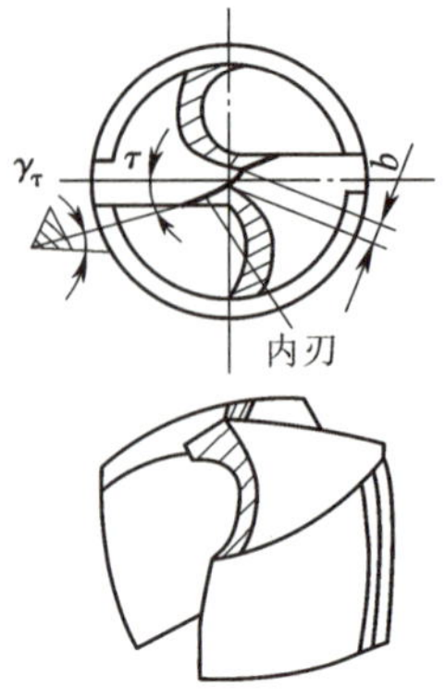
修磨主切削刃	主要是磨出第二顶角 $2\varphi_o$（70° ~ 75°）。在麻花钻外缘处磨出过渡刃（f_o=0.2*d*），以增大外缘处的刀尖角，改善散热条件，增加刀齿强度，提高切削刃与棱边交角处的耐磨性，延长钻头寿命，减少孔壁的残留面积，有利于减小孔的表面粗糙度	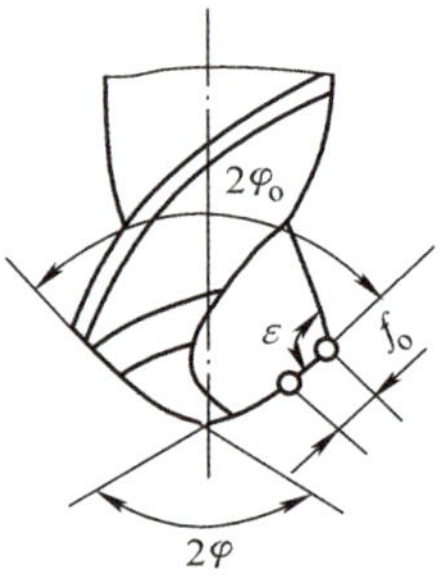
修磨棱边	在靠近主切削刃的一段棱边上，磨出副后角 α_{o1}=6° ~ 8°，并保留棱边宽度为原来的 1/3 ~ 1/2，以减少对孔壁的摩擦，延长钻头寿命	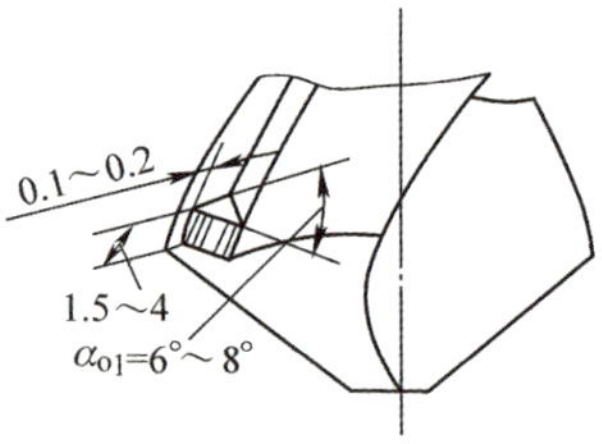
修磨前面	修磨外缘处前面，可以减小此处的前角，提高刀齿的强度，钻削黄铜时，可以避免“扎刀”现象	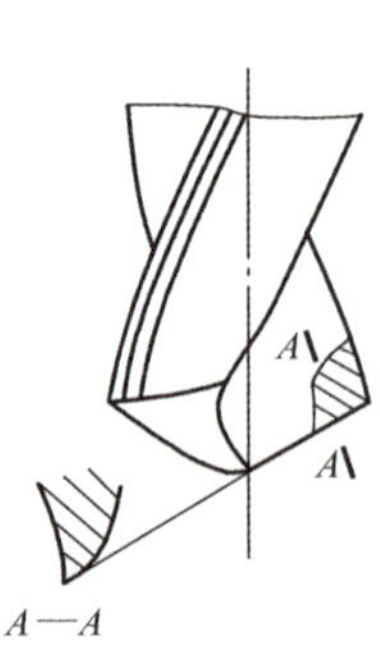

续表

修磨措施	修磨要求及效果	图示
修磨分屑槽	在两个后面或前面上磨出几条相互错开的分屑槽，使切屑变窄，以利排屑。直径大于 15 mm 的钻头都可磨出分屑槽	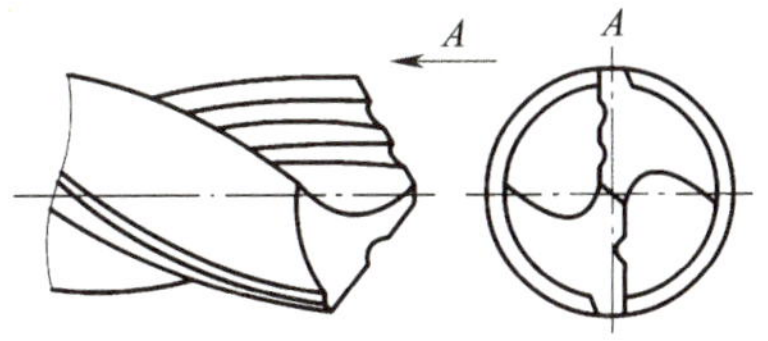 a)前面开槽 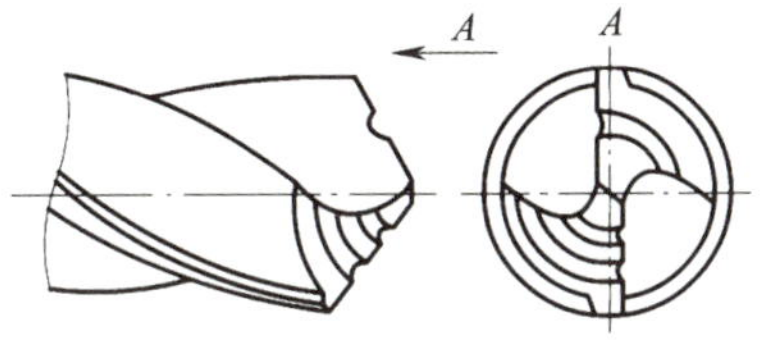 b)后面开槽

小提示

切屑的种类

（1）带状切屑

加工塑性金属材料时，若切削深度较小、切削速度高、刀具前角较大时，易产生内表面光滑、外表面呈毛茸状的带状切屑。

（2）节状切屑

在切削速度较低，切削深度较大的情况下，切削钢及黄铜等材料时，易产生内表面有裂纹、外表面呈齿状的节状切屑。

（3）粒状切屑

在切削速度很低，切削深度很大的情况下，切削钢等材料时，由于剪切变形完全达到材料的破坏极限，切下的切屑断裂成均匀的颗粒状。

（4）崩碎切屑

切削如铸铁等脆性金属材料时，切削层金属未经明显的塑形变形，就在弯曲应力作用下脆断，得到不规则的细粒状切屑。

2. 群钻

群钻是对标准麻花钻合理刃磨形成的高生产率、高加工精度、适应性强、寿命长的新型钻头。在生产实践中，群钻钻型不断改进、扩展，现已形成一整套加工不同材料和适应不同工艺特性的钻型系列。其中标准群钻应用最为广泛，它又是演变成其他钻型的基础。

（1）标准群钻

如图 2–43 所示，主要用来钻削碳钢和各种合金钢。标准群钻的修磨要求见表 2–14。

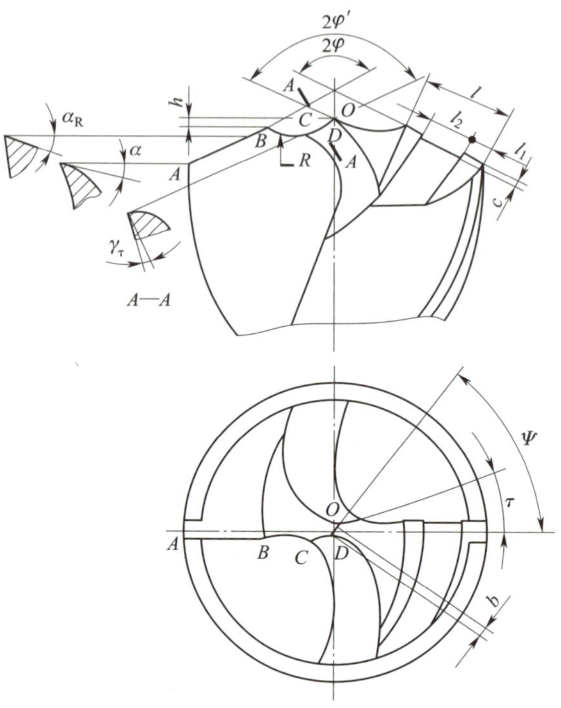

图 2–43　标准群钻

表 2–14　　标准群钻的修磨

修磨措施	修磨要求及效果
磨出月牙槽	在后面上对称磨出，形成凹形圆弧刃，把主切削刃分成三段，即外直刃、圆弧刃、内直刃，如图 2–43 所示。磨出外圆弧刃，增大了靠近钻心处前角，减少了挤刮现象，使切削省力；主切削刃分成三段，有利于分屑、断屑和排屑；钻孔时圆弧刃在孔底上切削出一道圆环筋，加强了定心作用；磨出月牙槽还降低了钻尖高度，横刃可磨得较短而不致影响钻尖强度
磨短横刃	使横刃为原来的 1/7 ~ 1/5，同时使新形成的内直刃上的前角也大大增加，以减少轴向抗力，加强定心作用，提高切削能力
磨出单边分屑槽	在一条外刃上磨出凹形分屑槽，利于排屑

由表 2–14 可见，标准群钻的刃形特点是“三尖、七刃、两种槽”。三尖是由于磨出月牙槽，主切削刃形成三个尖；七刃是两条外直刃、两条圆弧刃、两条内直刃、一条横刃；两种槽是月牙槽和单边分屑槽。

（2）钻铸铁的群钻

铸铁较脆，钻削时切屑呈碎块并夹杂着粉末，挤压在钻头的后面、棱边与工件之间，产生剧烈的摩擦，使钻头磨损。磨损几乎全部发生在后面上，最严重的部位则是切削刃与棱边转角处的后面。钻铸铁群钻的修磨要求见表 2–15。

表 2–15　　钻铸铁群钻的修磨

修磨措施	修磨要求及效果	图示
磨出第二顶角（$2\varphi_1$=70°）	较大的钻头可以磨出第二（或第三）顶角，使外直刃变成二段（或三段）直刃，以减少轴向抗力，提高耐磨性	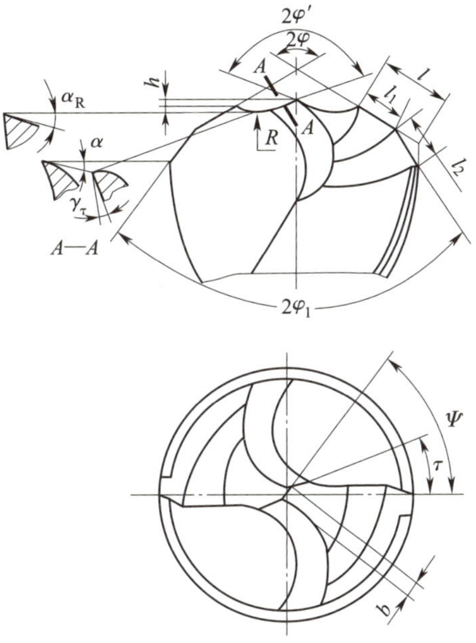
适当地磨大后角	减少后面与工件的摩擦	
磨短横刃	减小切削抗力，增强钻削稳定性	

（3）钻黄铜或青铜的群钻

黄铜和青铜的强度、硬度较低，组织疏松，切削阻力较小，若切削刃锋利，钻削时会造成“扎刀”（即钻头自动切入工件）现象。轻者使孔口损坏，钻头崩刃，重者将使钻头扭断，甚至会把工件从夹具中拉出造成事故。钻黄铜或青铜群钻的修磨要求见表 2–16。

（4）钻薄板的群钻

在薄板类工件上钻孔时，不能使用标准麻花钻。这是因为麻花钻的钻尖较高，当钻尖钻穿孔时，钻头立即失去定心作用，同时轴向抗力又突然减小，加上工件弹动，会造成孔不圆或孔口毛边很大，甚至扎刀或折断钻头。钻薄板群钻的修磨要求见表 2–17。

3. 硬质合金钻头

加工硬脆材料如合金铸铁、脆硬钢等难加工材料时，必须使用硬质合金钻头。

通常小直径硬质合金钻头都做成整体结构，除用于加工硬材料外，也适用于加工非金属压层材料。直径大于 6 mm 的硬质合金钻头都做成镶片式结构。其结构特点是切削部分材料用 YG8，刀体用 9SiCr；钻心较粗，d_0=（0.25 ~ 0.3）d，导向部分缩短；加宽容屑槽；增大倒锥量；制成双螺旋角。用以增强钻体刚度，减少振动，便于排屑，防止刀片崩裂。

表 2–16　　钻黄铜或青铜群钻的修磨

修磨措施	修磨要求及效果	图示
磨小外缘处的前角	避免扎刀现象	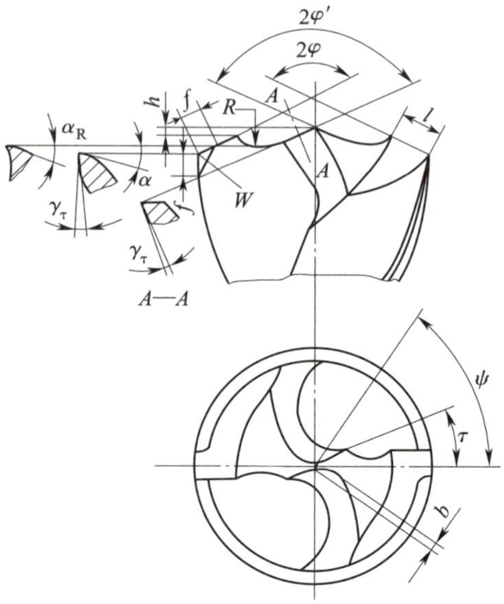
磨短横刃	增加钻削稳定性	
磨出过渡圆弧	主、副切削刃的交角处磨成 r=0.5 ~ 1 mm 的过渡圆弧，改善钻孔表面粗糙度	

表 2–17　　钻薄板群钻的修磨

修磨措施	修磨要求及效果	图示
两主切削刃磨成圆弧形切削刃	形成三尖。此时，钻尖高度磨低，切削刃外缘磨出锋利的两个刀尖，与钻心刀尖相差 0.5 ~ 1.5 mm，加强了定心作用，当钻头钻穿时，轴向力不会突然减小	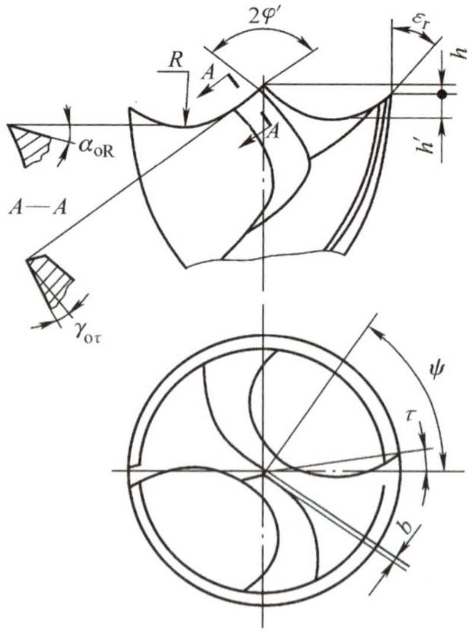
磨短、磨尖横刃	使钻心处的切削刃更锋利，加强定心作用	

4. 钻削用量的选择

（1）钻削用量

钻削用量是指在钻削过程中，切削速度、进给量和背吃刀量的总称，如图 2–44 所示。

1）钻削时的切削速度（v） 指钻孔时钻头直径上一点的线速度。可由下式计算：

$$v=\frac{\pi dn}{1\ 000}$$

式中 v——切削速度，m/min；

d——钻头直径，mm；

n——钻床主轴转速，r/min。

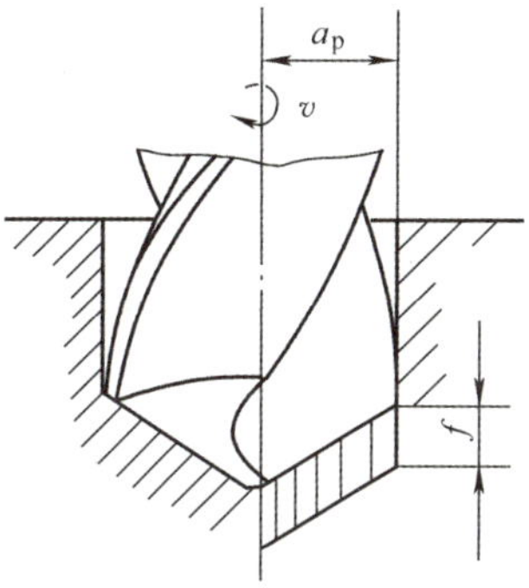

图 2–44 钻削用量

例 2–5 钻头直径为 20 mm，以 450 r/min 的转速钻孔，其切削速度是多少？

解： $v=\frac{\pi dn}{1\ 000}\approx$（3.14×20×450/1 000）m/min=28.26 m/min

答： 钻头的切削速度为 28.26 m/min。

2）钻削时的进给量（f） 指主轴每转一周，钻头相对工件沿主轴轴线的相对移动量，单位是 mm/r。

3）背吃刀量（a_p） 指在通过切削刃基点并垂直于工作平面（工作平面：通过切削刃选定点，并同时包含主运动方向和进给运动方向的平面）的方向上测量的吃刀量，通常指已加工表面与待加工表面之间的垂直距离。钻削时，$a_p=d/2$（d 为钻头直径）。

（2）钻削用量的选择原则

钻孔时，由于背吃刀量已由钻头直径所定，所以只需选择切削速度和进给量。

对钻孔生产率的影响，切削速度 v 和进给量 f 是相同的；对钻头寿命的影响，切削速度 v 比进给量 f 大。对孔的表面粗糙度的影响，进给量 f 比切削速度 v 大。综合以上的影响因素，钻削用量的选用原则是：在允许范围内，尽量先选较大的进给量 f，当 f 受到表面粗糙度和钻头刚度的限制时，再考虑选较大的切削速度 v。

（3）钻削用量的选择方法

1）背吃刀量的选择 直径小于 30 mm 的孔可一次钻出，达到规定要求的孔径；直径为 30 ~ 80 mm 的孔可分为两次钻削，先用（0.5 ~ 0.7）D（D 为要求的孔径）的钻头钻底孔，然后用直径为 D 的钻头将孔扩大至要求尺寸。这样可以提高钻孔质量，减少轴向力，保护机床和刀具等。

2）进给量的选择 当孔的尺寸精度、表面粗糙度要求较高时，应选较小的进给量；钻小孔、深孔时，由于钻头细而长，强度低、刚度差、易扭断，应选较小的进给量。

3）切削速度的选择 当钻头的直径和进给量确定后，钻削速度应按钻头的寿命选取合理的数值，一般根据经验选取。孔深较大时，应取较小的切削速度。

具体选择钻削用量时，应根据钻头直径、钻头材料、工件材料、加工精度及表面粗糙度等方面的要求，合理选取。

5. 钻孔用切削液

钻孔一般属于粗加工，钻削过程中，钻头处于半封闭状态下工作，摩擦严重，散热困难。注入切削液是为了延长钻头寿命和提高切削性能。

钻孔时由于加工材料和加工要求不同，所用切削液的种类和作用也不一样。钻孔用切削液见表 2–18。

表 2–18　　钻孔用切削液

工件材料	切削液
各类结构钢	3% ～ 5% 乳化液、7% 硫化乳化液
不锈钢、耐热钢	3% 肥皂加 2% 亚麻油水溶液、硫化切削油
紫铜、黄铜、青铜	5% ～ 8% 乳化液（也可不用）
铸铁	5% ～ 8% 乳化液、煤油（也可不用）
铝合金	5% ～ 8% 乳化液、煤油、煤油与菜油的混合油（也可不用）
有机玻璃	5% ～ 8% 乳化液、煤油

在高强度材料上钻孔时，钻头前面要承受较大的压力，为减少摩擦和钻削阻力，可在切削液中增加硫、二硫化钼等成分，如硫化切削油。

在塑性、韧性较大的材料上钻孔，要求加强润滑作用，在切削液中可加入适当的动物油和矿物油。

孔的精度要求较高和表面粗糙度值要求很小时，应选用主要起润滑作用的切削液，如菜油、猪油等。

6. 钻孔的操作要点

（1）钻孔前要检查工件上加工孔的位置是否正确，钻头刃磨质量是否合格，钻床转速是否合理。

（2）起钻时，先钻出一浅坑，观察钻孔位置是否正确，达到钻孔位置要求后，才可压紧工件继续钻孔。

（3）选择合理的进给量，以免造成钻头折断或发生事故。

（4）选择合适的切削液，以延长钻头寿命和改善加工孔的表面质量。

知识链接

操作钻床时的注意事项

（1）操作钻床时严禁戴手套，清除切屑时尽量停车进行。

（2）开动钻床前，应检查是否有钻夹头钥匙或斜铁插在主轴上。

（3）钻通孔时，工件下面必须垫上垫铁或使钻头对准工作台上的 T 形槽，以免损坏工作台。

（4）操作钻床时，操作者头部不要与旋转的主轴靠得太近，钻床变速前应先停车。

（5）工件要夹紧，孔将钻穿时要减小进给量。

（6）清洁钻床或加注润滑油时，必须切断电源。

二、扩孔

用扩孔工具扩大工件孔径的加工方法称为扩孔，如图 2–45 所示。

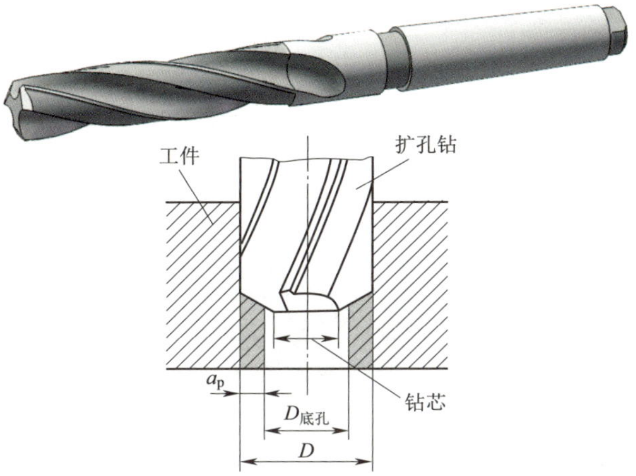

图 2–45 扩孔

由图可知：扩孔时背吃刀量 a_p 为：

$$a_p=\frac{D-D_{底孔}}{2}$$

式中 D——扩孔后的直径，mm；

$D_{底孔}$——扩孔前的直径，mm。

1. 扩孔的特点

（1）扩孔钻无横刃，避免了横刃切削所引起的不良影响。

（2）背吃刀量较小，产生的切屑体积小、切屑容易排出，不易擦伤已加工面。

（3）扩孔钻强度高、齿数多（整体式扩孔钻有 3 ~ 4 条切削刃），因而导向性好、切削稳定，可使用较大切削用量（进给量一般为钻孔的 1.5 ~ 2 倍，切削速度约为钻孔的 1/2），提高了生产效率。

（4）加工质量较高。一般精度等级可达 IT10 ~ IT9，表面粗糙度可达 *Ra*12.5 ~ 3.2 μm，常作为孔的半精加工及铰孔前的预加工。

2. 扩孔注意事项

（1）扩孔钻多用于成批大量生产。小批量生产常用麻花钻代替扩孔钻使用，此时，应适当减小钻头前角，以防止扩孔时扎刀。

（2）用麻花钻扩孔，扩孔前钻孔直径为 0.5 ~ 0.7 倍的要求孔径；用扩孔钻扩孔，扩孔前钻孔直径为 0.9 倍的要求孔径。

（3）钻孔后，在不改变工件与机床主轴相互位置的情况下，应立即换上扩孔钻进行扩孔，使钻头与扩孔钻的中心重合，保证加工质量。

三、锪孔

用锪钻在孔口表面锪出一定形状的孔或表面的加工方法，称为锪孔。锪孔的目的是为保证孔端面与孔中心线的垂直度，以便与孔连接的零件位置正确，连接可靠。

根据锪钻功能可分为柱形锪钻、锥形锪钻和端面锪钻，分别用来锪圆柱形沉孔、圆锥形沉孔和锪平面，如图 2–46 所示。

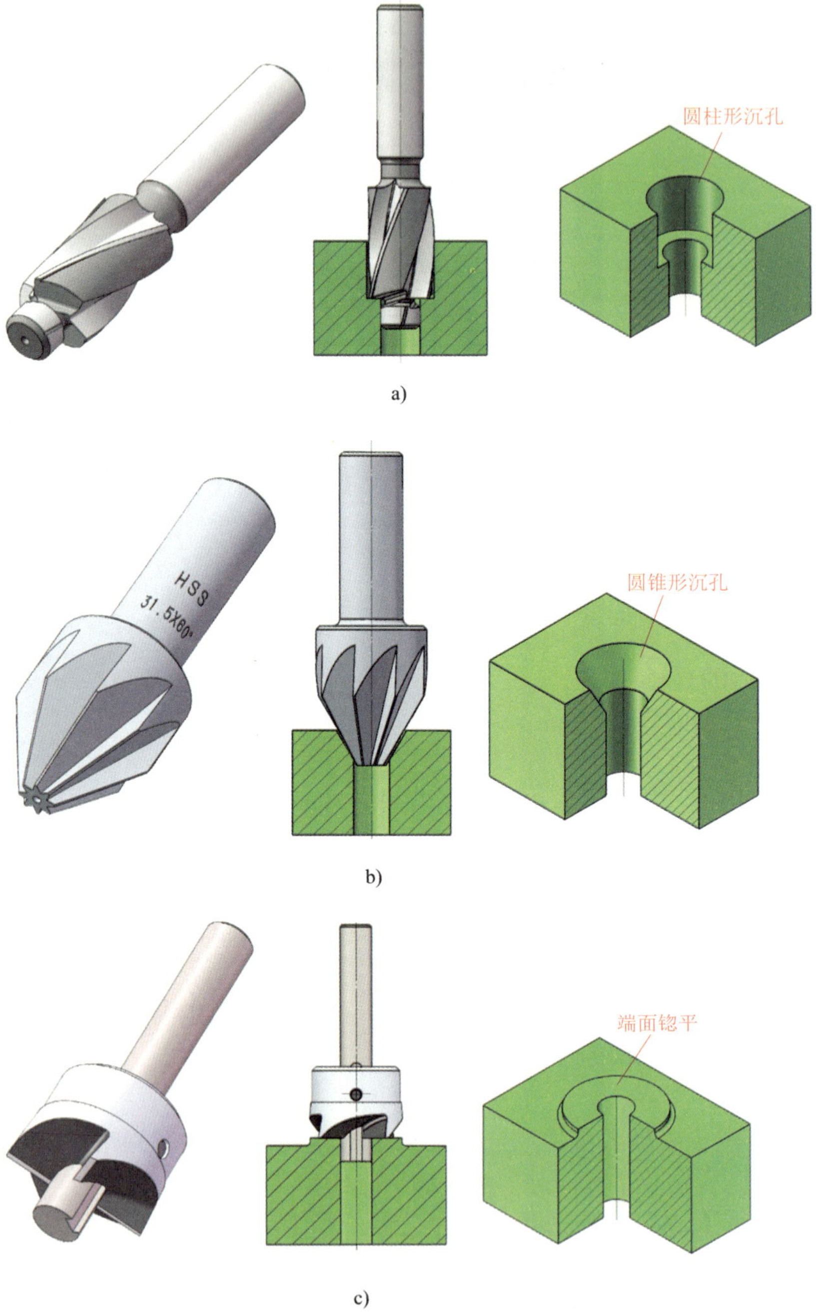

图 2–46　锪孔的形式

a）用柱形锪钻锪圆柱形沉孔　b）用锥形锪钻锪圆锥形沉孔

c）用端面锪钻锪凸台平面

锪孔时刀具容易产生振动，使加工表面出现振痕，特别是使用麻花钻改制的锪钻，振痕更为严重。为此在锪孔时应注意以下几点：

（1）锪孔时的进给量为钻孔的 2 ~ 3 倍，切削速度为钻孔的 1/3 ~ 1/2。精锪时可利用停车后的主轴惯性来锪孔，以减少振动而获得光滑表面。

（2）使用麻花钻改制锪钻时，尽量选用较短的麻花钻，并适当减小后角和外缘处前角，以防止扎刀和减少振动。

（3）锪钢件时，应在导柱和切削表面加切削液。

四、铰孔

用铰刀从工件孔壁上切除微量金属层，以提高其尺寸精度和表面质量的加工方法，称为铰孔，如图 2–47 所示。铰刀是精度较高的多刃刀具，具有切削余量小、导向性好、加工精度高等特点。铰孔尺寸精度一般在 IT9 ~ IT7 级，表面粗糙度值一般在 $Ra3.2$ ~ 0.8 μm。

1. 铰刀

（1）铰刀的组成

铰刀（以整体式圆柱铰刀为例）由柄部和刀体部分组成（图 2–48）。刀体是铰刀的主要工作部分，它包含导锥、切削锥和校准部分。导锥用于铰刀引入孔中，不起切削作用；切削锥承担主要的切削任务；校准部分有圆柱刃带，主要起定向、修光孔壁、保证铰孔直径等作用。为了减小铰刀和孔壁的摩擦，校准部分直径略有倒锥度。铰刀齿数一般为 4 ~ 8 齿，为测量直径方便，多采用偶数齿。

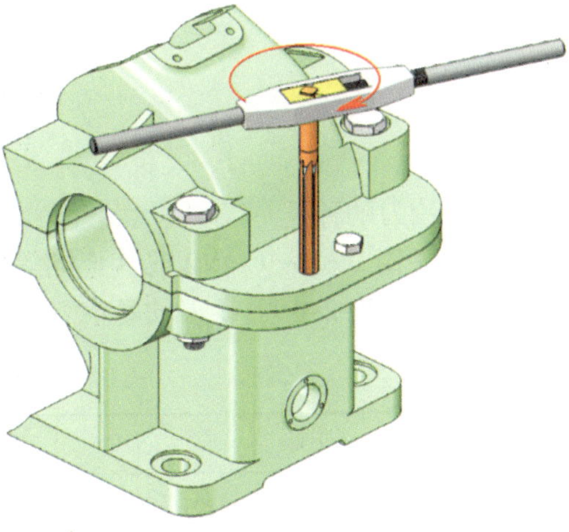

图 2–47 铰孔

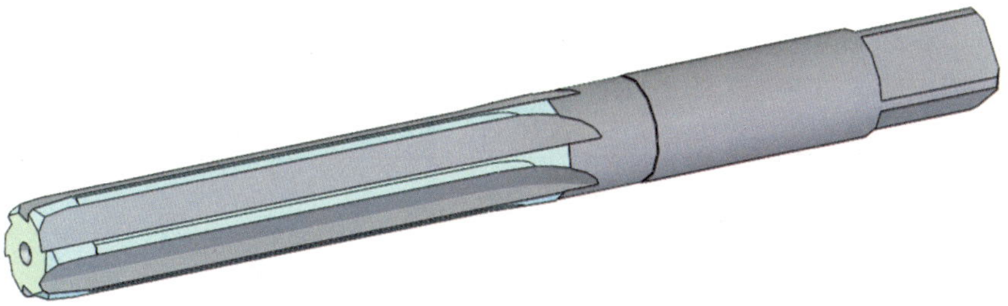

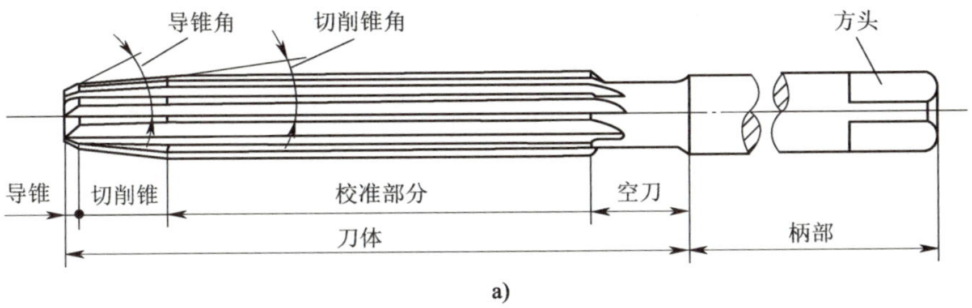

a)

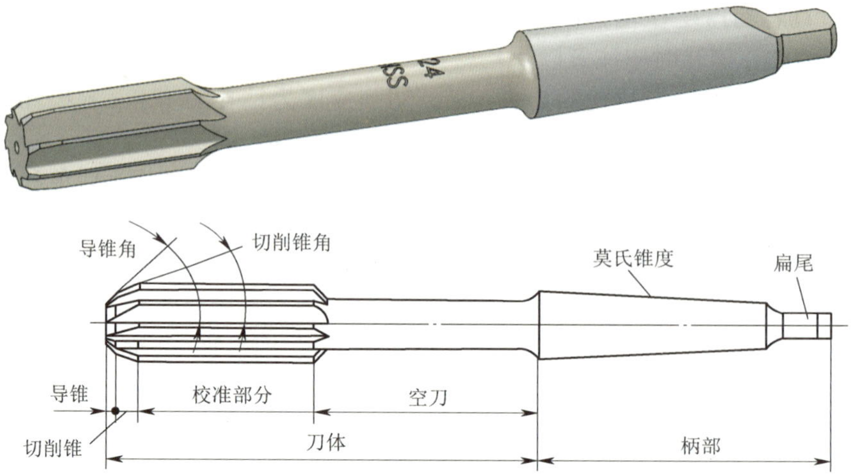

b)

图 2–48　整体式圆柱铰刀

a）手用铰刀　b）机用铰刀

（2）铰刀的种类

铰刀常用 W6Mo5Cr4V2 或其他同等性能的高速钢制成，使用范围较广，其分类及结构特点与应用见表 2–19。铰刀的基本类型如图 2–49 所示。

表 2–19　　铰刀的种类

分类			结构特点与应用
按使用方法	手用铰刀		柄部为方榫形，以便铰杠套入。其工作部分较长，切削锥角较小
	机用铰刀		工作部分较短，切削锥角较大
按结构	整体式圆柱铰刀		用于铰削标准直径系列的孔
	可调节手用铰刀		用于单件生产和修配工作中需要铰削的非标准孔
按外部形状	直槽铰刀		用于铰削普通孔
	锥铰刀	1∶10 锥铰刀	用于铰削与锥销配合的一般锥孔
		莫氏锥铰刀	用于铰削 0 号 ~ 6 号莫氏锥孔
		1∶30 锥铰刀	用于铰削套式刀具上的锥孔
		1∶50 锥铰刀	用于铰削圆锥定位销孔
	螺旋槽铰刀		适于铰削有键槽的内孔
按切削部分材料	高速钢铰刀		用于铰削各种碳钢或合金钢
	硬质合金铰刀		用于高速或硬材料铰削

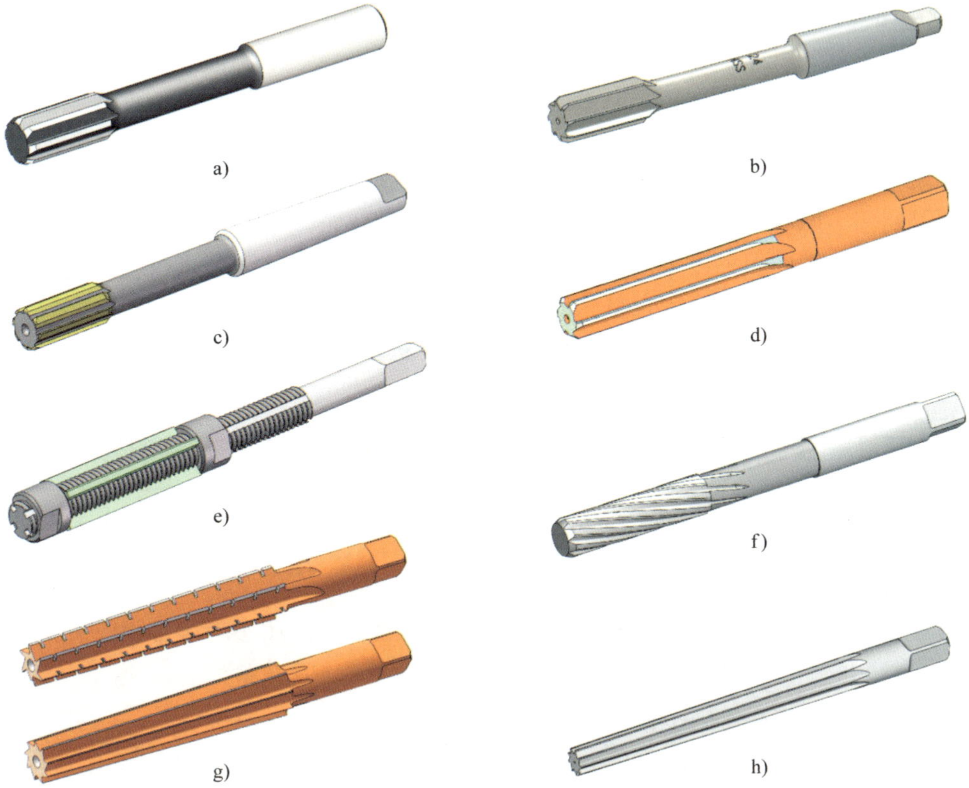

图 2-49　铰刀的基本类型

a）直柄机用铰刀　b）锥柄机用铰刀　c）硬质合金锥柄机用铰刀　d）手用铰刀　e）可调节手用铰刀　f）螺旋槽手用铰刀　g）直柄莫氏圆锥铰刀　h）手用 1∶50 锥铰刀

小提示

为了获得较高的铰孔质量，一般手用铰刀的齿距在圆周上不是均匀分布的，但为了便于制造和测量，不等齿距的铰刀常制成 180° 对称的不等齿距（图 2-50）。采用不等齿距的铰刀，铰削时切削刃不会在同一地点停歇而使孔壁产生轴向凹痕，提高了铰孔质量。

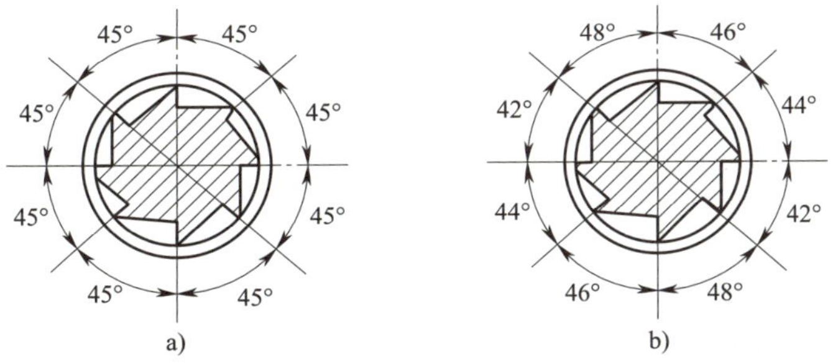

图 2-50　铰刀刀齿分布

a）等距分布　b）不等距分布

2. 铰削用量

（1）铰削余量

铰削余量是指上道工序完成后，在直径方向上留下的加工余量。

铰削余量既不能太大也不能太小。余量太大，会使刀齿切削负荷增大、变形增大，使铰出的孔尺寸精度降低，表面粗糙度值增大，同时加剧铰刀磨损。余量太小，上道工序的残留变形难以纠正，原有刀痕不能去除，铰削质量达不到要求。通常应考虑到孔径大小、材料硬度、尺寸精度、表面粗糙度要求、铰刀类型及加工工艺等多种因素进行合理选择。一般粗铰余量为 0.15 ~ 0.35 mm；精铰余量为 0.1 ~ 0.2 mm。

用普通标准高速钢铰刀铰孔时，可参考表 2–20 选取铰削余量。

表 2–20　　铰削余量　　mm

铰孔直径	<5	5 ~ 20	21 ~ 32	33 ~ 50	51 ~ 70
铰削余量	0.1 ~ 0.2	0.2 ~ 0.3	0.3	0.5	0.8

（2）机铰切削速度和进给量

使用普通标准高速钢机铰刀铰孔，切削速度和进给量的选用参考表 2–21。

表 2–21　　机铰切削速度和进给量的选用

工件材料	切削速度 v /（m/min）	进给量 f /（mm/r）
钢	4 ~ 8	0.4 ~ 0.8
铸铁	6 ~ 10	0.5 ~ 1
铜或铝	8 ~ 12	1 ~ 1.2

铰削时一般要使用适当的切削液，以减少摩擦、降低工件与刀具温度，防止产生积屑瘤及工件和铰刀的变形或孔径扩大现象。

3. 铰孔的操作要点

（1）工件要夹正，两手用力要均衡，铰刀不得摇摆，按顺时针方向扳动铰杠进行铰削，避免在孔口处出现喇叭口或将孔径扩大。

（2）手铰时，要变换每次的停歇位置，以消除铰刀常在同一处停歇而造成的振痕。

（3）铰孔时，不论进刀还是退刀都不能反转，以防止刃口磨钝及切屑卡在刀齿后面与孔壁之间，将孔壁划伤。

（4）铰削钢件时，要注意经常清除粘在刀齿上的切屑。

（5）铰削过程中如果铰刀被卡住，不能用力扳转铰刀，以防损坏，而应取出铰刀，清除切屑并加注切削液后再行铰削。

（6）机铰时，应使工件一次装夹进行钻、扩、铰，以保证孔轴线的精度。铰孔完成后，要待铰刀退出后再停车，以防将孔壁拉出痕迹。

（7）铰尺寸较小的圆锥孔时，可先以小端直径按圆柱孔精铰余量钻出底孔，然后用锥铰刀铰削。对尺寸和深度较大的圆锥孔，为减小切削余量，铰孔前可先钻出阶梯孔，如图 2–51 所示。然后再用锥铰刀铰削，铰削过程中要经常用相配的锥销来检查铰孔尺寸，如图 2–52 所示。

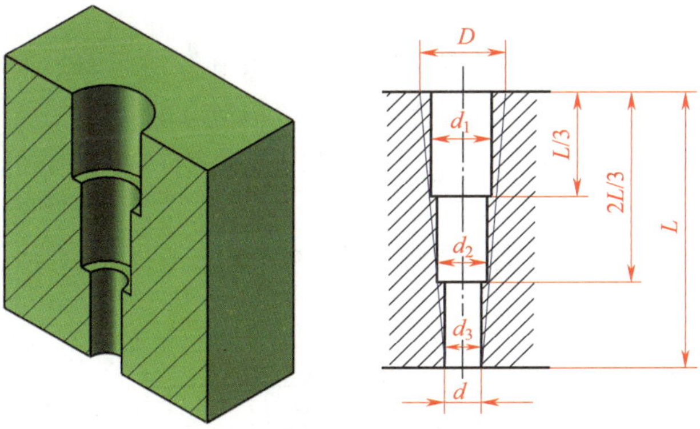

图 2–51　钻阶梯孔

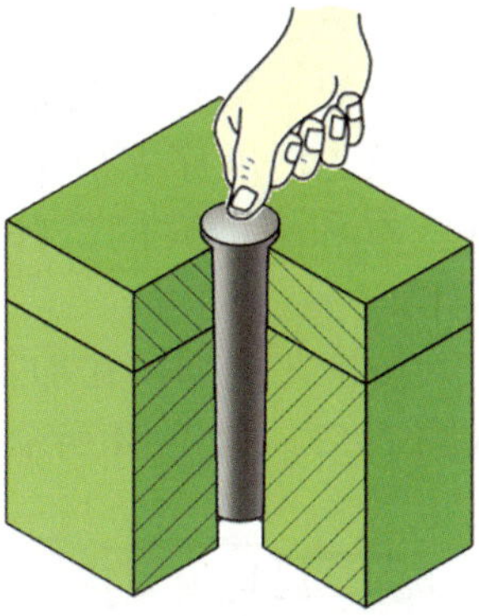

图 2–52　用锥销检查铰孔尺寸

小提示

（1）铰刀是精加工刀具，刀刃较锋利，刀刃上如有毛刺或切屑黏附，不可用手清除，应用油石小心地磨去。

（2）铰削通孔时，要防止铰刀掉落造成损伤。

（3）铰孔后孔径有时可能收缩或扩张，铰削时最好试铰，按实际变化方向及大小选择铰刀直径。

五、孔加工方案及复合刀具

1. 孔加工方案

以上介绍了钳工孔加工的常用方法、原理以及可达到的精度和表面粗糙度。但在实际生产中，要满足孔表面的设计要求，只用一种加工方法一般是达不到的，所以往往采用由几种加工方法顺序组合的形式来满足加工需要，即选用合理的加工方案。

选择孔的加工方案时，一般应考虑工件材料、热处理要求、孔的加工精度和表面粗糙度以及生产条件等因素。具体选择可参考表 2–22。

表 2–22　　孔加工方案

序号	加工方案	精度等级	表面粗糙度 Ra/μm	适用范围
1	钻	IT12 ~ IT11	50 ~ 12.5	加工未淬火钢、铸铁的实心毛坯及有色金属，孔径小于 20 mm
2	钻—铰	IT9 ~ IT8	3.2 ~ 1.6	
3	钻—粗铰—精铰	IT8 ~ IT7	1.6 ~ 0.8	
4	钻—扩	IT11 ~ IT10	12.5 ~ 6.3	加工未淬火钢、铸铁的实心毛坯及有色金属，孔径大于 20 mm
5	钻—扩—铰	IT9 ~ IT8	3.2 ~ 1.6	
6	钻—扩—粗铰—精铰	IT7	1.6 ~ 0.8	
7	钻—扩—机铰—手铰	IT7 ~ IT6	0.4 ~ 0.1	

2. 孔加工复合刀具

孔加工复合刀具是由两把或两把以上同类或不同类的孔加工刀具组合成一体，同时或按先后顺序完成不同工步加工的刀具。应用孔加工复合刀具，可以使工序集中，节省基本和辅助时间，各加工表面间的位置精度容易保证，因而可以提高生产率，降低成本。

按工艺类型，孔加工复合刀具可分为同类工艺复合刀具和不同类工艺复合刀具两种，如图 2–53、图 2–54 所示。

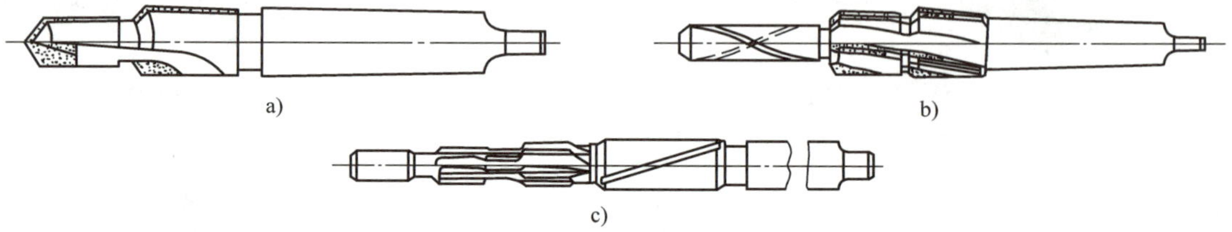

图 2–53　同类工艺复合刀具

a）复合钻　b）复合扩孔钻　c）复合铰刀

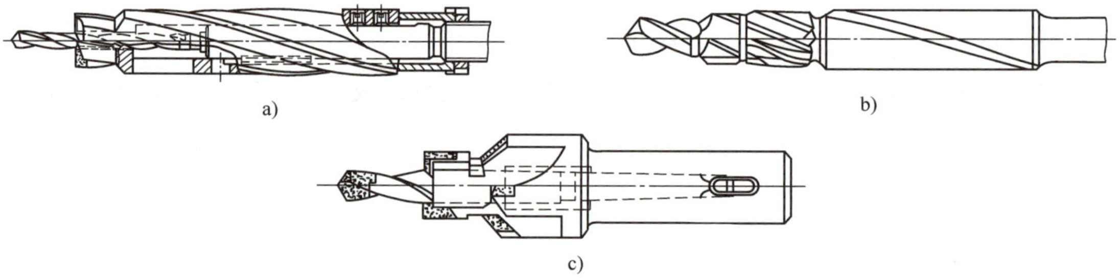

图 2–54　不同类工艺复合刀具

a）钻—扩复合刀具　b）钻—扩—铰复合刀具　c）钻—扩—锪复合铰刀

§2–4　螺纹加工

螺纹的加工方法很多，钳工在装配与机修工作中常用的加工方法是攻螺纹和套螺纹。

一、攻螺纹

用丝锥在孔中切削出内螺纹的加工方法，称为攻螺纹，如图 2–55 所示。

1. 攻螺纹用的工具

（1）丝锥

丝锥分手用丝锥和机用丝锥，如图 2–56 所示。手用丝锥一般用 9SiCr 或同等性能的其他牌号合金工具钢制造，机用丝锥用高速钢或高性能高速钢制造。

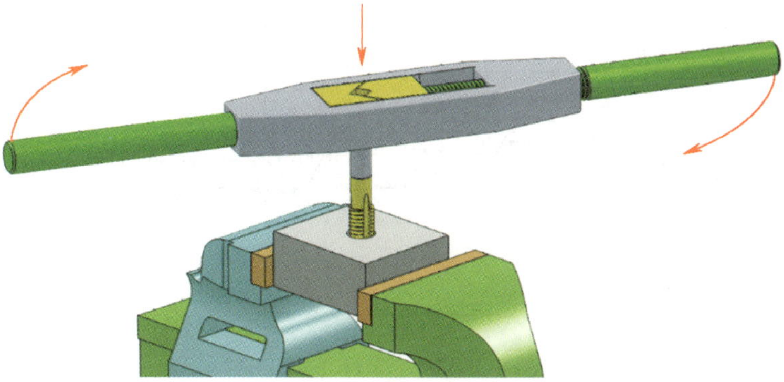

图 2-55　攻螺纹

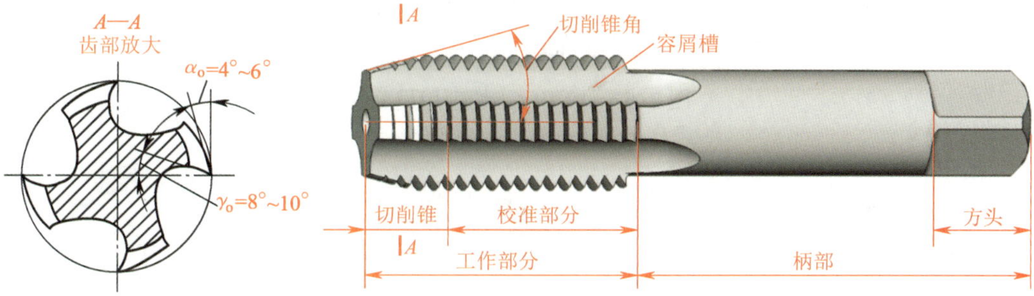

a)

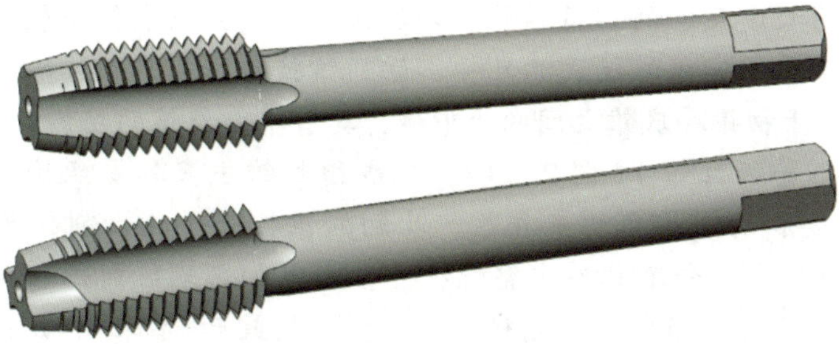

b)

图 2-56　丝锥

a）手用丝锥　b）机用丝锥

1）丝锥的结构　丝锥由柄部和工作部分组成。柄部起夹持和传动作用。在工作部分上沿轴向开有几条容屑槽，以形成锋利的切削刃，前段为切削锥，起切削和引导作用；后段为校准部分，有完整的牙型，用来修光和校准已切出的螺纹，并引导丝锥沿轴向前进。为了减小牙侧的摩擦，在校准部分的直径上略有倒锥。

2）成组丝锥　攻螺纹时，为了减小切削力和延长丝锥寿命，一般将整个切削工作量分配给几支丝锥来承担。通常 M6 ~ M24 丝锥每组有两支；M6 以下及 M24 以上的丝锥每组有三支；细牙螺纹丝锥为两支一组。成组丝锥切削量的分配形式有两种，即锥形分配和柱形分配，如图 2-57 所示。

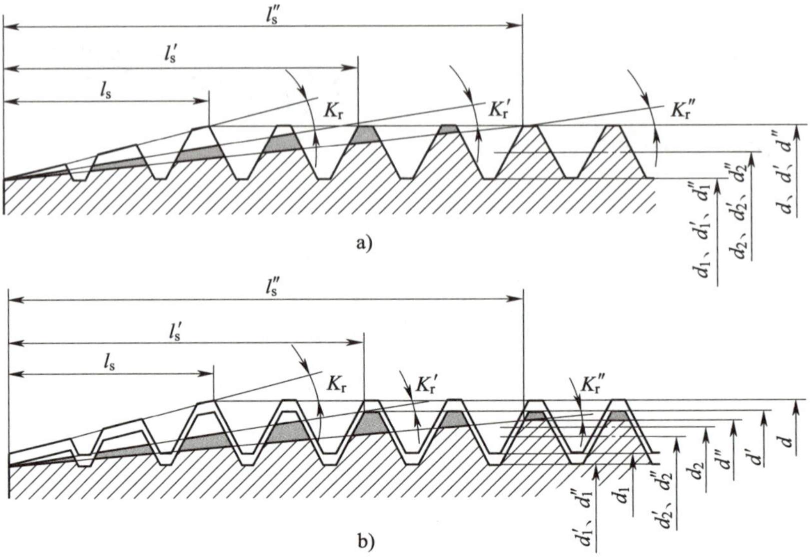

图 2-57　成组丝锥切削用量分配

a）锥形分配　b）柱形分配

知识链接

锥形分配（等径丝锥）（图 2-58）：在成组丝锥中，各支丝锥的大径、中径、小径均相等，仅切削锥的长度及切削锥角不等。切削锥较长，且切削锥角较小的为初锥，在通孔中攻螺纹可一次加工完成螺纹成品尺寸；切削锥较短的为底锥，它只起修短螺尾的作用；切削锥长度介于初锥和底锥之间的为中锥，具有单支丝锥的功能。

柱形分配（不等径丝锥）（图 2-59）：在成组丝锥中，各支丝锥的大径、中径、小径以及切削锥长度和切削锥角均不相等。其切削锥较长，且切削锥角较小的为第一粗锥（头锥），它的校准部分不具备完整螺纹牙型，在加工螺纹时起粗加工作用；切削锥较短的为精锥，它的校准部分具有完整螺纹牙型，起最后精加工作用；切削锥长度介于

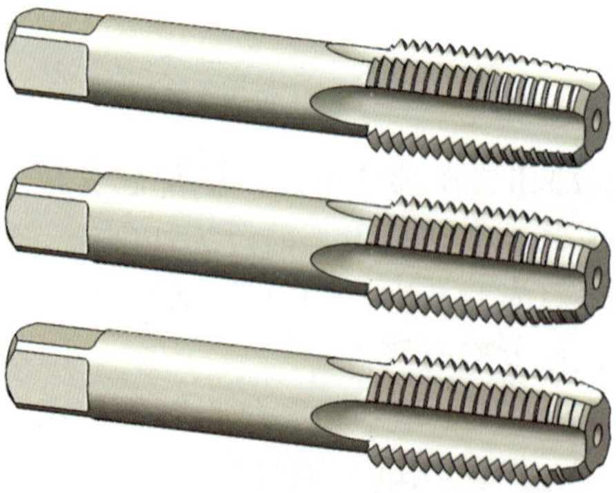

图 2-58　等径丝锥

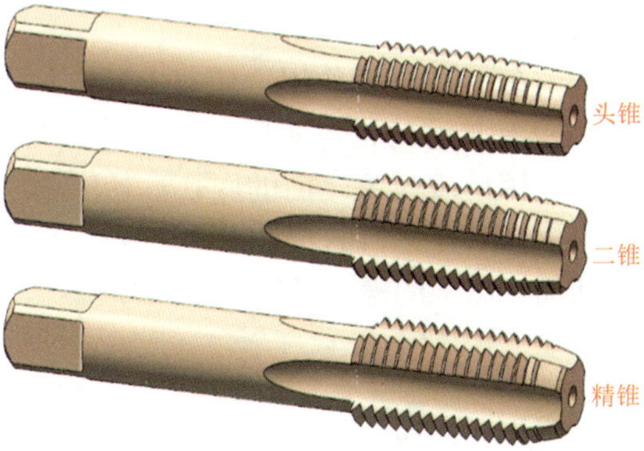

图 2-59　不等径丝锥

第一粗锥和精锥之间的为第二粗锥（二锥），起第二次粗加工作用。这种丝锥的切削量分配比较合理，切削省力，各支丝锥磨损量差别小，寿命长，攻制的螺纹表面粗糙度值小。通常三支一组的丝锥按 6∶3∶1 分担切削量；两支一组的丝锥按 7.5∶2.5 分担切削量。

（2）铰杠

铰杠是手工攻螺纹时用来夹持丝锥的工具。铰杠分普通铰杠（图 2-60）和丁字形铰杠（图 2-61）两类。每类铰杠又有固定式和可调式两种。

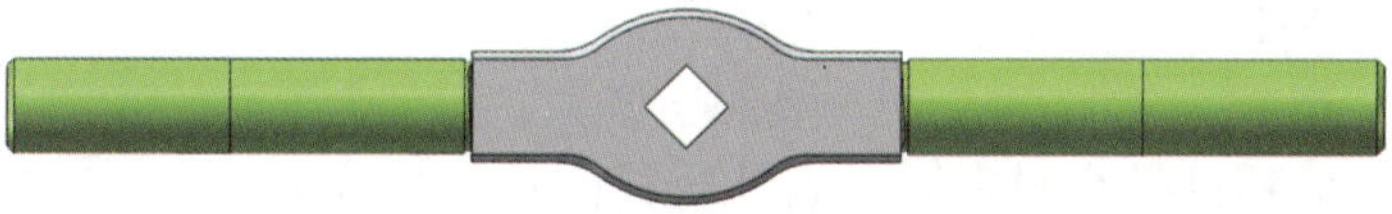

a)

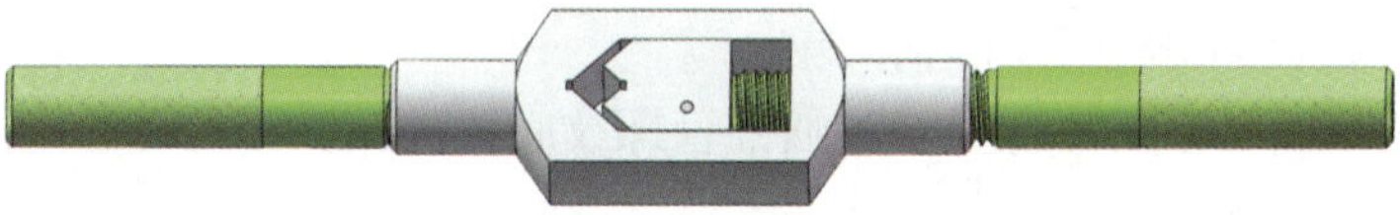

b)

图 2-60　普通铰杠

a）固定式　b）可调式

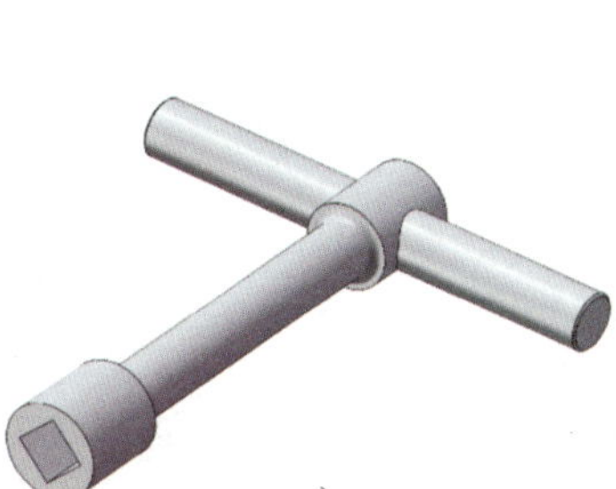

a)

b)

图 2-61　丁字形铰杠

a）固定式　b）可调式

2. 攻螺纹前底孔直径与孔深的确定

（1）攻螺纹前底孔直径的确定

攻螺纹时，丝锥对金属层有较强的挤压作用，使攻出螺纹的小径小于底孔直径，此时，如果螺纹牙顶与丝锥牙底之间没有足够的材料变形空间，丝锥就会被挤压出来的材料箍住，易造成崩刃、折断和螺纹烂牙。因此攻螺纹之前的底孔直径应稍大于螺纹小径，如图 2–62a 所示。底孔直径的确定一般应根据工件材料的塑性大小来考虑，使攻螺纹时既有足够的空隙容纳被挤出的材料，又能保证加工出来的螺纹具有完整的牙型。

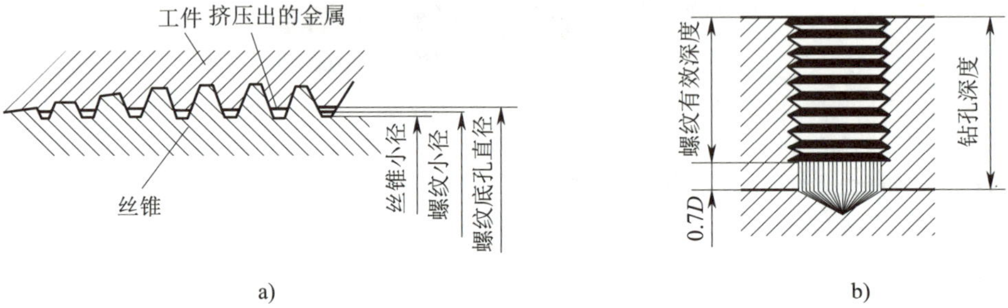

图 2–62　螺纹底孔直径与孔深的确定

a）材料塑性变形情况　b）底孔深度

1）攻制钢件或塑性较大材料时，底孔直径的计算公式为：

$$D_{孔}=D-P$$

式中　$D_{孔}$——螺纹底孔直径，mm；

D——螺纹公称直径，mm；

P——螺距，mm。

2）攻制铸铁件或塑性较小材料时，底孔直径的计算公式为：

$$D_{孔}=D-(1.05 \sim 1.1)P$$

普通螺纹公称直径与螺距系列见附表 3。

普通螺纹、英制螺纹、圆柱管螺纹及圆锥管螺纹底孔的钻头直径可分别从附表 4、附表 5、附表 6 中选用。

（2）攻螺纹前底孔深度的确定

攻盲孔螺纹时，由于丝锥切削部分不能攻出完整的螺纹牙型，所以钻孔深度要大于螺纹的有效长度，如图 2–62b 所示。

钻孔深度的计算式为：

$$H_{深}=h_{有效}+0.7D$$

式中　$H_{深}$——底孔深度，mm；

$h_{有效}$——螺纹有效长度，mm；

D——螺纹公称直径，mm。

例 2–6　分别计算在钢件和铸铁件上攻 M10 螺纹时的底孔直径各为多少？若攻不通孔螺纹，其螺纹有效深度为 60 mm，求底孔深度为多少。若钻孔时，n=400 r/min，f=0.5 mm/r，求钻一个孔所用的基本时间为多少。（2φ=120°，只计算钢件）。

解：查附表 3 可得，M10 螺纹的螺距 P=1.5 mm

钢件攻螺纹底孔直径：

$$D_{孔}=D-P=10\text{ mm}-1.5\text{ mm}=8.5\text{ mm}$$

铸铁件攻螺纹底孔直径：

$$D_{孔}=D-(1.05\sim1.1)P=10-(1.05\sim1.1)\times1.5\text{ mm}=8.425\sim8.35\text{ mm}$$

取 $D_{孔}$=8.4 mm（按钻头直径标准系列保留一位小数）

底孔深度：

$$H_{深}=h_{有效}+0.7D=60\text{ mm}+0.7\times10\text{ mm}=67\text{ mm}$$

钻孔基本时间 t：

$$t=\frac{H}{nf}$$

其中

$$H=H_{深}+h_{钻尖}$$

$$h_{钻尖}=\frac{\sqrt{3}D_{孔}}{6}\approx\frac{1.732\times8.5}{6}\text{ mm}\approx2.45\text{ mm}$$

所以

$$t=\frac{67+2.45}{400\times0.5}\text{ min}\approx0.35\text{ min}$$

3. 攻螺纹的操作要点

（1）按确定的攻螺纹的底孔直径和深度钻底孔，并将孔口倒角，倒角直径应稍大于螺纹公称直径，以便于丝锥顺利切入，并可防止孔口被挤压出凸边。

（2）起攻时，可一手用手掌按住铰杠中部沿丝锥轴线用力加压，另一手配合做顺向旋进，或两手握住铰杠两端均匀施压，并将丝锥顺向旋进，保证丝锥中心线与孔中心线重合，如图 2–63 所示。

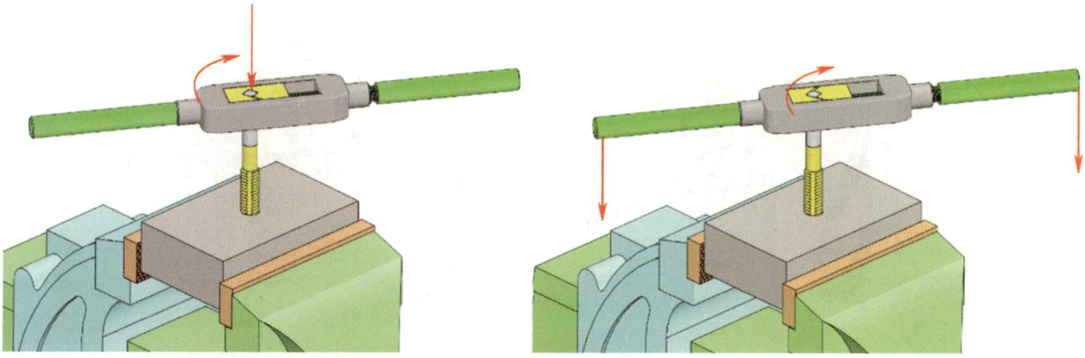

图 2–63　起攻方法

（3）当丝锥攻入 1 ~ 2 圈时，应检查丝锥与工件表面的垂直度，并不断校正，如图 2–64 所示；丝锥的切削部分全部进入工件时，只需均匀转动铰杠。每正转 1/2 ~ 1 圈要倒转 1/4 ~ 1/2 圈，进行断屑和排屑。

（4）攻螺纹时，必须以头锥、二锥、精锥顺序攻削至标准尺寸。

（5）攻韧性材料螺纹时，要加合适的切削液。

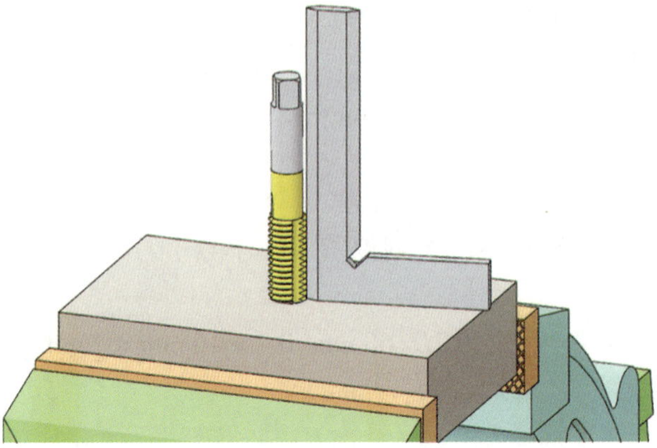

图 2-64　检查丝锥与工件表面的垂直度

知识链接

为了制造和刃磨方便，丝锥上的容屑槽一般做成直槽。有些专用丝锥为了控制排屑方向，做成螺旋槽。加工通孔螺纹时，为使切屑向下排出，容屑槽做成左旋螺旋槽（图 2-65a）。加工不通孔螺纹时，为使切屑向上排出，容屑槽做成右旋螺旋槽（图 2-65b）；一般丝锥的容屑槽为 3 ～ 4 个。

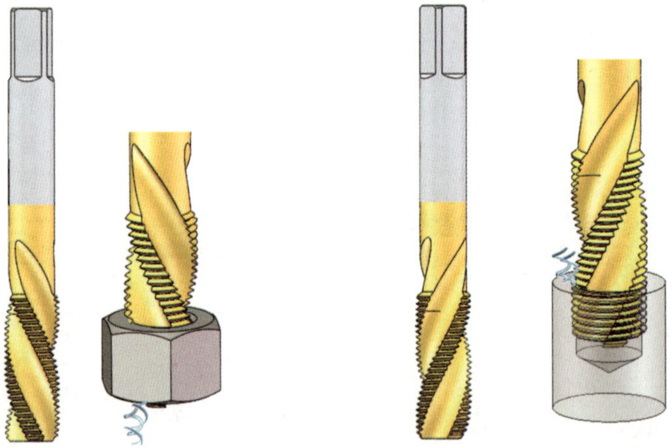

图 2-65　螺旋槽丝锥

a）左旋螺旋槽　b）右旋螺旋槽

二、套螺纹

用圆板牙在圆杆或管子上切削出外螺纹的加工方法，称为套螺纹，如图 2-66 所示。

1. 套螺纹用的工具

（1）圆板牙

圆板牙是加工外螺纹的工具，它用 9SiCr 或同等性能的其他牌号合金工具钢制造，其螺纹部分的硬度不低于60 HRC。也可用W6Mo5Cr4V2或同等性能的其他牌号高速钢制造。圆板牙可装在圆板牙架中用手工加工螺纹，也可在机床上使用。圆板牙加工出的螺纹精度较低，但由于结构简单、使用方便，在单件、小批生产和修配中仍得到广泛应用。

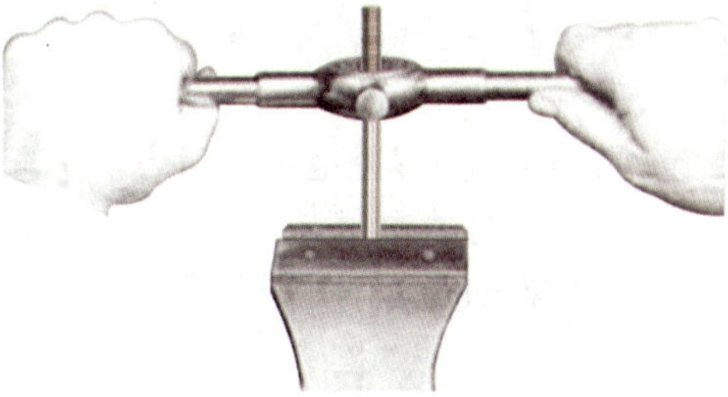

图 2–66 套螺纹

钳工常用的圆板牙如图 2–67 所示，由切削锥、校准部分和容屑孔构成，它本身就相当于一个具有很高硬度的螺母，螺孔周围制有几个容屑孔而形成刀刃。圆板牙两端面都有切削锥，待一端磨损后，可换另一端使用。

（2）圆板牙架

圆板牙架是装夹圆板牙的工具，如图 2–68 所示。圆板牙放入后，要用紧固螺钉紧固。

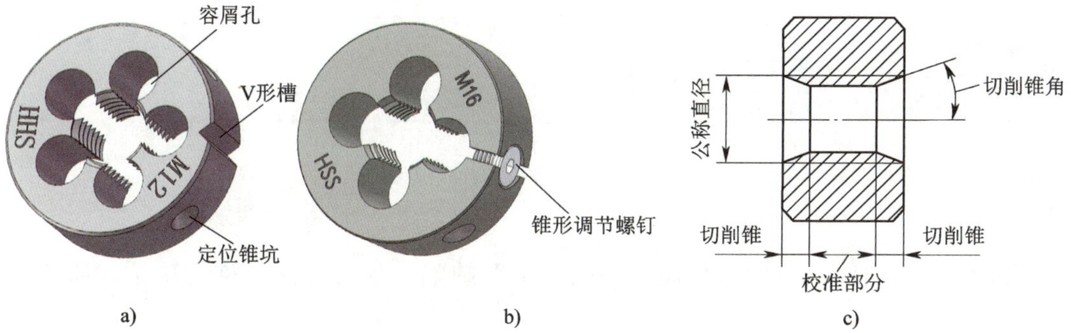

图 2–67 圆板牙

a）整体式 b）可调式 c）工作部分结构

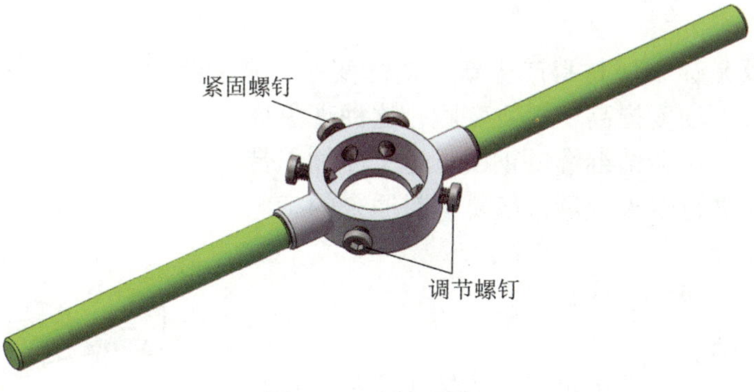

图 2–68 圆板牙架

2. 套螺纹前圆杆直径的确定

套螺纹时，金属材料因受圆板牙的挤压而产生变形，牙顶将被挤的高一些，所以套螺纹前圆杆直径应稍小于螺纹公称直径。圆杆直径的计算公式为：

$$d_{杆}=d-0.13P$$

式中　$d_{杆}$——套螺纹前圆杆直径，mm；

d——螺纹公称直径，mm；

P——螺距，mm。

套螺纹前圆杆直径也可从附表 7 中查出。

3. 套螺纹的操作要点

（1）套螺纹前应将圆杆端部倒成锥半角为 15° ~ 20° 的锥体，锥体的最小直径要比螺纹小径小。

（2）为了使圆板牙切入工件，要在转动圆板牙时施加轴向压力，待圆板牙切入工件后不再施压。

（3）切入 1 ~ 2 圈时，要注意检查圆板牙的端面与圆杆轴线的垂直度。

（4）套螺纹过程中，圆板牙要时常倒转一下进行断屑，并合理选用切削液。

§2–5　矫正与弯形

一、矫正

消除材料或制件的弯曲、翘曲、凹凸不平等缺陷的加工方法，称为矫正，如图 2–69 所示。

按被矫正工件矫正时的温度分类，矫正可分为冷矫正和热矫正两种。按矫正时产生矫正力的方法不同，矫正可分为手工矫正、机械矫正、火焰矫正及高频热点矫正等。钳工常用的手工矫正是将材料或工件放在平板、铁砧或台虎钳上，采用锤击、弯曲、延展或伸张等方法进行的矫正。

矫正的实质就是让金属材料产生新的塑性变形，来消除原来不应存在的塑性变形。矫正后的金属材料表面硬度提高、性质变脆，这种现象称为冷作硬化。冷作硬化会给继续矫正或下道工序加工带来困难，必要时应进行退火处理，恢复材料原来的工艺性能。

1. 手工矫正的工具

（1）平板和铁砧

平板、铁砧及台虎钳等都可以作为矫正板材、型材或工件的基座。

（2）锤子

矫正一般材料时均可采用钳工锤子；矫正已加工表面、薄钢件或有色金属制件时，应采用铜锤、木锤或橡胶锤等软锤子。图 2–70 为用木锤矫正板料。

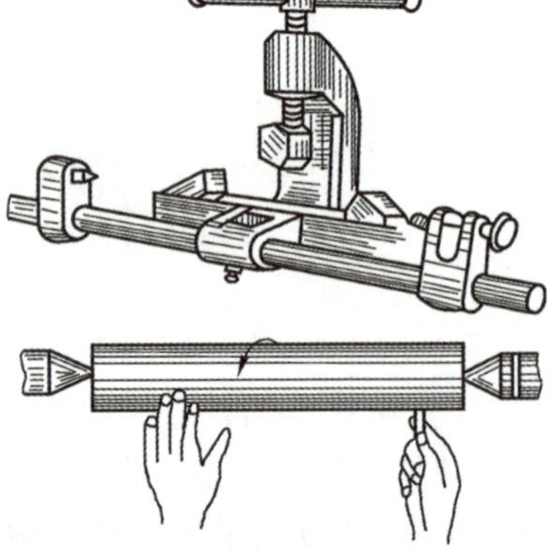

图 2–69　用螺旋压力工具矫正轴类工件

（3）抽条和拍板

抽条是采用条状薄板料弯成的简易手工工具。它用于抽打较大面积的板料，如图 2–71 所示。拍板是用质地较硬的檀木制成的专用工具，用于敲打板料。

（4）螺旋压力工具

适用于矫正较大的轴类工件或棒料，如图 2–69 所示。

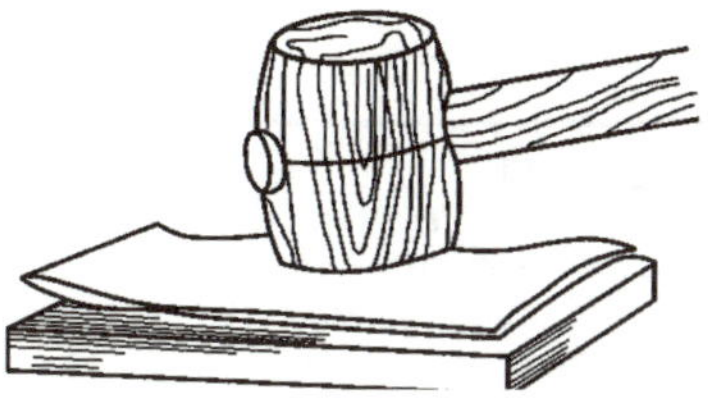
图 2–70　用木锤矫正板料

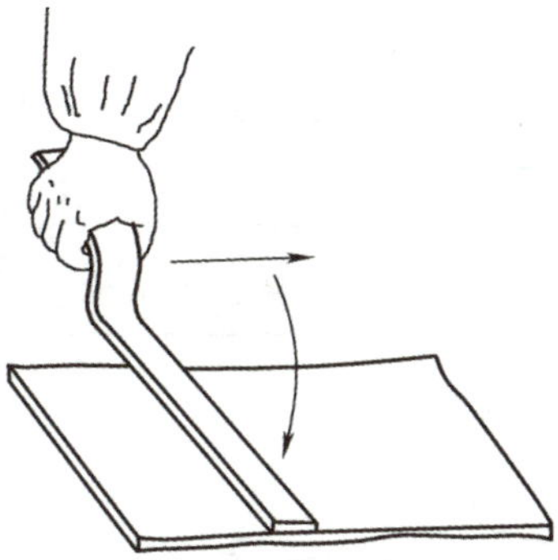
图 2–71　用抽条矫正板料

2. 矫正方法

（1）延展法

用于金属板料及角钢的凸起、翘曲等变形的矫正。

板料中间凸起，是由于变形后中间材料变薄、面积增大引起的。矫正时可锤击板料边缘，使边缘材料延展变薄，厚度与凸起部位的厚度越趋近则越平整。锤击时应由外向里锤击，锤击力度应逐渐由重到轻，锤击点由密到稀。如果板料表面有相邻几处凸起，则应先在凸起的交界处轻轻锤击，使几处凸起合并成一处，然后再锤击四周而矫平，如图 2–72 所示。如果直接锤击凸起部位，则会使凸起的部位变得更薄，这样不但达不到矫平的目的，反而使凸起更为严重。

如果板料边缘呈波纹形而中间平整，这说明板料四边变薄而伸长了。矫平时应按图 2–73 中箭头所示方向，从中间向四周锤打，锤击点密度逐渐变稀，力量逐渐减小，经反复多次锤打，使板料达到平整。

如果板料发生对角翘曲时，就应沿另外没有翘曲的对角线方向锤击使其延展而矫平，如图 2–74 所示。

如果板料是铜箔、铝箔等薄而软的材料，可用平整的木块，在平板上推压材料的表面，使其达到平整，也可用木锤或橡胶锤锤击，如图 2–75 所示。

角钢的变形有内弯、外弯、扭曲和角变形等多种形式，其矫正方法如图 2–76 所示。

（2）弯形法

弯形法主要用来矫正各种轴类、棒类工件或型材的弯曲变形。

矫直前，先查明弯曲程度和部位，做上标记，然后使凸部向上置于平板上，用锤子连续锤击凸起处，使凸起部位材料受压缩短，凹入部位受拉伸长，以消除弯曲变形。对直径较大的轴类、棒类工件，一般先将其装在顶尖上，找出弯曲部位，然后用压力机对突出部位加压校直，如图 2–69 所示。

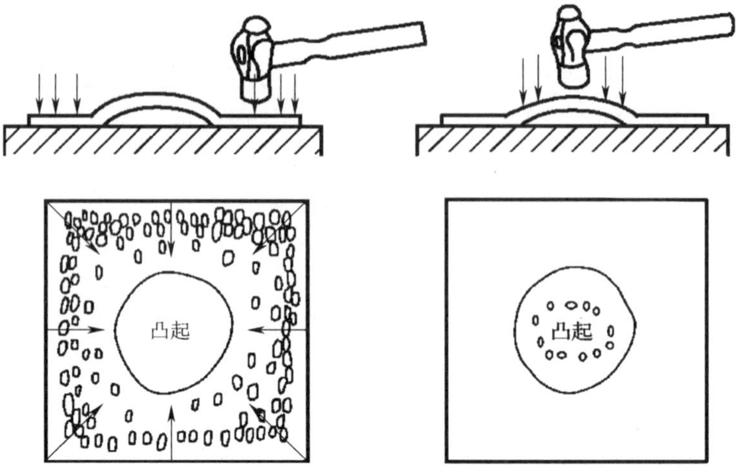

图 2–72　中凸板料的矫平

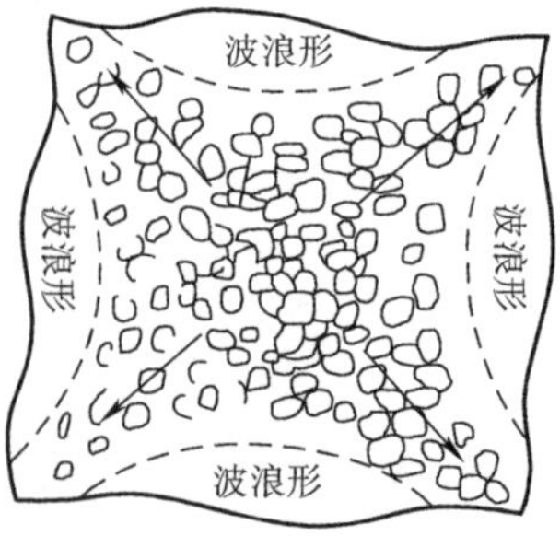

图 2–73　边缘呈波纹形板料的矫平

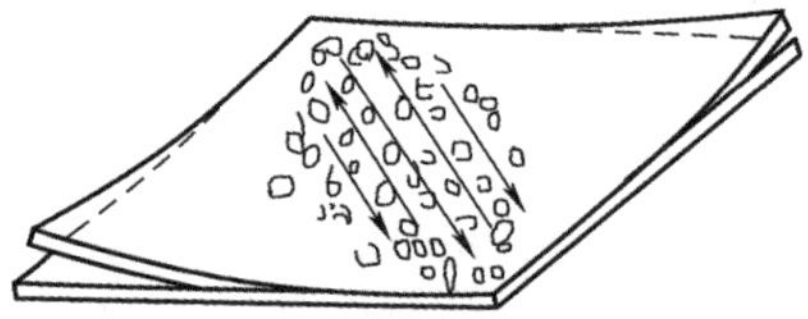

图 2–74　对角翘曲板料的矫平

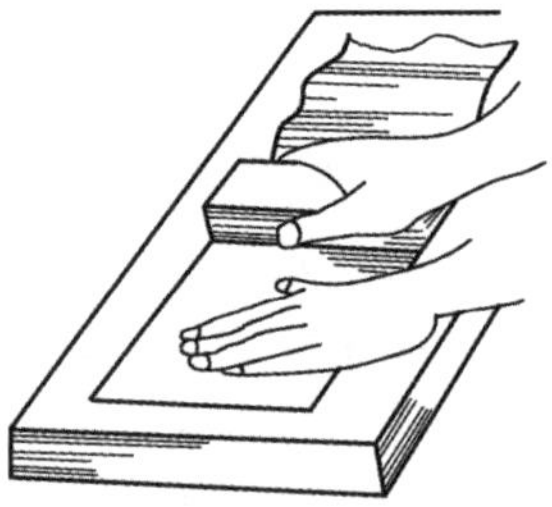

图 2–75　薄板料的矫平

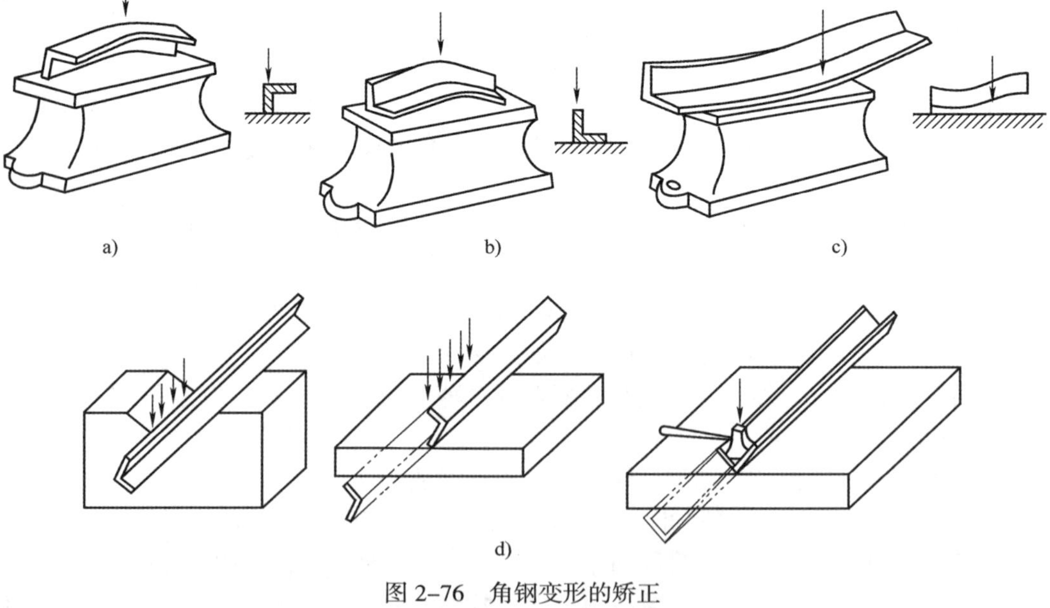

图 2–76　角钢变形的矫正

a）矫直角钢内弯　b）矫直角钢外弯

c）在铁砧上矫正角钢扭曲　d）角钢角变形的矫正

（3）扭转法

扭转法用于矫正条料的扭曲变形，如图 2–77 所示。

（4）伸张法

伸张法用来矫正各种细长线材的卷曲变形，如图 2–78 所示。

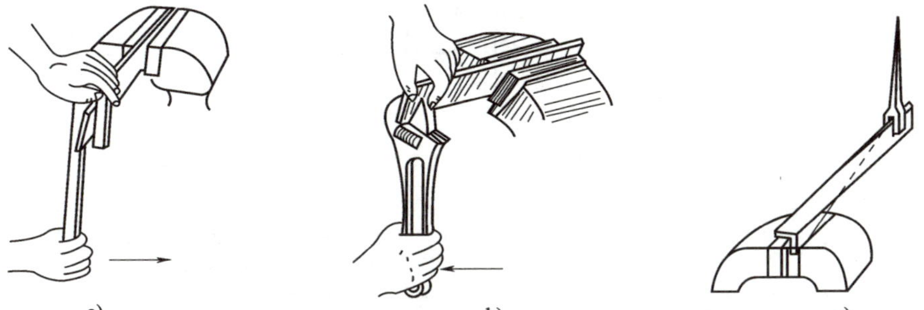

a)　　b)　　c)

图 2–77　用扭转法矫直条料

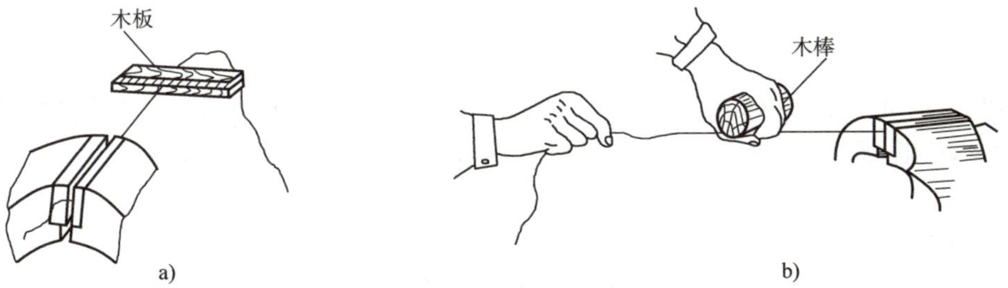

a)　　b)

图 2–78　用伸张法矫直细长线材

小提示

（1）矫正时要看准变形的部位，分层次进行矫正，不可弄反。

（2）对已加工表面进行矫正时，要注意保护工件的表面质量，不能有明显的锤击痕迹。

（3）矫正时，不能超过材料的变形极限，否则会造成材料损坏。

二、弯形

将坯料（如板料、条料或管子等）弯成所需要形状的加工方法，称为弯形。如图 2–79 所示为多直角形工件的弯形。

弯形是使材料产生塑性变形实现的，因此只有塑性好的材料才能进行弯形。弯形时工件外层材料伸长，内层材料缩短，而在内、外层之间有一层材料长度不变，该层称为中性层。弯形部分材料虽然产生拉伸和压缩，截面形状发生改变，但其截面积保持不变，如图 2–80 所示。

弯形时，越接近材料表面，变形越严重，也就越容易出现拉裂或压裂现象。同种材料，相同的厚度，外层材料变形的大小取决于弯形半径的大小，弯形半径越小，外层材料变形就

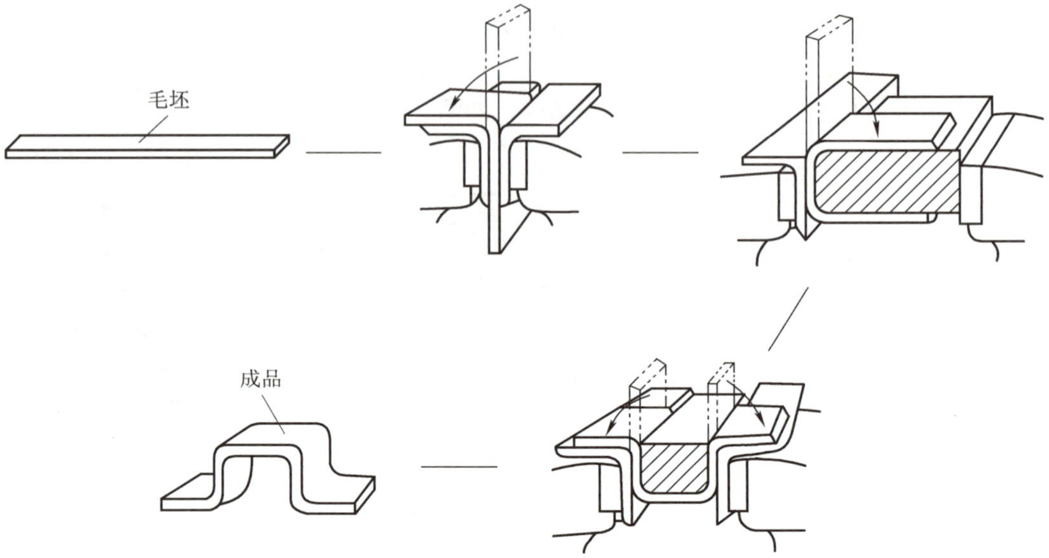

图 2–79 弯形

越大。为此，必须限制材料的弯形半径。通常，材料的弯形半径应大于 2 倍材料厚度（该半径称为临界半径）。否则，应进行两次或多次弯形才能达到要求，其间还应进行退火处理。

1. 弯形前坯料长度的计算

坯料弯形后，只有中性层的长度不变，因此，弯形前坯料长度可按中性层的长度进行计算。但材料弯形后，中性层一般并不在材料的正中，而是偏向内层材料一边。实验证明，中性层的实际位置与材料的弯形半径 r 和材料的厚度 t 有关。图 2–81 所示为弯形时中性层的位置。

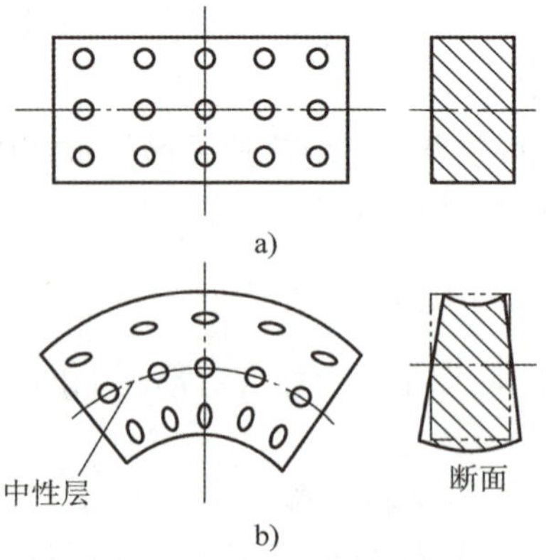

图 2–80 钢板弯形前后

a）弯形前 b）弯形后

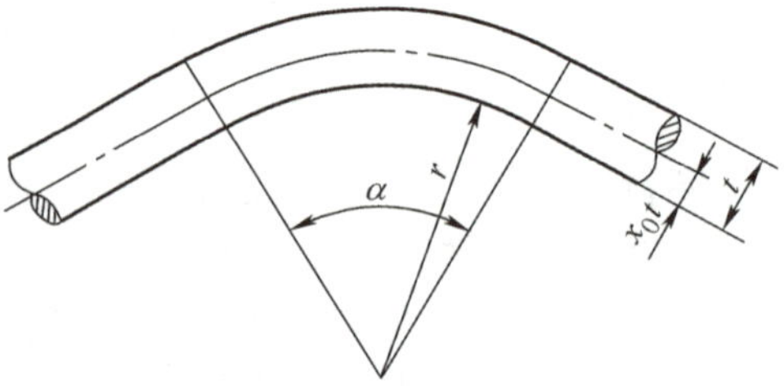

图 2–81 弯形时中性层的位置

表 2–23 为中性层位置系数 x_0 的值。从表中 r/t 的比值中可以看出，当弯形半径 $r \geqslant 16t$ 时，中性层在材料的中间（即中性层与几何中心重合）。在一般情况下，为简化计算，当

$r/t \geqslant 8$ 时，可取 $x_0=0.5$ 进行计算。

表 2–23　　　　　　　　　　　　　　　弯形中性层位置系数 x_0

$\frac{r}{t}$	0.25	0.5	0.8	1	2	3	4	5	6	7	8	10	12	14	≥ 16
x_0	0.2	0.25	0.3	0.35	0.37	0.4	0.41	0.43	0.44	0.45	0.46	0.47	0.48	0.49	0.5

图 2–82 所示为常见的几种弯形形式。

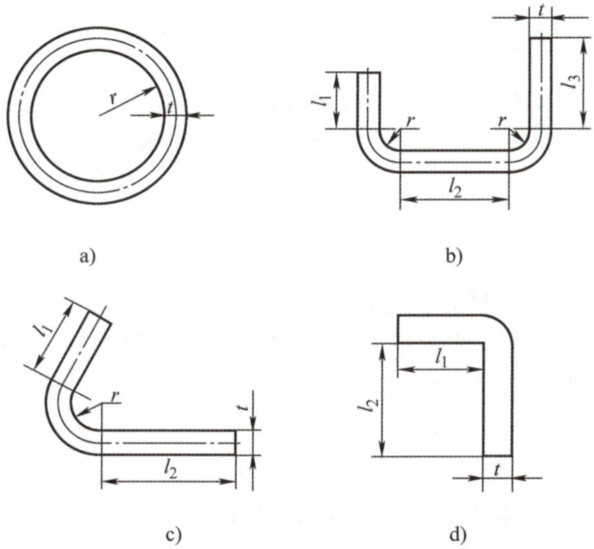

图 2–82　常见的弯形形式

a）、b）、c）弯形内面为圆弧的制件　d）弯形内面为直角的制件

圆弧部分中性层长度的计算式为：

$$A=\pi（r+x_0 t）\alpha/180°$$

式中　A——圆弧部分中性层长度，mm；

r——弯形半径，mm；

x_0——中性层位置系数；

t——材料厚度，mm；

α——弯形角，(°)。

弯形内面为直角的制件时，其弯形部分可按弯形前后毛坯体积不变的原理进行计算，一般采用经验公式 $A=0.5t$ 计算。

例 2–7　把厚度 $t=4$ mm 的钢板坯料，弯成图 2–82c 所示的制件，若弯形角 $\alpha=120°$，弯形半径 $r=16$ mm，边长 $l_1=60$ mm、$l_2=120$ mm，求坯料长度 L 是多少。

解： $r/t=16/4=4$，查表 2–23，得 $x_0=0.41$。

$$L=l_1+l_2+A$$

$$A=\pi（r+x_0 t）\alpha/180°$$

$$\approx 3.14\times（16+0.41\times 4）\text{mm}\times 120°/180° \approx 36.93\ \text{mm}$$

$$L=60\ \text{mm}+120\ \text{mm}+36.93\ \text{mm}=216.93\ \text{mm}$$

例 2–8　把厚度 t=3 mm 的钢板坯料，弯成图 2–82d 所示的制件，若 l_1=60 mm，l_2=100 mm，求坯料长度 L。

解：因弯形制件内面带直角，所以

$$L=l_1+l_2+A=l_1+l_2+0.5t$$
$$=60\ \text{mm}+100\ \text{mm}+0.5\times 3\ \text{mm}=161.5\ \text{mm}$$

小提示

由于材料本身性质的差异和弯形工艺及操作方法的不同，理论上计算的坯料长度和实际需要的坯料长度之间会有误差。因此成批生产时，要采用试弯的方法确定坯料长度，以免造成成批废品。

2. 弯形方法

弯形方法有冷弯和热弯两种。在常温下进行的弯形叫冷弯；当弯形材料厚度大于 5 mm 或对直径较大的棒料和管料工件弯形时，常需要将工件加热后再弯形，这种方法称为热弯。弯形虽然是塑性变形，但也有弹性变形存在，为抵消材料的弹性变形，弯形过程中应多弯些。

（1）板料弯形

尺寸不大、形状不太复杂的板料、条料等单件或少量制件的弯形，可在台虎钳上进行操作，如图 2–83 所示。

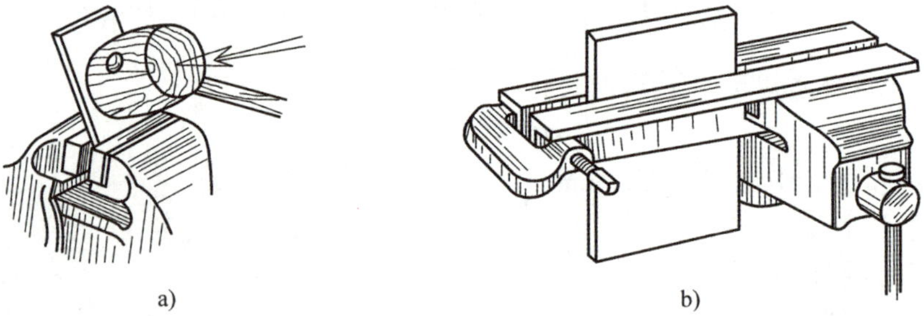

a)　　b)

图 2–83　板料在台虎钳上弯形方法

a）用木锤弯形　b）长板料弯形

（2）管子弯形

管子直径在 12 mm 以下可以用冷弯的方法；直径大于 12 mm 的可采用热弯的方法。管子弯形的临界半径是管子直径的 4 倍。当管子直径在 10 mm 以上时，为防止管子弯瘪，必须在管内灌满、灌实干沙，两端用木塞塞紧。如轴向有焊缝，应将焊缝置于中性层的位置上进行弯形，否则，易使焊缝开裂。如图 2–84 所示。

冷弯管子一般在弯管工具上进行，结构如图 2–85 所示。

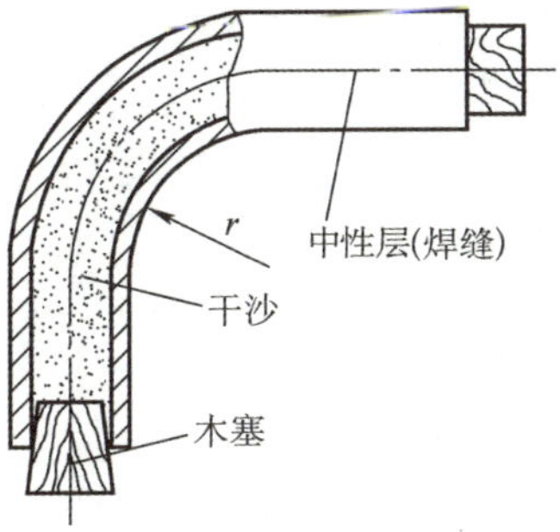

图 2–84　管子弯形方法

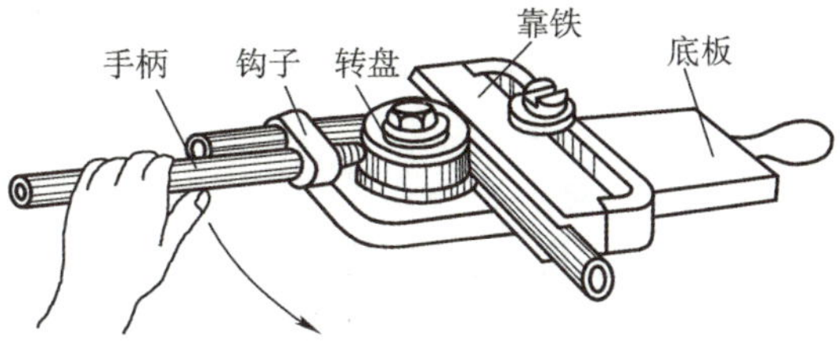

图 2–85　弯管工具

§2–6　铆接、粘接与锡焊

一、铆接

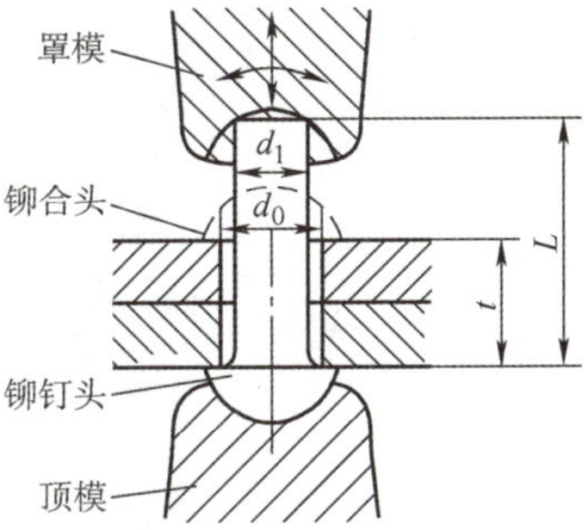

图 2–86　铆接

借助铆钉形成的不可拆连接，称为铆接，如图 2–86 所示。

目前，在很多零件连接中，铆接已被焊接代替，但因铆接具有操作简单、连接可靠、抗振和耐冲击等特点，所以在机器和工具制造等方面仍有较多的使用。

1. 铆接的种类

铆接的种类及应用见表 2–24。

2. 铆钉及铆接工具

（1）铆钉

铆钉按其材料不同可分为：钢质、铜质、铝质铆钉等；按其形状分有：平头、半圆头、沉头、半圆沉头、管状空心和皮带铆钉及抽芯铆钉等，见表 2–25。

表 2–24　　　铆接的种类及应用

铆接种类			结构特点及应用
按使用要求分类	活动铆接		其结合部位可以相互转动。用于钢丝钳、剪刀、划规等工具的铆接
	固定铆接	强固铆接	用于结构需要有足够的强度、承受强大作用力的场合，如桥梁、车辆、起重机等
		紧密铆接	只能承受很小的均匀压力，但要求接缝处非常严密，以防止渗漏。应用于低压容器装置，如气筒、水箱、油罐等

续表

铆接种类			结构特点及应用
按使用要求分类	固定铆接	强密铆接	能承受很大的压力，要求接缝非常紧密，即使在较大压力下，液体或气体也保持不渗漏。一般应用于锅炉、压缩空气罐及其他高压容器
按铆接方法分类	冷铆		铆接时，铆钉不需加热，直接镦出铆合头，应用于直径在 8 mm 以下的钢制铆钉。采用冷铆的铆钉材料必须具有较好的塑性
	热铆		将整个铆钉加热到一定温度后再铆接。铆钉塑性好，易成型，冷却后结合强度高。热铆时铆钉孔直径应放大 0.5 ~ 1 mm，使铆钉在热态时容易插入。直径大于 8 mm 的钢铆钉多用热铆
	混合铆		只把铆钉的铆合头端部加热，以避免铆接时铆钉杆的弯曲。适用于细长的铆钉

表 2–25　铆钉的种类及应用

名称	形状	应用
平头铆钉		铆接方便，应用广泛，常用于一般无特殊要求的铆接中，如铁皮箱盒、防护罩壳及其他结合件中
半圆头铆钉	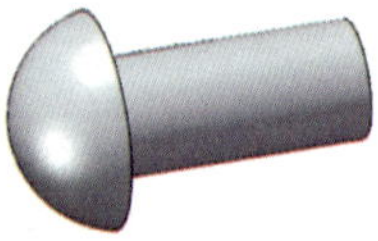	应用广泛，如钢结构的屋架、桥梁和车辆、起重机等，常用这种铆钉
沉头铆钉		应用于框架等制品表面要求平整的地方，如铁皮箱柜的门窗以及有些手用工具等
半圆沉头铆钉		用于有防滑要求的地方，如踏脚板和走路梯板等
管状空心铆钉	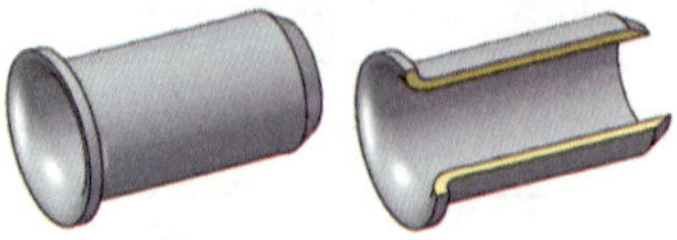	用于在铆接处有空心要求的地方，如电器部件的铆接等
皮带铆钉	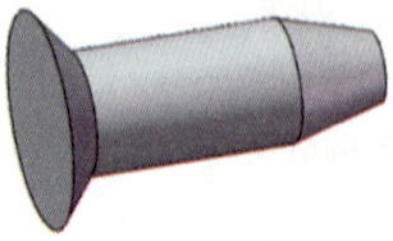	用于铆接机床制动带以及铆接毛毡、橡胶、皮革材料的制件

续表

名称	形状	应用
抽芯铆钉	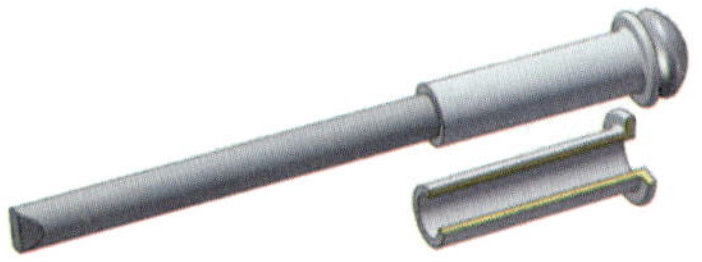	铆接时，铆钉钉芯由专用铆枪拉动，使铆体膨胀，起到铆接作用。用于不便采用普通铆钉（须从两面进行铆接）的铆接场合，广泛用于建筑、汽车、船舶、飞机、机器、电器等产品上

铆钉的标记一般要标出直径、长度和国家标准序号。如铆钉 GB 867—86——5×20，表示铆钉公称直径为 5 mm，长度为 20 mm，国家标准序号为 GB 867—86。

（2）铆接工具

手工铆接工具除锤子外，还有压紧冲头、罩模、顶模等，如图 2-87 所示。压紧冲头用于铆钉插入孔内后压紧被铆工件；罩模用于铆接时镦出完整的铆合头；顶模用于铆接时顶住铆钉原头，这样既有利于铆接又不损伤铆钉原头。

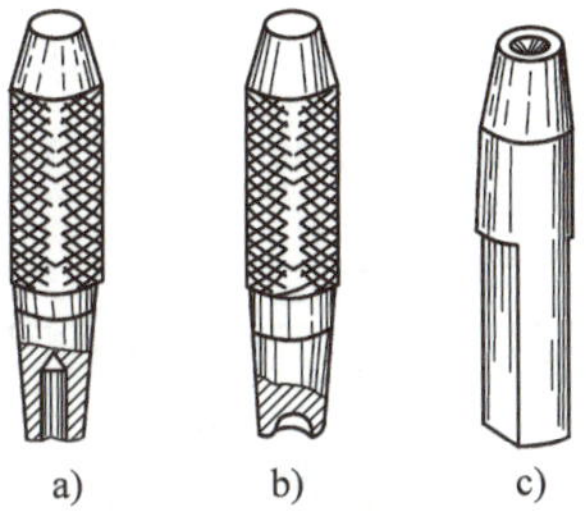

图 2-87　铆接工具
a）压紧冲头　b）罩模　c）顶模

3. 铆接形式及铆距

（1）铆接形式

根据构件功能要求，铆接分为搭接、对接、角接等几种形式，如图 2-88 所示。

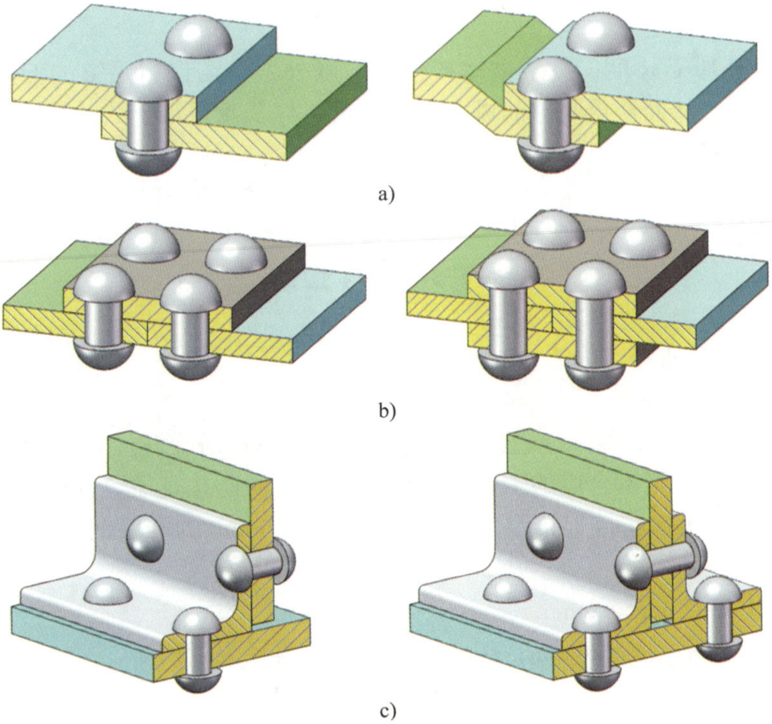

图 2-88　铆接形式
a）搭接　b）对接　c）角接

（2）铆距

指铆钉间或铆钉与铆接板边缘的距离。在铆接结构中，有三种隐蔽性的损坏情况：沿铆钉中心线被拉断、铆钉被剪切断裂、孔壁被铆钉压坏。因此，按结构和工艺的要求，铆钉的排列距离有一定的规定。如铆钉并列排列时，铆距 $t \geqslant 3d$（d 为铆钉直径）。铆钉中心到铆接板边缘的距离：如铆钉孔是钻孔时约为 $1.5d$；如铆钉孔是冲孔时约 $2.5d$。

4. 铆钉直径、长度及通孔直径确定

（1）铆钉直径的确定

铆钉直径的大小与被连接板的厚度有关，当被连接板的厚度相同时，铆钉直径等于板厚的 1.8 倍；当被连接板厚度不同，搭接连接时，铆钉直径等于最小板厚的 1.8 倍。铆钉直径可在计算后按表 2–26 圆整。

表 2–26　　铆钉公称直径及通孔直径（摘自 GB 152.1—1988）　　mm

铆钉公称直径 d		2.0	2.5	3.0	3.5	4.0	5.0	6.0	8.0	10.0
通孔直径 d_h	精装配	2.1	2.6	3.1	3.6	4.1	5.2	6.2	8.2	10.3
	粗装配									11
铆钉公称直径 d		12	14	16	18	20	22	24	27	30
通孔直径 d_h	精装配	12.4	14.5	16.5	—	—	—	—	—	—
	粗装配	13	15	17	19	21.5	23.5	25.5	28.5	32

（2）铆钉长度的确定

铆接时铆钉杆所需长度，除了被铆接件总厚度外，还需保留足够的伸出长度，以用来铆制完整的铆合头，从而获得足够的铆合强度。铆钉杆长度可用下式计算：

1）半圆头铆钉杆长度

$$L=\sum\delta+(1.25\sim1.5)\,d$$

2）沉头铆钉杆长度

$$L=\sum\delta+(0.8\sim1.2)\,d$$

式中　$\sum\delta$——被铆接件总厚度，mm；

d——铆钉公称直径，mm。

（3）通孔直径的确定

铆接时，通孔直径的大小，应随着连接要求不同而有所变化。如孔径过小，会使铆钉插入困难，孔径过大，则铆合后的工件容易松动，合适的通孔直径应按表 2–26 选取。

例 2–9　用沉头铆钉搭接连接厚度分别为 2 mm 和 5 mm 的两块钢板，试选择铆钉直径、长度及通孔直径。

解： $d=1.8t=1.8\times2$ mm=3.6 mm

按表 2–26 圆整后，取 d=4 mm，相应的铆钉通孔直径为 4.1 mm。

$$L=\sum\delta+(0.8\sim1.2)\,d$$
$$=2\text{ mm}+5\text{ mm}+(0.8\sim1.2)\times4\text{ mm}$$
$$=10.2\sim11.8\text{ mm}$$

5. 铆接方法

一般钳工工作范围内的铆接多为冷铆。图 2–89 所示为半圆头铆钉的铆接过程。

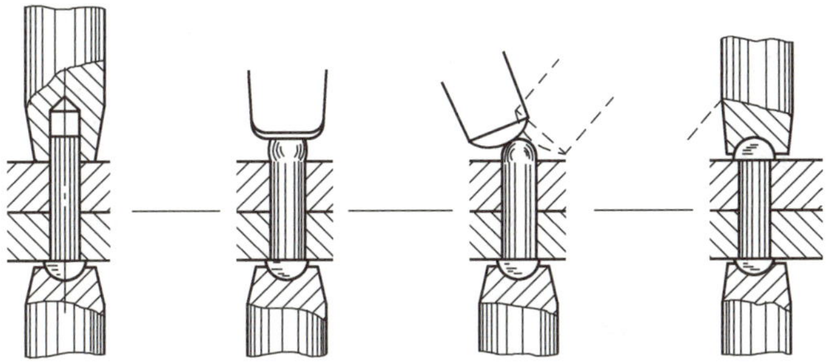

a) b) c) d)

图 2–89 半圆头铆钉铆接过程

a）压紧板料 b）镦粗铆钉 c）铆钉成形 d）铆钉整修

先将铆接件彼此贴合，按划线钻孔、倒角、并去毛刺，然后插入铆钉，把铆钉原头放在顶模上，用压紧冲头压紧板料，再用手锤镦粗铆钉伸出部分，并将四周锤打成型，最后用罩模修整。

> **小提示**
>
> 在活动铆接时，要经常检查活动情况，如果发现太紧，可把铆钉原头垫在有孔的垫铁上，锤击铆合头，使其松动。

二、粘接

借助黏结剂形成的连接，称为粘接。粘接是一种常用的工艺方法，它具有工艺简单，操作方便，连接可靠，变形小以及密封、绝缘、耐水、耐油等特点，所粘接的工件不需经过高精度的机械加工，也无须特殊的设备和贵重原材料，特别适用于不易铆、焊的场合。因此，在各种机械设备修复过程中，取得了良好的效果。粘接的缺点是不耐高温、粘接强度较低。

黏结剂分为无机黏结剂和有机黏结剂两大类。

1. 无机黏结剂及其使用

无机黏结剂由磷酸溶液和氧化物组成，在维修中应用的无机黏结剂主要是磷酸—氧化铜黏结剂。它有粉状、薄膜、糊状、液体等几种形态。其中，以液体状态使用最多。无机黏结剂虽然有操作方便、成本低的优点，但与有机黏结剂相比还存在强度低、脆性大和适用范围小的缺点。

无机黏结剂可用于螺栓紧固、轴承定位、密封堵漏等，但它不适宜粘接多孔性材料和间隙超过 0.3 mm 的缝隙。粘接前，应进行粘接面的除锈、脱脂和清洗操作。粘接后的工件须经适当的干燥硬化才能使用。

小提示

使用无机黏结剂时，工件接头的结构形式应尽量使用套接和槽榫接，避免平面对接和搭接，连接表面要尽量粗糙，可以滚花和加工成沟纹，以提高粘接的牢固性。

2. 有机黏结剂及其使用

有机黏结剂是一种高分子有机化合物，常用的有机黏结剂有两种：

（1）环氧黏结剂

其特点是粘合力强，硬化收缩小，能耐化学药品、溶剂和油类的腐蚀，电绝缘性能好，使用方便，并且只需施加较小的接触压力，在室温或不太高的温度下就能固化。其缺点是脆性大、耐热性差。由于其对各种材料有良好的粘接性能，因而得到广泛的应用。

粘接前，粘接表面一般要经过机械打磨或用砂布仔细打光，粘接时，用丙酮清洗粘接表面，待丙酮挥发后，将环氧黏结剂涂在连接表面，涂层约在 0.1 ~ 0.15 mm 左右，然后将两粘接件压合在一起，在室温或不太高的温度下即能固化。

（2）聚丙烯酸酯黏结剂

这类黏结剂常用的牌号有 501、502。其特点是无溶剂，呈一定的透明态，可室温固化。缺点是固化速度过快，不宜于大面积粘接。

随着高分子材料的发展，新的高效能的黏结剂不断产生，粘接在量具和刃具制造、设备装配维修、模具制造及定位件的固定等方面的应用日益广泛。

三、锡焊

利用工具将焊料（锡基合金）加热熔化后而将工件连接起来的操作方法，称为锡焊，如图 2–90 所示。

锡焊的优点是被焊工件不产生变形，焊接设备简单，操作方便。一般常用于焊接强度要求不高或要求密封性较好的连接，以及电器元件或电器设备的接线头连接等。

图 2–90　锡焊

1. 锡焊工具

锡焊时常用的工具有烙铁、烘炉、喷灯等。其中烙铁是锡焊中最主要的工具，分烙铁和电烙铁两种。烙铁焊头用紫铜制成，端部成楔形，可用烘炉或喷灯加热。电烙铁加热方便、迅速，并能较长时间使用，因此最为常用，如图 2–91 所示。

2. 焊料与焊剂

（1）焊料

锡焊用的焊料叫焊锡，是一种锡铅合金，熔点一般在 180 ~ 300 ℃。

（2）焊剂

焊剂又称焊药，锡焊时必须使用焊剂，其作用是清除焊缝处的金属氧化膜，提高焊锡的黏附能力和流动性，增加焊接强度。

锡焊常用的焊剂及应用见表 2–27。

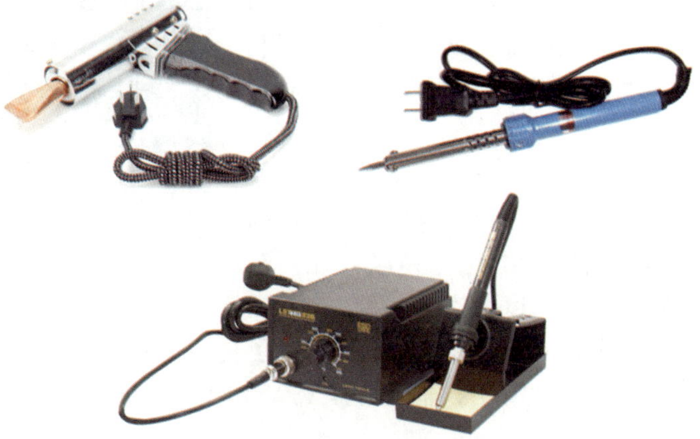

图 2–91　电烙铁

表 2–27　常用的焊剂及应用

焊剂种类	应用
稀盐酸	用于锌板或镀锌钢板的焊接
氯化锌溶液	一般锡焊均可以使用
焊膏	用于小工件焊接和电路接头等
松香	主要用于黄铜、紫铜等

3. 锡焊工艺

（1）用锉刀、锯条片或砂纸清除焊接处的油污和锈蚀。

（2）按焊接工件的大小选择不同功率的电烙铁或烙铁，接通电源或用火加热烙铁。烙铁加热到 250 ~ 550 ℃（切忌温度过高），在氯化锌溶液中浸一下，再蘸上一层焊锡，然后用木片或毛刷在工件焊接处涂上焊剂。

（3）将烙铁放在焊缝处，稍停片刻，使工件表面发热，然后均匀缓慢地移动，使焊锡填满焊缝。

（4）用锉刀清除焊接后残余焊锡，并用热水清洗焊剂，然后擦净烘干。

§2–7　刮削

一、刮削概述

利用刮刀刮除工件表面金属薄层的加工方法称为刮削，如图 2–92 所示。

1. 刮削过程

刮削是在工件或校准工具上涂上一层显示剂，经过推研，使工件上较高的部位显示出来，然后用刮刀刮去较高部分的金属层，经过反复推研、研点和刮削，最终使工件达到要求的尺寸精度、几何精度及表面粗糙度。

图 2–92　刮削

2. 刮削的特点及作用

刮削具有切削量小、切削力小、切削热少和切削变形小等特点，所以能获得很高的尺寸精度、几何精度、接触精度和很小的表面粗糙度值。

刮削后的表面，形成较均匀的微浅凹坑，创造了良好的存油条件，有利于润滑和减少摩擦。因此，机床导轨、滑板、滑座、轴瓦、工具、量具等的接触表面常用刮削的方法进行加工。

刮削过程中，刮刀对工件还有推挤压光的作用，从而使工件表面组织变得紧密，得到很小的表面粗糙度值。

刮削工作的劳动强度大，生产效率低。目前，在机器制造、修理过程中，大都采用了以磨代刮的工艺方法。

3. 刮削余量

由于刮削每次只能刮去很薄的金属，余量太大，则劳动强度大，生产效率低；余量太小，则上道工序产生的加工痕迹不能去除。因此，机械加工所留下的刮削余量应当合适，一般为 0.05 ～ 0.4 mm，可参考表 2–28 选取。

表 2–28　　刮削余量　　mm

平面刮削余量					
平面宽度	平面长度				
	100 ～ 500	>500 ～ 1 000	>1 000 ～ 2 000	>2 000 ～ 4 000	>4 000 ～ 6 000
100 以下	0.10	0.15	0.20	0.25	0.30
100 ～ 500	0.15	0.20	0.25	0.30	0.40

孔的刮削余量			
孔径	孔长		
	100 以下	100 ～ 200	>200 ～ 300
80 以下	0.05	0.08	0.12
80 ～ 180	0.10	0.15	0.25
>180 ～ 360	0.15	0.20	0.35

4. 刮削的种类

刮削可分为平面刮削和曲面刮削两种。

（1）平面刮削

有单个平面刮削（如平板、工作台面等）和组合平面刮削（如 V 形导轨面、燕尾槽面等）两种。

平面刮削一般要经过粗刮、细刮、精刮和刮花等过程。其刮削步骤及要求见表 2–29。

表 2–29　　平面刮削步骤及要求

类别	目的	方法	研点数 /（25 mm × 25 mm）
粗刮	用粗刮刀在刮削面上均匀地铲去一层较厚的金属。目的是去余量、去锈斑、去刀痕	连续推铲法，刀迹要连成长片	2 ~ 3 点
细刮	用细刮刀在刮削面上刮去稀疏的大块研点（俗称破点），以进一步改善不平现象	短刮法，刀痕宽而短。随着研点的增多，刀迹逐步缩短	12 ~ 15 点
精刮	用精刮刀更仔细地刮削研点（俗称摘点），以增加研点，改善表面质量，使刮削面符合精度要求	点刮法，刀迹长度约为 5 mm。刮削面越窄小，精度要求越高，刀迹越短	大于 20 点
刮花	在刮削面或机器外观表面上刮出装饰性花纹，既使刮削面美观，又改善了润滑条件，见图 2–93		

注：细刮及精刮时，每刮一遍，均须同向刮削（一般要与平面的边成一定角度），刮第二遍时应交叉刮削，以消除原方向刀迹。

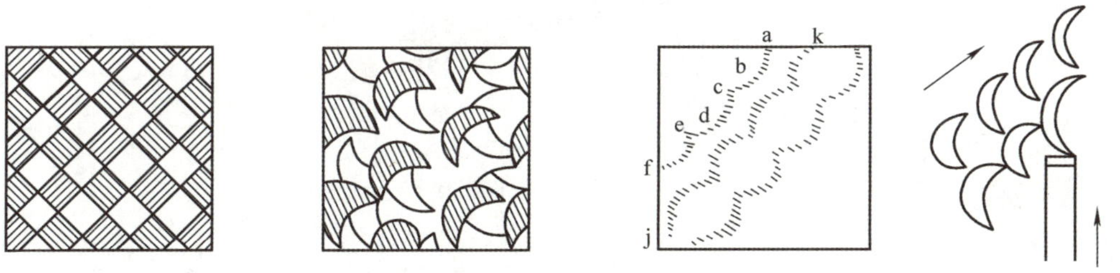

图 2–93　刮花的花纹

a）斜纹花　b）鱼鳞花　c）半月花

（2）曲面刮削

有内圆柱面、内圆锥面和球面刮削等，如图 2–94 所示。

曲面刮削的步骤和要求与平面刮削一样，只是曲面刮削使用的刀具和掌握刀具的方法与平面刮削有所不同。

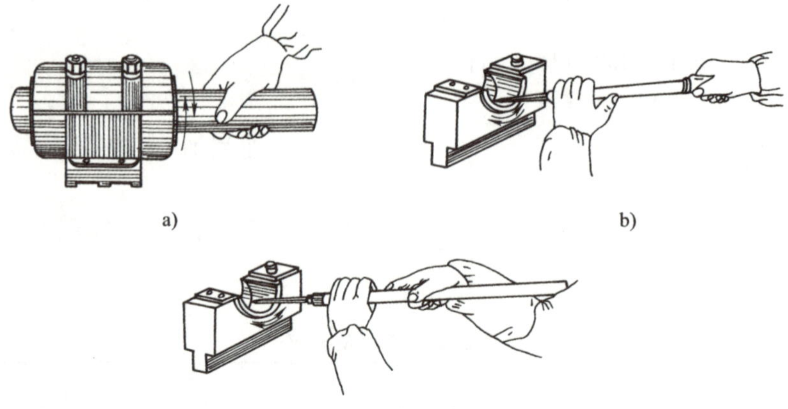

a)　　b)　　c)

图 2-94　曲面刮削

a）研点　b）、c）刮刀的握法

二、刮削工具

刮削工具主要有刮刀、校准工具及显示剂等。

1. 刮刀

刮刀是刮削的主要工具，有平面刮刀和曲面刮刀两类。

（1）平面刮刀

用于刮削平面和刮花，一般用 T12A 钢制成。当工件表面较硬时，也可以焊接高速钢或硬质合金刀头，如图 2-95 所示。刮刀头部的形状和角度如图 2-96 所示。

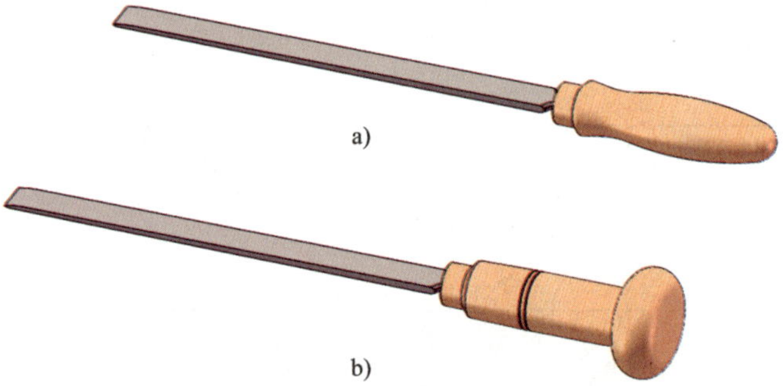

a)　　b)

图 2-95　平面刮刀

a）手刮刀　b）挺刮刀

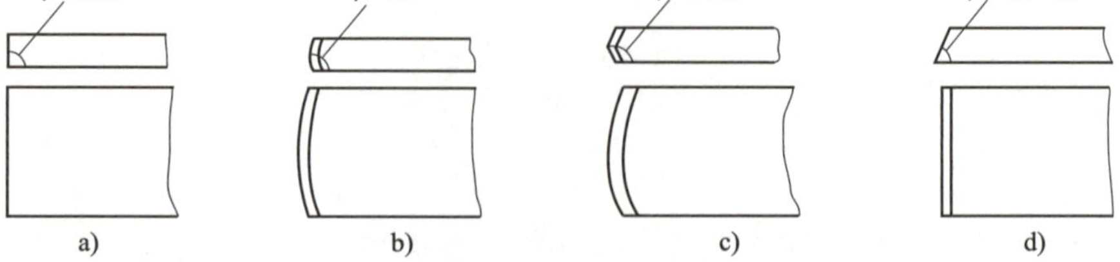

a)　　b)　　c)　　d)

图 2-96　刮刀头部形状和角度

a）粗刮刀　b）细刮刀　c）精刮刀　d）韧性材料刮刀

（2）曲面刮刀

用于刮削内曲面，常用的有三角刮刀、蛇头刮刀，如图 2–97 所示。

a)　　b)

图 2–97　曲面刮刀

a）三角刮刀　b）蛇头刮刀

2. 校准工具

校准工具是用来研点和检查被刮面准确性的工具，也称研具。常用的校准工具有校准平板、校准平尺、角形平尺（图 2–98 至图 2–100），以及根据被刮面形状设计制造的专用校准型板等。

图 2–98　校准平板

图 2–99　校准平尺

3. 显示剂

工件和校准工具对研时，所加的涂料称显示剂。其作用是显示工件误差的位置和大小。

（1）显示剂的种类

常用显示剂的种类及应用见表 2–30。

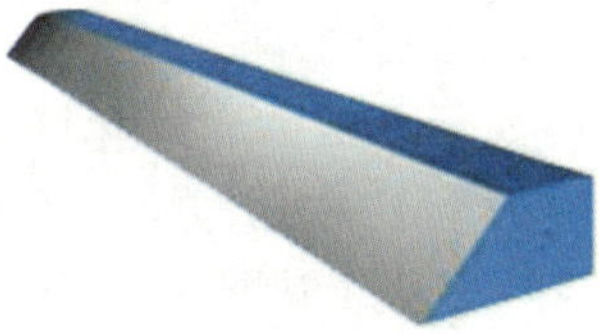

图 2–100　角形平尺

表 2–30　常用显示剂的种类及应用

种类	成分	应用
红丹粉	由氧化铅或氧化铁用机油调和而成，前者呈橘红色，后者呈红褐色，颗粒较细	广泛用于钢和铸铁工件
蓝油	用蓝粉和蓖麻油及适量机油调和而成	多用于精密工件和有色金属及其合金的工件

（2）显示剂的用法

刮削时，显示剂可以涂在工件表面上，也可以涂在校准工具表面上。前者在工件表面显示的结果是红底黑点、没有闪光、容易看清，适用于精刮时选用；后者只在工件表面的高处着色，研点暗淡、不宜看清，但切屑不易黏附在刀刃上，刮削方便，适用于粗刮时选用。

小提示

粗刮时，显示剂可调的稀些，这样在刀痕较多的工件表面上便于涂抹，显示的研点也大；精刮时，显示剂可调的干些，涂抹要薄而均匀，显示的研点细小，否则，研点会模糊不清。

（3）研点的方法

研点的方法应根据不同形状和刮削面积的大小有所区别。图 2–101 所示为平面和曲面的研点方法。

图 2–101　平面和曲面的研点方法

a）平面研点　b）曲面研点

1）中、小型工件的研点　一般是校准平板固定不动，工件被刮削面在平板上研点。研点时压力要均匀，避免显示失真。如果工件被刮削面小于平板面，研点时最好不超出平板，如果被刮削面等于或稍大于平板面，则允许工件超出平板，但超出部分应小于工件长度的 1/3，如图 2–102 所示。研点应在整个平板上进行，以防止平板局部磨损。

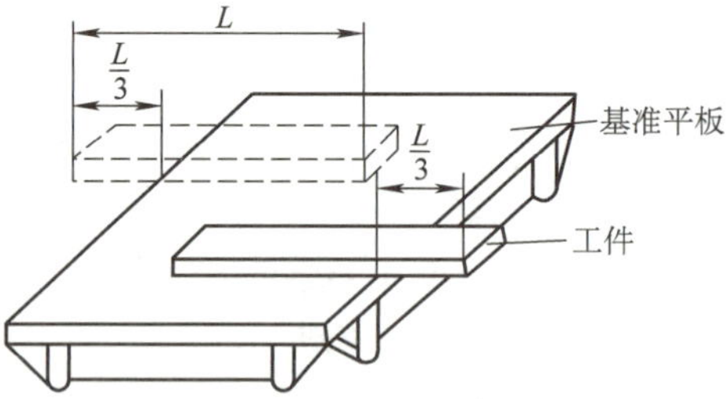

图 2–102　工件在平板上研点

2）大型工件的研点　将工件固定，平板在工件的被刮面上推研。研点时，平板超出工件被刮面的长度应小于平板长度的 1/5。

3）形状不对称工件的研点　研点时应在工件某个部位托或压，如图 2–103 所示。但用力的大小要适当、均匀。研点时还应注意：如果两次研点有矛盾，应分析原因，认真检查研点方法，谨慎处理。

三、刮削精度的检验

刮削精度包括尺寸精度、几何精度、接触精度、配合间隙及表面粗糙度等。接触精度常用25 mm×25 mm正方形方框内的研点数检验，如图2–104所示。各种平面接触精度研点数见表2–31；曲面刮削中，常见的滑动轴承内孔刮削的接触精度见表2–32。

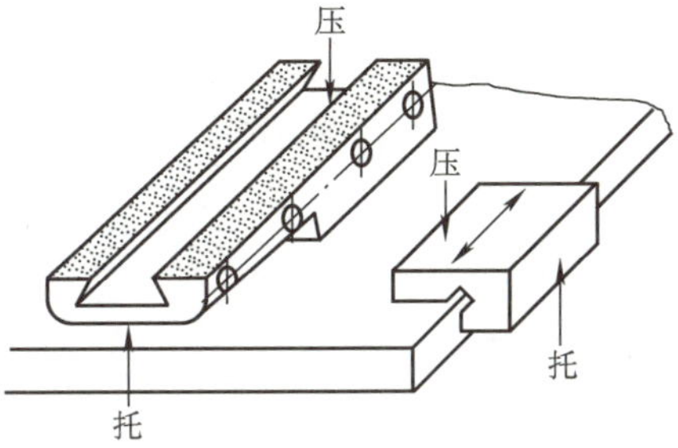

图2–103　形状不对称工件的研点

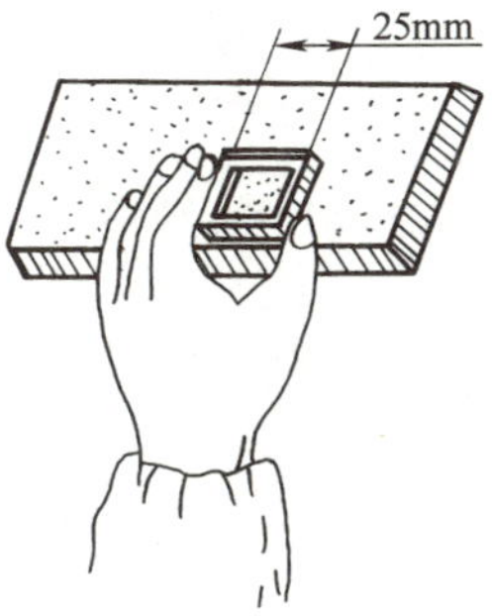

图2–104　用方框检查研点

表2–31　各种平面接触精度研点数

平面种类	每25 mm×25 mm内的研点数	应用
一般平面	2～5	较粗糙工件的固定结合面
	大于5～8	一般结合面
	大于8～12	机器台面、一般基准面、机床导向面、密封结合面
	大于12～16	机床导轨及导向面、工具基准面、量具接触面
精密平面	大于16～20	精密机床导轨、直尺
	大于20～25	1级平板①、精密量具
超精密平面	大于25	0级平板①、高精度机床导轨、精密量具

①表中1级平板、0级平板系指通用平板的精度等级。

表2–32　滑动轴承的研点数

轴承直径/mm	机床或精密机械主轴轴承			锻压设备和通用机械的轴承		动力机械和冶金设备的轴承	
	高精密	精密	普通	重要	普通	重要	普通
	每25 mm×25 mm内的研点数						
≤120	25	20	16	12	8	8	5
>120		16	10	8	6	6	2

图2–105所示为用框式水平仪检验刮削平面的平面度；有些精度要求较低的机件，配合面间的精度可用塞尺检验，如图2–106所示。

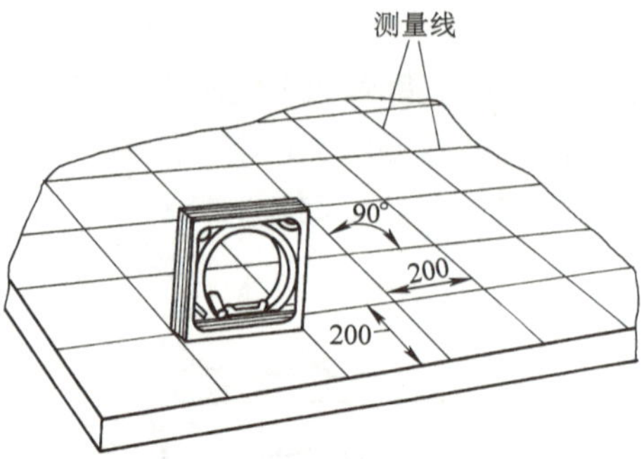

图 2–105　用水平仪检验平面度

图 2–106　用塞尺检验配合面间隙

知识链接

刮削时的注意事项

（1）刮削前，工件的锐边、锐角必须去掉，防止伤手。

（2）刃磨刮刀时，应站在砂轮机的侧面或斜侧面。刃磨时施加压力不能太大。

（3）刮削大型工件时，搬动要注意安全，安放要平稳。

（4）刮削工件边缘时，不能用力过大过猛，避免因刮刀冲出工件而产生事故。

（5）刮刀用后，应用纱布包裹好妥善安放，三角刮刀用毕不要放在经常与手接触的地方。

§2–8　研磨

一、研磨概述

用研磨工具（研具）和研磨剂从工件表面磨掉一层极薄的金属，使工件获得精确的尺寸、形状和极小的表面粗糙度值的加工方法称为研磨，如图 2–107 所示。

1. 研磨过程

研具材料比被研磨的工件材料软，这样受到一定压力后，通过研具与工件的相对运动，利用涂敷或压嵌在研具上的研磨剂，对工件产生微量的切削作用，均匀地从工件表面切去一层极薄的金属。借助于研具的精确型面，可使工件逐渐得到准确的尺寸精度及合格的表面粗糙度。

图 2–107　研磨

2. 研磨特点及作用

（1）研磨可以获得其他方法难以达到的高尺寸精度和形状精度。通过研磨后的尺寸精度可达到 0.001 ~ 0.005 mm。

（2）可获得极小的表面粗糙度。一般情况下表面粗糙度为 Ra1.6 ~ 0.1 μm，最小可达 Ra0.012 μm。

（3）加工方法简单、不需复杂设备，但加工效率低。

（4）经研磨后的零件能提高表面的耐磨性、抗腐蚀能力及疲劳强度，从而延长了零件的使用寿命。

3. 研磨余量

研磨是微量切削，一般每研磨一遍所能磨去的金属层不超过 0.002 mm，因此研磨余量不能太大，但也不宜太小。通常在 0.005 ~ 0.030 mm 比较合适。具体数值可参照表 2–33、表 2–34、表 2–35 选取。

表 2–33　研磨平面余量　mm

平面长度	平面宽度		
	≤ 25	26 ~ 75	76 ~ 150
≤ 25	0.005 ~ 0.007	0.007 ~ 0.010	0.010 ~ 0.014
26 ~ 75	0.007 ~ 0.010	0.010 ~ 0.014	0.014 ~ 0.020
76 ~ 150	0.010 ~ 0.014	0.014 ~ 0.020	0.020 ~ 0.024
151 ~ 260	0.014 ~ 0.018	0.020 ~ 0.024	0.024 ~ 0.030

表 2–34　研磨外圆余量　mm

直径	余量	直径	余量
≤ 10	0.005 ~ 0.003	51 ~ 80	0.008 ~ 0.012
11 ~ 18	0.006 ~ 0.008	81 ~ 120	0.010 ~ 0.014
19 ~ 30	0. 007 ~ 0.010	121 ~ 180	0.012 ~ 0.016
31 ~ 50	0.008 ~ 0.010	181 ~ 260	0.015 ~ 0.020

表 2–35　研磨内孔余量　mm

孔径	铸铁	钢
25 ~ 125	0.020 ~ 0.100	0.010 ~ 0.040
150 ~ 275	0.080 ~ 0.100	0.020 ~ 0.050
300 ~ 500	0.120 ~ 0.200	0.040 ~ 0.060

二、研具

研具是保证被研磨工件几何形状精度的重要因素，因此，对研具材料、精度和表面粗糙度都有较高的要求。

1. 研具材料

研具材料的硬度应比被研磨工件低，组织细致均匀，具有较高的耐磨性和稳定性，有较好的嵌存磨料的性能等。常用的研具材料见表 2–36。

表 2–36　常用研具材料的特点及应用

材料名称	特点及应用
灰铸铁	具有硬度适中、嵌入性好、价格低、研磨效果好等特点，是一种应用广泛的研磨材料
球墨铸铁	球墨铸铁比灰铸铁的嵌入性更好，且更加均匀、牢固，常用于精密工件的研磨
软钢	软钢韧性较好，不易折断，常用来制作小型研具
铜	铜的性质较软，嵌入性好，常用来制作研磨软钢类工件的研具，如研磨螺纹或小直径工具等

2. 常用的研具

不同形状的工件需要不同形状的研具，常用的研具有研磨平板、研磨环和研磨棒等。

（1）研磨平板

如图 2–108 所示。研磨平板主要用来研磨平面，如研磨量块、精密量具的平面等。其中，有槽的用于粗研，光滑的用于精研。

a)　　b)

图 2–108　研磨平板

a）光滑平板　b）有槽平板

（2）研磨环

如图 2–109 所示。研磨环用来研磨轴类工件的外圆表面。

（3）研磨棒

如图 2–110 所示。主要用来研磨套类工件的内孔。研磨棒有固定式和可调式两种，固定式研磨棒制造简单，但磨损后无法补偿，多用于单件工件的研磨。可调式研磨棒的尺寸可在一定的范围内调整，其寿命较长，应用广泛。

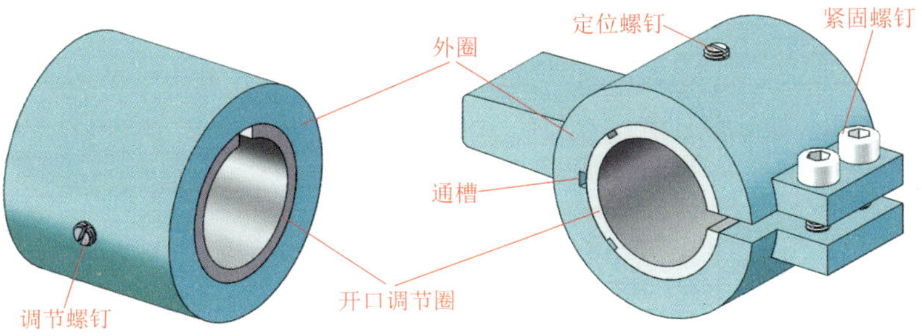

图 2–109　研磨环

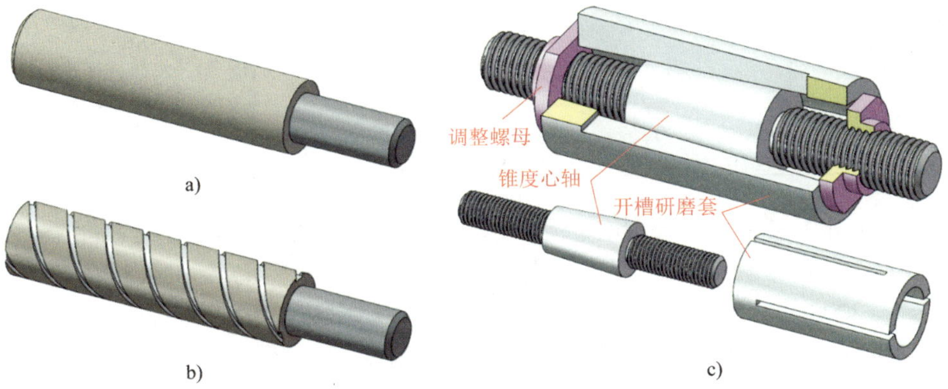

图 2–110　研磨棒

a）、b）固定式　c）可调式

三、研磨剂

研磨剂是指用于研磨，由磨料、分散剂和辅助材料制成的混合剂。

1. 磨料

磨料在研磨中起切削作用，研磨效率、研磨精度与选用磨料的种类和粒度有密切的关系。常用磨料的特性及用途见表 2–37。

表 2–37　　常用磨料的特性及用途

系列	磨料名称	代号	特性	适用范围
刚玉类	棕刚玉	A	棕褐色，硬度高，韧性大，价格便宜	粗、精研磨钢、铸铁和黄铜
	白刚玉	WA	白色，硬度比棕刚玉高，韧性比棕刚玉差	精研磨淬火钢、高速钢、高碳钢及薄壁零件
	铬钢玉	PA	多呈粉红色，韧性比白刚玉高，磨削粗糙度值低	研磨器具、仪表零件等
	单晶刚玉	SA	呈浅灰色，硬度和韧性比白刚玉高	研磨不锈钢、高钒高速钢等强度高、韧性大的材料

续表

系列	磨料名称	代号	特性	适用范围
碳化物类	黑碳化硅	C	黑色，有光泽，硬度比白刚玉高，脆而锋利，导热性和导电性良好	研磨铸铁、黄铜、铝、耐火材料及非金属材料
	绿碳化硅	GC	绿色，有光泽，硬度和脆性比黑碳化硅高，具有良好的导热性和导电性	研磨硬质合金、宝石、陶瓷、玻璃等材料
	碳化硼	BC	黑色，有金属光泽，硬度仅次于金刚石，耐磨性好	精研磨和抛光硬质合金、人造宝石等硬质材料
金刚石类	人造金刚石	—	无色透明或淡黄色、黄绿色、黑色，硬度高，比天然金刚石略脆，表面粗糙	粗、精研磨硬质合金、人造宝石、半导体等高硬度脆性材料
	天然金刚石	—	硬度最高，价格昂贵	

磨料的粗细用粒度表示，粒度是指磨料大小的量度，粒度号是按照国家标准对磨粒尺寸所做的分组标志。国家标准把磨料的粒度分为粗磨粒和微粉两部分。其中，GB/T 9258.2—2008 将粗磨粒划分为 P12 ～ P220 共 15 个号；GB/T 9258.3—2017 将微粉划分为 P240 ～ P1200 共 13 个号。选用时应根据零件的精度要求合理选取。

2. 分散剂

分散剂使磨料均匀分散在研磨剂中，并起稀释、润滑和冷却等作用，常用的有煤油、机油、动物油、甘油、酒精和水等。

3. 辅助材料

辅助材料主要是混合脂，常由硬脂酸、脂肪酸、环氧乙烷、三乙醇胺、石蜡、油酸和十六醇等中的几种材料配成，在研磨过程中起乳化、润滑和吸附作用，并促使工件表面产生化学变化，生成易脱落的氧化膜或硫化膜，借以提高加工效率。此外，辅助材料中还有着色剂、防腐剂和芳香剂等。

由于分散剂和辅助材料的成分和配合的比例不同，研磨剂分为液态研磨剂、研磨膏和固体研磨剂 3 种。液态研磨剂不需要稀释即可直接使用。研磨膏可直接使用或加分散剂稀释后使用，用油稀释的称为油溶性研磨膏，用水稀释的称为水溶性研磨膏。固体研磨剂常温时呈块状，可直接使用或加分散剂稀释后使用。

四、研磨方法

研磨分手工研磨和机械研磨两种。手工研磨应注意选择合理的运动轨迹，这对提高研磨效率、工件的表面质量和研具的寿命有直接的影响。手工研磨的运动轨迹有直线形、直线摆动形、螺旋形、8 字形和仿 8 字形等，如图 2–111 所示。

1. 平面研磨

（1）一般平面的研磨

其方法如图 2–111 所示。工件沿平板全部表面，用 8 字形、螺旋形或螺旋形和直线形运动轨迹相结合的形式进行研磨。

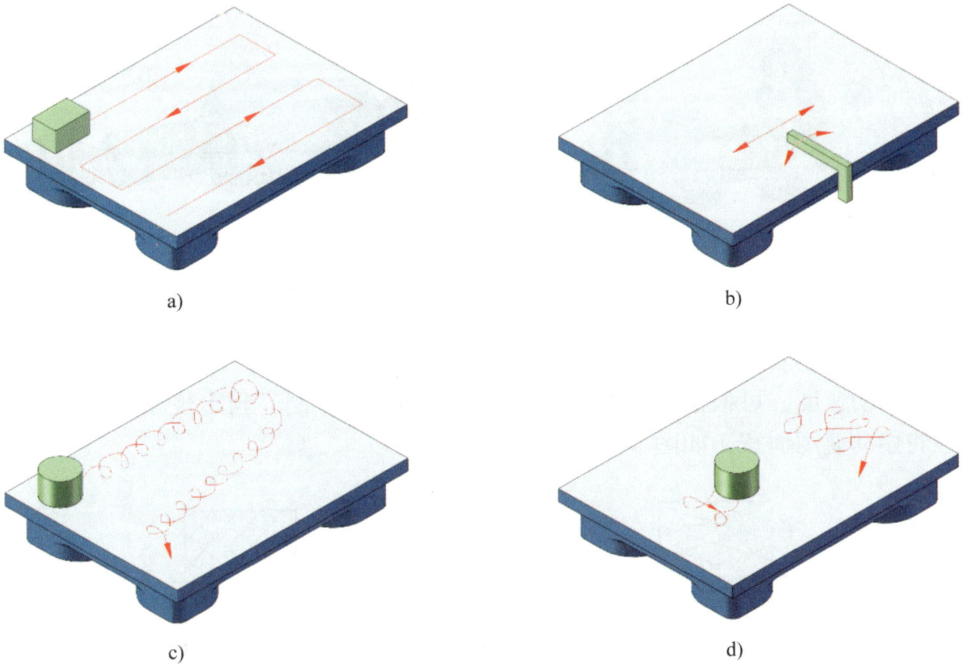

图 2-111　手工研磨的运动轨迹

a）直线形　b）直线摆动形　c）螺旋形　d）8 字形和仿 8 字形

（2）狭窄平面研磨

其方法如图 2-112 所示，应采用直线研磨的运动轨迹。为防止研磨平面产生倾斜和圆角，研磨时可用金属块做“导靠”。研磨工件的数量较多时，可采用弓形夹，将几个工件夹在一起研磨，既防止了工件加工面的倾斜，又提高了效率。

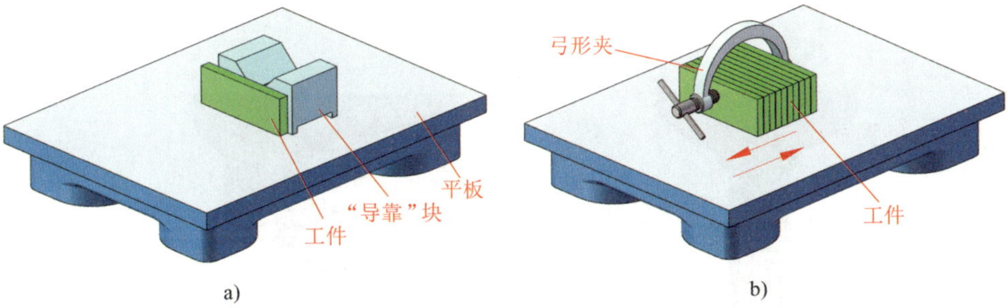

图 2-112　狭窄平面研磨

a）“导靠”的应用　b）弓形夹的应用

2. 圆柱面研磨

圆柱面研磨一般是手工与机器配合进行研磨。圆柱面研磨分外圆柱面和内圆柱面研磨。

（1）外圆柱面的研磨

如图 2-113 所示，研磨外圆柱面一般是在车床或钻床上用研磨环对工件进行研磨。工件由车床带动，其上均匀涂布研磨剂，用手推动研磨环，通过工件的旋转和研磨环在工件上沿轴线方向作往复运动进行研磨。

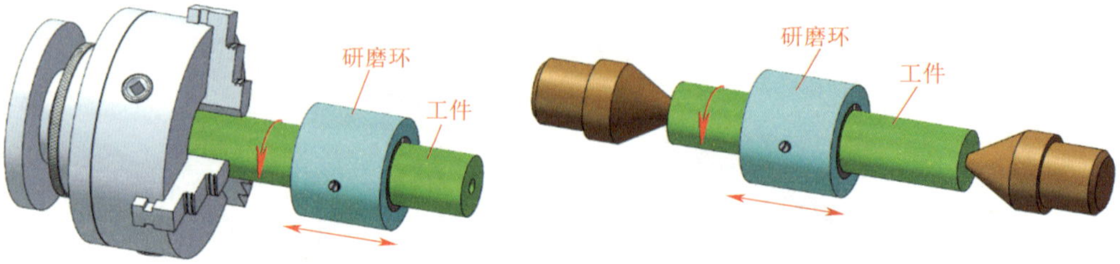

图 2–113　研磨外圆柱面

一般工件的转速在直径小于 80 mm 时为 100 r/min，直径大于 100 mm 时为 50 r/min。研磨环的往复移动速度，可根据工件在研磨时出现的网纹来控制。当出现 45° 交叉网纹时，说明研磨环的移动速度适宜，如图 2–114 所示。

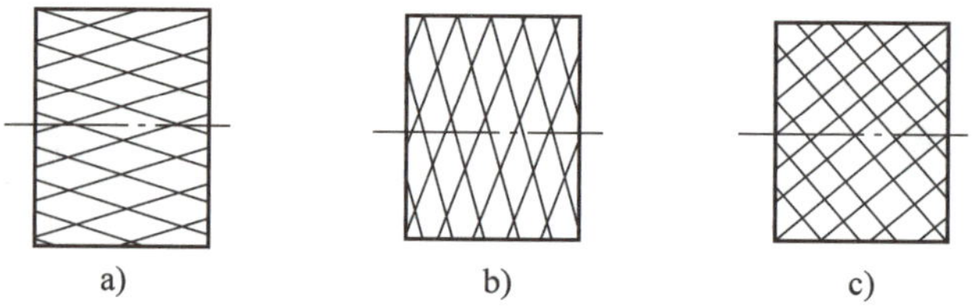

图 2–114　研磨环的移动速度

a）太快　b）太慢　c）适当

（2）内圆柱面的研磨

内圆柱面的研磨与外圆柱面的研磨正好相反，是将工件套在研磨棒上进行的。研磨时，将研磨棒在机床卡盘或钻夹头上夹紧并转动，把工件套在研磨棒上进行研磨，如图 2–115 所示。对大尺寸孔的研磨，应尽量置于垂直地面的方向，进行手工研磨（竖研）。

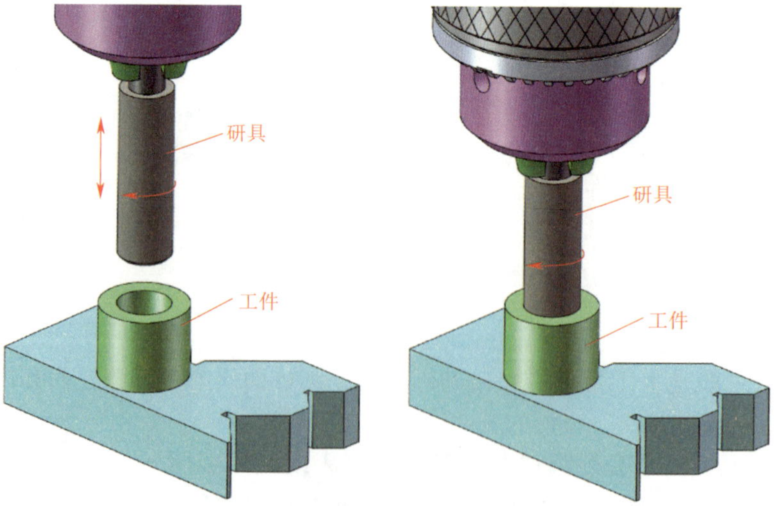

图 2–115　研磨内圆柱面

3. 圆锥面的研磨

圆锥表面的研磨，包括圆锥孔和外圆锥面的研磨。研磨用的研磨棒（环）工作部分的长度应是工件研磨长度的 1.5 倍，锥度必须与工件锥度相同。研磨时，一般在车床或钻床上进行，转动方向应和研磨棒的螺旋槽方向相适应，如图 2–116 所示。在研磨棒或研磨环上均匀地涂上一层研磨剂，插入工件锥孔中或套入工件的外表面旋转 4 ～ 5 圈后，将研具稍微拔出些，然后再推入研磨，如图 2–117 所示。研磨接近要求的精度时，取下研具，擦去研具和工件表面的研磨剂，重复套上进行抛光，直到达到加工精度要求为止。

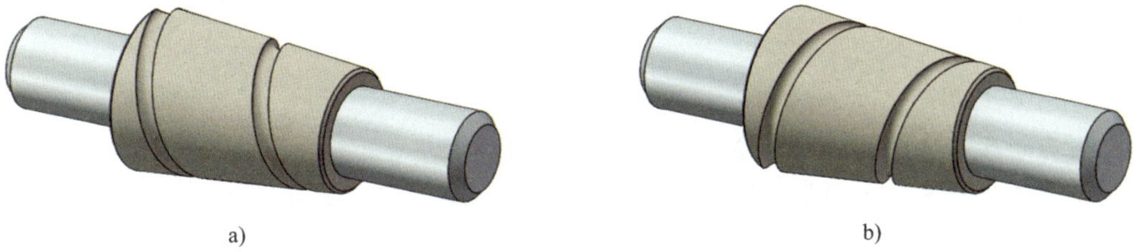

图 2–116　圆锥面研磨棒

a）右向螺旋槽　b）左向螺旋槽

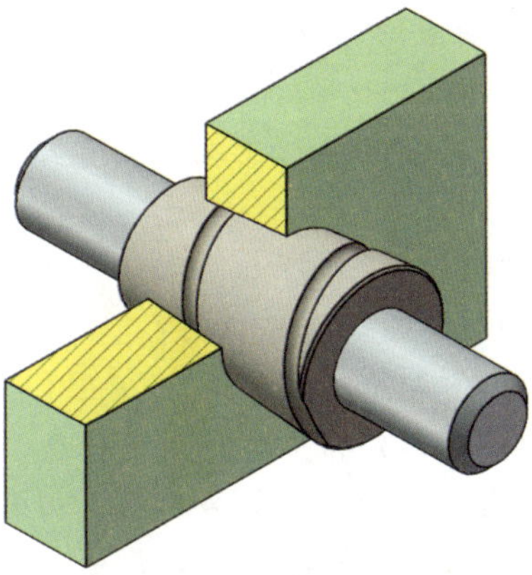

图 2–117　圆锥面研磨

4. 研磨时的注意事项

（1）研磨的压力和速度

研磨过程中，研磨的压力和速度对研磨效率及质量有很大影响。压力大、速度快，则研磨效率高。但压力过大、速度过快，易导致工件表面粗糙，工件容易发热变形，甚至会发生因磨料压碎而使表面划伤。一般对较小的硬工件或粗研磨时，可用较大的压力、较低的速度进行研磨；而对大的较软的工件或精研时，就应用较小的压力、较快的速度进行研磨。另外，在研磨中，应防止工件发热，若引起发热，应暂停，待冷却后再进行研磨。

（2）研磨中的清洁工作

在研磨中，必须重视清洁工作，才能研磨出高质量的工件表面。若忽视了清洁工作，轻则工件表面拉毛，严重的则会拉出深痕而造成废品。另外，研磨后应及时将工件清洗干净并采取防锈措施。

小提示

研磨时工件所受压力应均匀且大小适中。粗研时宜用压力（1 ~ 2）$\times 10^5$ Pa，精研时宜用压力（1 ~ 5）$\times 10^4$ Pa。研磨速度不宜太快，手工粗研时每分钟往复 40 ~ 60 次；精研磨时每分钟往复 20 ~ 40 次。

思考与练习

1. 为什么工件加工前要划线？划线的主要作用是什么？

2. 平面划线和立体划线时，各需选择几个划线基准？

3. 什么是设计基准？什么是划线基准？选择划线基准的基本原则是什么？

4. 什么是找正？什么是借料？

5. 现有一个圆环毛坯，其外圆为 ϕ69 mm、内孔为 ϕ25 mm，由于铸造缺陷，使得内外圆圆心偏移了 5 mm。图样要求其内外圆都加工，内孔为 ϕ32 mm，外圆为 ϕ62 mm。试用 1∶1 比例画图并计算借料方向和大小。

6. 用分度头在工件某圆周上划出均匀分布的 20 个孔，试求每划完一个孔后，分度手柄应转过的转数。

7. 要在一圆柱面上划出 16 条等分的平行于轴线的直线，求每划一条线后，分度手柄应转几转后再划第二条线？

8. 錾削角度对錾削产生怎样的影响？

9. 锯条的规格如何表示？如何合理地选择锯条？

10. 锉刀的规格有哪两种？如何表示？

11. 麻花钻由哪几部分组成？各部分的主要作用是什么？

12. 在题图 2–1 中标注出标准麻花钻切削部分的面、刃和切削角度。

13. 试述麻花钻顶角、前角、后角和横刃斜角的定义。

14. 标准麻花钻头有哪些缺点？对钻削有何不良影响？

15. 何谓钻孔的切削速度、进给量和背吃刀量？钻孔时选择切削用量的原则是什么？

16. 在钢板上钻削 ϕ12H10 孔。试回答下列问题：

（1）确定切削用量选择顺序。

（2）选择合理的切削用量。

（3）计算此时钻床主轴转速。

（4）若 $2\varphi = 120°$，钻透板厚为 30 mm 的工件所需时间是多少？

（5）如何选择切削液。

17. 标准群钻与标准麻花钻相比在结构上有何特点？

18. 操作钻床时的注意事项有哪些？

19. 扩孔有哪些特点？

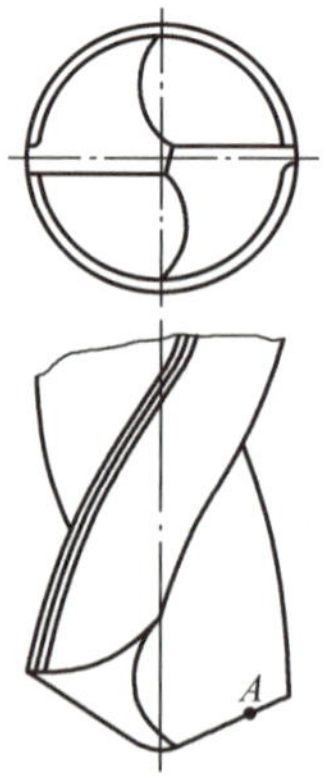

题图 2–1

20. 简述锪孔钻的种类和用途。

21. 铰刀由哪几部分组成？各部分的主要作用是什么？

22. 加工题图 2–2 所示工件上 ϕ40H8 孔及 ϕ60 mm 埋头孔。试写出加工工艺及所选用刀具。

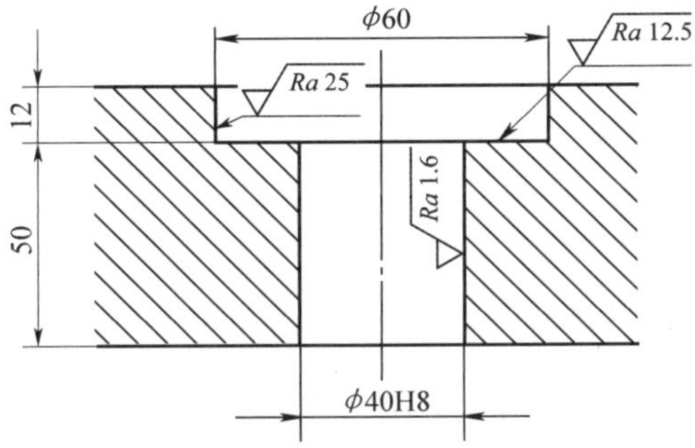

题图 2–2

23. 试述丝锥的组成部分及各部分的作用。

24. 分别在钢件和铸铁件上攻制 M12 的内螺纹，若螺纹的有效长度为 35 mm，试求攻螺纹底孔直径及钻孔深度。若 n=400 r/min，f=0.5 mm/r，求钻孔基本时间（钻头顶角 2φ 为 120°，只计算钢件）。

25. 什么叫矫正？矫正的实质是什么？

26. 什么叫弯形？什么样的材料才能进行弯形？弯形后内、外层材料如何变化？

27. 求题图 2–3 所示弯形工件毛坯长度。已知：a=100 mm，b=120 mm，c=200 mm，r=5 mm，t=5 mm。

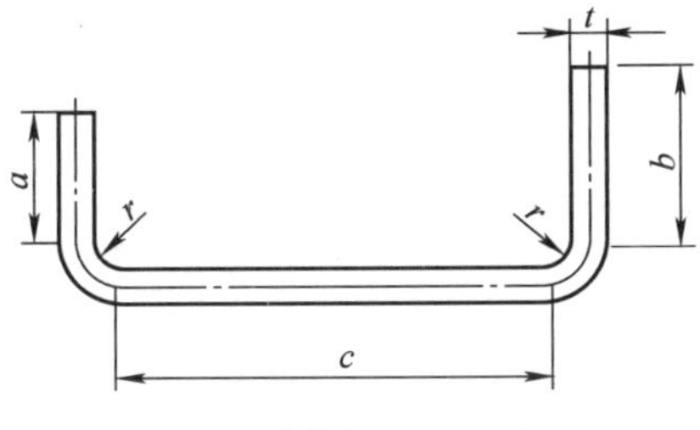

题图 2–3

28. 用 ϕ6 mm 圆钢弯成外径为 48 mm 的圆环，求圆钢的落料长度。

29. 什么叫铆接？按使用要求不同铆接分哪两种？

30. 试述半圆头铆钉的铆接过程？

31. 题图 2–4 所示铆接件采用半圆头铆钉铆接，试选择半圆头铆钉的直径 d、长度 L，以及钉孔直径 d_1。

32. 用半圆头铆钉搭接铆接厚度为 8 mm 和 2 mm 的两块钢板，试选择铆钉直径和长度。

33. 什么是粘接？粘接有哪些特点？ 有何应用？

34. 锡焊有哪些优点？常用于何种场合？

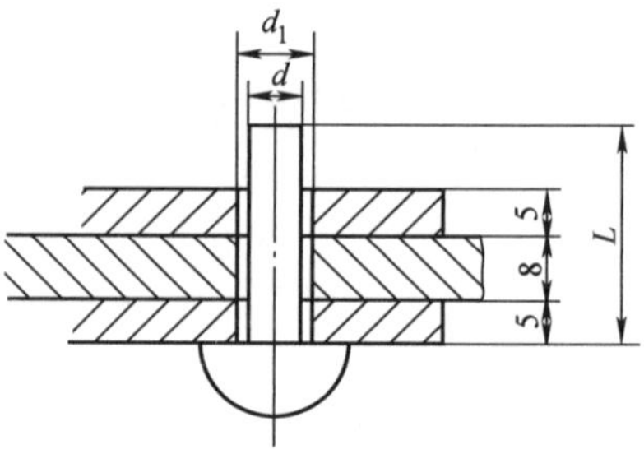

题图 2–4

35. 什么是刮削？刮削有哪些特点？

36. 什么是研磨？研磨的作用是什么？

第三章

钳工常用设备及工具

§3-1 钻床

钻床是钳工常用的孔加工机床。在钻床上可完成钻孔、扩孔、锪孔、铰孔和攻螺纹等多项操作，如图 3-1 所示。常用的钻床有台式钻床、立式钻床和摇臂钻床等。

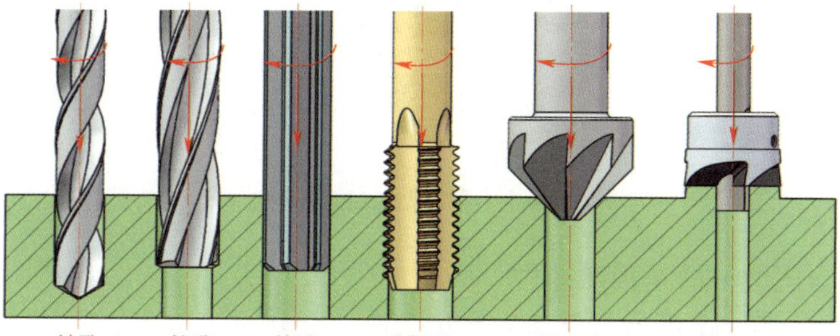

图 3-1　钻床的应用

一、台式钻床

台式钻床简称台钻，是一种可安装在作业台上，主轴垂直布置的小型钻床，适用于在小型工件上钻、扩直径为 12 mm 以下的孔。台式钻床结构简单，操作方便、灵活，易于维修，应用较为广泛。图 3-2 所示为常用的 Z4112 型台式钻床的结构图。

1. Z4112 型台式钻床的技术规格及参数

最大钻孔直径	12 mm
立柱直径	70 mm
主轴最大行程	100 mm
主轴中心线至立柱表面距离	193 mm
主轴端至工作台最大距离	332 mm
主轴端至底座最大距离	565 mm

主轴锥度	（莫氏）B16
主轴转速范围	480 ～ 4 100 r/min
主轴转速级数	5 级
电动机功率	0.37 kW
工作台面尺寸	256 mm × 256 mm
底座工作台面尺寸	528 mm × 360 mm
总高	1 037 mm

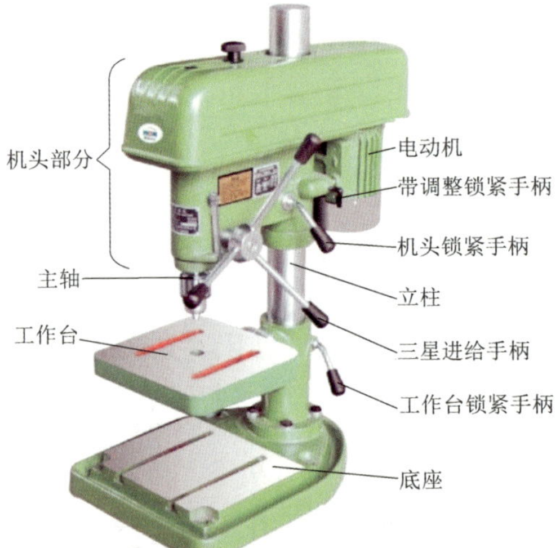

图 3-2　Z4112 型台式钻床

2. Z4112 型台式钻床的结构及操作

如图 3-2 所示，Z4112 型台式钻床主要由底座、立柱、工作台、主轴、电动机、主轴变速机构、进给机构以及电气控制部分等组成。

（1）底座（下工作台）

中间有两条 T 形槽，用来固定工件或夹具。

（2）立柱

立柱截面为圆形，用来支承工作台和机头。

（3）工作台

工作台主要用来安放被加工工件，它可沿立柱上下移动，并能绕立柱转动到任意位置，同时工作台自身还可左右倾斜 45°。

（4）机头

机头安装在立柱上，它可沿立柱上下调整所需高度，并能绕立柱转动。在机头下面有一支撑保险环。

（5）主轴

主轴下端制有莫氏锥度，可安装钻夹头，主要用来安装孔加工刀具及传递扭矩。

（6）主轴变速机构

该机构采用的是塔轮变速方法，如图 3–3 所示。通过改变 V 形带的位置，可实现 5 种不同的转速。带初拉力的调整靠电动机前后移动来完成。

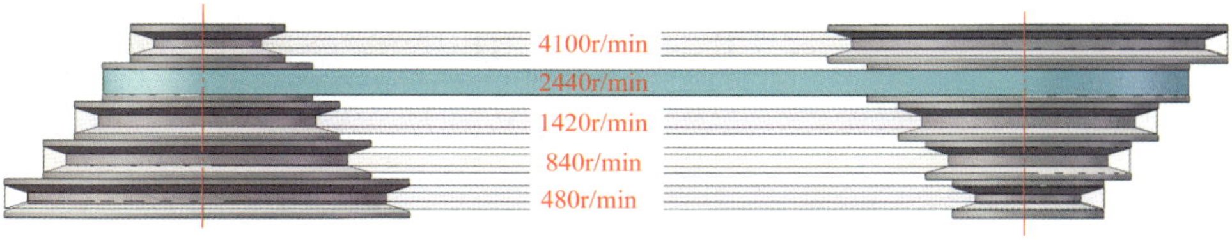

图 3–3　台式钻床主轴变速机构

（7）进给机构

台式钻床通常只有手动进给。如图 3–4 所示，三星进给手柄带动齿轮轴转动，再由齿轮轴带动与其啮合的主轴套筒产生移动。在主轴套筒下端的侧面装有进给标尺。在齿轮轴的另一端装有弹簧，使主轴自动抬起复位。

（8）电气控制部分

在机头的侧面装有控制开关，可使主轴正转或停车。

3. Z4112 型台式钻床的传动系统

主运动：电动机→主动带轮→ V 带→从动带轮→主轴，实现主轴的旋转运动。

进给运动：进给手柄→同轴齿轮→主轴套筒→主轴，实现主轴的轴向进给运动。

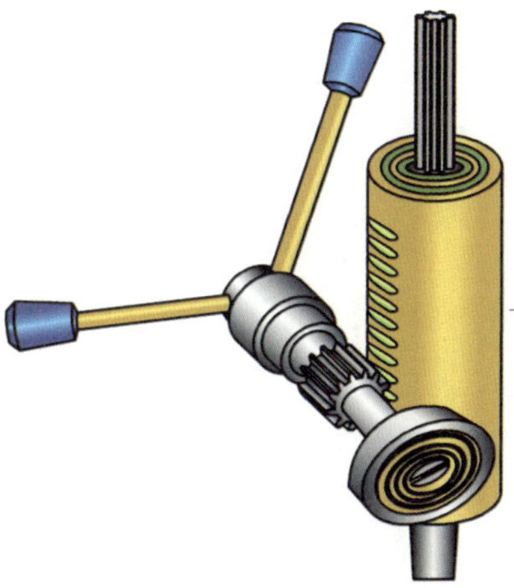

图 3–4　台式钻床进给机构

知识链接

莫氏锥度

莫氏锥度是 19 世纪美国机械师莫氏（Stephen A. Morse）为了解决麻花钻的夹持问题（莫氏同时也是世界最早商业化麻花钻头的发明者）而发明的。

莫氏锥度是一个锥度的国际标准，用于配合时精确定位。由于锥度很小，利用摩擦力的原理，可以传递一定的扭矩，又因为是锥度配合，所以可以方便的拆卸。在同一锥度的一定范围内，工件可以自由的拆装，同时在工作时又不会影响到使用效果。比如钻孔用的锥柄钻头，如果在使用过程中需要拆卸钻头刃磨，刃磨后重新装上不会影响钻头的中心位置。

莫氏锥度有 0、1、2、3、4、5、6 共七个号，其直径有所不同。主要用于各种刀具（如钻头、铣刀）、刀杆及机床主轴孔锥度。

莫氏锥度又分为长锥和短锥，长锥多用于机床的主轴孔，短锥用于机床附件和机床连接孔。莫氏短锥有 B10、B12、B16、B18、B22、B24 六个型号，它们是根据莫氏长锥 1、2、3 号缩短而来，例如 B10 和 B12 是莫氏长锥 1 号的大小两端，一般机床附件根据大小和所需传动扭矩选择使用的短锥，如常用的钻夹头（1 ~ 13 mm）通常都是采用 B16 的短锥孔。

二、立式钻床

立式钻床简称立钻，是主轴箱和工作台安置在立柱上，主轴垂直布置的钻床，其结构较为复杂，可实现自动进给，具有变速方便、性能全等特点，并配备了冷却系统，使用范围广。它适用于单件、小批量生产中对中、小型工件的孔加工。图 3–5 所示为 Z525B 型立式钻床的外形结构。

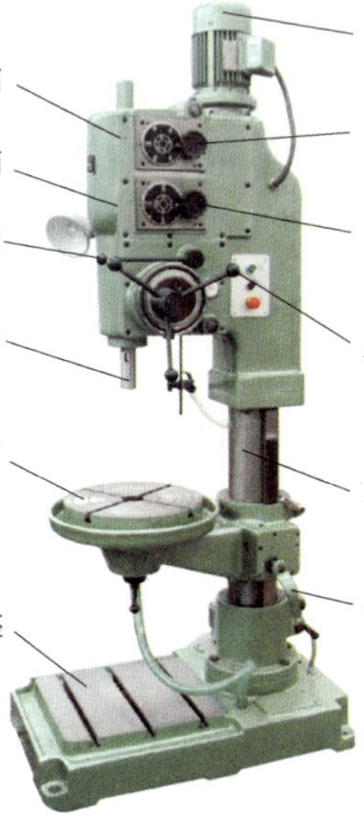

图 3–5　Z525B 型立式钻床

1. Z525B 型立式钻床的技术规格及参数

最大钻孔直径	25 mm
主轴锥孔	莫氏 3 号
主轴最大行程	200 mm
主轴中心线至立柱表面距离	315 mm
主轴端面至工作台最大距离	415 mm
主轴端面至底座最大距离	965 mm
主轴转速范围	85 ~ 1 500 r/min
主轴转速级数	6 级
主轴进给量范围	0.13 ~ 0.52 mm/r
主轴进给量级数	4 级
工作台移动行程	385 mm
工作台尺寸	ϕ 400 mm
底座工作面尺寸	440 mm × 500 mm
主电动机功率	1.5 kW
切削液泵电动机功率及流量	0.125 kW　22 L/min
机床外形尺寸（长 × 宽 × 高）	1 050 mm × 730 mm × 2 300 mm

2. Z525B 型立式钻床的传动系统

该机床的传动系统包括三个部分，即主轴的旋转（主运动）、主轴的轴向移动（进给运动）和工作台的升降（辅助运动），如图 3–6 所示。

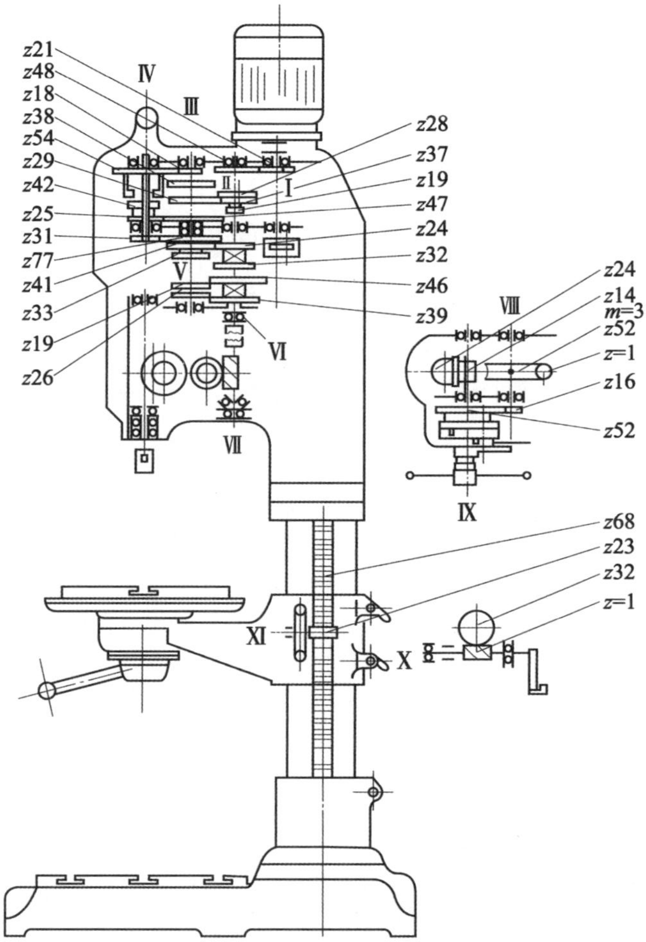

图 3–6　Z525B 型立式钻床的传动系统图

（1）主运动传动链

由传动系统图可知，主运动传动链的首端为电动机，末端为主轴。来自电动机的动力直接经联轴器传给主轴变速箱中的轴Ⅰ；经齿轮（$z21$、$z48$）啮合将运动传给轴Ⅱ；通过轴Ⅱ上的三联滑移齿轮（$z28$、$z37$、$z19$）分别与轴Ⅲ上的齿轮（$z38$、$z29$、$z47$）啮合将运动传给轴Ⅲ，使轴Ⅲ得到 3 种转速；再通过轴Ⅲ上的齿轮（$z47$、$z18$）分别与轴Ⅳ上的齿轮（$z25$、$z54$）啮合又将运动传给轴Ⅳ，使轴Ⅳ得到 6 种转速。轴Ⅳ与主轴为花键连接，因此，主轴可获得 6 种不同的转速。

主运动的传动结构式如下：

$$\text{主电动机（1 430 r/min）} \rightarrow \text{轴 I} \rightarrow \frac{21}{48} \rightarrow \text{轴 II} \rightarrow \begin{Bmatrix} \frac{28}{38} \\ \frac{37}{29} \\ \frac{19}{47} \end{Bmatrix} \rightarrow \text{轴 III} \rightarrow \begin{Bmatrix} \frac{47}{25} \\ \frac{18}{54} \end{Bmatrix} \rightarrow \text{轴 IV} \rightarrow \text{主轴}$$

根据传动结构式，可列出主运动平衡方程式如下：

$$n_{主轴}=n_{电动机}\times\frac{21}{48}\times u_{变}$$

式中　$n_{主轴}$——主轴转速，r/min；

$u_{变}$——交换齿轮传动比。

根据运动平衡方程式，可求出主轴的最高和最低转速如下：

$$n_{最高}=1\,430\ \text{r/min}\times\frac{21}{48}\times\frac{37}{29}\times\frac{47}{25}\approx 1\,500.6\ \text{r/min}$$

$$n_{最低}=1\,430\ \text{r/min}\times\frac{21}{48}\times\frac{19}{47}\times\frac{18}{54}\approx 84.3\ \text{r/min}$$

（2）进给运动传动链

进给运动传动链的首端为主轴的旋转，末端为主轴的轴向移动。主轴的旋转运动通过轴Ⅳ上的齿轮（$z31$）与轴Ⅴ上的齿轮（$z77$）啮合将运动传给轴Ⅴ；通过轴Ⅴ上的两个双联滑移齿轮（$z41$ 和 $z33$、$z19$ 和 $z26$）分别与轴Ⅵ上的齿轮（$z24$、$z32$、$z46$、$z39$）啮合将运动传给轴Ⅵ，使轴Ⅵ得到 4 种转速；再经安全离合器将运动传给蜗杆（$z1$）轴Ⅶ，由蜗杆带动轴Ⅷ上的蜗轮（$z52$）旋转；再通过轴Ⅷ上的齿轮（$z16$）与轴Ⅸ上的齿轮（$z52$）啮合将运动传给轴Ⅸ；最后通过轴Ⅸ上的齿轮（$z14$）带动主轴套筒上的齿条沿轴向移动。

进给运动的传动结构式如下：

$$\text{主轴（IV）} \rightarrow \frac{31}{77} \rightarrow \text{轴 V} \rightarrow \begin{Bmatrix} \frac{41}{24} \\ \frac{33}{32} \\ \frac{19}{46} \\ \frac{26}{39} \end{Bmatrix} \rightarrow \text{轴 VI} \rightarrow \text{轴 VII} \rightarrow \frac{1}{52} \rightarrow \text{轴 VIII} \rightarrow \frac{16}{52} \rightarrow \text{轴 IX} \rightarrow$$

$$\pi m\cdot 14\ \text{（其中}\ m=3\text{）} \rightarrow \text{齿条} \rightarrow \text{主轴进给}$$

根据传动结构式，列出进给运动平衡方程式如下：

$$f=1\times\frac{31}{77}\times u_{进给}\times\frac{1}{52}\times\frac{16}{52}\times\pi m\times 14$$

式中　f——主轴进给量，mm/r；

$u_{进给}$——进给交换齿轮传动比。

根据运动平衡方程式，可求出主轴的最小和最大进给量如下：

$$f_{最小}\approx 1\times\frac{31}{77}\times\frac{19}{46}\times\frac{1}{52}\times\frac{16}{52}\times(14\times 3)\times 3.14\approx 0.13\ \text{mm/r}$$

$$f_{最大} \approx 1 \times \frac{31}{77} \times \frac{41}{24} \times \frac{1}{52} \times \frac{16}{52} \times (14 \times 3) \times 3.14 \approx 0.54 \text{ mm/r}$$

（3）辅助运动

立式钻床的辅助运动主要是指工作台的升降运动。当转动工作台升降手柄，通过轴Ⅹ上的蜗杆（$z1$）与轴Ⅺ上的蜗轮（$z32$）啮合，带动与蜗轮同轴的齿轮（$z23$）与安装在立柱侧面上的齿条相啮合，从而带动工作台沿立柱作升降运动。

3. Z525B 型立式钻床的结构及操作

如图 3–5 所示，Z525B 型立式钻床主要由底座、立柱、工作台、主轴、主轴变速机构、进给机构、冷却系统、机床照明和电气控制部分等组成。

（1）底座（下工作台）

底座是立式钻床的基础，也是机床的冷却箱，较大型工件还可直接放在底座工作面上进行加工。

（2）立柱

Z525B 型立式钻床的立柱为圆柱形，主要用来支承机床的所有零部件。

（3）工作台

该工作台为圆形，松开下面的锁紧手柄，能自身旋转。松开后面的锁紧手柄，可使工作台绕立柱转动 ±180°。利用工作台的这两种运动，能使固定在工作台上的工件的任何位置都能对准主轴的中心，扩大了加工范围。同时，通过转动工作台升降手柄，可使工作台沿立柱停留在所需高度（利用蜗轮蜗杆的自锁功能）。

（4）主轴

主轴是钻床的重要部件，对其旋转精度要求较高。在主轴的下端有内锥孔，以便于安装刀具或辅具。主轴的重量由弹簧来平衡，可使主轴停在任意高度位置。

（5）主轴变速机构

转动主轴变速手轮可以使主轴方便地获得 6 种不同的转速。但变速前必须停车，以免损坏传动链中的零件。

（6）进给机构

该立式钻床可实现手动和自动进给。采用自动进给时，首先将进给量调节手轮转到所需的进给量挡位，再将端盖拉出，压下自动进给手柄，即可实现自动进给，如图 3–7 所示。若需要控制钻孔深度时，可调节安装在刻度盘上的撞块位置，当撞块随刻度盘转动并碰到自动进给手柄座后，使自动进给手柄抬起，自动进给停止。转动三星手动进给手柄还可以随时增大进给量或终止自动进给。

（7）冷却系统

切削液由安装在底座上的切削液泵直接供给，切削液可循环使用。

（8）照明

照明采用 24 V 安全电压。

（9）电气控制部分

该立式钻床有正转、反转和停止按钮，主轴的正、反转是靠改变电动机的转向来实现的。切削液泵由转换开关单独控制。

图 3-7　Z525B 立式钻床进给机构

知识链接

立式钻床的一级保养见表 3-1。

表 3-1　　立式钻床的一级保养

保养部位	保养内容及要求
机床外观	1. 清洗机床外表面及死角，拆洗各罩壳，要求内外清洁，无锈蚀，无污迹，漆见本色铁见亮 2. 清除导轨面及工作台面上的磕碰毛刺 3. 检查、补齐螺钉、手柄和手球 4. 清洗工作台、丝杠、齿条和锥齿轮，要求无油垢
主轴和进给箱	1. 检查油质、油量是否符合要求 2. 清除主轴锥孔的毛刺 3. 检查、调整电动机皮带，使其松紧适当 4. 检查各手柄是否灵活，各工作位置是否可靠
润滑	要求油杯齐全，油路畅通，油窗明亮，油毡洁净
冷却	1. 清洗切削液泵、过滤器及冷却油槽 2. 检查切削液管路，保证无渗漏现象
电器	清扫电动机及电器箱（必要时配合电工进行）

三、摇臂钻床

摇臂可绕立柱回转和升降，通常主轴箱在摇臂上作水平移动的钻床为摇臂钻床简称摇臂钻，它是钳工常用的一种较大型的钻削加工设备，内部结构复杂。目前，该类钻床大部分将机械、液压和电气控制融为一体，其自动化程度较高。适用于在中、大型零件上进行钻孔、扩孔、铰孔、锪平面及攻螺纹等操作，在有工艺装备的条件下，还可以进行镗孔，用途广泛。图 3–8 所示为 Z3050 × 16（Ⅰ）型摇臂钻床。

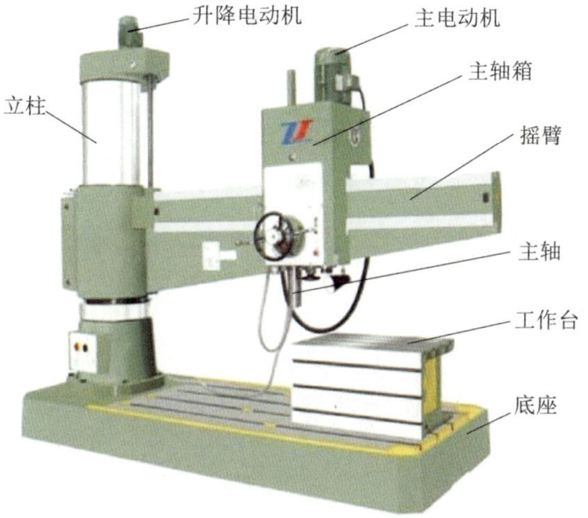

图 3–8　Z3050 × 16（Ⅰ）型摇臂钻床

1. Z3050 × 16（Ⅰ）型摇臂钻床的特点

（1）使用范围广，通用化程度较高。

（2）采用液压预选变速机构，可节省辅助时间。

（3）主轴正转、停车（制动）、变速、空挡等动作，用一个手柄控制，操纵轻便。

（4）主轴箱、摇臂、内外柱采用液压驱动的菱形块夹紧机构，夹紧可靠。

（5）有完善、可靠的安全保护装置。

2. Z3050 × 16（Ⅰ）型摇臂钻床的技术规格及参数

最大钻孔直径	50 mm
主轴锥孔	莫氏 5 号
主轴最大行程	315 mm
主轴中心线至立柱母线距离	最大 1 600 mm；最小 350 mm
主轴端面至底座工作面距离	最大 1 220 mm；最小 320 mm
主轴箱水平移动距离	1 250 mm
摇臂升降距离	580 mm
摇臂升降速度	1.2 m/min
摇臂回转角度	± 180°
主轴转速范围	25 ～ 2 000 r/min

主轴转速级数	16 级
主轴进给量范围	0.04 ~ 3.2 mm/r
主轴进给量	16 级
刻度盘每转钻孔深度	122 mm
立柱外径	350 mm
主轴允许最大扭矩	500 N · m
主轴允许最大进给抗力	18 kN
主电动机功率	4 kW
摇臂升降电动机功率	1.5 kW
液压夹紧电动机功率	0.75 kW
切削液泵电动机功率	0.125 kW
机床轮廓尺寸（长 × 宽 × 高）	2 500 mm × 1 040 mm × 2 840 mm
机床质量	3 600 kg

3. Z3050 × 16（Ⅰ）型摇臂钻床的传动系统

Z3050 × 16（Ⅰ）型摇臂钻床的传动系统包括主轴回转、主轴进给、摇臂升降及主轴箱在摇臂上的移动，如图 3–9 所示。

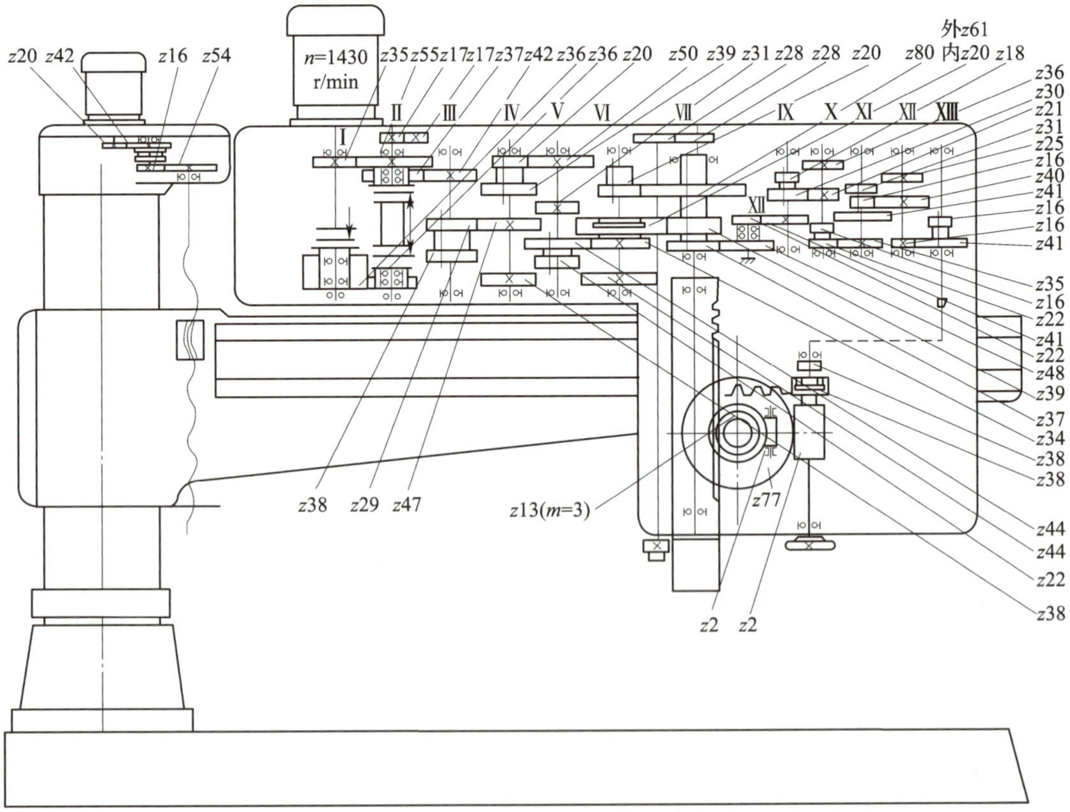

图 3–9　Z3050 × 16（Ⅰ）型摇臂钻床传动系统

（1）主运动的传动结构式

$$\text{电动机}(1\,430\ \text{r/min})\rightarrow\text{轴 I}\rightarrow\frac{35}{55}\rightarrow\text{轴 II}\rightarrow\frac{37}{42}\rightarrow\text{轴 III}\rightarrow\left\{\begin{matrix}\frac{38}{38}\\\frac{29}{47}\end{matrix}\right\}\rightarrow\text{轴 IV}\rightarrow\left\{\begin{matrix}\frac{39}{31}\\\frac{20}{50}\end{matrix}\right\}\rightarrow\text{轴 V}\rightarrow\left\{\begin{matrix}\frac{44}{34}\\\frac{22}{44}\end{matrix}\right\}\rightarrow\text{轴 VI}\rightarrow\left\{\begin{matrix}\frac{61}{39}\\\frac{20}{80}\end{matrix}\right\}\rightarrow\text{轴 VII}\rightarrow\text{主轴}$$

（2）进给运动的传动结构式

$$\text{主轴}(\text{VII})\rightarrow\frac{37}{48}\rightarrow\text{轴 VIII}\rightarrow\frac{22}{41}\rightarrow\text{轴 IX}\rightarrow\left\{\begin{matrix}\frac{30}{24}\\\frac{18}{36}\end{matrix}\right\}\rightarrow\text{轴 X}\rightarrow\left\{\begin{matrix}\frac{22}{35}\\\frac{16}{41}\end{matrix}\right\}\rightarrow\text{轴 XI}\rightarrow\left\{\begin{matrix}\frac{31}{25}\\\frac{16}{40}\end{matrix}\right\}\rightarrow\text{轴 XII}\rightarrow\left\{\begin{matrix}\frac{40}{16}\\\frac{16}{41}\end{matrix}\right\}\rightarrow\text{轴 X III}\rightarrow\frac{2}{77}\rightarrow\pi m\cdot 13\ (\text{其中 } m=3)\rightarrow\text{齿条}\rightarrow\text{主轴进给}$$

4. Z3050×16（Ⅰ）型摇臂钻床的操作方法

Z3050×16（Ⅰ）型摇臂钻床的操纵系统主要集中在主轴箱的前面和下面，其位置如图 3–10 所示。

图 3–10　Z3050×16（Ⅰ）型摇臂钻床的操纵系统

（1）主轴的启动

按下主电动机按钮，指示灯亮时，主电动机启动。将主轴操纵手柄转至正转（向前）或反转（向后）位置上，主轴即顺时针或逆时针方向转动，中间位置为停止，如图 3–11a 所示。

（2）主轴的空挡

如图 3–11b 所示，将主轴操纵手柄向上抬起，即可用手轻便转动主轴，如再启动主轴，须先将主轴操纵手柄压至变速位置（离合器接通），再将主轴操纵手柄转至正转或反转位置上。

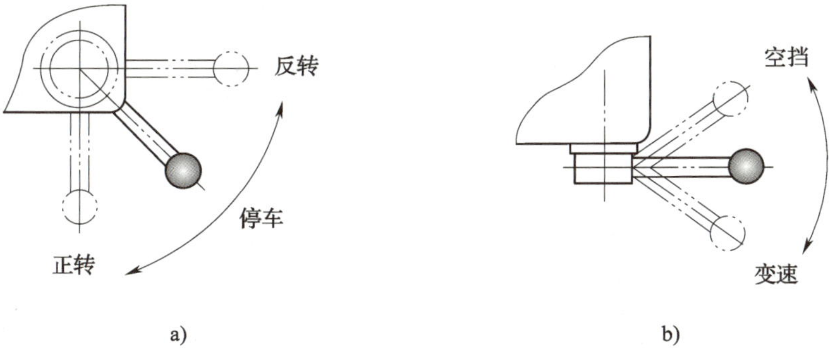

图 3–11　Z3050×16（Ⅰ）型摇臂钻床的主轴操纵手柄
a）主轴转向　b）空挡与变速

（3）主轴转速及进给量的变换

转动预选变速或进给手轮，调整到所需的转速及进给量，然后将主轴操纵手柄压至变速位置，即可实现转速或进给量的变换。在主轴运转过程中，也可以进行转速或进给量预选。本机床有三级高转速及三级大进给量，为保证机械和操作者的安全，特设有互锁装置，不能同时选用。

（4）主轴的进给

该摇臂钻床可以实现机动进给、手动进给、微动进给以及定程切削。

1）机动进给　将机动进给手柄压下，然后将主轴操纵手柄转至所需位置，再将手动进给手柄向外拉出，机动进给即被接通。

2）手动进给　在正常位置时转动手动进给手柄，即可实现手动进给。

3）微动进给　将机动进给手柄向上抬起，再将手动进给手柄向外拉出，转动微进给手轮，即可实现微动进给。

4）定程切削　将定程切削限位手柄拉出，转动刻度盘微调旋钮至图 3–12a 所示位置，使刻度盘上的蜗轮蜗杆脱开啮合，可转动刻度盘至所需切削深度值与箱体上的副尺“0”线大致对齐，再转动刻度盘微调旋钮至图 3–12b 所示位置（180°），此时刻度盘上的蜗轮蜗杆已经啮合，进行微调，直至与“0”线准确对齐。并用另一端的锁紧旋钮，将刻度盘微调旋钮顶紧，推进定程切削限位手柄，接通机动进给。当切削深度达到所需值时，机动进给手柄自动抬起，断开机动进给，完成定程切削。

（5）主轴箱和立柱的锁紧与松开

主轴箱和立柱的夹紧或松开，既可同时进行，又可单独进行，通过转动锁紧选择旋钮至所需位置，然后按压锁紧按钮或松开按钮即可。

（6）摇臂升降

摇臂升降分别由升、降按钮控制。

（7）主轴箱沿摇臂导轨移动

直接转动主轴箱移动手轮，即可将主轴箱移动到所需位置。

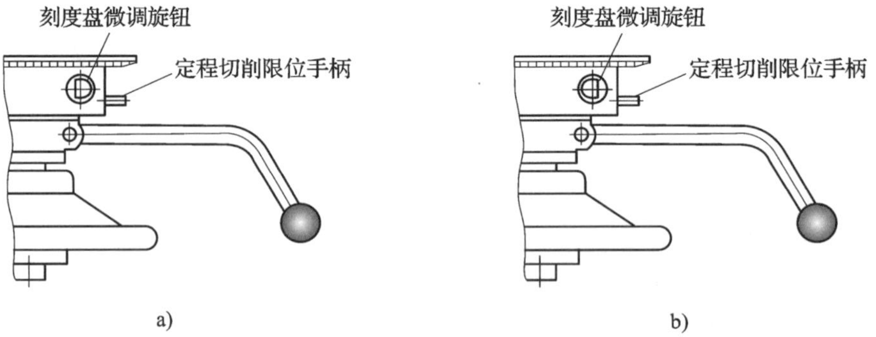

图 3–12　Z3050×16（Ⅰ）型摇臂钻床的定程切削

a）操纵位置（一）　b）操纵位置（二）

小提示

（1）主轴机动进给时，手动进给手柄同时会旋转，请操作者注意与此手柄保持距离。

（2）在锁紧状态下，可直接按压升、降按钮。机床能自动完成松开—升降—再锁紧。

（3）摇臂和主轴箱位置调整结束后，都必须锁紧，以防止钻孔时产生摇晃而发生事故。

§3-2 钻床附具

一、钻夹头

钻夹头是与钻具相连，用来夹持柄类工具的附具，是钻床的主要附具之一。钻夹头安装在钻床主轴端部，用三个可同心移动的卡爪夹紧钻头或其他工具，其规格用最大夹持直径来表示。钻夹头从结构上分主要有扳手式和手紧式两大类，如图 3–13 所示。由于扳手钻夹头具有结构简单、零部件易加工、价格便宜、性能可靠等优点，所以其用途较广。

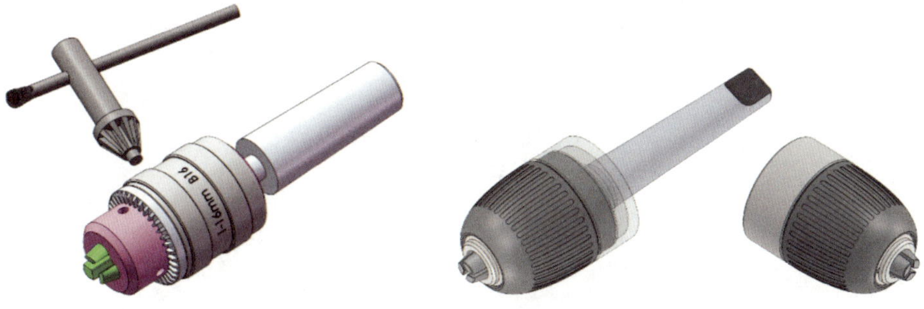

图 3–13　钻夹头

扳手钻夹头分为轻型、中型和重型。连接形式有螺纹连接和锥孔连接两种，螺纹连接的钻夹头主要用在手电钻上，锥孔连接的主要用在各类钻床上。扳手钻夹头也有很多类型，在钻床上常采用锥孔连接的重型扳手钻夹头，可以承受高速切削（如 J2113H–B16 型钻夹头），主要用来装夹直径 13 mm 以下的直柄钻头，其结构如图 3–14 所示。

夹头体的上端有一锥孔，用于连接钻夹头接杆或台式钻床主轴。钻夹头中的三个夹爪用来夹紧钻头的直柄，当带有小锥齿轮的扳手（钻钥匙）带动夹头套上的大锥齿轮转动时，与夹头套紧配的内螺纹圈也同时旋转。此内螺纹圈与三个夹爪上的外螺纹相配，于是三个夹爪便伸出或缩进，钻头直柄被夹紧或放松。

二、变径套

变径套是内外锥面具有不同锥度号的锥套（又称钻头套或钻套），其外锥体与钻床主轴锥孔连接，内锥孔与刀具或其他附件连接。变径套主要用来装夹直径为 13 mm 以上的锥柄钻头，由于它采用的是莫氏锥度，其锥度较小，利用摩擦力原理，可以传递一定的扭矩，且配合定位精度高，拆卸方便，如图 3–15 所示。

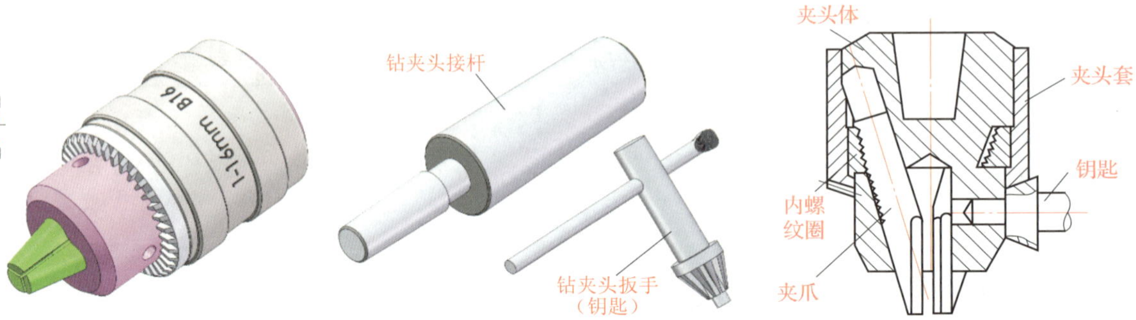

图 3–14　扳手钻夹头

a)　　b)

图 3–15　钻头变径套及拆卸方法

a）变径套　b）拆卸方法

标准钻头变径套共有五种，使用时应根据钻头锥柄莫氏锥度的号数和钻床主轴锥孔选用相应的变径套，见表 3–2。

表 3–2　　钻头套标号与内外锥度

钻头套标号	内锥孔（莫氏锥度）	外圆锥（莫氏锥度）
1 号	1	2
2 号	2	3
3 号	3	4
4 号	4	5
5 号	5	6

当用较小直径钻头钻孔时，钻头锥柄不能直接与钻床主轴锥孔相配，此时需要将一个或几个钻头套配接起来使用。这样不仅增加了装拆的麻烦，同时也加大了钻床主轴与钻头的同轴度误差值。为此可采用非标钻头变径套，即外圆锥与钻床主轴锥孔一致，内锥孔与钻头

锥柄一致。如在 Z3050×16（Ⅰ）型摇臂钻床上使用的“内 3/ 外 5”非标钻头变径套等。

图 3–15b 所示为用斜铁将钻头从钻床主轴锥孔中拆下的方法。拆卸时斜铁带圆弧的一边要放在上面，否则会把钻床主轴（或变径套）上的长圆孔挤坏 . 同时要用手握住钻头或在钻头与钻床工作台之间垫上木板，以防钻头跌落而损坏钻头或工作台。

三、快换钻夹头

在钻床上加工同一工件时，往往需要调换直径不同的钻头或其他孔加工刀具。如用普通的钻夹头或变径套来装夹刀具，需多次停车换刀，既不方便，又浪费时间，而且容易损坏刀具和变径套，甚至影响到钻床的精度。这时可采用如图 3–16 所示的快换钻夹头。夹头体的莫氏锥柄装在钻床主轴锥孔内。可换套根据孔加工的需要备有很多个，并预先装好所需的刀具，可换套的外圆表面有两个凹坑，钢球嵌入时便可传递动力。当需要更换刀具时，不必停车，只要用手把滑套向上推，两粒钢球就因受离心力作用而贴于滑套端部的大孔表面。此时另一手就可把装有刀具的可换套取出，把另一个可换套插入，放下滑套，两粒钢球被重新压入可换套的凹坑内，带动钻头继续旋转。弹簧环的作用是限制滑套上下的位置。由此可见，使用快换钻夹头可做到不停车换装刀具，从而大大提高了生产效率，也降低了操作者的劳动强度。

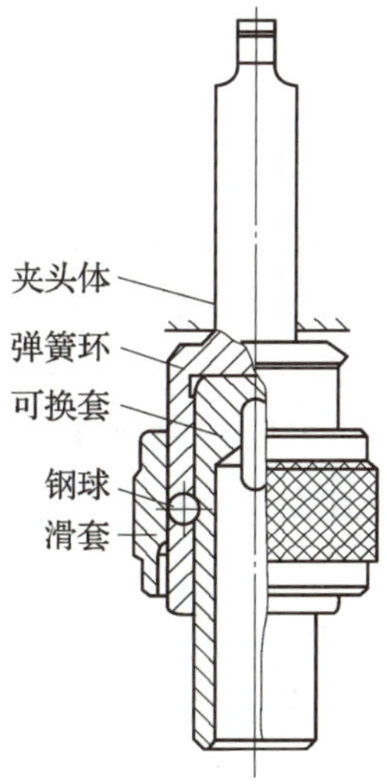

图 3–16　快换钻夹头

小提示

（1）操作钻床前，须将各操纵手柄移到正确位置，先空转试车，在各部机构都能正常工作时，方可操作使用。

（2）开动钻床前，应检查是否有钻钥匙或斜铁插在主轴上。

（3）变换主轴转速或进给量时，必须在停车后进行调整。

（4）严禁在主轴旋转状态下装夹、检测工件。

（5）调整工作台位置后，必须将工作台锁紧。

§3-3 常用电动工具及起重设备

一、手电钻

手电钻是一种便携式电动钻孔工具，如图 3-17 所示。钳工在装配、修理工作中，当受工件形状或加工部位的限制不能用钻床钻孔时，则可使用手电钻加工。

a)

b)

图 3-17 手电钻

a）手提式 b）手枪式

手电钻按电源特性分为单相电源（电压 220 V）手电钻、三相电源（电压 380 V）手电钻和充电式手电钻。手电钻的规格是以其最大钻孔直径来表示的，钳工常用的手电钻有 6 mm、10 mm、13 mm 等几种，在使用时可根据不同情况进行选择。

手电钻主要由钻夹头、输出轴、齿轮、转子、定子、机壳、控制开关和电缆线等零部件组成。充电式手电钻还配有电池和充电器，此类手电钻因无外接电源电缆线，使用时更为方便。

使用手电钻时应注意以下几点：

1. 使用前，应开机空转 1 min，检查传动部分是否正常，若有异常，应排除故障后再使用。

2. 所用钻头必须锋利，钻孔时不宜用力过猛。当孔将钻穿时须相应减轻压力，以防事故发生。

3. 不可以用来钻水泥或砖墙。否则，极易造成电动机过载，烧毁电动机。因为电动机内缺少冲击机构，承受力小。

二、电磨头

电磨头属于高速磨削工具，如图 3-18 所示。它适用于在大型工、夹、模具的装配调整中，对各种形状复杂的工件进行修磨或抛光；装上不同形状的小砂轮，还可修磨凹凸模的成型面；当用布轮代替砂轮使用时，则可进行抛光作业。

使用电磨头时应注意以下几点：

1. 连接电源时，应检查所接电源电压是否与电磨头的额定电压相符。

2. 使用前应开机空转 2 ~ 3 min，检查旋转声音是否正常，若有异常，则应排除故障后再使用。

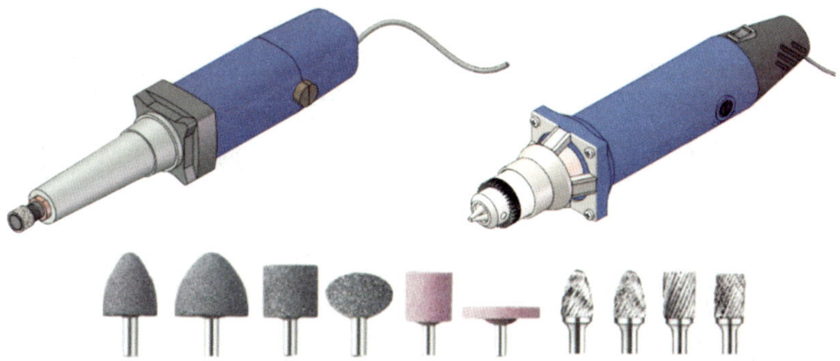

图 3-18　电磨头

3. 新装砂轮应修整后使用，否则所产生的离心力会造成严重振动，影响加工精度。

4. 砂轮外径不得超过磨头铭牌上规定的尺寸。工作时砂轮和工件的接触力不宜过大，更不能用砂轮冲击工件，以防砂轮爆裂，造成事故。

三、电剪刀

电剪刀的结构外形如图 3-19 所示。它使用灵活、携带方便、安全可靠，能用来剪切各种几何形状的金属板材。用电剪刀剪切后的板材，具有板面平整、变形小、质量好的优点。因此它也是对各种复杂的大型板材进行落料加工的主要工具之一。

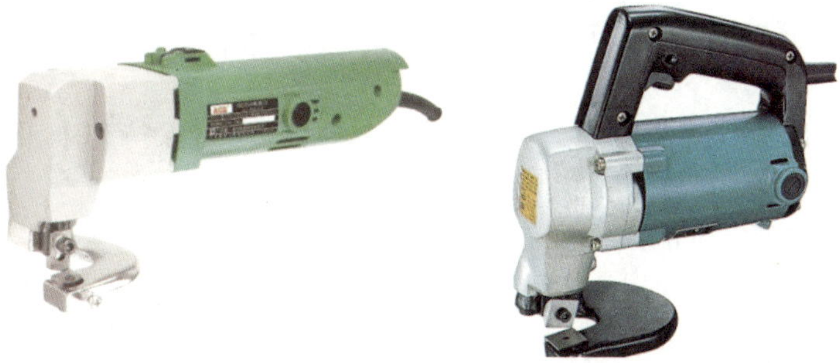

图 3-19　电剪刀

电剪刀由电动机、减速箱、偏心轴—连杆机构、开关和刀具等部分组成。电动机采用单相串联电动机，置于塑料机壳内，塑料机壳既是支撑电动机的结构件又是定子附加绝缘，与转子附加绝缘构成双重绝缘结构。电动机通过减速箱驱动偏心轴—连杆机构，使刀杆带动上刀头作往复运动剪切金属板材，下刀头固定在刀架上不动。

使用电剪刀时应注意以下几点：

1. 开机前应检查整机各部分螺钉是否紧固，然后开机空转，待运转正常后，方可使用。

2. 剪切时，两刀刃的间距需根据材料厚度进行调试。剪切厚材料时，两刀刃的间距为 0.2 ~ 0.3 mm；剪切薄材料时，间距为 0.2 δ（ δ为板材厚度）；作小半径剪切时，须将两刃口间距调至 0.3 ~ 0.4 mm。

3. 排除故障或更换刀片时，都应及时拔下电源插头，防止发生意外，拔插头时禁止直接拽电源线。

四、千斤顶

千斤顶（图 3–20）是一种小型起重工具，主要用来起重小型工件或重物，适用于升降高度不大的场合。常用它拆卸和装配设备中过盈配合的零件，如锻压设备的滑动轴承等。它具有体积小、操作简单、使用方便等优点。常用的有螺旋千斤顶、齿条千斤顶、油压千斤顶等。

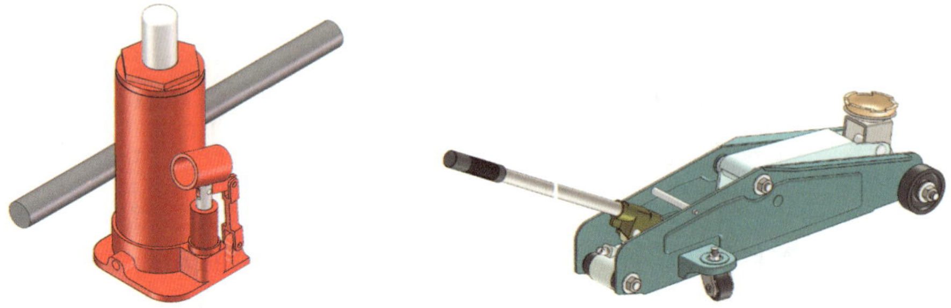

a)　　　　　　　　b)

图 3–20　千斤顶

a）立式　b）卧式

使用千斤顶时应注意以下几点：

1. 千斤顶应垂直安置在重物下面。工作地面较软时，应加垫铁，以防陷入和倾斜。
2. 用齿条千斤顶工作时，止退棘爪必须紧贴棘轮。
3. 使用油压千斤顶时，调节螺杆不得旋出过长，主活塞的行程不得超过极限高度标志。
4. 合用几个千斤顶升降重物时，要有人统一指挥，尽量保持几个千斤顶的升降速度和高度一致，以免重物发生倾斜。
5. 重物不得超过千斤顶的额定载荷。

五、手动葫芦

手动葫芦是一种使用简单、携带方便的手动起重机械，一般用于室内小件的起重、装卸，如图 3–21 所示。

图 3–21　手动葫芦

使用手动葫芦时应注意以下几点：

1. 使用前严格检查手动葫芦的吊钩、链条，不得有裂纹。棘爪弹簧应保证制动可靠。

2. 使用时，上下吊钩一定要挂牢，起重链条一定要理顺，链环不得错扭，以免使用时卡住链条。

3. 起重时，操作者应站在与起重葫芦链轮的同一平面内拉动链条，用力应均匀、缓和。拉不动时应检查原因，不得用力过猛或抖动链条。

4. 起重时不得用手扶起重链条，更不能探身于重物下进行垫板或装卸作业。

六、单梁桥式起重机

单梁桥式起重机（图 3–22）是横架于车间、仓库和料场上空进行重物吊运的起重设备。它的两端坐落在高大的水泥柱或者金属支架上，形状似桥。单梁桥式起重机的桥架沿铺设在两侧高架上的轨道纵向运行，可以充分利用桥架下面的空间吊运重物，不受地面设备的阻碍。它是使用范围最广、数量最多的一种起重机械。

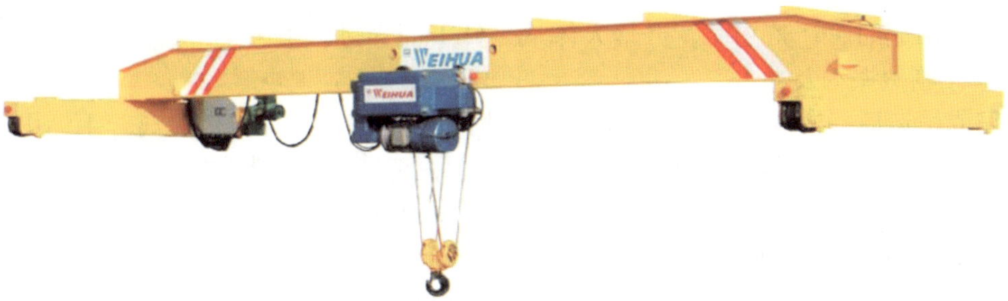

图 3–22　单梁桥式起重机

在使用单梁桥式起重机时应注意以下几点：

1. 每台起重机必须在明显的地方挂上额定起重量的标牌，吊运重物不得超过额定起重量。

2. 起吊时工件与电葫芦位置应在一条直线上，不可斜拉工件。被吊物件不许在人或设备上空运行。

3. 吊运工件时，不可以提升过高。横梁行走时要响铃或吹哨，以引起其他人的注意，操纵者应密切注意前面的人和物，以防发生事故。

4. 要经常检查限位开关和联锁保护装置，不允许用碰限位开关作为停车的办法。

5. 要定期做安全技术检查，做好预检预修工作。

七、永磁起重器

永磁起重器（图 3–23）又称磁性起重器、起重磁铁等。具有体积小、吸持力强，剩磁几乎为零，操作方便，安全系数高等特点。永磁起重器分为手动型和全自动型两种，手动型永磁起重器手柄开关附有安全钮，可单手操作，方便安全。全自动永磁起重器不需要人力扳动手柄，靠电动吊车下钩的升降控制吸附，广泛用于机械工业、模具制造业、仓库和交通运输等部门搬运钢板、钢锭等导磁性物体，改进装卸搬运作业的工作条件，提高劳动效率。

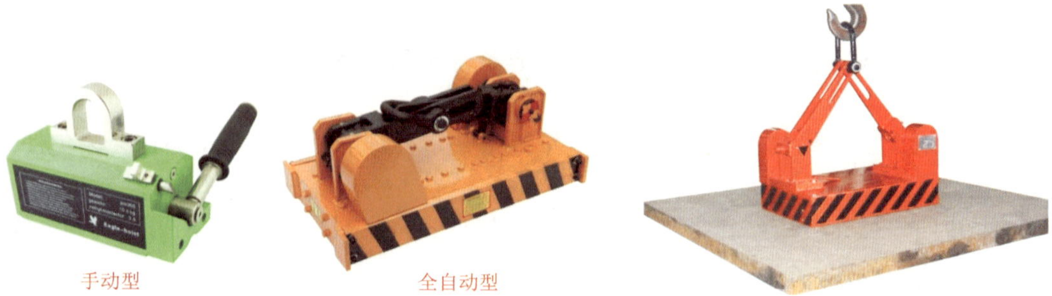

图 3–23　永磁起重器

在使用永磁起重器时应注意以下几点：

1. 吊运时，先将被起吊工件表面清理干净，如有锈皮和凸刺应清理。永磁起重器的中心线最好与工件重心线重合，然后将起重器放置在工作平面上，旋转手柄由“–”号位置，向“+”号方向旋转至限位销。检查手柄的保安斜块是否自动锁定，然后进行起吊。

2. 工件吊起时，严禁超载，严禁人体从工件下面穿过，被吊工件温度和环境温度不大于 80 ℃，无剧烈振动及冲击。

3. 完成吊运后，向内按动手柄按钮，使手柄上的保安键与保安销脱离。手柄由“+”向“–”号方向旋转到限位销。使起重器处于关闭状态，工件与起重器脱离。

4. 永磁起重器在吊装移动使用过程中，应尽量避免接触面的碰撞敲毛，以免影响使用性能和寿命。闲置时底面最好涂油保护，用时擦拭干净。

5. 应经常检查各零部件的灵活性，保持使用时的灵活自如。

八、砂轮机

砂轮机（图 3–24）是用来刃磨各种刀具、工具的常用设备，它主要由基座、砂轮、电动机和防护罩等组成。砂轮机的类型主要有台式砂轮机和立式砂轮机两种。

在使用砂轮机时应注意以下几点：

1. 砂轮机的旋转方向要正确，只能使磨屑向下飞离砂轮。

图 3–24　砂轮机

2. 砂轮机启动后，应在砂轮机旋转平稳后再进行磨削。若砂轮机跳动明显，应及时停机修整。

3. 砂轮机托架与砂轮之间应保持 3 mm 的距离，以防工件扎入造成事故。

4. 磨削时应戴好防护眼镜，站在砂轮机的侧面或斜侧位置，用力不宜过大。

5. 新砂轮要有出厂合格证，或检查试验标志。安装前如发现砂轮的质量、硬度、粒度和外观有裂缝等缺陷时，不能使用。

知识链接

行车十不吊

（1）指挥信号不明或乱指挥不吊。

（2）物体重量不清或超过额定负荷不吊。

（3）歪拉斜挂不吊。

（4）工件上站人或放有浮置物不吊。

（5）工作场地昏暗，无法看清场地、被吊物及指挥信号不吊。

（6）埋在地下的物件不吊。

（7）氧气瓶、乙炔瓶等具有爆炸性物不吊。

（8）重物棱角处与吊绳之间未加垫衬不吊。

（9）行车吊挂重物直接进行加工的不吊。

（10）吊索具达到报废标准或安全装置失灵不吊。

思考与练习

1. 简述台式钻床、立式钻床、摇臂钻床的适用场合。
2. 按 Z5125B 型立式钻床传动系统图写出主运动、进给运动传动结构式。
3. Z5125B 型立式钻床主要由哪些部件组成？
4. 按 Z3050×16（Ⅰ）型摇臂钻床传动系统图写出主运动、进给运动的传动结构式。
5. 钻夹头和变径套各适用于什么场合？
6. 钻头变径套共分几号？如何使用？
7. 简述快换钻夹头的应用特点。
8. 试述操作钻床时的注意事项。
9. 试述手电钻的使用注意事项。
10. 常用的起重设备有哪些？
11. 试述千斤顶的使用注意事项。
12. 试述砂轮机的使用注意事项。

第四章

装配基础知识

§4-1 装配工艺概述

一、装配的概念

机械产品一般由许多零件和部件组成。零件是构成机器（或产品）的最小单元。两个或两个以上零件结合成机器的一部分称为部件。按规定的技术要求，将零件或部件进行配合和连接，使之成为半成品或成品的工艺过程称为装配。最先进入装配的零件或部件称为装配基准件。直接进入总装的部件称为组件。直接进入组件装配的部件称为分组件。可以独立进行装配的部件（组件、分组件）称为装配单元。

装配是机械制造过程的最后阶段，在机械产品制造过程中占有非常重要的地位，装配工作的好坏，对产品质量起着决定性作用。

二、装配工艺过程

产品的装配工艺包括以下四个阶段：

1. 装配前的准备工作

（1）研究和熟悉产品装配图、工艺文件和技术要求，了解产品的结构、各零部件的作用以及相互连接关系。

（2）确定装配方法、顺序和准备所需要的工具。

（3）对装配的零件进行清理和清洗，去除零件上的毛刺、铁锈、油污等。

（4）检查零件加工质量，对某些零件要进行必要的平衡试验或密封性试验等。

2. 装配

装配通常分为部件装配和总装配。

（1）部件装配

把零件装配成部件的过程，称为部件装配。

（2）总装配

把零件和部件装配成最终产品的过程，称为总装配。

3. 调整、精度检验和试车

（1）调整

调节零件或机构的相互位置、配合间隙、结合面松紧等，目的是使机构或机器工作协调。如轴承间隙、蜗轮轴向位置的调整。

（2）精度检验

指几何精度检验和工作精度检验等。几何精度检验通常是指形位精度检验，如车床总装后要检验主轴中心线和床身导轨的平行度等。工作精度检验一般指切削试验，如车床进行车外圆或车端面试验。

（3）试车

试验机构或机器运转的灵活性、密封性、振动、工作温度、噪声、转速、功率等性能参数是否符合要求。

4. 涂装、涂油、装箱

目的是使装配后的产品美观、防锈和便于运输。

三、装配的组织形式

装配的组织形式随着生产类型、产品复杂程度和技术要求的不同而不同。一般分为固定式装配和移动式装配两种。

1. 固定式装配

固定式装配是将产品或部件的全部装配工作安排在一个固定的工作地点进行。在装配过程中产品的位置不变，装配所需要的零件和部件都汇集在工作地附近，主要应用于单件生产或小批量生产中。

2. 移动式装配

移动式装配是指工作对象（部件或组件）在装配过程中，有顺序地由一个（或一组）工人转移到另一个（或一组）工人。即所谓流水装配法。移动装配时，常利用传送带、滚道或地面传输线运送装配对象。每个工作地点由一个工人或一组工人重复地完成固定的工作内容，并且广泛地使用专用设备、专用工具和采用互换性原则，因此装配质量好，生产效率高，是一种先进的装配组织形式，适用于大量生产，如汽车、拖拉机的装配。

四、装配工艺规程

1. 装配工艺规程及作用

装配工艺规程是规定产品及部件的装配顺序、装配方法、装配技术要求和检验方法以及装配所需的设备、工夹具、时间定额等的技术文件。它是提高产品装配质量和效率的必要措施，也是组织装配生产的重要依据。

2. 编制装配工艺规程的方法和步骤

（1）对产品进行分析

熟悉产品装配图、装配技术要求及相关资料，了解产品的结构特点和工作性能，确定装配方法；根据企业的生产设备、规模等决定装配的组织形式。

（2）确定装配顺序

通过工艺性分析，将产品分解成若干可独立装配的组件和分组件，即装配单元。图 4–1 所示为装配单元划分图。

产品的装配总是从装配基准件（基准零件或基准部件）开始的。根据装配单元确定装配顺序时，应首先确定装配基准件，然后根据装配结构的具体情况，按预处理工序先行，先下后上，先内后外，先难后易，先精密后一般，先重大后轻小，安排必要的检验工序的原则确定其他零件或装配单元的装配顺序。

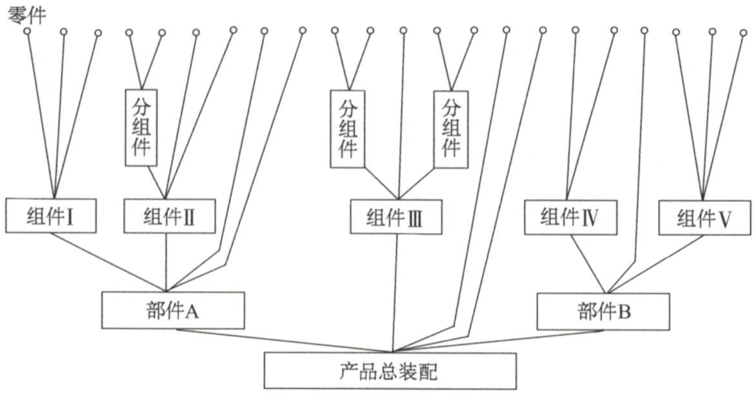

图 4–1　装配单元划分图

（3）绘制装配单元系统图

表示产品装配单元的划分及其装配顺序的示意图称为装配单元系统图。

装配单元系统图的绘制方法如下：

1）先画一条横线，在横线左端画出代表基准件的长方格，在横线右端画出代表产品的长方格。

2）按装配顺序从左向右将代表直接装到产品上的零件或组件的长方格从横线引出，零件画在横线上面，组件画在横线下面，长方格内注明零件或组件名称、编号和件数。

3）用同样方法把每一组件及分组件的系统图展开画出。

图 4–2 和图 4–3 所示分别为某锥齿轮轴组件装配图和分解图，其装配单元系统图如图 4–4 所示。

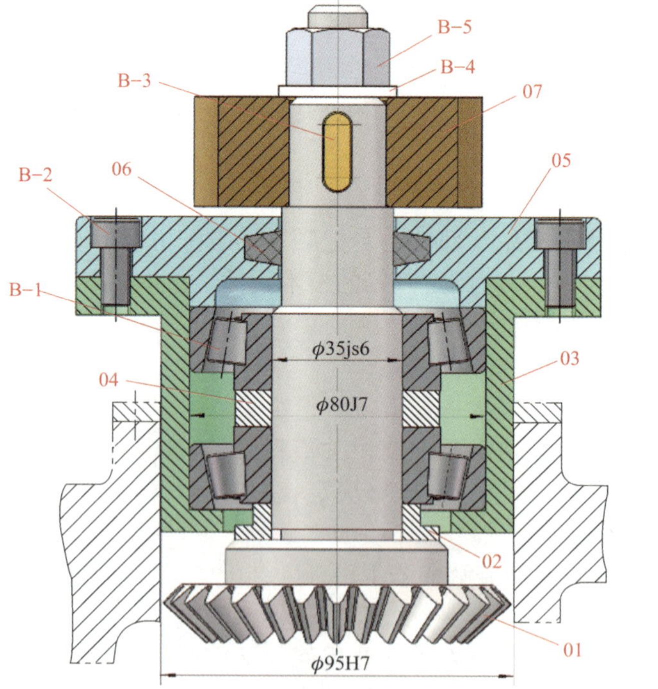

图 4–2　锥齿轮轴组件

01—锥齿轮轴　02—衬垫　03—轴承套　04—隔圈　05—轴承盖　06—毛毡圈
07—圆柱齿轮　B–1—轴承　B–2—螺钉　B–3—键　B–4—垫圈　B–5—螺母

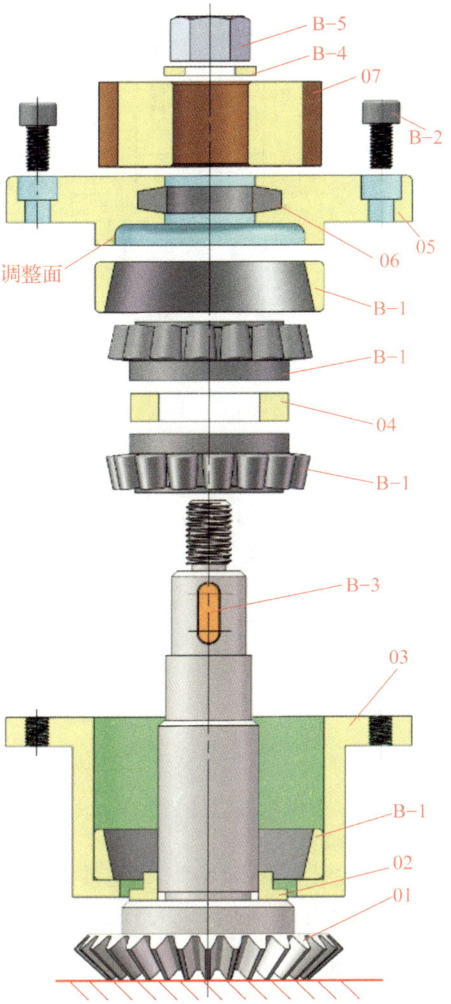

图 4-3　锥齿轮轴组件装配顺序

由此可见，装配单元系统图反映了产品零部件间的相互装配关系及装配流程等，生产中可用以指导和组织装配工艺过程。

（4）划分工序及工步

根据装配单元系统图，将整机或部件的装配工作划分成若干工序和工步。

1）工序　一个或一组工人，在一个工作地对同一个或同时对几个工件所连续完成的那一部分工艺过程。

2）工步　在加工表面（或装配时的连接表面）和加工（或装配）工具不变的情况下，所连续完成的那一部分工序。

装配工作一般由若干个装配工序所组成，一个装配工序可以包括一个或几个装配工步。如锥齿轮轴组件装配可分成锥齿轮分组件、轴承套分组件、轴承盖分组件的装配和锥齿轮轴组件总装配四道工序进行。

（5）编写装配工艺文件

主要是编写装配工艺卡片，它包含着完成装配工艺过程所必需的一切资料。单件小批

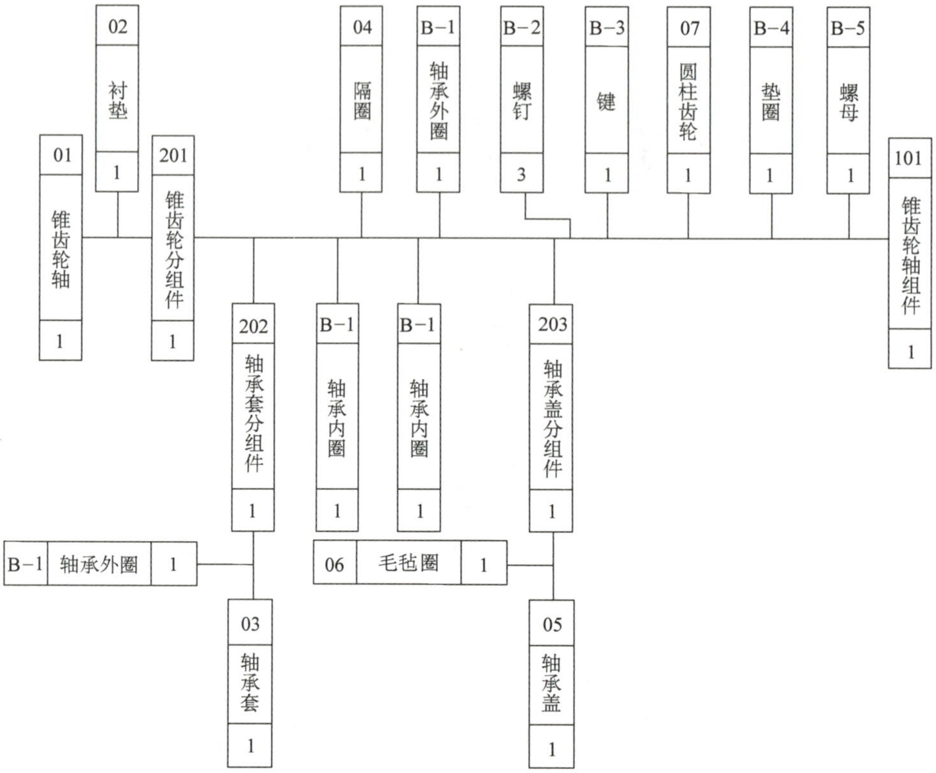

图 4−4　锥齿轮轴组件装配单元系统图

生产时，无须制定工艺卡片，工人按装配图和装配单元系统图进行装配。成批生产时应根据装配单元系统图分别制定总装和部装的装配工艺卡片。表 4−1 为锥齿轮轴组件装配工艺卡片，它简要说明了每一工序的工作内容、所需设备和工夹具、工人技术等级、时间定额等。大批量生产时则需一序一卡。

表 4−1　　　　锥齿轮轴组件装配工艺卡片

<table>
<tr><td colspan="4" rowspan="2">锥齿轮轴组件装配图</td><td colspan="4">装配技术要求</td></tr>
<tr><td colspan="4">（1）组装时，各装入零件应符合图样要求
（2）组装后，锥齿轮应转动灵活，无轴向窜动</td></tr>
<tr><td colspan="2" rowspan="2">厂名</td><td colspan="2" rowspan="2">装配工艺卡</td><td>产品型号</td><td>部件名称</td><td colspan="2">装配图号</td></tr>
<tr><td></td><td>轴承套</td><td colspan="2"></td></tr>
<tr><td colspan="2">车间名称</td><td>工段</td><td>班组</td><td>工序数量</td><td>部件数</td><td colspan="2">净重</td></tr>
<tr><td colspan="2">装配车间</td><td></td><td></td><td>4</td><td>1</td><td colspan="2"></td></tr>
<tr><td>工序号</td><td>工步号</td><td colspan="2">装配内容</td><td>设备</td><td>工艺装备</td><td>工人等级</td><td>工序时间</td></tr>
<tr><td>I</td><td></td><td colspan="2">分组件装配：锥齿轮与衬垫的装配以锥齿轮轴为基准，将衬垫套装在轴上</td><td></td><td></td><td></td><td></td></tr>
<tr><td>II</td><td></td><td colspan="2">分组件装配：轴承盖与毛毡的装配将已剪好的毛毡塞入轴承盖槽内</td><td></td><td></td><td></td><td></td></tr>
</table>

续表

工序号	工步号	装配内容	设备	工艺装备	工人等级	工序时间
Ⅲ	 1 2 3	分组件装配：轴承套与轴承外圈的装配 用专用工具分别检查轴承套孔及轴承外圈尺寸 在配合面上涂上机油 以轴承套为基准，将轴承外圈压入孔内至底面	压力机	塞规、卡规		
Ⅳ	 1 2 3 4 5 6 7	锥齿轮轴组件装配： 以锥齿轮组件为基准，将轴承套分组件套装在轴上 在配合面上加油，将轴承内圈压装在轴上并紧贴衬垫 套上隔圈，将另一轴承内圈压装在轴上，直至与隔圈接触 将另一轴承外圈涂上油，轻压至轴承套内 装入轴承盖分组件，调整端面的高度，使轴承间隙符合要求后，拧紧三个螺钉 安装平键，套装齿轮、垫圈，拧紧螺母，注意配合面加油 检查锥齿轮转动的灵活性及轴向窜动	压力机			

									共　张
编号	日期	签章	编号	日期	签章	编制	移交	批准	第　张

§4-2 装配前的准备工作

一、零件的清理和清洗

在装配过程中，零件的清理和清洗工作对提高装配质量，延长产品使用寿命具有重要的意义，特别是对于轴承、精密配合件、液压元件、密封件以及有特殊清洗要求的零件更为重要。

1. 零件的清理

（1）清除零件上残存的型砂、铁锈、切屑、油污等，特别是要仔细清理孔、沟槽等易存污垢的部位。清理时要避免划伤重要的配合表面；清理后，箱体零件内壁的不加工表面要涂以浅色油漆。

（2）将所有待装配的零部件按零部件图号分别进行清点和放置。

2. 零件的清洗

（1）清洗方法

单件或小批生产中，常将零件置于清洗槽内进行手工擦洗或冲洗；成批大量生产时，则采用清洗机进行清洗。清洗时，根据需要可以采用气体清洗、浸酯清洗、喷淋清洗、超声波清洗等。

（2）常用清洗液

常用清洗液有汽油、煤油、柴油和化学清洗液等。

1）工业汽油　适用于清洗较精密的零部件。航空汽油用于清洗质量要求较高的零件。使用汽油清洗时要注意安全。

2）煤油和柴油　清洗能力不及汽油，清洗后干燥较慢，但相对安全。

3）化学清洗液　又称乳化剂清洗液，对油脂、水溶性污垢具有良好的清洗能力。这种清洗液配制简单，稳定耐用，安全环保，同时以水代油，可节约能源。如 105 清洗剂、6501 清洗剂，可用于冲洗钢件上以机油为主的油垢和机械杂质。

小提示

（1）对于橡胶制品，如密封圈等零件，严禁用汽油清洗，以防发胀变形，应使用酒精或清洗液进行清洗。

（2）滚动轴承不能使用棉纱清理，已加注润滑脂的密封滚动轴承不需要清洗。

（3）清洗后的零件，应待零件上的油滴干后再进行装配，以防污油影响装配质量；清洗后暂不装配的零件应妥善保管，以防止零件再次污染。

（4）零件的清洗工作，可分为一次性清洗和二次性清洗。零件在第一次清洗后，应检查有无碰损或划伤，待检查修整后，再进行二次清洗。

二、零件的密封性试验

对某些要求密封的零件，如机床的液压元件、油缸、阀体、泵体等，要求在一定压力下不允许发生漏油、漏水或漏气的现象，也就是要求这些零件在一定的压力下具有可靠的密封性。因此在装配前应进行密封性试验。

密封性试验有气压法和液压法两种，如图 4-5 和图 4-6 所示。

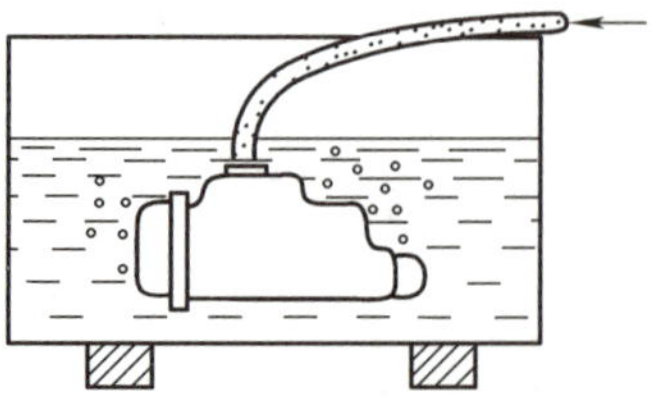

图 4-5　气压试验

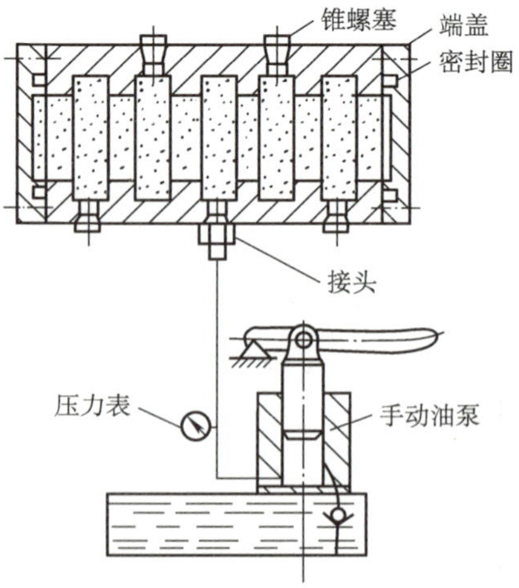

图 4-6　液压试验

三、旋转件的平衡

为了防止机器中的旋转件（如带轮、齿轮、飞轮、叶轮等各种转子）工作时因出现不平衡的离心力所引起的机械振动，造成机器工作精度降低、零件寿命缩短、噪声增大，甚至发生破坏性事故。装配前，对转速较高的旋转零部件，都必须进行平衡试验，以抵消或减小不平衡离心力，使旋转的重心调整到转动轴心线上。

旋转件不平衡的形式可分为静不平衡和动不平衡两类。

1. 静不平衡

如图 4–7a 所示，旋转件在径向各截面上有不平衡量，由此所产生的离心力的合力通过旋转件的重心，不会引起使旋转轴线倾斜的力矩，这种不平衡称为静不平衡。静不平衡特点是：静止时，不平衡量自然地处于铅垂线下方，如图 4–7b 所示。旋转时，不平衡惯性力只产生垂直于旋转轴线方向的振动。

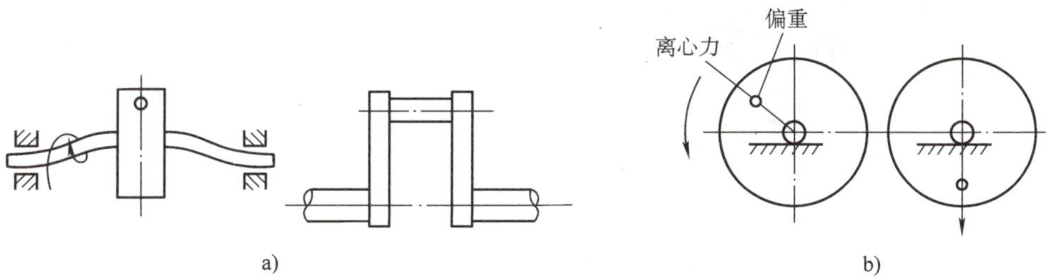

图 4–7　静不平衡
a）静不平衡形式　b）静不平衡状态

（1）静平衡试验

调整产品或零部件使其达到静态平衡的过程称为静平衡试验。静平衡试验是在圆柱形或棱形等平衡支架上进行的，如图 4–8 所示。

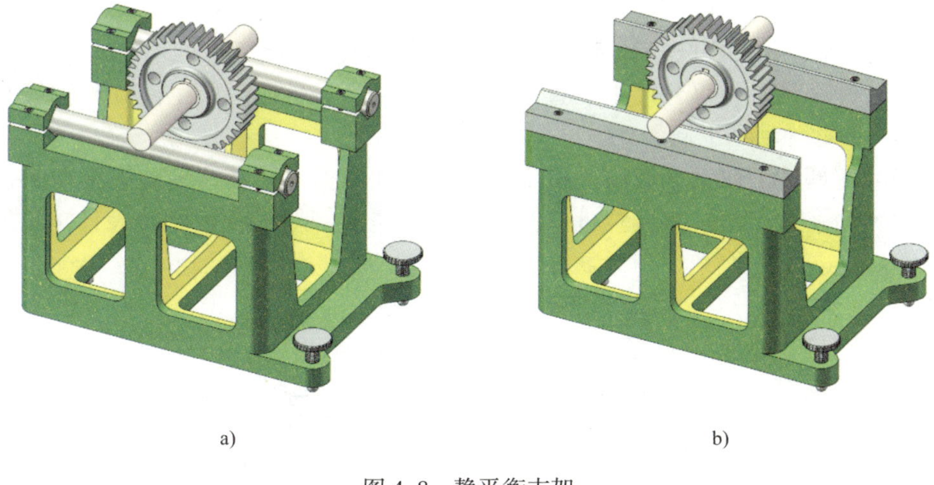

图 4–8　静平衡支架
a）圆柱形平衡支架　b）棱形平衡支架

静平衡试验的方法是首先确定旋转件上不平衡量的大小和位置，然后去除或抵消不平衡量对旋转的不良影响。具体步骤如下：

1）将待平衡的旋转件装上心轴后，放在平衡支架上。

2）用手轻推旋转件使其缓慢转动，待其自动静止后，在旋转件正下方作一记号，如此重复若干次，如所作记号位置不变，则此方向为不平衡量方向。

3）在与记号相对的部位粘贴一质量为 m 的橡皮泥，使 m 对旋转中心产生的力矩，恰好等于不平衡量 G 对旋转中心产生的力矩，即 $mr=GL$，如图 4–9 所示。此时，旋转件获得静平衡。

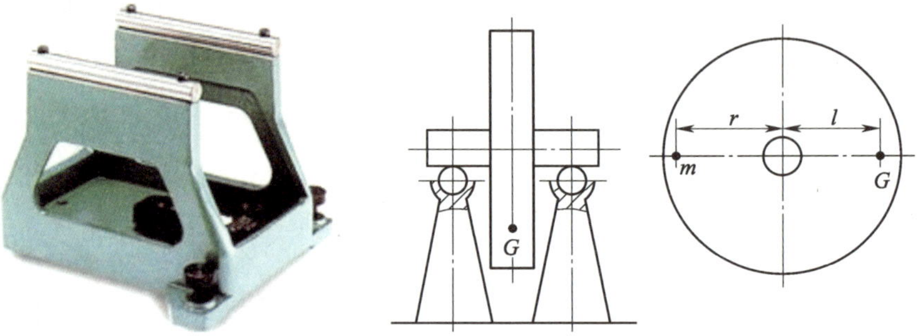

图 4–9　静平衡法

4）去掉橡皮泥，在其所在部位附加相当于 m 的重块（配重法）或在不平衡量处（与 m 相对直径上 l 处）去除一定质量 G（去重法）。待旋转件可在任意角度位置均能在支架上停留时，即达到静平衡。

（2）静平衡的应用

静平衡只能平衡旋转件重心的不平衡，无法消除不平衡力矩。因此，静平衡只适用于“长径比”较小（一般长径比小于 0.2，如盘类旋转件）或长径比虽较大，但转速不太高的旋转件。

2. 动不平衡

如图 4–10 所示为旋转件在径向截面上有不平衡量且由此产生的离心力形成不平衡力矩，所以旋转件旋转时不仅会产生垂直于轴线的振动，而且还会产生使旋转轴线倾斜的振动，这种不平衡称为动不平衡。

对旋转的零部件，在动平衡试验机上进行试验和调整，使其达到动态平衡的过程称为动平衡试验。动平衡在动平衡试验机（图 4–11）上进行。对于长径比较大且转速较高的旋转件，通常都要进行动平衡。

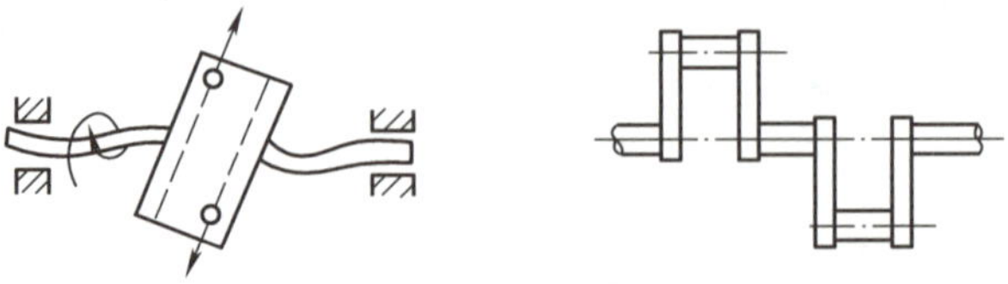

图 4–10　动不平衡

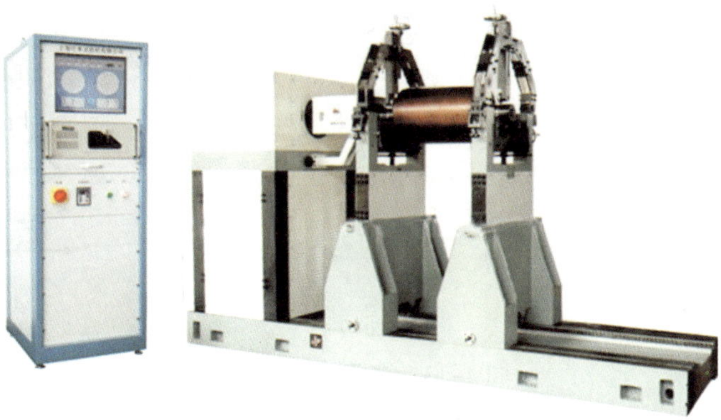

图 4–11　动平衡试验机

§4–3　装配尺寸链和装配方法

一、装配精度与装配尺寸链

在图 4–12a 中，齿轮孔与轴配合间隙 A_Δ 的大小，与孔径 A_1 及轴径 A_2 的大小有关；在图 4–12b 中齿轮端面和箱体内壁凸台端面配合间隙 B_Δ 的大小，与箱体内壁凸台端面距离尺寸 B_1、齿轮宽度 B_2 及垫圈厚度 B_3 的大小有关；图 4–12c 中，机床床鞍和导轨之间配合间隙 C_Δ 的大小，与尺寸 C_1、C_2 及 C_3 的大小有关。这些互相联系且按一定顺序排列的封闭尺寸组合，称为尺寸链。

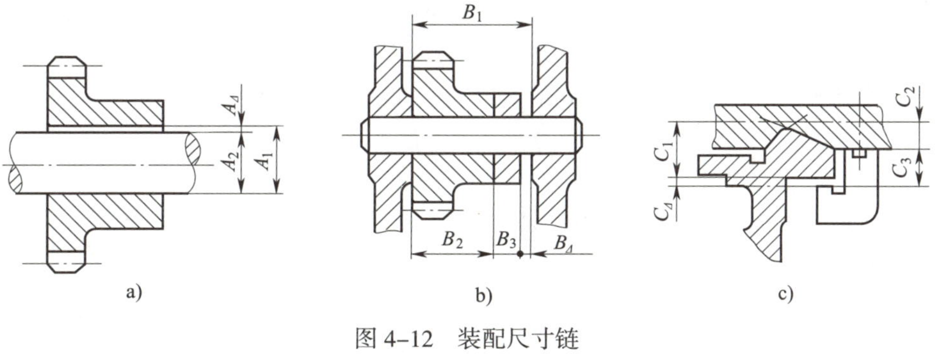

图 4–12　装配尺寸链

1. 装配尺寸链及其简图

（1）装配尺寸链

影响某一装配精度的各有关装配尺寸所组成的尺寸链称为装配尺寸链，如图 4–12 所示。

（2）装配尺寸链简图

装配尺寸链可以从装配图中找出。为简便起见，通常不绘出该装配部分的具体结构，也不必按严格的比例，只要依次绘出各有关尺寸，排列成封闭的外形，这种示意图称为装配尺寸链简图。图 4–12 所示的 3 种情况，其装配尺寸链简图如图 4–13 所示。

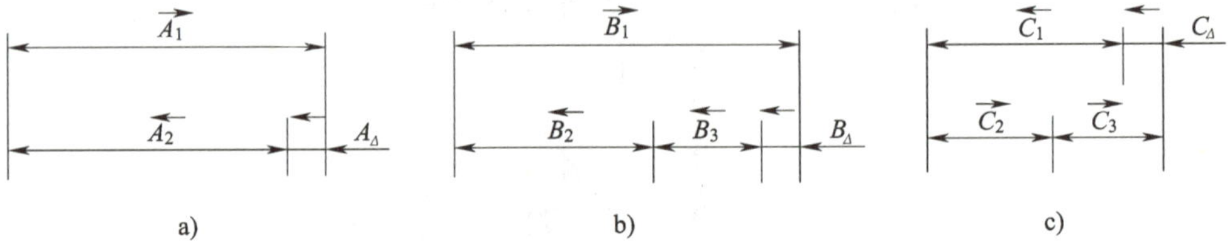

图 4–13　装配尺寸链简图

2. 装配尺寸链的环

构成尺寸链的每一个尺寸都称为“环”，每个尺寸链至少应有三个环。

（1）封闭环

在零件加工或机器装配过程中，最后自然形成（间接获得）的尺寸，称为封闭环。一个尺寸链只有一个封闭环，如图 4–13 中的 A_Δ、B_Δ、C_Δ 等。在装配尺寸链中封闭环即装配技术要求。

（2）组成环

尺寸链中除封闭环以外的环称为组成环。同一尺寸链中的组成环，用同一字母表示，如图 4–13 中的 A_1、A_2、B_1、B_2、B_3、C_1、C_2、C_3。

（3）增环

在其他组成环不变的条件下，当某组成环增大时，封闭环随之增大，那么该组成环称为增环。图 4–13 中，A_1、B_1、C_2 和 C_3 为增环，用符号 $\vec{A}_1$、$\vec{B}_1$、$\vec{C}_2$ 和 $\vec{C}_3$ 表示。

（4）减环

在其他组成环不变的条件下，当某组成环增大时，封闭环随之减小，那么该组成环称为减环。图 4–13 中，A_2、B_2、B_3 和 C_1 为减环，用符号 $\overleftarrow{A}_2$、$\overleftarrow{B}_2$、$\overleftarrow{B}_3$ 和 $\overleftarrow{C}_1$表示。

增环和减环的判断方法：由尺寸链任一环的基面出发，绕其轮廓转一周，回到这一基面。按旋转方向给每个环标出箭头，凡是箭头方向与封闭环上所标箭头方向相反的为增环；箭头方向与封闭环上所标箭头方向相同的为减环，如图 4–13 所示。

3. 封闭环极限尺寸及公差

（1）封闭环的公称尺寸

由尺寸链简图可以看出，封闭环的公称尺寸 =（所有增环公称尺寸之和）–（所有减环公称尺寸之和），即：

$$A_\Delta = \sum_{i=1}^{m} \vec{A}_i - \sum_{i=1}^{n} \overleftarrow{A}_i$$

式中　A_Δ——封闭环的公称尺寸，mm；

$\vec{A}_i$——第 i 个增环公称尺寸，mm；

$\overleftarrow{A}_i$——第 i 个减环公称尺寸，mm；

Σ——求和符号；

m——增环的数目；

n——减环的数目。

（2）封闭环的上极限尺寸

当所有增环均为上极限尺寸，减环均为下极限尺寸时，则封闭环为上极限尺寸，即：

$$A_{\Delta\max} = \sum_{i=1}^{m} \overrightarrow{A}_{i\max} - \sum_{i=1}^{n} \overleftarrow{A}_{i\min}$$

式中　$A_{\Delta\max}$——封闭环上极限尺寸，mm；

$\overrightarrow{A}_{i\max}$——第 i 个增环上极限尺寸，mm；

$\overleftarrow{A}_{i\min}$——第 i 个减环下极限尺寸，mm。

（3）封闭环的下极限尺寸

当所有增环均为下极限尺寸，而减环均为上极限尺寸时，则封闭环为下极限尺寸，即：

$$A_{\Delta\min} = \sum_{i=1}^{m} \overrightarrow{A}_{i\min} - \sum_{i=1}^{n} \overleftarrow{A}_{i\max}$$

式中　$A_{\Delta\min}$——封闭环下极限尺寸，mm；

$\overrightarrow{A}_{i\min}$——第 i 个增环下极限尺寸，mm；

$\overleftarrow{A}_{i\max}$——第 i 个减环上极限尺寸，mm。

（4）封闭环公差

封闭环公差等于封闭环上极限尺寸与封闭环下极限尺寸之差，即：

$$T_{\Delta} = \sum_{i=1}^{m+n} T_i$$

式中　T_{Δ}——封闭环公差，mm；

T_{i}——第 i 个组成环公差，mm。

此式表明，封闭环公差等于各组成环公差之和。

例 4–1　图 4–12b 所示齿轮轴装配中，要求装配后齿轮端面和箱体凸台端面之间具有 0.1 ~ 0.3 mm 的轴向间隙。已知 $B_1=80^{+0.10}_{0}$ mm，$B_2=60^{0}_{-0.06}$ mm，问 B_3 尺寸应控制在什么范围内才能满足装配要求？

解：（1）根据题意绘出尺寸链简图，如图 4–13b 所示。

（2）确定封闭环、增环、减环分别为：B_{Δ}、$\overrightarrow{B}_1$、$\overleftarrow{B}_2$、$\overleftarrow{B}_3$。

（3）列尺寸链方程式，计算 B_3。

$$B_{\Delta}=B_1-（B_2+B_3）$$

$$B_3=B_1-B_2-B_{\Delta}$$

$$=80\text{ mm}-60\text{ mm}-0=20\text{ mm}$$

（4）确定 B_3 极限尺寸。

$$B_{\Delta\max}=B_{1\max}-（B_{2\min}+B_{3\min}）$$

$$B_{3\min}=B_{1\max}-B_{2\min}-B_{\Delta\max}$$

$$=80.1\text{ mm}-59.94\text{ mm}-0.3\text{ mm}=19.86\text{ mm}$$

$$B_{\Delta\min}=B_{1\min}-(B_{2\max}+B_{3\max})$$

$$B_{3\max}=B_{1\min}-B_{2\max}-B_{\Delta\min}$$

$$=80\text{ mm}-60\text{ mm}-0.1\text{ mm}=19.9\text{ mm}$$

故 $B_3=20_{-0.14}^{-0.10}$ mm

二、装配方法

通过尺寸链分析可知，由于封闭环公差等于各组成环公差之和，装配精度直接取决于零件制造公差，但如果零件制造精度过高，将造成零件难以加工或增加生产成本。这就需要在装配时采取合理的工艺措施，如装配时对工件进行测量和挑选；对某一装配件进行修配；调整装配件的正确位置等。从而既能使零件制造精度降低，又能保证装配要求。所以零件制造精度是保证装配精度的基础，但装配精度并不完全依赖于零件制造精度。

为正确处理装配精度与零件制造精度的关系，妥善解决生产的经济性与使用要求之间的矛盾，生产中，采用了不同的装配方法。常用的有互换装配法、选择装配法、修配装配法和调整装配法。

1. 互换装配法

在装配时各配合零件不经修理、选择或调整即可达到装配精度的方法，称为互换装配法。此方法装配方便，生产效率高。适用于组成环数少，精度要求不高的场合或大批量生产中。

2. 分组装配法

分组选配法是在成批或大量生产中，将产品各配合件按实测尺寸分组，装配时按组进行互换装配以达到装配精度的方法。这种装配方法的配合精度取决于分组数，增加分组数可以提高装配精度。适用于大批量生产中装配精度要求很高、组成环数较少的场合。

3. 修配装配法

装配时修去指定零件上的预留修配量，以达到装配精度的方法，称为修配装配法。此方法装配周期长、效率低。适用于单件、小批量生产以及装配精度高的场合。如图 4-14 所示，在卧式车床尾座装配中，用修刮尾座底板的方法保证车床前后顶尖的等高度。

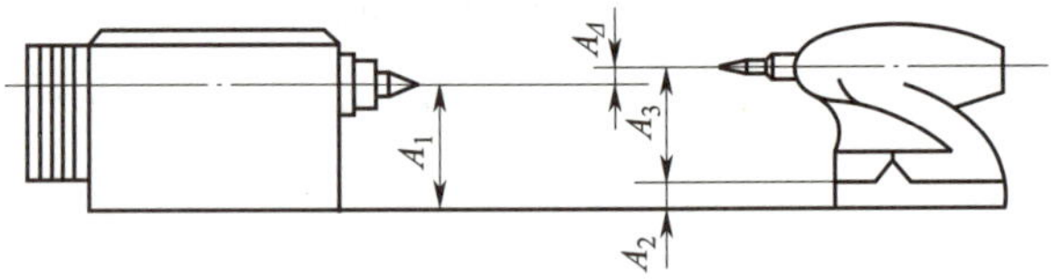

图 4-14 修刮尾座底板

4. 调整装配法

在装配时用改变产品中可调整零件的相对位置或选用合适的调整件以达到装配精度的方法，称为调整装配法。一般采用斜面、锥面、螺纹等方式移动可调整件的位置；或采用调换垫片、垫圈、套筒等控制调整件的尺寸。调整装配法调整维修方便、生产率低，除必须采用分组装配的精密配件外，可用于各种装配场合。

调整装配法主要有可动调整和固定调整两种装配方法。

（1）可动调整法

用改变零件位置来达到装配精度的方法。采用可动调整法可以调整由于磨损、热变形、弹性变形等所引起的误差。图 4–15a 所示是以套筒作为调整件，装配时，使套筒沿轴向移动（即调整 A_3），直至达到规定的间隙；图 4–15b 所示为利用螺钉来调整轴承间隙。

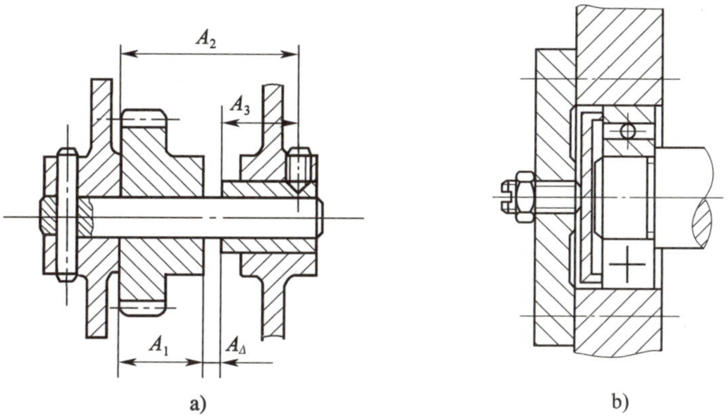

图 4–15　可动调整法

a）利用套筒调整　b）利用螺钉调整

（2）固定调整法

在尺寸链中选定一个或加入一个零件作为调整环，通过改变调整环尺寸，使封闭环达到精度要求的方法。作为调整环的零件是按一定尺寸间隔制成的一组专用零件，装配时，根据需要选用其中一种作补偿，从而保证所需的装配精度。图 4–16 所示为通过调换不同厚度垫片来调整轴向配合间隙的方法。

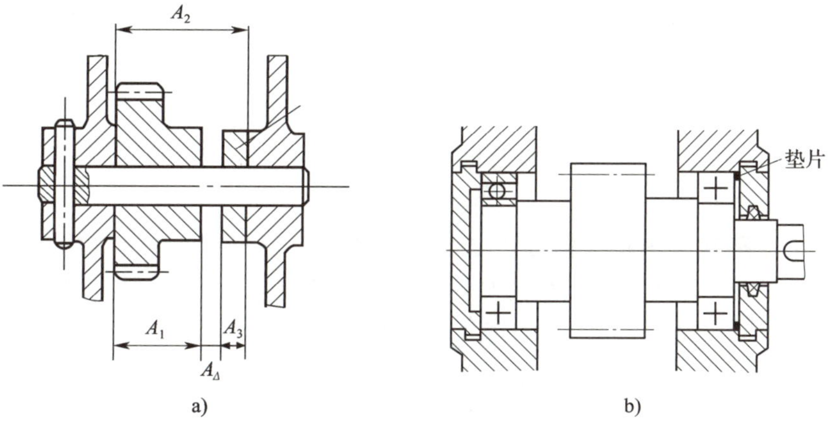

图 4–16　固定调整法

小提示

互换装配法装配精度完全依赖于零件的制造精度，以满足大批量生产和流水装配线的需要。使用分组装配法、修配装配法和调整装配法装配时，都可将零件制造精度降低为经济加工精度，以降低生产成本，装配时采用一定的工艺措施，仍能满足装配精度要求。

三、装配尺寸链解法

根据装配精度（即封闭环公差）对装配尺寸链进行分析，并合理分配各组成环公差的过程，称解装配尺寸链。

当已知封闭环公差求组成环公差时，应先按“等公差原则”结合各组成环尺寸的大小和加工的难易程度，将封闭环公差值合理分配给各组成环，调整后的各组成环公差之和仍等于封闭环公差。

确定好各组成环公差之后，再按“入体原则”确定基本偏差。即当组成环为包容尺寸（孔）时，取下偏差为零；当组成环为被包容尺寸（轴）时，取上偏差为零；若组成环为中心距，则取对称偏差。

解装配尺寸链的方法有：互换法、分组选配法、修配法和调整法等。下面介绍其中常用的两种解法。

1. 互换装配法解尺寸链

按互换装配法的要求解有关的装配尺寸链，称互换法解尺寸链。

例 4–2 图 4–17a 所示齿轮箱部件，装配要求是轴向窜动量为 A_{Δ}=0.2 ~ 0.7 mm。已知 A_1=122 mm、A_2=28 mm、A_3=A_5=5 mm、A_4=140 mm，试用互换法解此尺寸链。

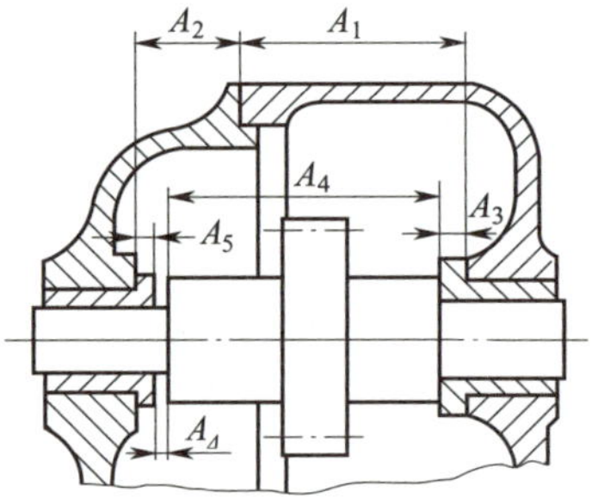

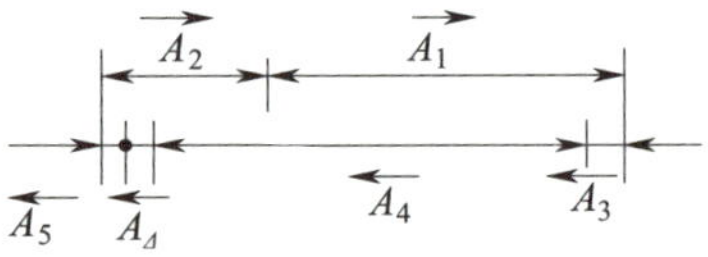

图 4–17　齿轮轴装配图

a）装配图　b）尺寸链简图

解：（1）根据题意绘出尺寸链简图，并校验各环公称尺寸。图 4–17b 所示为尺寸链简图，其中 A_1、A_2 为增环，A_3、A_4、A_5 为减环，A_{Δ} 为封闭环。

$$A_{\Delta}=(A_1+A_2)-(A_3+A_4+A_5)$$
$$=(122+28)\text{ mm}-(5+140+5)\text{ mm}=0$$

各环公称尺寸无误。

（2）确定各组成环尺寸公差。首先求出封闭环公差：

$$T_{\Delta}=0.7\text{ mm}-0.2\text{ mm}=0.5\text{ mm}$$

根据 $T_{\Delta}=\sum_{i=1}^{m+n}T_i=T_1+T_2+T_3+T_4+T_5=0.5$ mm，在“等公差原则”下，考虑各组成环尺寸及加工难易程度，合理分配各组成环公差：

$$T_1=0.2\text{ mm},\ T_2=0.1\text{ mm},\ T_3=T_5=0.05\text{ mm},\ T_4=0.1\text{ mm}$$

（3）确定协调环。为满足装配精度要求，应在各组成环中选择一个环，其极限尺寸由封闭环极限尺寸方程式来确定，此环称为协调环。一般选便于制造及可用通用量具测量的尺寸作为协调环，本题选 A_4 为协调环。

（4）确定各组成环极限偏差，并计算协调环极限尺寸。

根据“入体原则”及各组成环公差值，确定组成环极限偏差：

$$A_1=122^{+0.20}_{0}\ \text{mm},\ A_2=28^{+0.10}_{0}\ \text{mm},\ A_3=A_5=5^{0}_{-0.05}\ \text{mm}$$

$$A_{4\min}=A_{1\max}+A_{2\max}-A_{3\min}-A_{5\min}-A_{\Delta\max}$$
$$=122.20\ \text{mm}+28.10\ \text{mm}-4.95\ \text{mm}-4.95\ \text{mm}-0.7\ \text{mm}=139.70\ \text{mm}$$

$$A_{4\max}=A_{1\min}+A_{2\min}-A_{3\max}-A_{5\max}-A_{\Delta\min}$$
$$=122\ \text{mm}+28\ \text{mm}-5\ \text{mm}-5\ \text{mm}-0.2\ \text{mm}=139.80\ \text{mm}$$

故 $A_4=140^{-0.20}_{-0.30}$ mm

2. 分组选配法解尺寸链

分组选配法是将尺寸链中组成环的制造公差放大到经济加工精度的程度，然后分组进行装配，以保证装配精度。

例 4–3 图 4–18 为某发动机内直径为 28 mm 的活塞销与活塞孔装配示意图，要求销与销孔装配时，有 0.01 ~ 0.02 mm 的过盈量。试用分组选配法解该尺寸链并确定各组成环的偏差值。设轴、孔的经济公差为 0.02 mm。

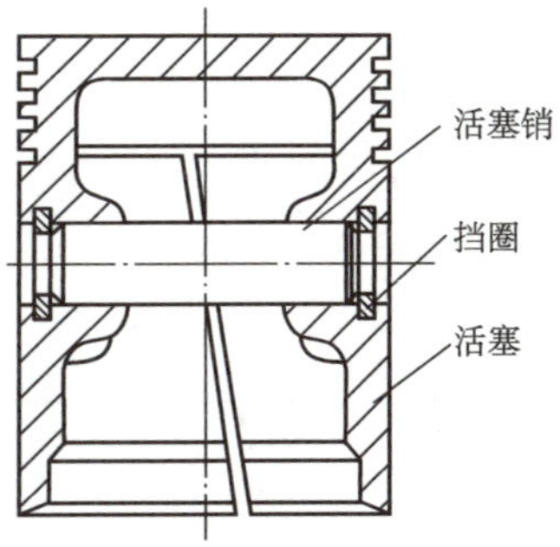

图 4–18 活塞销与活塞孔装配示意图

解：（1）根据题意绘制尺寸链简图

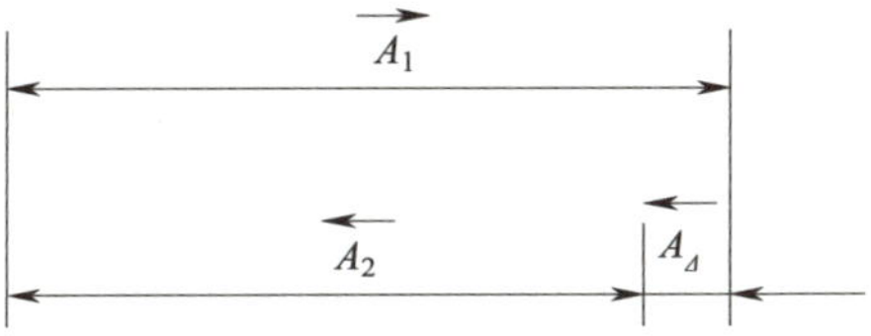

其中，A_1 为销的尺寸（增环），A_2 为销孔的尺寸（减环），A_Δ 为过盈量（封闭环）。

（2）先按互换装配法确定各组成环的公差和偏差值：

$$T_\Delta=(-0.01)\ \text{mm}-(-0.02)\ \text{mm}=0.01\ \text{mm}$$

根据“等公差原则”，取 $T_1=T_2=T_\Delta/2=0.01\ \text{mm}/2=0.005\ \text{mm}$

按“入体原则”确定偏差，本题采用基孔制，则销孔的公差带位置应为单向正偏差，即销孔尺寸为：

$$A_2=28^{+0.005}_{0}\ \text{mm}$$

根据配合要求可知销的尺寸为：

$$A_1=28^{+0.020}_{+0.015}\ \text{mm}$$

画出销与销孔的尺寸公差带图，如图 4–19a 所示。

（3）根据经济公差 0.02 mm，将得出的组成环公差均扩大 4 倍，得到 4 × 0.005 mm= 0.02 mm 的经济制造公差。

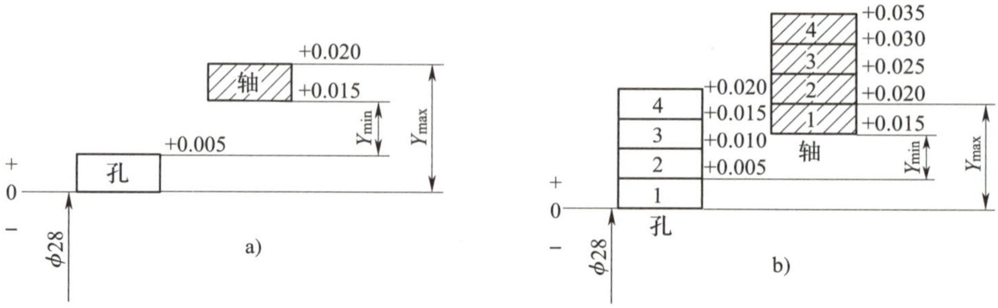

图 4–19　销与销孔的尺寸公差带

a）原尺寸公差带　b）分组尺寸公差带

（4）按相同方向扩大制造公差，得销尺寸为 $28^{+0.035}_{+0.015}$ mm，销孔尺寸为 $28^{+0.020}_{0}$ mm。

（5）制造后，按实际加工尺寸分 4 组，分组尺寸公差带如图 4–19b 所示。然后按组进行装配，见表 4–2。因分组配合公差与允许配合公差相同，所以符合装配要求。

表 4–2　　活塞销与配合孔的分组尺寸　　mm

组别	与活塞销配合的孔直径	活塞销直径	配合情况	
			最小过盈	最大过盈
1	$28^{+0.005}_{0}$	$28^{+0.020}_{+0.015}$	0.010	0.020
2	$28^{+0.010}_{+0.005}$	$28^{+0.025}_{+0.020}$		
3	$28^{+0.015}_{+0.010}$	$28^{+0.030}_{+0.025}$		
4	$28^{+0.020}_{+0.015}$	$28^{+0.035}_{+0.030}$		

§4–4　设备拆卸

一、拆卸前的准备工作

拆卸工作是设备修理过程中的重要环节，在拆卸中，若考虑不周，方法不当，就会造成被拆卸零部件的损坏，甚至使整台设备的精度、性能降低。

（1）调查分析设备的损坏状况。修理前要认真听取操作工人对机床设备修理的要求，详细了解机床故障症状，如精度丧失情况、主要件的磨损情况、机床传动系统的精度及外观缺损等。在操作工人的配合下，对必要的项目进行修前的试机检查，如主轴精度、导轨磨损程度、传动系统的振动情况、操作机构的灵活性及进给机构的准确性等，逐项检查，做好记录。

（2）熟悉有关技术资料。查阅设备说明书、装配图及历次修理记录，对设备的工作原理、结构和性能等做详细了解，并了解设备修理的精度检验标准，仔细研究确定达到各项精度要求的措施。

（3）掌握各零部件之间的装配关系、连接和定位方法、配合性质及盈隙大小，测量出有关零部件的相对位置，并做出标记和记录。

（4）研究制定正确的拆卸方法。

（5）准备必备的拆卸工具，特别是专用和自制的特殊工、量具。

二、拆卸的基本要求

机械设备拆卸时，应该按照与装配相反的顺序进行，一般是从外部拆到内部，从上部拆到下部，先拆成部件或组件，再拆成零件的原则进行。另外在拆卸中还必须注意下列原则：

（1）对不易拆卸或拆卸后会降低连接质量和损坏一部分连接零件的，应当尽量避免拆卸。如密封零件、过盈连接、铆接和焊接连接件等。

（2）用击卸法冲击零件时，必须垫好软衬垫，或用软材料（如紫铜）做的锤子或冲棒，以防止损坏零件表面。

（3）拆卸时，用力应适当，注意保护主要结构件。对于相配合的两零件，在不得已必须采用破坏性拆卸时，应保存价值较高、制造困难或质量较好的零件。

（4）长径比较大的零件，如较精密的细长轴、丝杠等零件，拆下后，随即清洗、涂油，垂直悬挂。重型零件可用多支点支承卧放，以免变形。

（5）拆下的零件应尽快清洗，并涂油防锈，妥善保管。零件较多时，要按部件分门别类，做好标记后放置。

（6）拆下的细小、易丢失的零件，如螺钉、螺母、垫圈及销等，清洗后尽可能再装到主要零件上去，防止丢失。轴上零件拆下后，最好按原次序方向临时装回轴上或用钢丝串起来放置。

（7）拆下的各种液压件，在清洗后均应将进出口封好，以免灰尘杂质侵入。

（8）在拆卸旋转部件时，应注意尽量不破坏原来的平衡状态。

（9）容易产生位移而又无定位装置或有方向性的相配件，在拆卸时应先做好标记，以便装配时容易辨认。

小提示

（1）拆卸时，若出现异常情况（拆不动），应仔细查找原因，绝不能猛敲狠打。

（2）拆卸大型零件，要坚持慎重、安全的原则。拆卸中应仔细检查锁紧螺钉及压板等零件是否拆开。吊挂时，要注意安全。

（3）必要时，在设备拆卸前应制定相应的安全措施。

（4）拆下的高精度零件要单独存放。

三、常用的拆卸方法

根据零部件结构特点的不同，应采用合理的拆卸方法。常用拆卸过盈连接的方法有击卸法、拉拔法、顶压法、加热法和破坏性拆卸法等。

1. 击卸法

击卸法是用锤子或其他重物的冲击力把零件拆下来的一种方法。它具有使用工具简单、操作灵活方便、适用广泛等特点，是拆卸工作中最常用的方法。击卸时要注意对受击部位的保护，如图 4–20 所示。

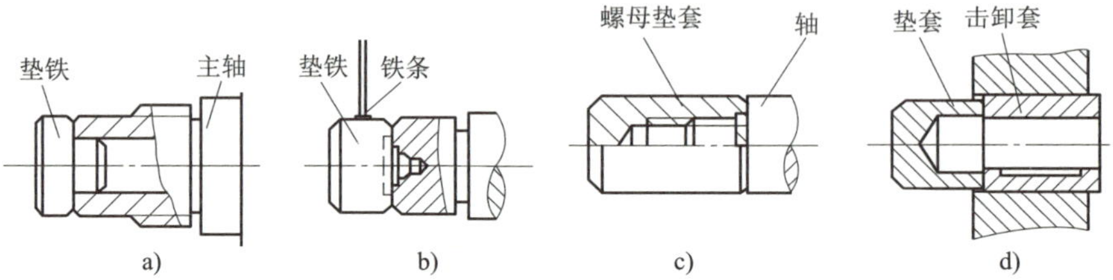

图 4–20　击卸时的保护

a）保护主轴的垫铁　b）保护轴端中心孔的垫铁　c）保护轴端螺纹的垫套　d）保护击卸套的垫套

2. 拉拔法

拉拔法是利用专用拉拔器把零件拆卸下来的一种静力拆卸方法。它具有拆卸件不受冲击力、拆卸安全、不容易损坏零件等特点，适用于拆卸精度较高，不许敲击的零件和无法敲击的零件，如图 4–21 所示。

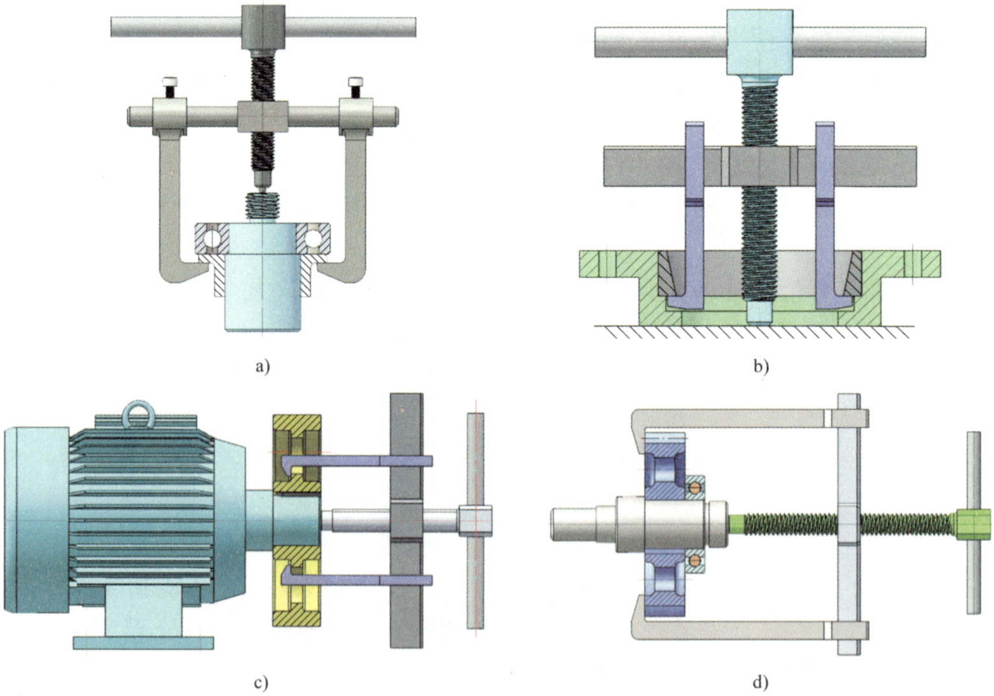

图 4–21　拉拔法

a）用拉拔器拉卸滚动轴承　b）用拉拔器拉卸滚动轴承外圈

c）用拉拔器拉卸带轮　d）用拉拔器拉卸齿轮和滚动轴承

3. 顶压法

顶压法是利用压力机、弓形夹等设备和工具进行的一种静力拆卸方法，一般用于形状简单的小型过盈配合件，如图 4–22 所示。

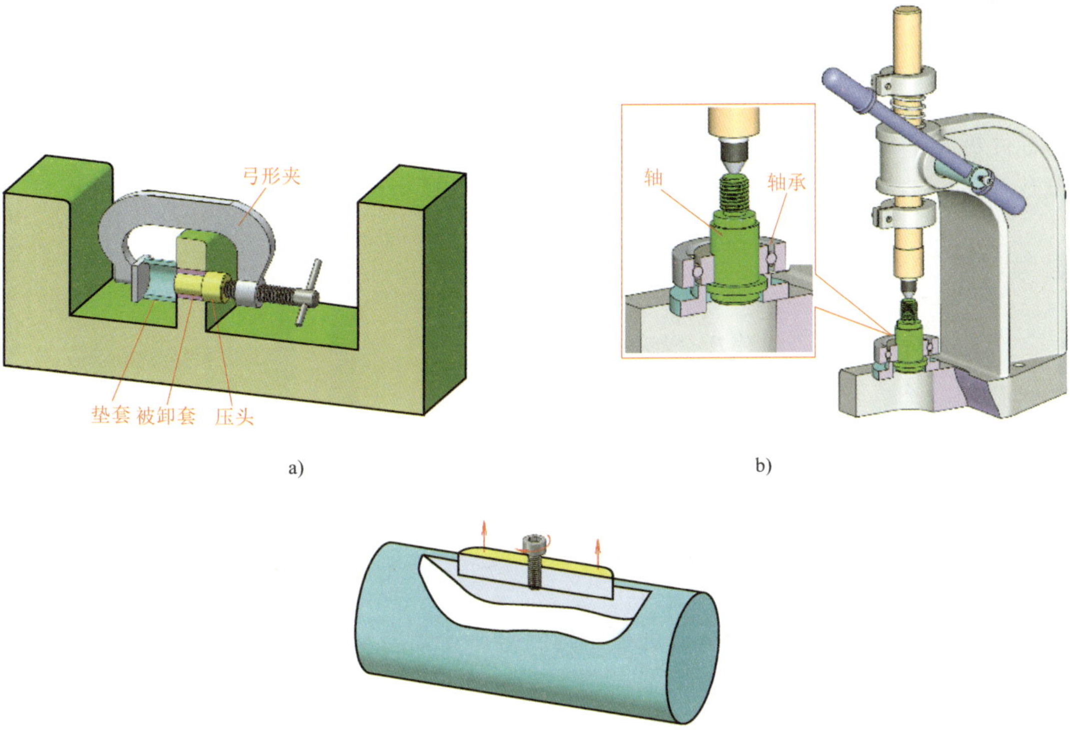

a)

b)

c)

图 4–22　顶压法

a）用弓形夹拆卸　b）用压力机拆卸　c）用螺钉顶压拆卸

4. 加热法

加热法是利用金属材料热胀冷缩的物理特性，将包容件加热膨胀后进行拆卸的方法，用于配合过盈量较大或无法用击卸法拆卸的连接，如滚动轴承的拆卸。如图 4–23 所示，在加热前用石棉把靠近轴承部分的轴颈隔离开，防止轴受热胀大，用拉拔器卡爪钩住轴承内圈，给轴承施加一定拉力；然后迅速将加热到 100 ℃左右的热油浇注在轴承内圈上，待轴承内圈受热膨胀后，即可用拉拔器将轴承拉出。

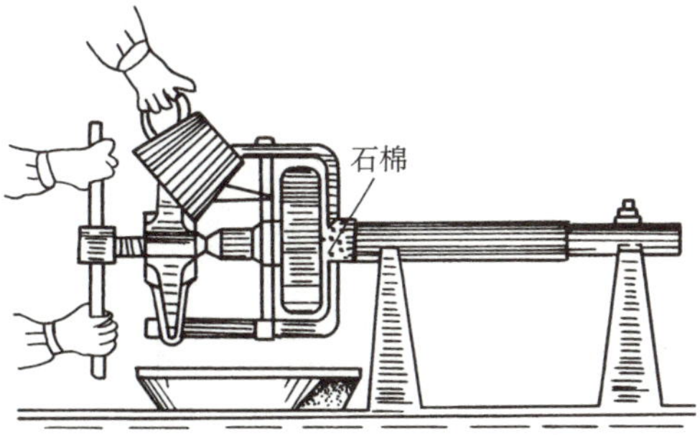

图 4–23　用加热法拆卸零件

5. 破坏性拆卸法

破坏性拆卸是拆卸中应用最少的一种方法，只有在拆卸焊接、铆接或严重锈蚀等固定连接件时，才不得已采用保护主要零件、破坏次要零件的一种措施。破坏性拆卸一般采用车、锯、錾、钻、气割等方法，将次要零件或已损坏零件拆卸下来。如图 4–24 所示为用车削方法将轴套车去。

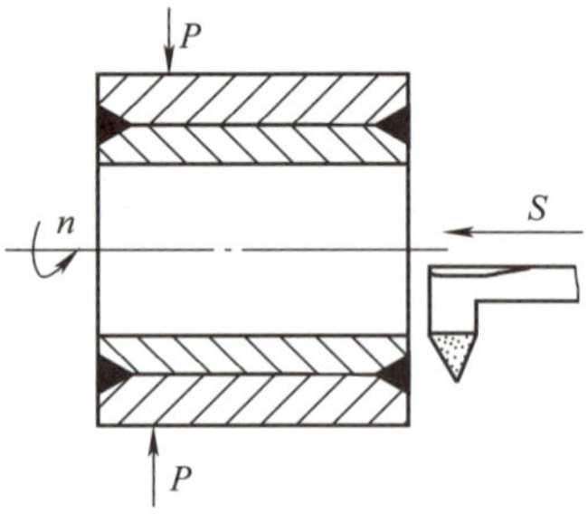

图 4–24　破坏性拆卸法

思考与练习

1. 简述零件、部件、组件及分组件的区别。

2. 说明什么是装配、部件装配和总装配？

3. 产品装配工艺过程一般包括哪四个阶段？各自的工作内容是什么？

4. 常见的装配组织形式有哪几种？各适用于什么场合？

5. 什么叫装配单元？装配单元系统图有什么作用？

6. 什么叫装配工序？什么叫装配工步？

7. 装配前应做哪些准备工作？

8. 高速旋转的零部件为什么要进行平衡？静不平衡与动不平衡有什么区别？简述静平衡的方法。

9. 什么是装配精度？装配精度与零件制造精度有何关系？

10. 什么叫尺寸链、装配尺寸链？什么叫封闭环、增环和减环？

11. 常用的装配方法有哪几种？分别适用于什么场合？

12. 什么叫解装配尺寸链？其解法有哪几种？

13. 如题图 4–1 所示，某轴需镀铬，镀铬前轴的尺寸车削至 $A_2=59.74_{-0.016}^{\ 0}$ mm，孔径 $A_1=60_{\ 0}^{+0.03}$ mm，保证配合间隙 $A_\Delta=0.236\sim0.286$ mm。问镀铬层厚度 A_3 应控制在什么范围？

14. 题图 4–2 为齿轮轴装配简图。其中，$B_1=100$ mm、$B_2=70$ mm、$B_3=30$ mm，装配后轴向间隙要求为 0.02～0.20 mm。试用互换法解该装配尺寸链。

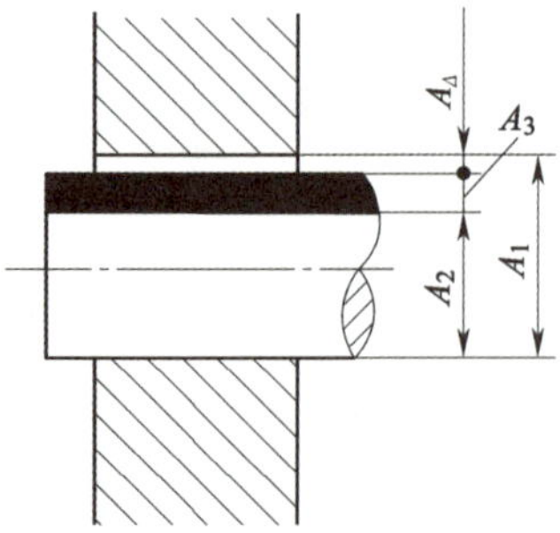

题图 4–1

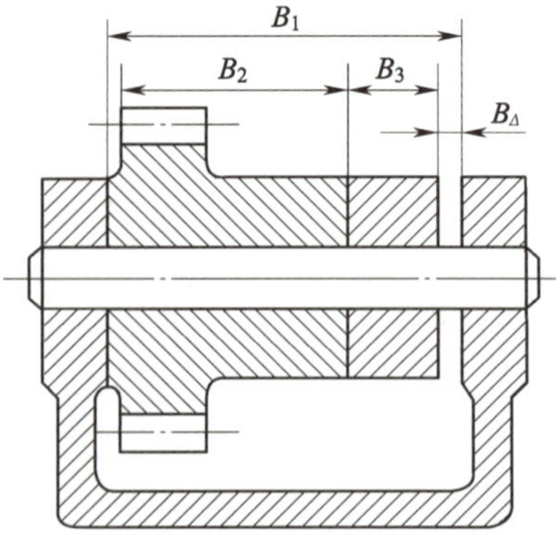

题图 4–2

15. 有一基孔制轴、孔配合，其公称尺寸为 40 mm，要求配合过盈为 0.006～0.018 mm。试用分组选配法解该装配尺寸链（轴、孔经济公差均匀为 0.018 mm）。

16. 设备拆卸前的准备工作有哪些？

17. 常用的设备拆卸方法有哪些？

第五章

固定连接的装配

机器中所有零件都通过各种不同的连接方式连接在一起，其中连接件间不能作相对运动的连接方式称为固定连接，能按一定运动形式作相对运动的连接方式称为活动连接。通常所谓的连接主要是指固定连接。

固定连接一般分为可拆连接和不可拆连接两大类。常见的固定连接有螺纹连接、键连接、销连接、过盈连接及铆接、焊接、粘接等。

§5–1 螺纹连接的装配

螺纹连接是一种可拆的固定连接，它具有结构简单、连接可靠、装拆方便等优点，在机械中应用广泛。螺纹连接的主要类型有螺栓连接、双头螺柱连接、螺钉连接及紧定螺钉连接等，见表 5–1。

表 5–1　　螺纹连接的主要类型及应用

类型	结构	特点及应用
螺栓连接	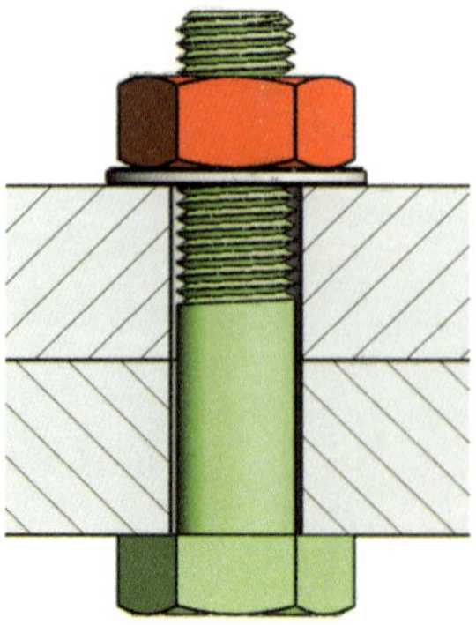	无须在连接件上加工螺纹，连接件不受材料的限制 主要用于连接件不太厚，并能从两边进行装配的场合

续表

类型	结构	特点及应用
双头螺柱连接	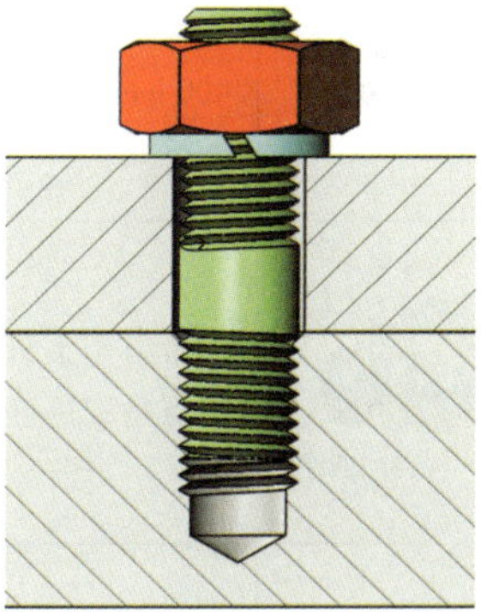	将螺柱一端拧入并紧定在一连接件的螺纹孔中，拆卸时只需旋下螺母，螺柱仍留在机体螺纹孔内，故螺纹孔不易损坏 主要用于连接件较厚而又需经常装拆的场合
螺钉连接	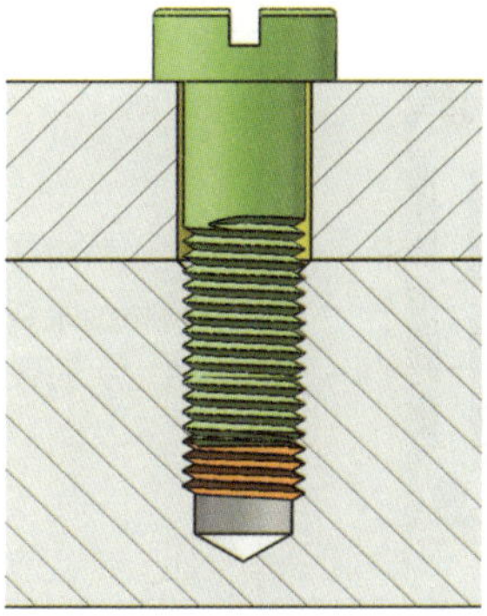	螺钉直接拧入一连接件的螺纹孔中，结构简单 主要用于连接件较厚或结构上受到限制，不能采用螺栓连接，且不需经常装拆的场合
紧定螺钉连接	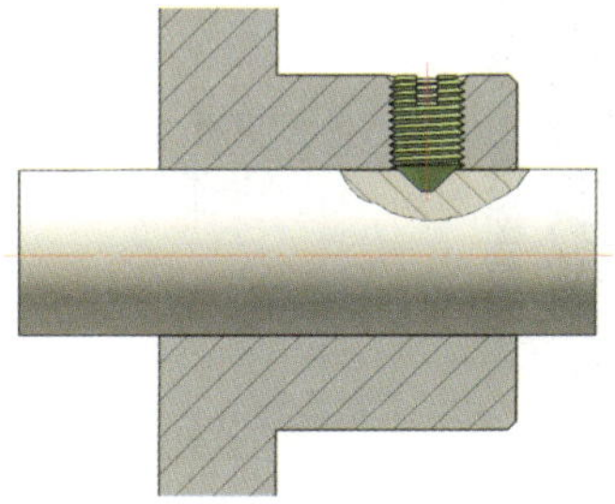	紧定螺钉的末端贴紧其中一连接件的表面或进入该零件上相应的凹坑中，以固定两零件的相对位置 多用于轴与轴上零件的连接，传递不大的力或扭矩

一、螺纹连接的装拆工具

螺纹连接件多为标准件。由于其种类繁多，形状各异，所以，螺纹连接的装拆工具也有各种不同。使用时应根据具体情况合理选用。

1. 螺钉旋具

用于装拆头部开槽的螺钉。常用的螺钉旋具及应用见表 5–2。

表 5–2 常用螺纹连接装拆工具

工具名称		图示	特点及应用
螺钉旋具	一字旋具		规格用刀体部分的长度表示。常用规格有 100 mm、150 mm、200 mm、300 mm 和 400 mm 等几种。使用时，应根据螺钉沟槽的宽度选用
	十字旋具		主要用来装拆头部带十字槽的螺钉，其优点是旋具不易从槽中滑出
扳手	活扳手		开口尺寸可在一定范围内调节。使用时，应让固定钳口承受主要作用力，否则容易损坏扳手。其规格用长度表示
	呆扳手	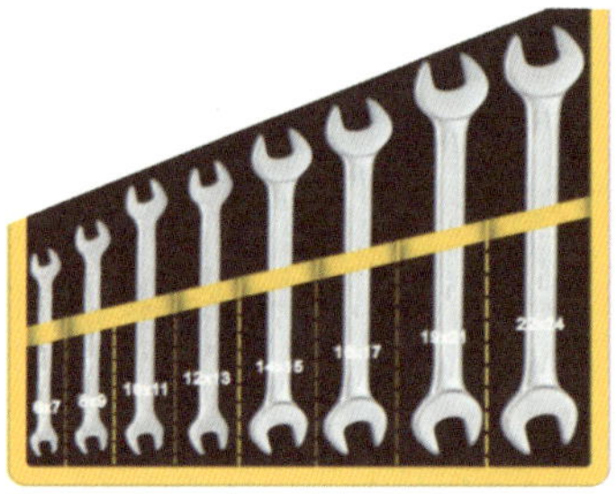	其规格用开口尺寸表示，一般由多把不同规格的呆扳手组成一套。用于装拆六角形或方头的螺母或螺钉
	梅花扳手	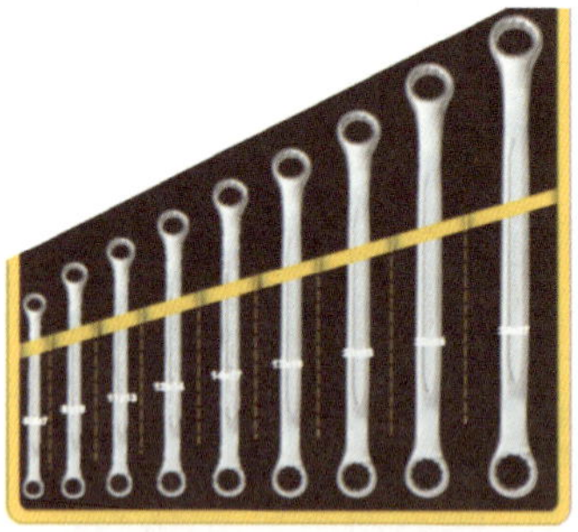	其特点是承载能力大、换位转角小（30°）。适用于工作空间狭小，不能容纳普通扳手的场合
	套筒扳手	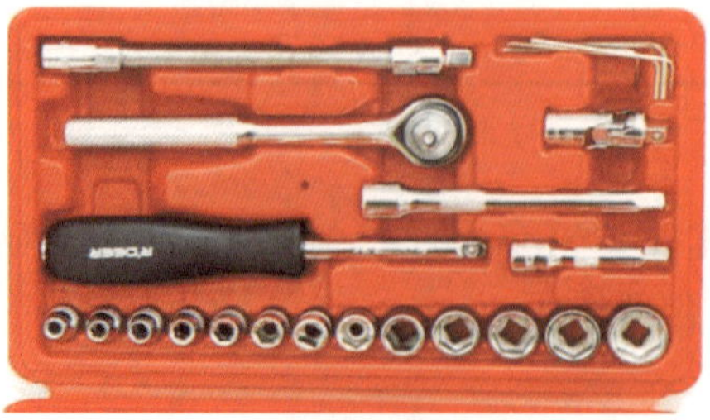	由一套尺寸不等的六方或梅花套筒组成，并配有手柄、接杆等多种附件，特别适用于工作空间十分狭小或凹陷在深处的螺栓或螺母。使用方便，工作效率较高

续表

工具名称		图示	特点及应用
扳手	内六角扳手		用于装拆内六角螺钉。成套的内六角扳手，可供装拆 M4 ~ M30 的内六角螺钉
	钩形扳手	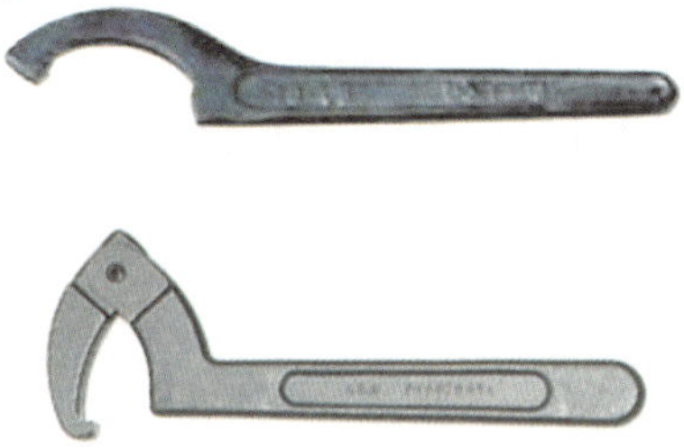	专门用来装拆带槽的圆螺母
	扭力扳手	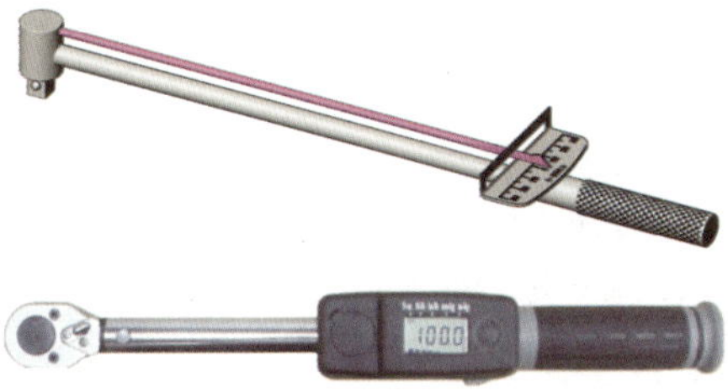	它在拧紧螺栓或螺母时，能显示出所施加的扭矩，主要用于对扭矩大小有明确规定的场合
	棘轮扳手	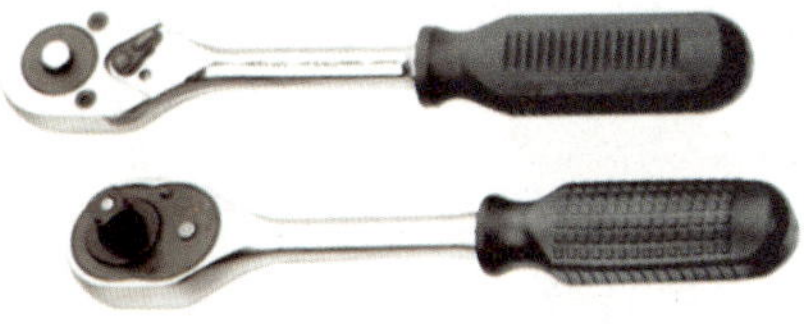	使用方便，效率较高，反复摆动手柄即可逐渐拧紧或松开螺母或螺钉
	管子钳		用于管子的装拆

2. 扳手

扳手是用来装拆六角形、正方形螺钉及各种螺母的，常用工具钢、合金钢或可锻铸铁制成，扳手的类型及应用见表 5-2。此外，在成批生产时和在装配流水线上还广泛采用了风动、电动扳手等。

二、螺纹连接的装配技术要求

1. 保证一定的拧紧力矩

为达到螺纹连接可靠和紧固的目的，螺纹连接装配时应有一定的拧紧力矩，使螺纹副间产生足够的预紧力和摩擦力矩。

2. 有可靠的防松装置

螺纹连接一般都具有自锁性，通常情况下，不会自行松脱，但在冲击、振动或交变载荷作用下，会使螺纹副之间的正压力突然减小，以致摩擦力矩减小，使螺纹连接松动。为保证连接的可靠性，螺纹连接应设有有效的防松装置。

3. 保证螺纹连接的配合精度

螺纹配合精度由螺纹公差带和旋合长度两个因素确定，分为精密、中等和粗糙三种。旋合长度是指两相互配合的螺纹，沿轴线方向相互旋合部分的长度，分为短组 S、中长组 N、长组 L 三类。

三、螺纹连接的装配工艺

1. 螺纹连接的预紧与防松

（1）螺纹连接的预紧

一般的螺纹连接用普通扳手或电动、风动扳手拧紧即可，而有规定预紧力的螺纹连接，则常用控制扭矩法、控制扭角法和控制螺栓伸长法等来保证准确的预紧力。

（2）螺纹连接的防松

螺纹连接用于振动或冲击场合时，会发生松动，为防止螺钉或螺母松动必须有可靠的防松装置。防松的根本问题在于防止螺纹副的相对转动。防松的方法很多，按工作原理不同，可分为三类：1）附加摩擦力防松；2）机械防松；3）破坏螺纹副间的运动关系防松。常用螺纹连接防松装置的类型及应用见表 5-3。

表 5-3　　常用螺纹防松装置的类型及应用

类型		结构形式	特点及应用
附加摩擦力防松	双螺母防松	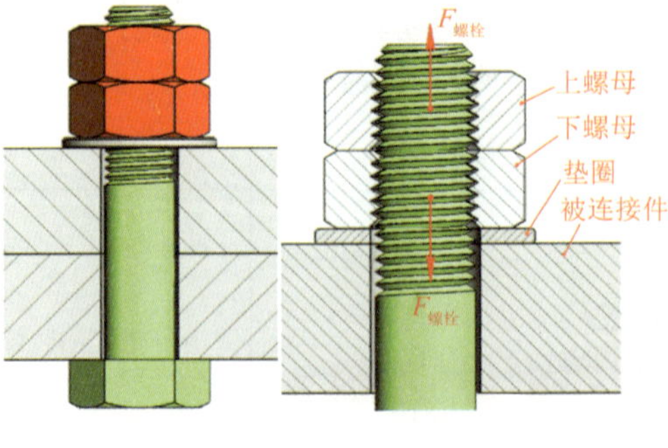	利用主、副两个螺母，先将主螺母拧紧至预定位置，然后再拧紧副螺母。这种防松装置由于要用两只螺母，增加了结构尺寸和质量，一般用于低速重载或较平稳的场合

续表

类型		结构形式	特点及应用
附加摩擦力防松	弹簧垫圈	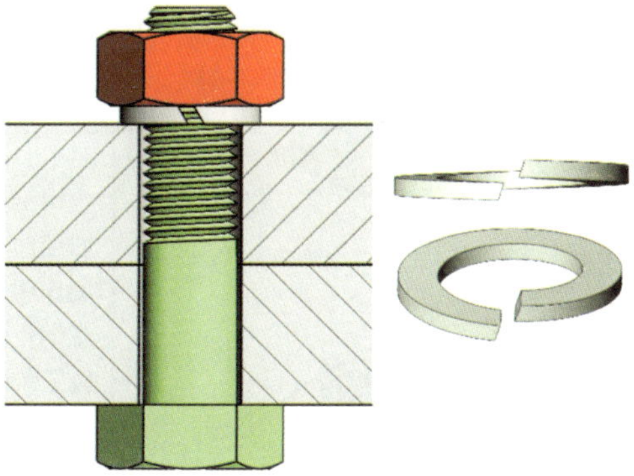	这种防松装置容易刮伤螺母和被连接件表面，同时，因弹力分布不均，螺母容易偏斜。其结构简单，一般用于工作较平稳，不经常装拆的场合
机械防松	开口销与带槽螺母	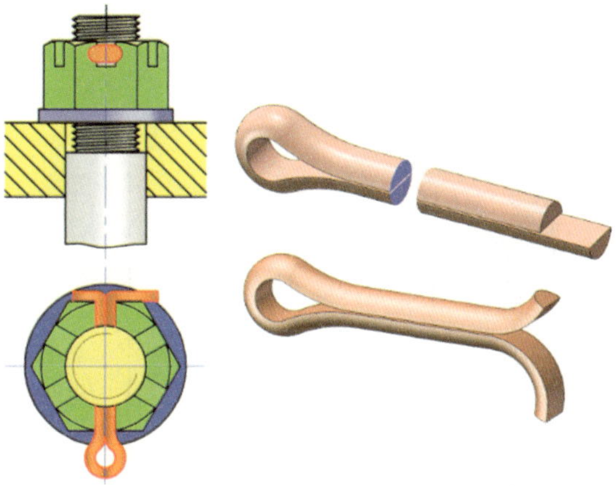	用开口销把螺母直接锁在螺栓上，它防松可靠，但螺杆上销孔位置不易与螺母最佳锁紧位置的槽口吻合。多用于变载和振动场合
	圆螺母与止动垫圈	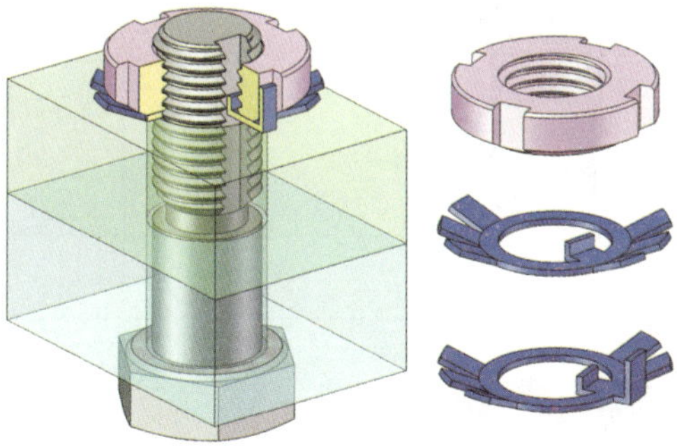	装配时，先把垫圈的内翅插入螺杆槽中，然后拧紧螺母，再把外翅弯入螺母的外缺口内。用于受力不大的螺母防松
	六角螺母与止动垫圈	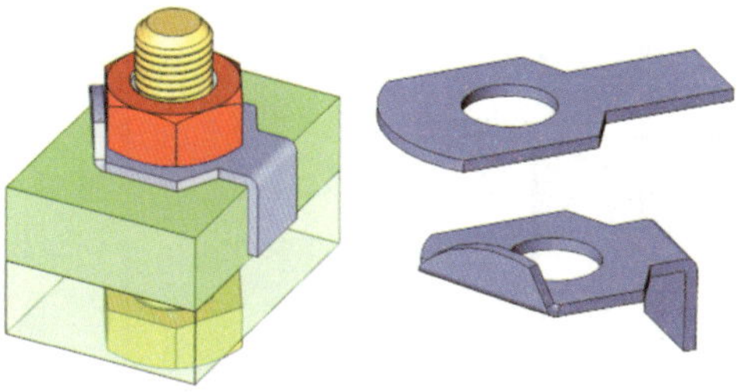	垫圈耳部分别与连接件和六角螺钉或螺母紧贴，防止回松。用于连接部分可容纳弯耳的场合

续表

类型		结构形式	特点及应用
机械防松	串联钢丝	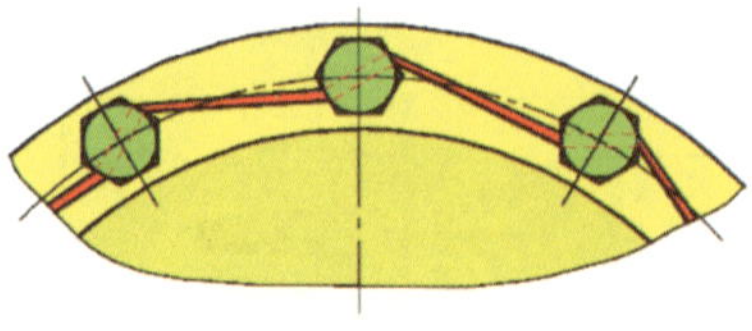 正确 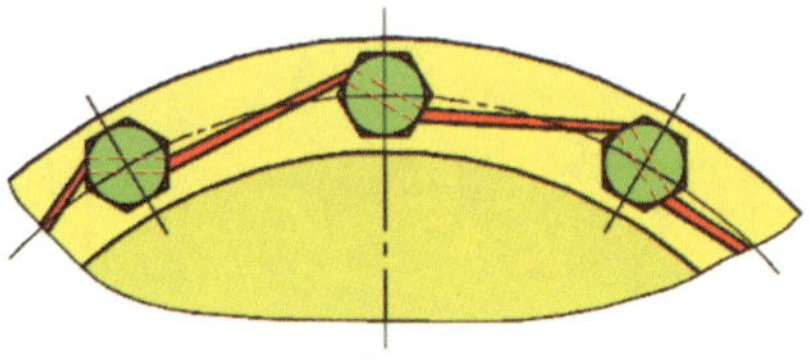 错误	用钢丝穿过各螺钉或螺母头部的径向小孔，利用钢丝的相互牵制作用来防止回松。使用时应注意钢丝的穿绕方向。适用于布置较紧凑的成组螺纹连接
破坏螺纹副间的运动关系防松	冲点和点焊	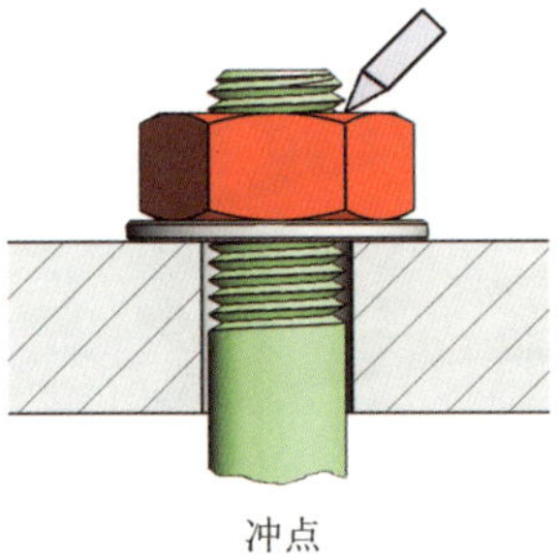 冲点 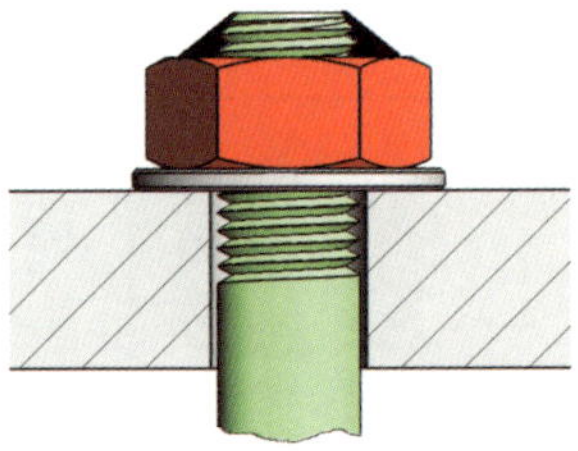 焊点	将螺钉或螺母拧紧后，在螺纹旋合处冲点或点焊。防松效果很好，用于不再拆卸的场合
	粘接	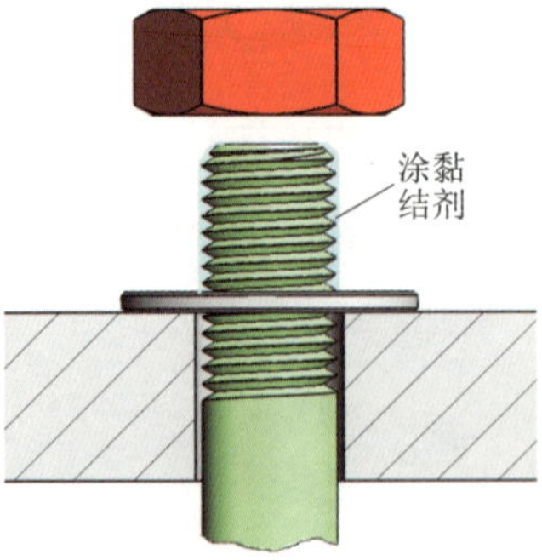 	在螺纹旋合表面涂黏结剂，拧紧后，黏结剂自行固化，防松效果良好，且有密封作用，但不便拆卸

2. 双头螺柱的装配要点

（1）保证双头螺柱与机体螺纹的配合有足够的紧固性

双头螺柱紧固端的紧固方法如图 5–1 所示。

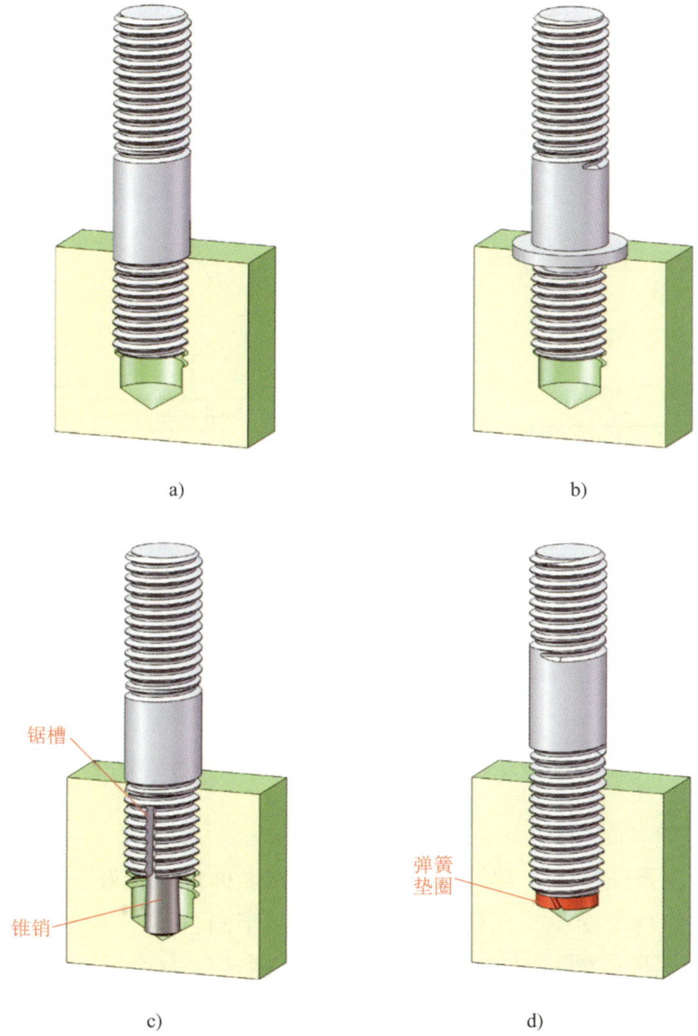

图 5–1　双头螺柱的紧固形式

a）利用螺纹尾部的不完整牙形紧固　b）带有台阶的紧固

c）采用锥销紧固　d）采用弹簧垫圈止退

（2）双头螺柱的轴心线必须与机体表面垂直

装配时，可用直角尺进行检验。如发现较小的偏斜，可用丝锥校正螺孔后再装配，或将装入的双头螺柱校正至垂直。偏斜较大时，不得强行校正，以免影响连接的可靠性。

（3）装入双头螺柱时必须加油润滑

避免旋入时产生咬合现象，便于以后拆卸方便。

常用的拧紧双头螺柱的方法如图 5–2 所示。

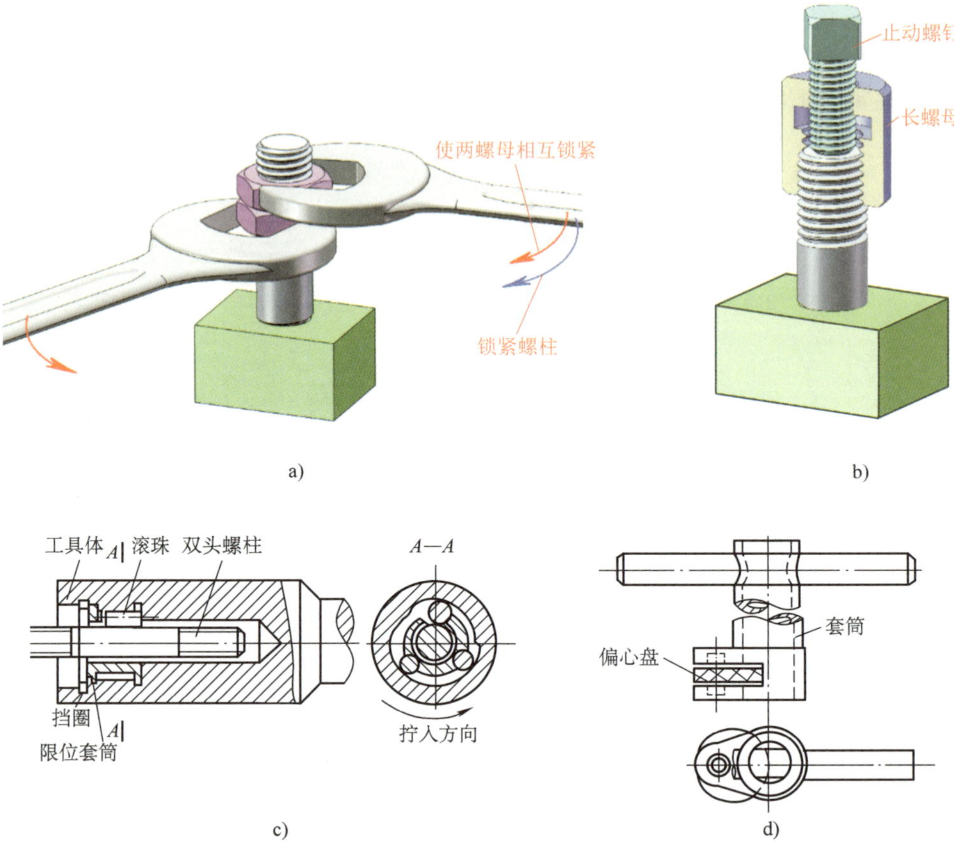

图 5-2　拧紧双头螺柱的方法

a）双螺母拧紧　b）长螺母拧紧　c）、d）专用工具拧紧

3. 螺母、螺钉的装配要点

（1）螺杆不产生弯曲变形，螺钉或螺母与连接件表面接触良好。

（2）被连接件应均匀受压，互相紧密贴合，连接牢固。

（3）拧紧成组螺母或螺钉时，为使被连接件及螺杆受力均匀一致，不产生变形，应根据被连接件形状和螺母或螺钉的分布情况，按照先中间、后两边的原则分层次、对称、逐步拧紧，如图 5-3 所示。

四、螺纹连接的损坏形式及修理

1. 螺孔损坏使配合过松

可将螺纹底孔扩大，攻制大一规格的新螺纹，配换新螺钉。当螺孔螺纹只损坏端部几扣时，可将螺孔加深，配换稍长的螺栓。

2. 螺钉、螺柱的螺纹损坏

一般更换新的螺钉、螺柱。

3. 螺栓头拧断

若螺栓断处在孔外，可在螺栓上锯槽、锉方或焊上一个螺母后再拧出。若断处在孔内，可用比螺纹小径小一点的钻头将螺柱钻出，再用丝锥修整内螺纹。

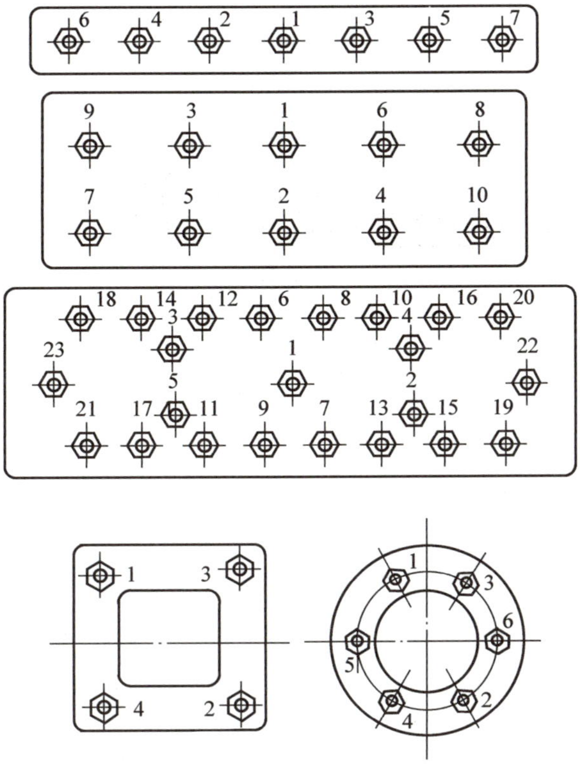

图 5-3　成组螺母的拧紧顺序

4. 螺钉、螺柱因锈蚀难以拆卸

可采用煤油浸润，使锈蚀处疏松后即较容易拆卸；也可用锤子敲打螺钉或螺母，使铁锈受振动脱落后拧出。

§5-2　键连接的装配

键连接是通过键实现轴和轴上零件间的周向固定以传递运动和转矩的一种连接方式。它具有结构简单、工作可靠、装拆方便等优点，因此获得广泛应用。

根据结构特点和用途不同，键连接可分为松键连接、紧键连接和花键连接三大类。

一、松键连接的装配

松键连接包括普通平键连接、半圆键连接、导向平键连接及滑键连接等。松键连接如图 5-4 所示。

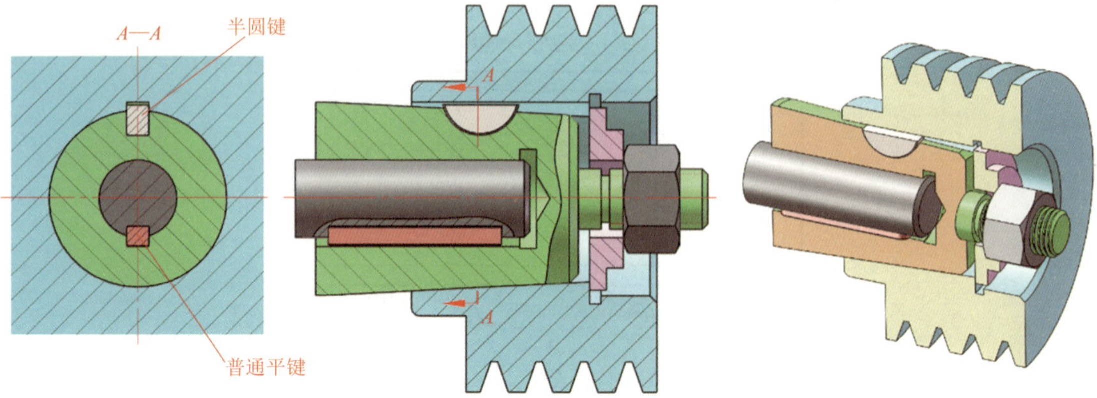

图 5-4　松键连接

1. 松键连接的装配技术要求

（1）保证键与键槽的配合要求

键与轴槽和轮毂槽的配合性质一般取决于机构的工作要求，由于键是标准件，各种不同的配合性质的获得，要靠改变轴槽、轮毂槽的极限尺寸来得到。松键连接的类型、特点及应用见表 5-4。

表 5-4　　松键连接的类型、特点及应用

松键连接类型	简图	特点及应用
普通平键连接	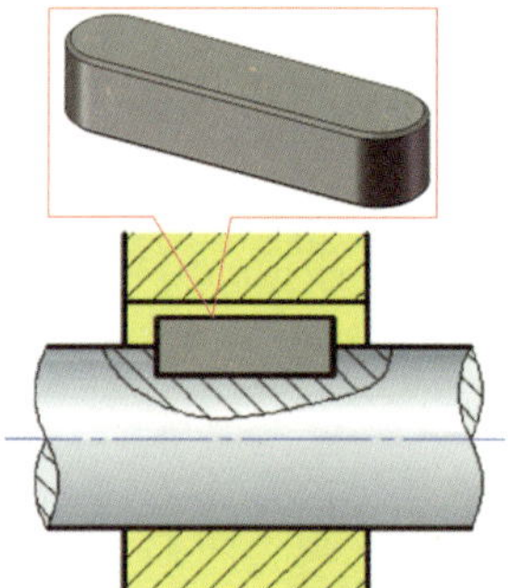	普通平键连接靠键的侧面传递转矩，只对轴上零件作周向固定，不能承受轴向力，轴与轮毂的同轴度较好。应用广泛，常用于高精度、传递重载荷、冲击及双向扭矩的场合
半圆键连接	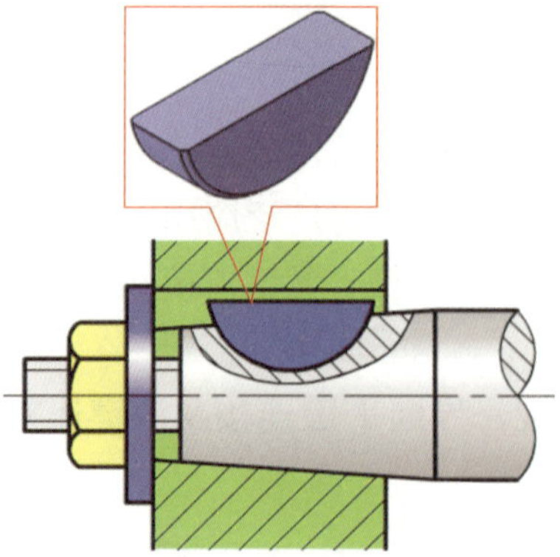	半圆键的工作原理与平键连接相同。轴上键槽用与半圆键半径相同的盘状铣刀铣出，因此半圆键在槽中可绕其几何中心摆动以适应轮毂槽底面的斜度。半圆键连接的结构简单，制造和装拆方便，但由于轴上键槽较深，对轴的强度削弱较大，故一般多用于轻载连接，尤其是锥形轴端与轮毂的连接中

续表

松键连接类型	简图	特点及应用
导向平键连接	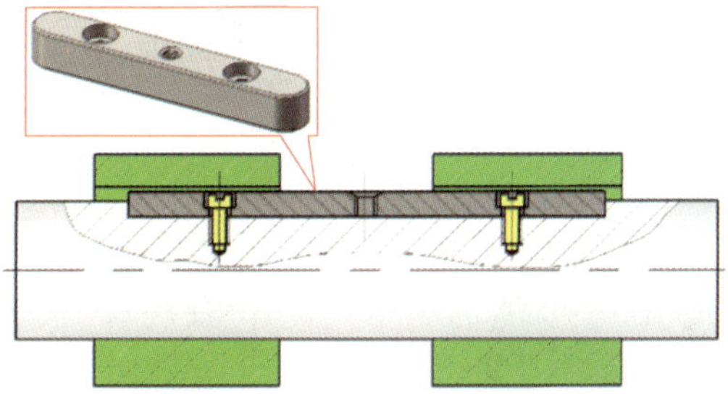	导向平键用螺钉固定在轴上的键槽中，轮毂沿键的侧面作轴向滑动，用于轮毂沿轴向移动距离较小的场合
滑键连接	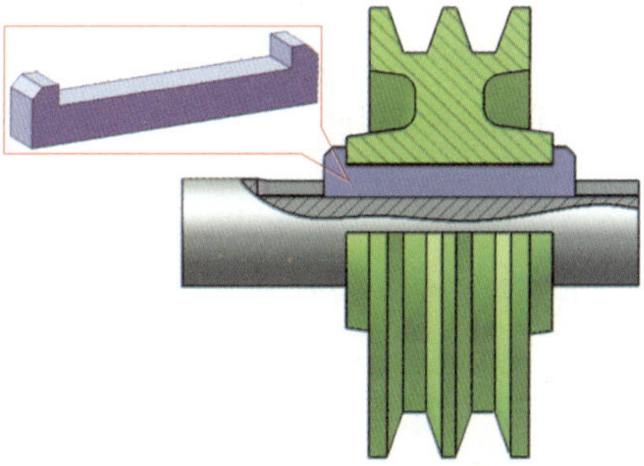	将键固定在轮毂上，键随轮毂一起沿轴槽滑动，适用于轴向移动距离较大场合

（2）键与键槽应具有较小的表面粗糙度值。

（3）键装入轴槽中应与槽底贴紧，键长方向与轴槽有 0.1 mm 的间隙，键的顶面与轮毂槽之间有 0.3～0.5 mm 的间隙。

2. 松键连接装配要点

（1）清理键及键槽上的毛刺，以防装配时产生过大的过盈量而破坏配合的正确性。

（2）对于重要的键连接，装配前应检查的键的直线度、键槽对轴心线的对称度及平行度等。

（3）用键的头部与轴槽试配，应能使键较紧地嵌在轴槽中（对普通平键和导向平键而言）。

（4）锉配键长时，在键长方向上键与轴槽留有 0.1 mm 左右的间隙。

（5）在配合面上加机油，用铜棒或台虎钳将键压装在轴槽中，并与槽底接触良好。

（6）试配并安装套件（如齿轮、带轮等）时，键与键槽的非配合面应留有间隙，以便轴与套件达到同轴度要求；装配后的套件在轴上不能有圆周方向的摆动，否则，容易引起冲击和振动。

二、紧键连接的装配

紧键连接主要指楔键连接。楔键分普通楔键和钩头楔键两种，如图 5–5 所示。楔键的上下两面是工作面，键的上表面和轮毂槽的底面均有 1∶100 的斜度，键侧与键槽间有一定的间隙。装配时须打入，靠过盈来传递扭矩。紧键连接还能轴向固定零件和传递单方向轴向力，但易使轴上零件与轴的配合产生偏心和歪斜。多用于同轴度要求不高，转速较低的场合。钩头楔键用于不能从另一端将键打出的场合。

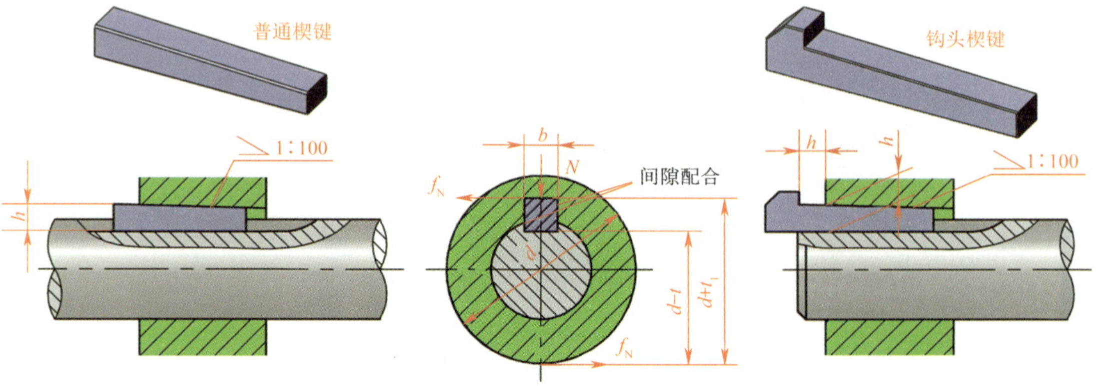

图 5-5　楔键连接

a）普通楔键连接　b）钩头楔键连接

1. 楔键连接的装配技术要求

（1）楔键的斜度应与轮毂槽的斜度一致，否则，套件会发生歪斜，同时降低连接强度。

（2）楔键与槽的两侧面要留有一定间隙。

（3）对于钩头楔键，不应使钩头紧贴套件端面，必须留有一定距离，以便拆卸。

2. 楔键连接装配要点

装配楔键时，要用涂色法检查楔键与轮毂槽的接触情况，若接触不良，应修整轮毂槽。合格后，在配合面加润滑油，轻敲入内，保证套件周向、轴向固定可靠。

三、花键连接的装配

花键连接具有承载能力强、传递扭矩大、同轴度和导向性好等特点，适用于大载荷和同轴度要求较高的连接，在机床和汽车工业中应用广泛。

按工作方式分，花键连接有静连接和动连接两种。花键已标准化，按齿廓形状分，花键可分为矩形花键和渐开线花键两类，图 5-6 所示为矩形花键及其连接。

1. 静连接花键装配

套件应在花键轴上固定，故有少量过盈。过盈量较小时，可用铜棒轻轻敲入，过盈量较大时，应将套件加热至 80°～120° 后再进行装配。

2. 动连接花键装配

套件在花键轴上可以自由滑动，没有阻滞现象，但间隙应适当，用手摆动套件时，不应感觉有明显的周向间隙。

四、键连接的损坏形式及修理

1. 键磨损和损坏

一般是更换新键。

2. 轴与轮毂上的键槽损坏

可将轴槽和轮毂槽用锉削或铣削的方法加宽，再配制新键。

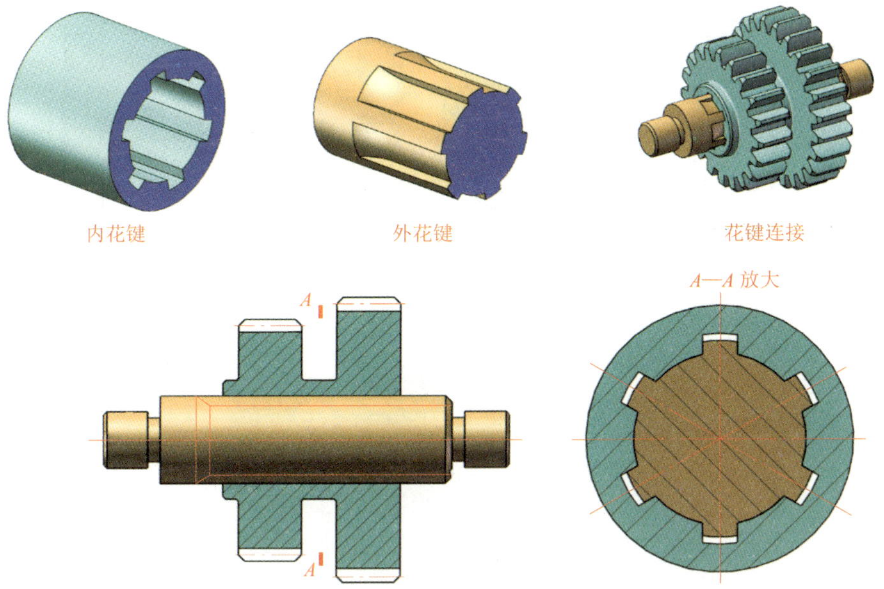

图 5-6　矩形花键及其连接

3. 大型花键轴磨损

可进行镀铬或堆焊，然后再加工到规定尺寸的方法进行修复。堆焊时要缓慢冷却，以防花键轴变形。

§5-3　销连接的装配

销连接结构简单，装拆方便，在机械中主要起定位、连接和安全保护作用，如图 5-7 所示。

销是一种标准件，形状和尺寸已标准化。其种类有圆柱销、圆锥销、开口销等，其中应用最多的是圆柱销及圆锥销。

一、圆柱销的装配

圆柱销一般靠过盈固定在销孔中，用以定位和连接。圆柱销不宜多次装拆，否则会降低定位精度和连接的紧固程度。为保证配合精度，装配前，被连接件的两孔应同时钻、铰，并使孔壁表面粗糙度值不高于 $Ra1.6$ μm。装配时，应在销表面涂机油，用铜棒将销轻轻敲入。某些定位销不能用敲入法，可用弓形夹或手动压力机把销压入孔内，如图 5-8 所示。

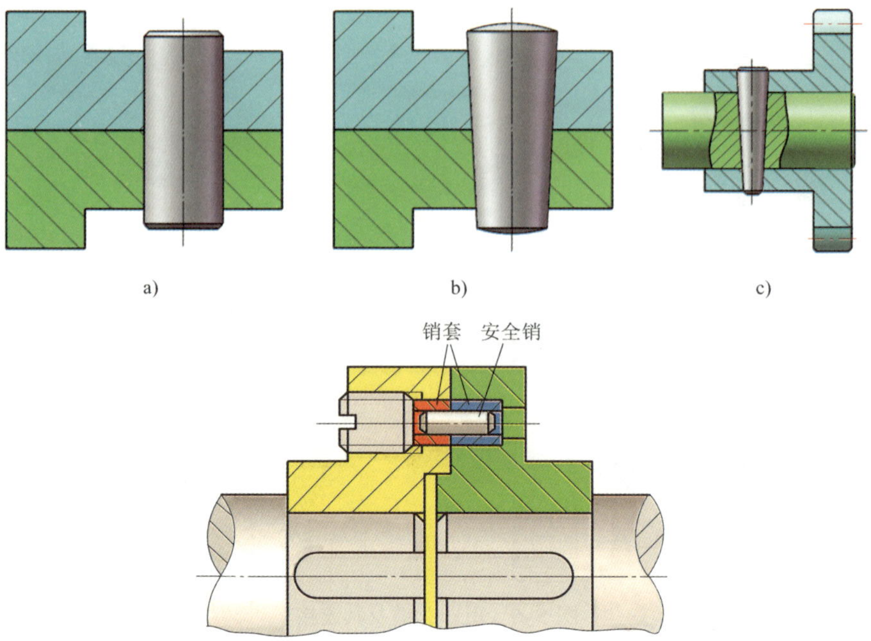

图 5-7　销连接的应用

a）、b）定位　c）连接　d）安全保护

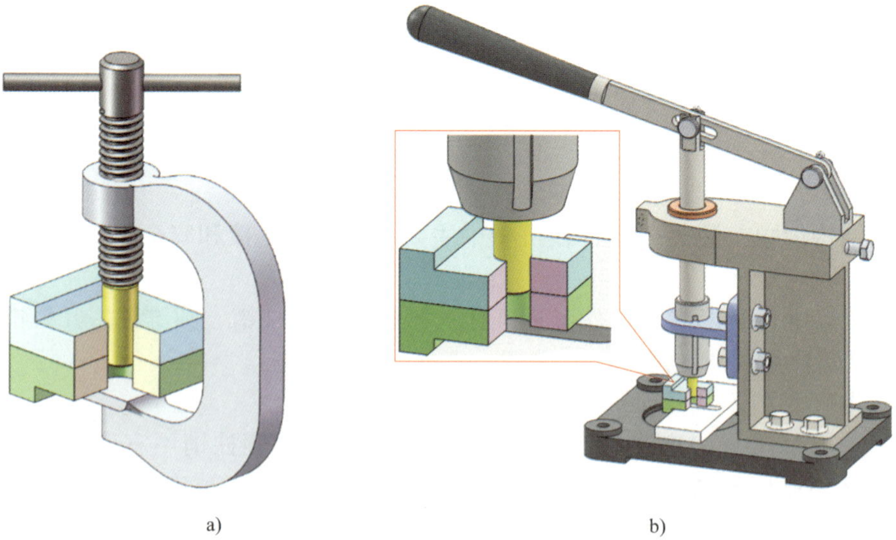

图 5-8　圆柱销的装配

a）弓形夹压入圆柱销　b）手动压力机压入圆柱销

二、圆锥销的装配要点

圆锥销具有 1∶50 的锥度，定位准确，可多次拆装而不影响定位精度。圆锥销以小端直径和长度代表其规格。装配前，以小端直径选择钻头，被连接件的两孔应同时钻、铰，铰孔时，用试装法控制孔径，孔径大小以锥销长度的 80% 左右能自由插入为宜；装配时用锤子配合铜棒敲入，销的大头可稍微露出或与被连接件表面平齐，如图 5–9 所示。

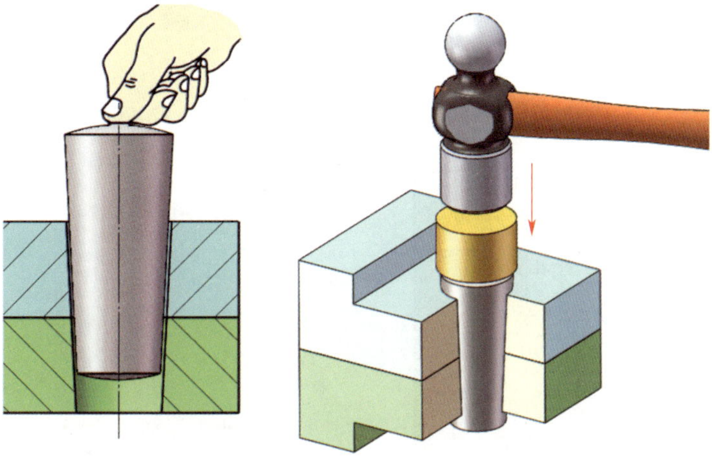

图 5–9　圆锥销的正确配合

小提示

应当注意，无论是圆柱销还是圆锥销，向盲孔中压入时，为便于装配，销上必须钻一通气小孔或在侧面开一道微小的通气小槽，供放气用。

三、销连接的拆卸及修理

拆卸普通圆柱销和圆锥销时，可用锤子或冲棒向外敲出（圆锥销由小头敲击）。螺尾圆锥销可用螺母旋出，如图 5–10 所示；拆卸内螺纹圆柱销和圆锥销时，可用与内螺纹相符的螺钉取出，也可用拔销器拔出，如图 5–11 所示。

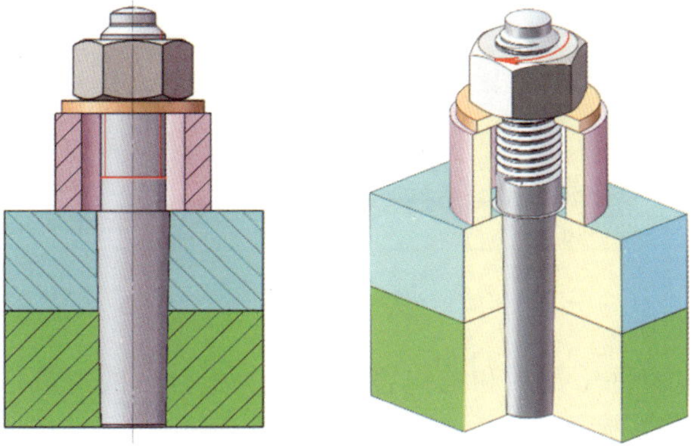

图 5–10　螺尾圆锥销的拆卸

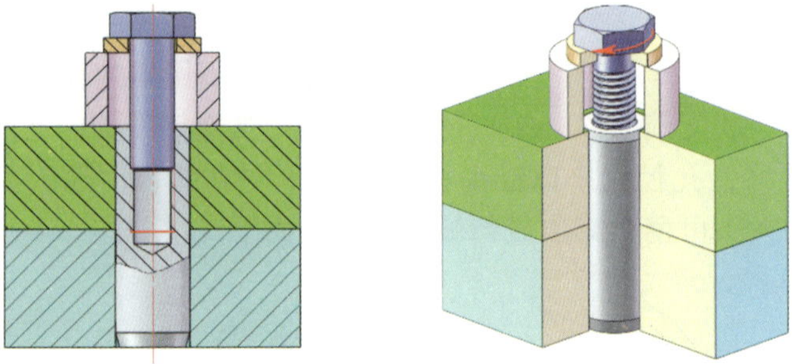

a)

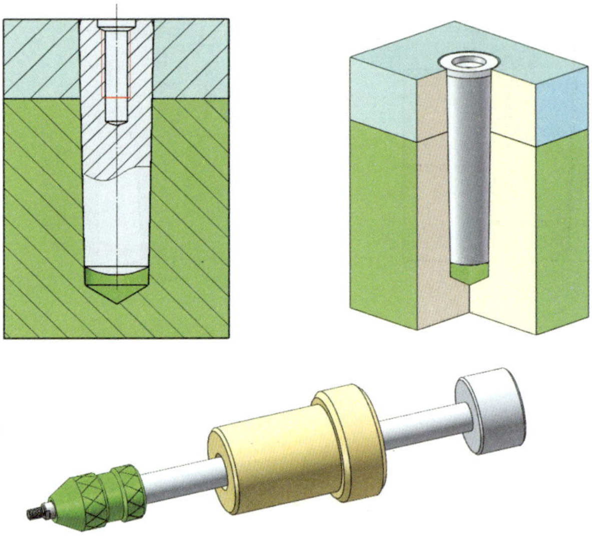

b)

图 5-11　内螺纹圆柱销和圆锥销的拆卸

a）用螺钉拆卸内螺纹圆柱销　b）用拔销器拆卸内螺纹圆锥销

销连接磨损或损坏时，一般进行更换。若销孔损坏或磨损严重时，可重新钻、铰较大尺寸的销孔，换装相适应的新销。

§5-4　过盈连接的装配

过盈连接是依靠包容件（孔）和被包容件（轴）配合后的过盈值达到紧固连接目的的一种连接方法。如图 5-12 所示。

过盈连接具有结构简单、同轴度高、承载能力强，在冲击和振动载荷下工作可靠等优点。缺点是过盈连接配合表面的加工精度要求较高，拆装较困难。多用于承受重载及无须经常拆装场合。

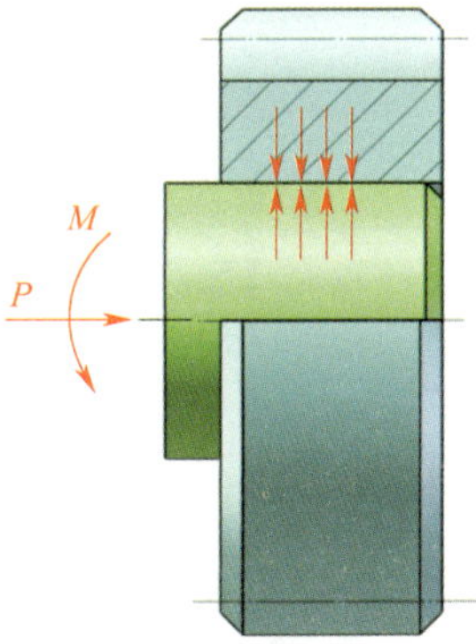

图 5-12　过盈连接

一、过盈连接的装配技术要求及装配要点

1. 过盈连接的装配技术要求

（1）配合表面应具有较小的表面粗糙度值。

（2）孔端或轴的进入端一般应有 3°～5° 的倒角。

（3）配合件要有较高的几何精度，并保证配合时有足够、准确的过盈量。

2. 过盈连接的装配要点

（1）应保证配合表面的清洁。

（2）装配前配合表面应涂油，以防装配时擦伤表面。

（3）装配时，压入过程应保持连续，速度通常为 2～4 mm/s。

（4）对细长件或薄壁件，须注意检查过盈量和几何公差。装配时应垂直压入，以免变形。

二、过盈连接的装配方法

1. 圆柱面过盈连接的装配

圆柱面过盈连接依靠轴、孔尺寸差获得过盈。过盈量大小不同，采用的装配方法也不同。

（1）压入法

当过盈量及配合尺寸较小时，一般采用在常温下压入装配，如图 5-13 所示。

（2）热胀法

装配前，先将孔加热，使之胀大，然后将其套装于轴上，待孔冷却后，轴、孔就形成过盈连接。加热温度及加热方法应根据过盈量及套件尺寸的大小选择。过盈量较小的连接件可放在沸水槽（80～100 ℃）、蒸汽加热槽（120 ℃）或热油槽（90～320 ℃）中加热；过盈量较大的小型连接件可放在电阻炉或红外线辐射加热箱中加热；过盈量大的中型和大型连接件可用感应加热器加热，如图 5-14 所示。

（3）冷缩法

冷缩法是将轴进行低温冷却，使轴颈缩小，然后与常温状态下的孔配合，得到过盈连接。过盈量小的小型连接件与薄壁衬套等装配时，可采用干冰将轴件冷却至 -78 ℃；过盈量较大的连接件装配时，可采用液氮将轴件冷却至 -195 ℃。

2. 圆锥面过盈连接的装配

圆锥面过盈连接是利用轴和孔之间产生相对轴向位移来实现的，主要用于轴端连接。常用的装配方法有以下两种：

（1）螺母拉紧法

如图 5-15 所示，拧紧螺母可使配合面相互压紧形成过盈连接。通常锥度取 1∶30～1∶8。

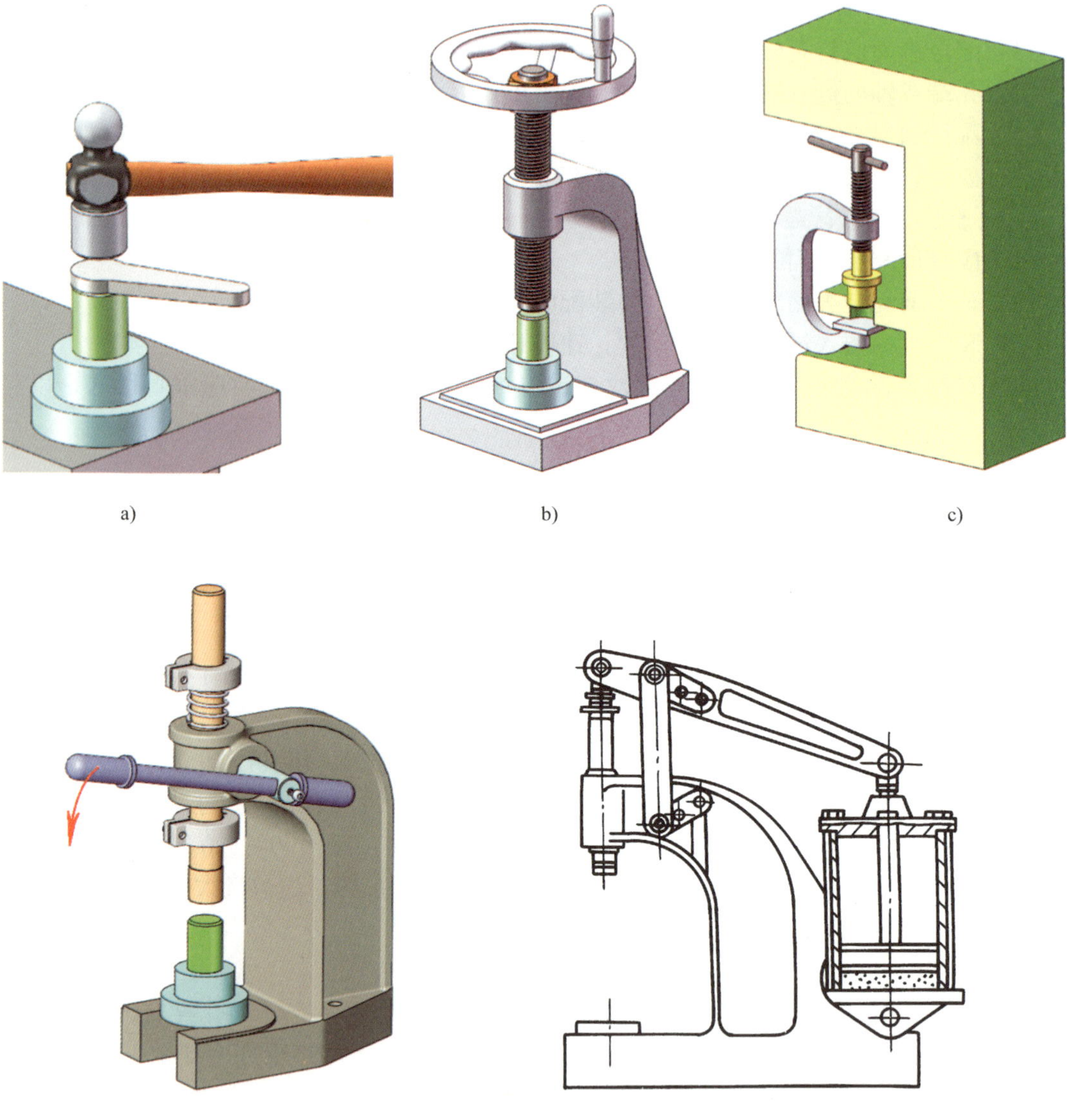

图 5-13　压入法装配

a）用锤子加垫块压入　b）用螺旋压力机压入　c）用弓形夹压入

d）用齿条压力机压入　e）用气动杠杆压力机压入

图 5-14　感应加热器

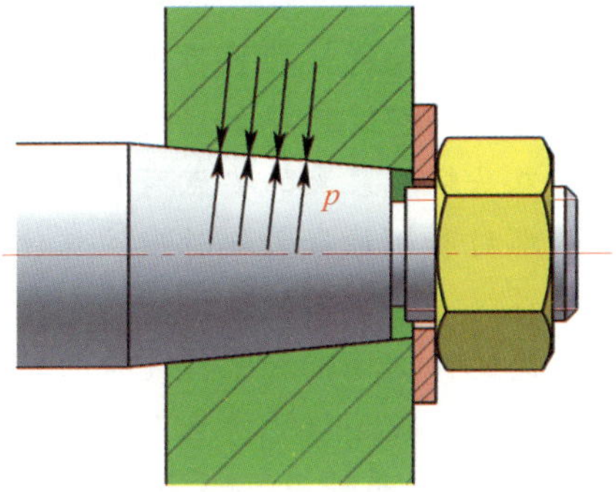

图 5-15　螺母拉紧形成圆锥面过盈连接

（2）液压套合法

装配时，用高压油泵将油由包容件上的油孔和油槽压入配合面，如图 5-16a 所示；也可以由被包容件上的油孔和油槽压入配合面间，如图 5-16b 所示。高压油使包容件内径胀大，被包容件外径缩小，同时施加一定的轴向力，就使之互相压入。当压入至预定的轴向位置后，排出高压油，即可形成过盈连接。这种方法多用于承载较大且需多次装拆的场合，尤其适用于大型零件。

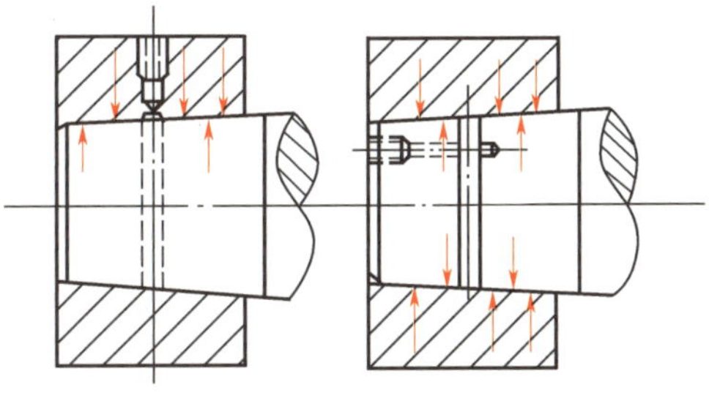

a)　　b)

图 5-16　液压装配圆锥面过盈连接

小提示

为避免过盈量的丧失使配合松动，圆柱面过盈连接一般不进行拆卸。修复时，一般首先修复孔，以孔为基准，修复轴的尺寸，使轴、孔重新产生需要的过盈量。对小型、简单的配合件一般采取更换的办法重新建立过盈连接；大、中型配合件可采用喷涂、涂镀、补焊等方法进行修复。

思考与练习

1. 螺纹连接的基本类型有哪几种？各用于什么场合？
2. 螺纹连接的装配技术要求有哪些？
3. 常用螺纹连接的装拆工具有哪些？各应用于什么场合？
4. 重要的螺纹连接如何控制预紧力？
5. 双头螺柱装配的要点有哪些？双头螺柱如何拧紧？
6. 螺钉和螺母在装配时应注意什么？
7. 螺纹连接常用的防松方法有哪些？
8. 简述松键连接和紧键连接的装配要点。
9. 简述花键连接的特点。
10. 销连接的作用有哪些？
11. 简述圆锥销的装配要点。
12. 什么是过盈连接？圆柱面和圆锥面各用什么方法实现过盈连接？

第六章

传动机构的装配

§6-1 带传动机构的装配

带传动是常用的一种机械传动，它是由带和带轮组成的传递运动或动力的传动机构。带传动具有工作平稳、噪声小、结构简单、制造方便及能实现过载保护等优点，适用于两轴中心距较大的场合。根据传动原理不同，带传动又可分为摩擦型和啮合型两大类，前者可实现过载保护，但传动比不准确；后者可保证同步传动。

带传动形式如图 6-1 所示。摩擦型带传动分为 V 带传动、平带传动、圆形带传动等；啮合型带传动主要指同步带传动，其中，V 带传动应用广泛。本节主要介绍 V 带传动的装配与调整。

一、带传动机构的装配技术要求

1. 带轮的安装要正确

其外圆径向圆跳动量和垂直于轮槽工作面基准直径处的斜向圆跳动量应控制在规定范围内。

2. 两带轮的位置误差要符合要求

两带轮轴线应相互平行，相对应的 V 形槽的对称平面应重合，其误差不得超过 20′。

3. 带轮工作表面粗糙度要符合要求

一般为 *Ra*3.2 μm。过于粗糙，工作时加剧带的磨损；过于光滑，则带易打滑。

4. 带的初拉力要适当

初拉力过小，能传递的功率小；初拉力过大，带、轴和轴承都将迅速磨损。

二、带轮与轴的装配

1. 带轮与轴的装配

一般带轮孔与轴为过渡配合（H7/k6），其同轴度较高，装配时必须用紧固件作周向和轴向固定。带轮在轴上的固定形式如图 6-2 所示。

带轮与轴装配后，要检查带轮外圆径向圆跳动量和垂直于轮槽工作面基准直径处的斜向圆跳动量，如图 6-3 所示。还要检查两带轮相对位置是否正确，如图 6-4 所示。

图 6-1　带传动形式

a）平带传动　b）V 带传动　c）圆形带传动　d）同步带传动

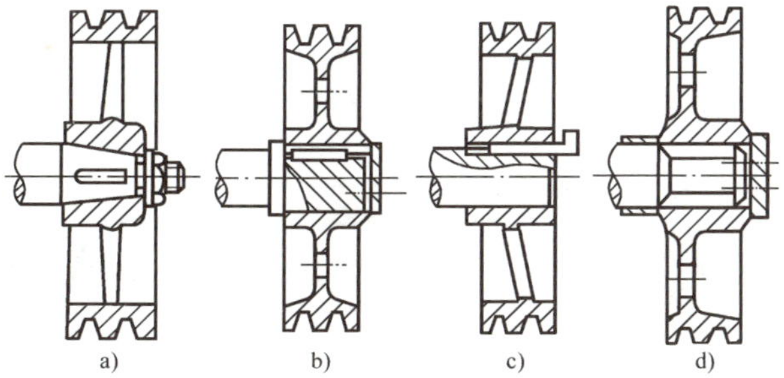

图 6-2 带轮与轴的连接

a）圆锥形轴头连接 b）平键连接 c）楔键连接 d）花键连接

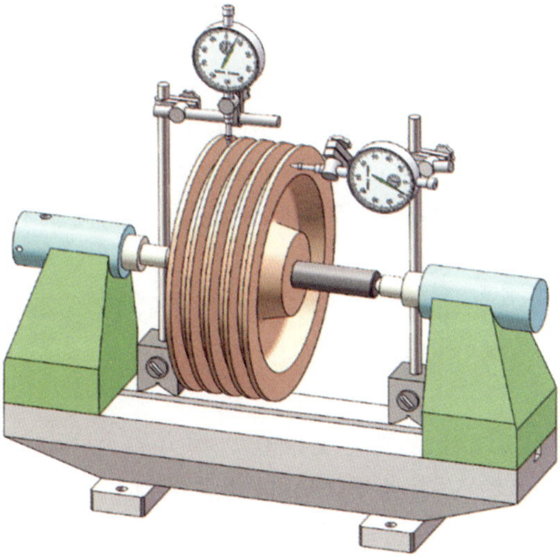

图 6-3 带轮跳动量的检查

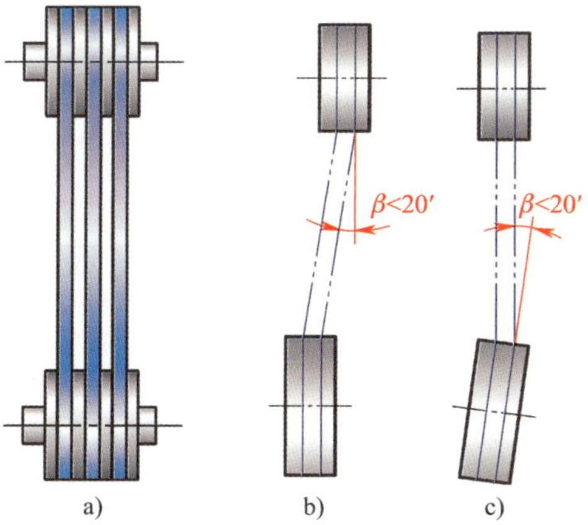

图 6-4 带轮相互位置正确性的检查

a）理想位置 b）、c）允许位置

2. V 带的安装

安装 V 带时不得强行撬入，应先将中心距调小，待 V 带进入轮槽后再进行张紧（通常先套装小带轮，后套装大带轮）。装好后的 V 带在槽中的正确位置如图 6–5a 所示。

a)　　　　b)　　　　c)

图 6–5　V 带在轮槽中的位置

a）正确　b）、c）错误

三、初拉力的控制

1. 初拉力的检查

V 带传动是摩擦传动，适当的初拉力是保证带传动正常工作的重要因素。初拉力不足，带将在带轮上打滑，使带急剧磨损；初拉力过大，则会使带的寿命降低，轴和轴承上作用力增大。合适的初拉力可通过计算确定，即在带与两轮的切点 B 和 A 的中点且垂直于传动带加一载荷 W，通过测量产生的挠度 y 来检查初拉力的大小，如图 6–6a 所示。

小提示

在实际装配中，常根据经验来控制或检查初拉力的大小，通常可用拇指按在 V 带与带轮两切点的中间处，以能将 V 带按下 15 mm 左右为宜，如图 6–6b 所示。

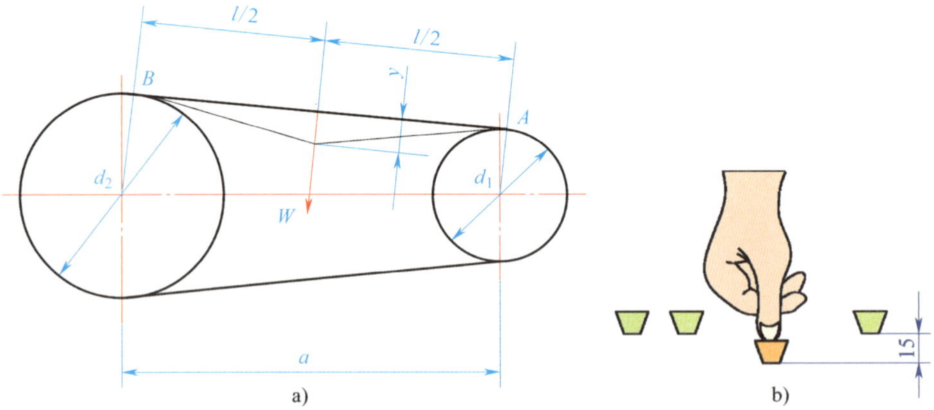

a)　　　　b)

图 6–6　初拉力的检查

2. 初拉力的调整

传动带工作一定时间后会变长，使初拉力减小。为能正常的进行传动，在带传动机构中均有调整初拉力的装置，其常用方法见表 6–1。

表 6–1 带传动初拉力的调整方法

<table>
<tr><th colspan="2">调整方法</th><th>简图</th><th>特点及应用</th></tr>
<tr><td rowspan="2">改变
中心距法</td><td>定期
调整</td><td>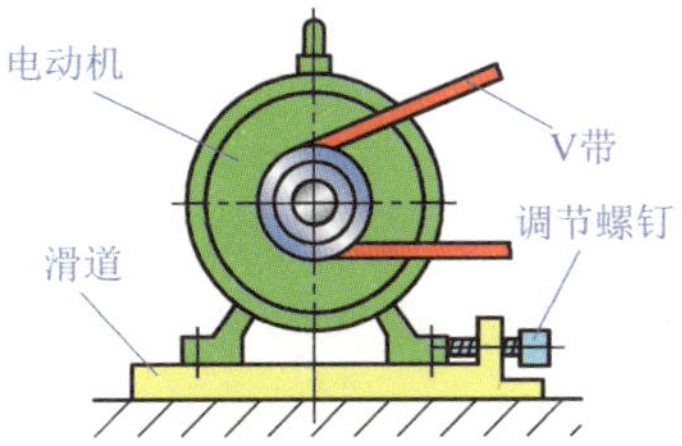

a)
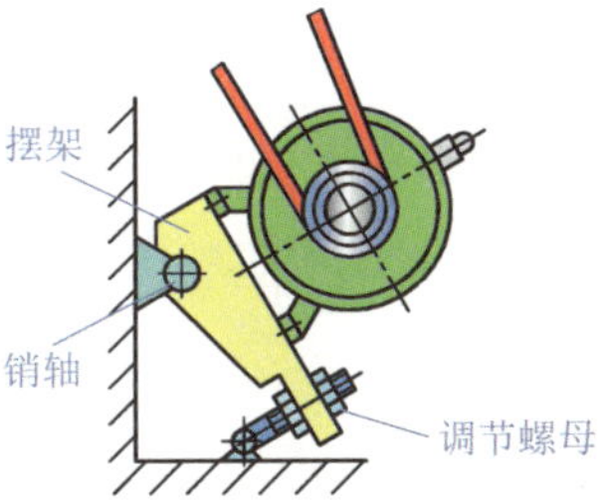

b)</td><td>此方法是最简单的通用方法
图 a 多用于水平或接近于水平的传动
图 b 多用于垂直或接近于垂直的传动</td></tr>
<tr><td>自动
调整</td><td>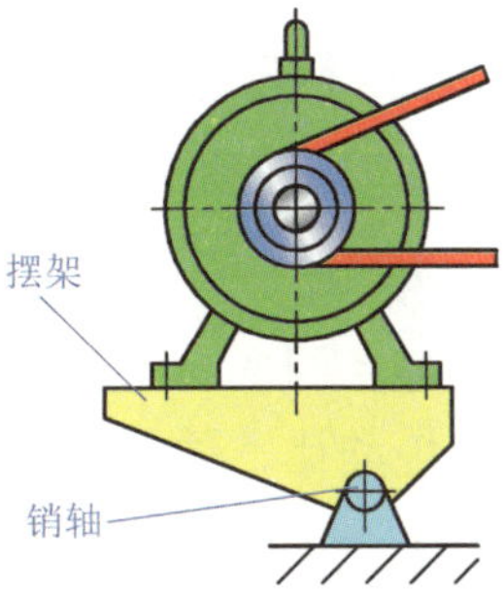
</td><td>它是利用电动机的自重，拉大中心距达到自动调整的目的</td></tr>
<tr><td>不改变
中心距法</td><td>定期
调整</td><td>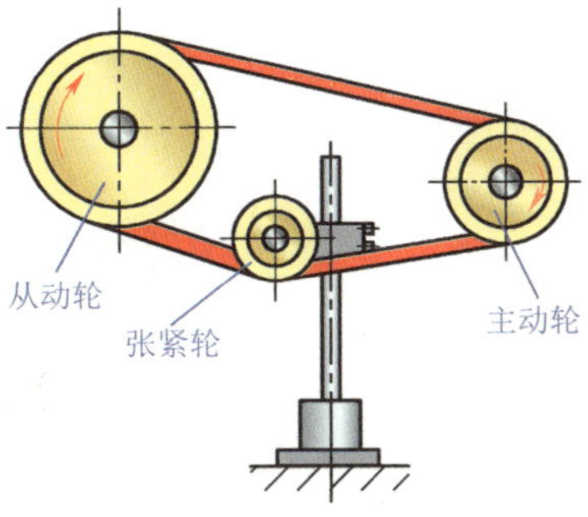
</td><td>当带传动的中心距不能调整时，可采用张紧轮进行调整
V 形带和同步带张紧时，张紧轮一般放在带的松边内侧并应尽量靠近大带轮一边，这样可使带只受单向弯曲，且小带轮的包角不致过分减小</td></tr>
</table>

四、带传动机构的修理

带传动机构常见的损坏形式有轴颈弯曲、带轮孔与轴配合松动、带轮槽磨损、带拉长或断裂、带轮崩裂等。

1. 轴颈弯曲

用划针盘或百分表检查弯曲程度，采用矫直或更换的方法修复。

2. 带轮孔与轴配合松动

当带轮孔和轴颈磨损量不大时，可将带轮孔用车床修圆修光，轴颈用镀铬、堆焊或喷镀法加大直径，然后磨削至配合尺寸。当带轮孔磨损严重时，可将带轮孔镗大后压装衬套，用骑缝螺钉固定，再加工出新的键槽。

3. 带轮槽磨损

可适当车深轮槽，并修整轮缘。

4. V 带拉长

V 带拉长在正常范围内时，可通过调整中心距进行张紧。若超过正常的拉伸量，则应更换新带。更换新 V 带时，应将一组 V 带同时更换，不得新旧混用。

5. 带轮崩碎

应更换新带轮。

§6–2 链传动机构的装配

链传动机构是由两个链轮和连接它们的链条组成，通过链和链轮的啮合来传递运动和动力，如图 6–7 所示。它能保证准确的平均传动比，适用于远距离传动要求或温度变化大的场合。

常用的传动链有套筒滚子链和齿形链，如图 6–8、图 6–9 所示。套筒滚子链与齿形链相比，噪声大，运动平稳性差，速度不宜过大，但成本低，故使用广泛。

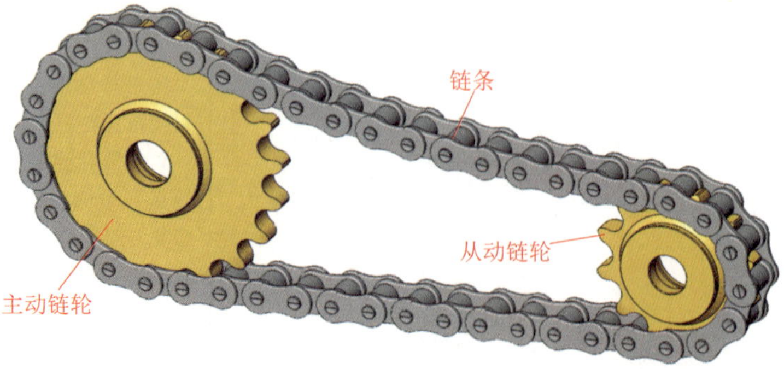

图 6–7　链传动

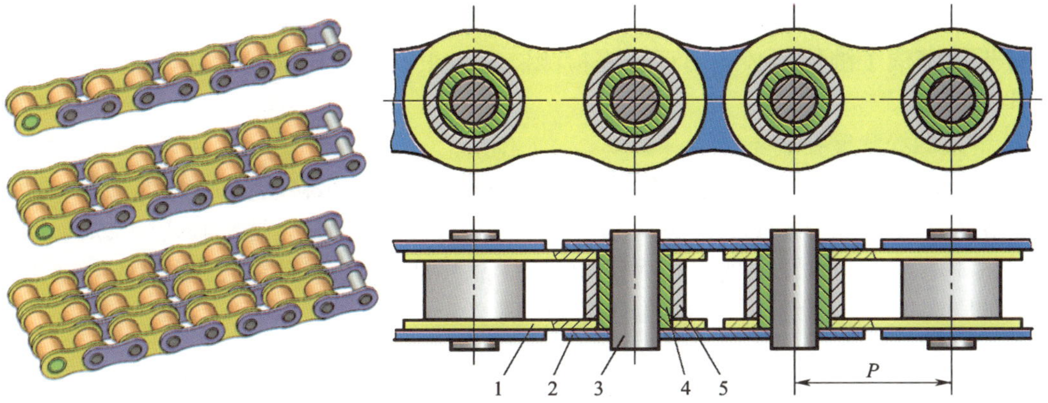

图 6-8　套筒滚子链

1—内链片　2—外链片　3—销　4—套筒　5—滚子

图 6-9　齿形链

一、链传动机构的装配技术要求

1. 两链轮轴线必须平行

两链轮轴线必须平行，否则会加剧链条和链轮的磨损、降低传动平稳性并增加噪声。检查方法如图 6-10 所示，通过测量 *A*、*B* 两尺寸来确定其误差。

2. 两链轮之间轴向偏移量必须在要求范围内

一般当两轮中心距小于 500 mm 时，允许轴向偏移量 *a* 在 1 mm 以内；当两轮中心距大于 500 mm 时，允许轴向偏移量 *a* 在 2 mm 以内。

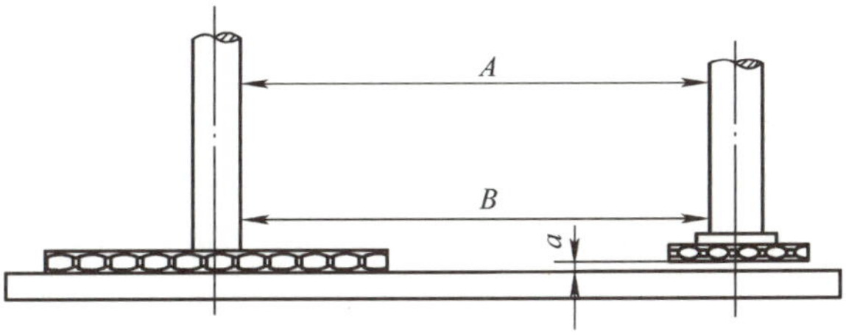

图 6-10　两链轮轴线平行度及轴向偏移量的测量

3. 链轮的跳动量必须符合要求

对于精密滚子链传动必须用百分表检测链轮齿根圆的径向圆跳动和齿部轴向圆跳动，如图 6–11 所示。

4. 链条的松紧度要适当

旋转链轮将链条的一边张紧，然后测量链条松边中点的总移动量 AC，如图 6–12 所示。当两链轮的中心连线与水平面的夹角小于 45°时，总移动量 AC 应是中心距的 2% ~ 6%；当两链轮的中心连线与水平面的夹角大于 45°时，总移动量 AC 应是中心距的 1% ~ 3%。链条过紧会加剧磨损；过松则容易产生振动或脱链现象。

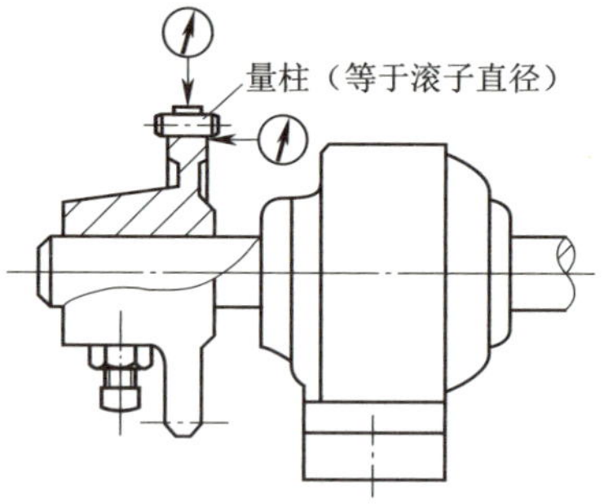

图 6–11　链轮跳动量的检查

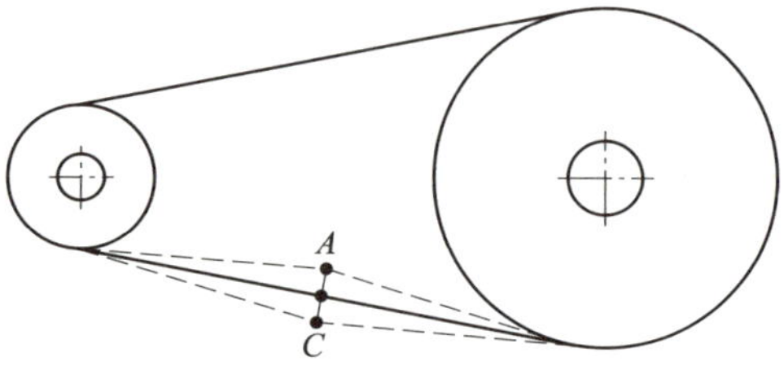

图 6–12　链条下垂度的检查

二、链传动机构的装配方法

1. 链轮在轴上的固定方法

链轮在轴上的固定方法如图 6–13 所示。链轮装配方法与带轮装配方法基本相同。

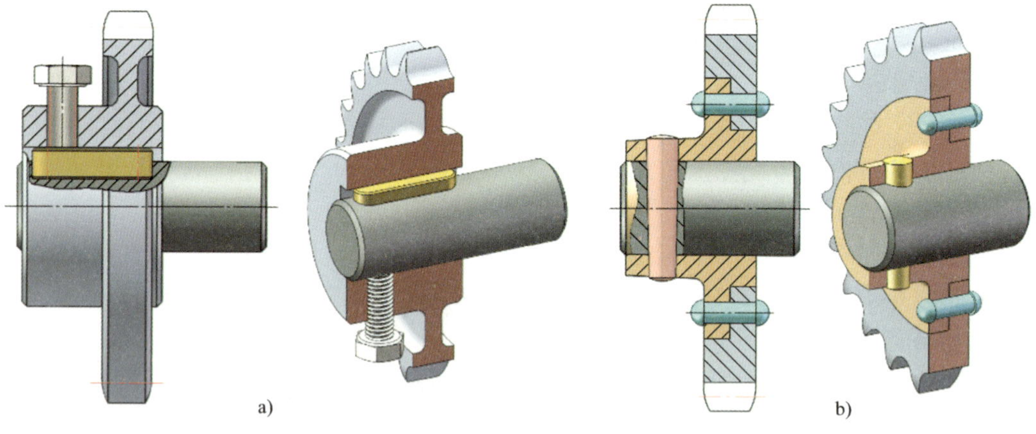

图 6–13　链轮在轴上的固定方法

a）键连接、紧定螺钉固定　b）圆锥销固定

2. 套筒滚子链的接头形式

套筒滚子链的接头结构如图 6–14a 所示。图 6–14b 为用开口销固定活动销轴，图 6–14c 为用弹性锁片固定活动销轴，这两种形式都在链条节数为偶数时使用。用弹性锁片时要注意使开口端方向与链条的速度方向相反，以免运转中受到碰撞而脱落。图 6–14d 为采用过渡链节接合的形式，适用于链节为奇数时。

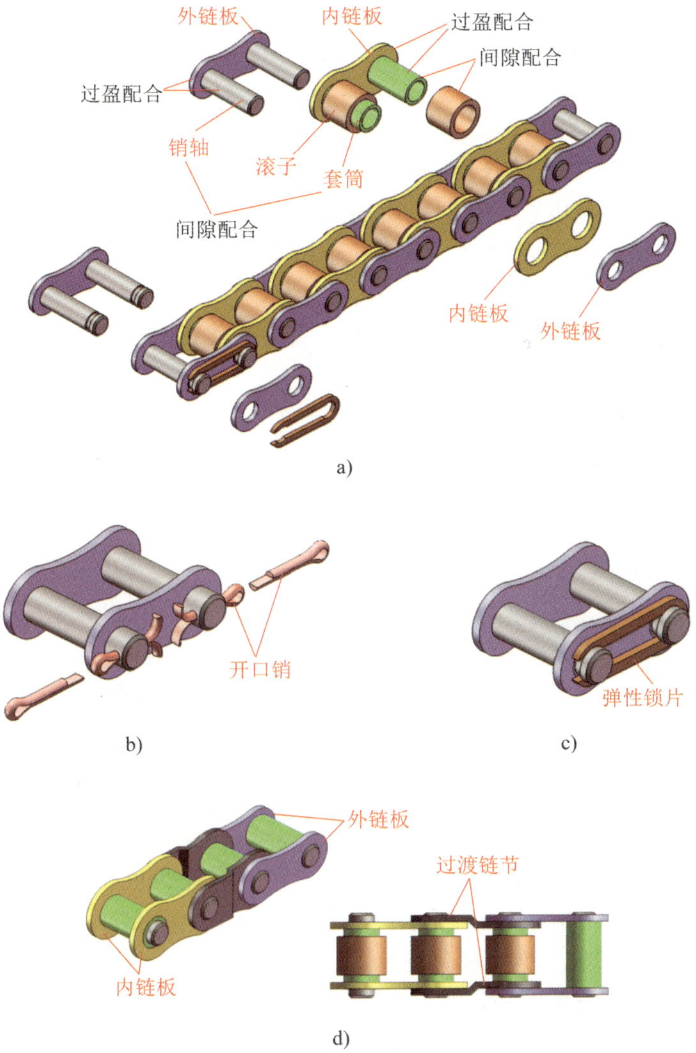

图 6-14　套筒滚子链的结构和接头形式

a）套筒滚子链的结构　b）开口销链节　c）弹性夹链节　d）过渡链节

对于链条两端的连接，如果两轴中心距可调节且链轮在轴端时，可以预先接好，再装到链轮上。如果结构不允许预先将链条接头连接好时，则必须先将链条套在链轮上，再采用专用的拉紧工具进行连接，如图 6-15a 所示。

齿形链条必须先套在链轮上，再用拉紧工具拉紧后进行连接，如图 6-15b 所示。

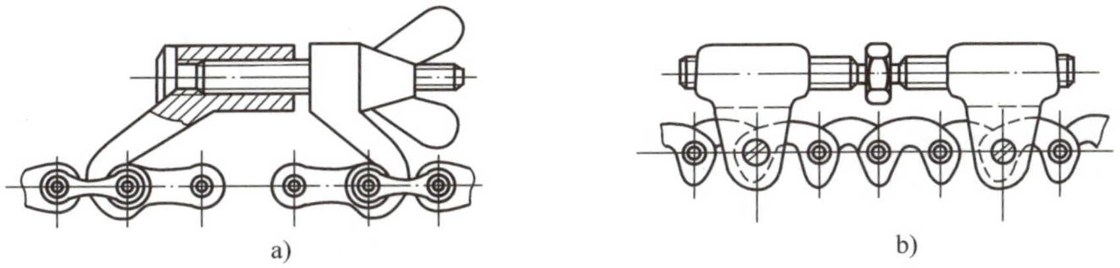

图 6-15　用拉紧工具拉紧链条

三、链传动机构的修理

链传动机构常见的损坏形式有以下几种：链条拉长、链或链轮磨损，链轮轮齿个别折断和链节断裂等。

1. 链条拉长

链条经长时间使用后会被拉长而下垂，产生抖动和掉链现象，链节拉长后会使链和链轮磨损加剧。当链轮中心距可以调整时，可通过调整中心距使链条拉紧；若中心距不能调节时，可使用张紧轮张紧，也可以卸掉一个或几个链节来调整。

2. 链和链轮磨损

链轮轮齿磨损后，节距增加，使磨损加快，当磨损严重时，应更换新的链轮。

3. 链轮轮齿个别折断

可采用堆焊后进行修复，或更换新链轮。

4. 链节断裂

可采用更换断裂链节的方法修复。

§6-3 齿轮传动机构的装配

齿轮传动是机械中最常用的传动方式之一，它依靠轮齿间的啮合来传递运动和动力，在机械传动中应用广泛，如图 6-16 所示。其优点是传动比恒定、变速范围大、传动效率高、传动功率大、结构紧凑、使用寿命长等；缺点是噪声大、易冲击振动、无过载保护、不宜用于远距离传动、制造装配要求高等。

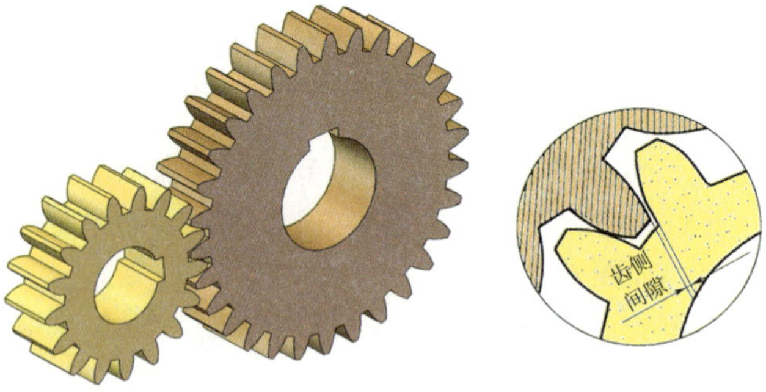

图 6-16　齿轮传动

一、齿轮传动机构的装配技术要求

1. 齿轮孔与轴的配合要满足使用要求

空套齿轮在轴上不得有晃动现象；滑移齿轮不应有咬死或阻滞现象；固定齿轮不得有偏心或歪斜现象。

2. 保证齿轮有准确的安装中心距和适当的齿侧间隙

齿侧间隙是指齿轮副非工作表面间法线方向的距离，如图 6–16 所示。中心距偏小，会造成齿侧间隙过小，齿轮转动不灵活，热胀时易卡齿，从而加剧齿面磨损；中心距偏大，会造成齿侧间隙过大，换向时空行程大，易产生冲击和振动。

3. 保证齿面接触正确

齿面应有正确的接触位置和足够的接触面积。

4. 进行必要的平衡试验

对转速高、直径大的齿轮，装配前应进行动平衡试验，以免工作时产生过大的振动。

二、圆柱齿轮传动机构的装配

装配圆柱齿轮传动机构时，一般是先把齿轮装在轴上，再把齿轮轴组件装入箱体。

1. 齿轮与轴的装配

（1）在轴上空套或滑移的齿轮，一般与轴为间隙配合，装配精度主要取决于零件本身的加工精度，这类齿轮装配较方便。

（2）在轴上固定的齿轮，与轴的配合多为过渡配合，有少量的过盈。装配时需加一定的外力。当过盈量较小时，用手工工具敲击装入；当过盈量较大时，可用压力机压装。压装齿轮时要尽量避免齿轮偏心、歪斜和端面未紧贴轴肩等安装误差，如图 6–17 所示。

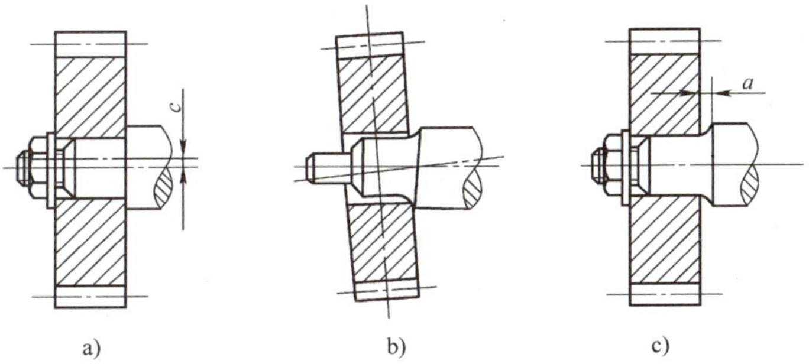

图 6–17　齿轮在轴上的安装误差

a）齿轮偏心　b）齿轮歪斜　c）齿轮端面未紧贴轴肩

（3）对于精度要求高的齿轮传动机构，压装后应检查径向圆跳动量和轴向圆跳动量。

1）径向圆跳动量　检查径向圆跳动误差的方法如图 6–18 所示，将齿轮轴轴承安装轴颈支承在 V 形架或两顶尖上，把圆柱规放在齿轮的轮齿间，将百分表的触头抵在圆柱规上并读数，然后转动齿轮，每隔 3 ~ 4 个齿检查一次。在齿轮旋转一周内，百分表的最大读数与最小读数之差，就是齿轮径向圆跳动误差。

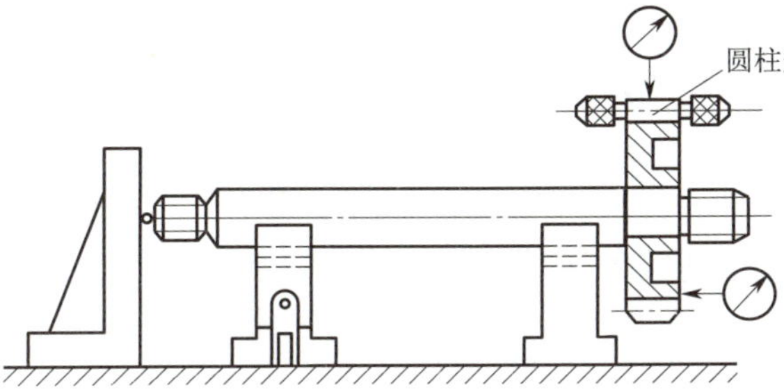

图 6–18　齿轮径向和轴向圆跳动误差的检查

2）轴向圆跳动量　齿轮轴向圆跳动误差的检查如图 6–18 所示，用两顶尖顶住齿轮轴，并使百分表的触头抵在齿轮端面上，在齿轮旋转一周范围内，百分表的最大读数与最小读数之差即为齿轮轴向圆跳动误差。

2. 齿轮轴装入箱体

齿轮的啮合质量要求包括适当的齿侧间隙和一定的接触面积以及正确的接触位置。齿轮啮合质量的好坏，除了齿轮本身的制造精度外，箱体孔的几何精度也直接影响齿轮的啮合质量。因此，齿轮轴组件装入箱体前，应对箱体进行检查。

（1）孔距

相互啮合的一对齿轮的安装中心距是影响齿侧间隙的主要因素，应使孔距在规定的公差范围内。孔距检查方法如图 6–19 所示。图 6–19a 是用游标卡尺分别测得 d_1、d_2、L_1 和 L_2，然后计算出中心距：

$$A = L_1 + \left(\frac{d_1}{2} + \frac{d_2}{2}\right)$$

或 $$A=L_2-\left(\frac{d_1}{2} + \frac{d_2}{2}\right)$$

或 $$A = \frac{L_1 + L_2}{2}$$

图 6–19b 是用游标卡尺和心棒测量孔距：

$$A = \frac{L_1 + L_2}{2} - \frac{d_1 + d_2}{2}$$

（2）孔系（轴系）平行度检验

图 6–19b 所示也可作为齿轮安装孔中心线平行度的测量方法。分别测量出心棒两端尺寸 L_1、L_2，则 L_1 与 L_2 之差的绝对值就是两孔轴线的平行度误差值。

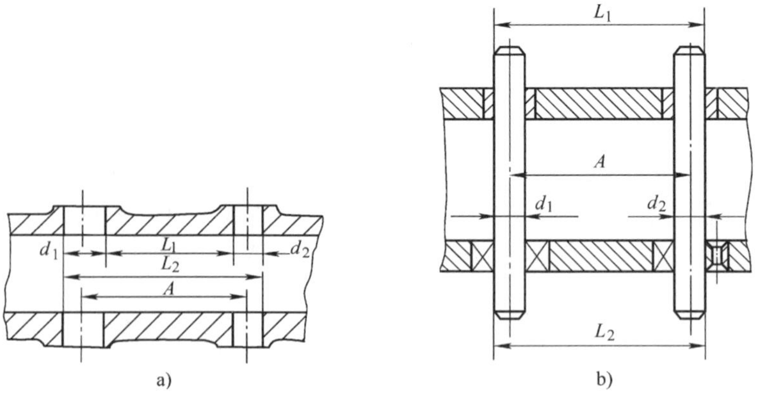

图 6–19　箱体孔距检查

a）用游标卡尺测量　b）用游标卡尺和心棒测量

（3）孔轴线与基面距离尺寸精度和平行度检验

如图 6–20 所示，箱体基面用等高垫块支承在平板上，心棒与孔紧密配合。

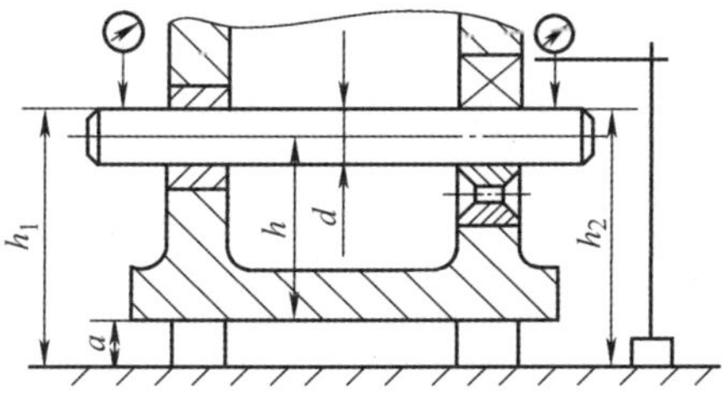

图 6–20　孔轴线与基面距离和平行度检验

用游标高度卡尺（或量块与百分表）测量心棒两端尺寸 h_1 和 h_2，则轴线与基面的距离：

$$h=\frac{h_1+h_2}{2}-\frac{d}{2}-a$$

平行度误差 Δ 为：

$$\Delta=|h_1-h_2|$$

平行度误差太大时，可用刮削基面的方法纠正。

（4）孔中心线与端面垂直度的检验

图 6–21 所示为常用的两种方法。图 a 是将带圆盘的专用心棒插入孔中，用涂色法或塞尺检查孔中心线与孔端面的垂直度。图 b 是用心棒和百分表检查。心棒转动一周，百分表读数的最大值与最小值之差，即为端面对孔中心线的垂直度误差。如发现误差超过规定值，可用刮削端面的方法纠正。

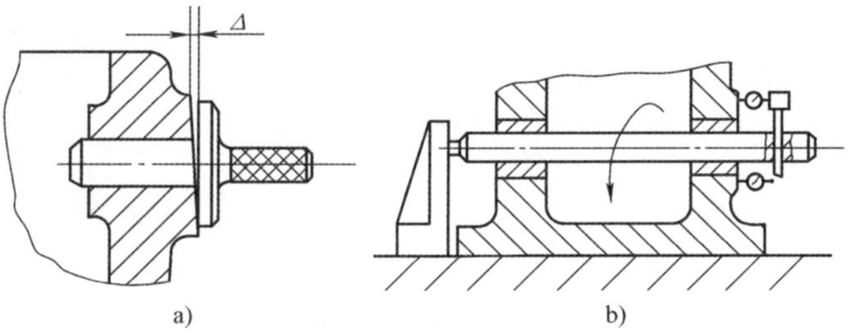

图 6–21　孔中心线与端面垂直度检验

（5）孔中心线同轴度的检验

图 6–22a 所示为成批生产时，用专用检验心棒进行检验，若心棒能自由地推入几个孔中，即表明孔同轴度合格。有不同直径的孔时，可用不同外径的检验套配合检验，以减少检验心棒数量。

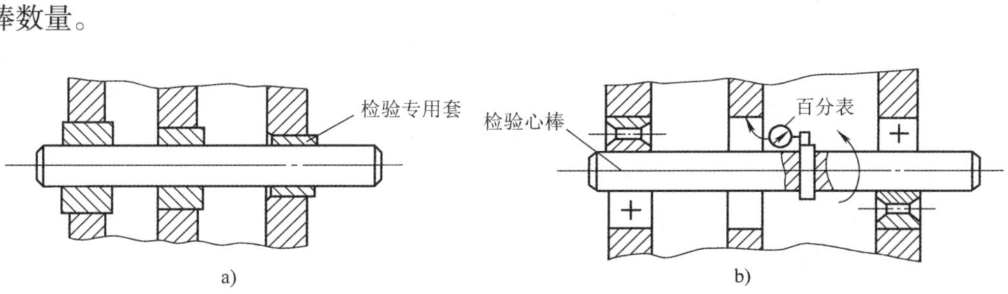

图 6–22　孔中心线同轴度检验

a）用专用心棒检验　b）用百分表及心棒检验

图 6–22b 所示为用百分表及心棒检验，将百分表固定在心棒上，心棒转动一周内，百分表最大读数与最小读数之差的一半即为同轴度误差值。

3. 装配质量的检验与调整

齿轮轴组件装入箱体后，必须检查其装配质量。装配质量的检验包括齿侧间隙的检验和接触精度的检验。

（1）齿侧间隙的检验

常用检查方法有两种：

1）压铅丝检验法　齿侧间隙最直观、最简单的检验方法就是压铅丝法，如图 6–23 所示，在齿面的齿宽方向上平行放置两条（宽齿应放置 3～4 条）直径不小于要求齿侧间隙 4 倍的铅丝，转动齿轮挤压铅丝，铅丝被挤压后最薄处的厚度尺寸就是齿侧间隙。

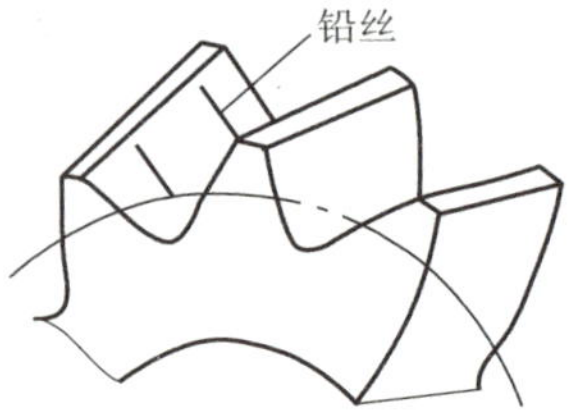

图 6–23　压铅丝法检验齿侧间隙

2）百分表检验法　如图 6–24 所示为用百分表测量侧隙的方法。测量时将百分表触头直接抵在一个齿轮的齿面上，另一个齿轮固定。将接触百分表触头的齿轮左右转动，百分表上的读数差值即为齿侧间隙。

图 6–24　用百分表检验齿侧间隙

（2）接触精度的检验

接触精度的主要指标是接触斑点（即接触斑点的位置、形状和面积），其检验一般用涂色法。将红丹粉涂于主动齿轮齿面上，转动主动齿轮并使从动齿轮轻微制动后，即可检查其接触斑点。对双向工作的齿轮，正反两个方向都应检查。

齿轮上接触斑点的面积大小及形状应随齿轮精度而定，具体要求可查阅标准 GB/Z 18620.4—2008。其分布的位置应是自节圆处上下对称分布。

通过接触斑点的位置、形状及面积的大小，可以判断装配时产生误差的原因。当接触斑点位置正确而面积太小时，是由于齿形误差太大所致。应在齿面上加研磨剂并使两齿轮转动进行研磨，以增加接触面积。齿形正确而安装有误差造成接触不良的原因及调整方法见表 6–2。

表 6–2　　　　　　渐开线圆柱齿轮接触斑点状况分析及调整方法

接触斑点	状况分析	调整方法
正常接触 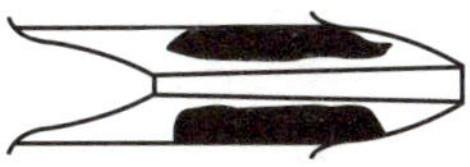	—	—
偏向齿顶接触 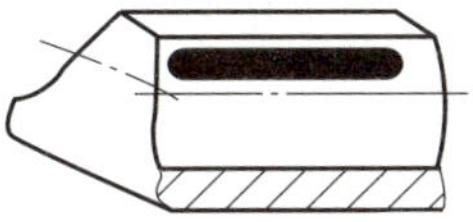	中心距偏大	在中心距允差范围内，调整轴承座或刮削轴瓦
偏向齿根接触 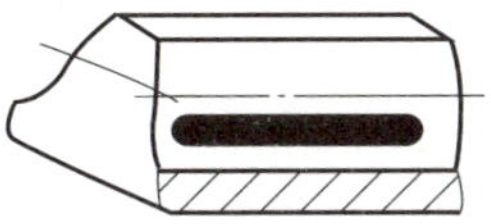	中心距偏小	
同向偏接触 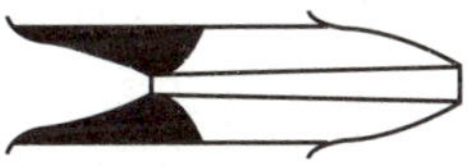	两齿轮轴线不平行	
异向偏接触 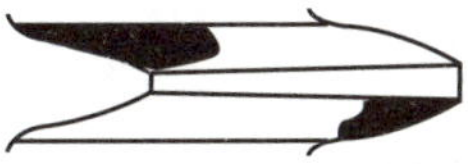	两齿轮轴线相对歪斜	
单面偏接触 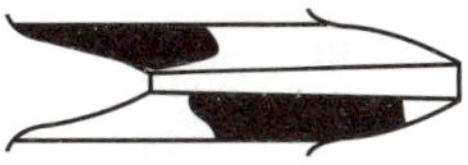	两齿轮轴线不平行同时歪斜	
游离接触 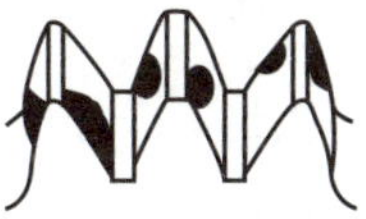	齿轮端面与回转中心线不垂直	检查并校正齿轮端面与回转中心线的垂直度
不规则接触 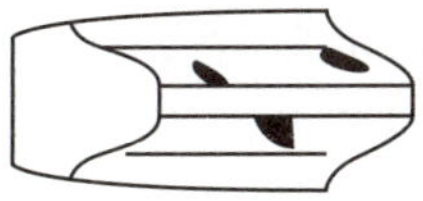	齿面有波纹或带有毛刺	去除毛刺、修整

三、锥齿轮传动机构的装配

锥齿轮一般用来传递互相垂直的两根轴之间的运动，如图 6–25 所示。装配锥齿轮传动机构的顺序和装配圆柱齿轮传动机构的顺序相似。

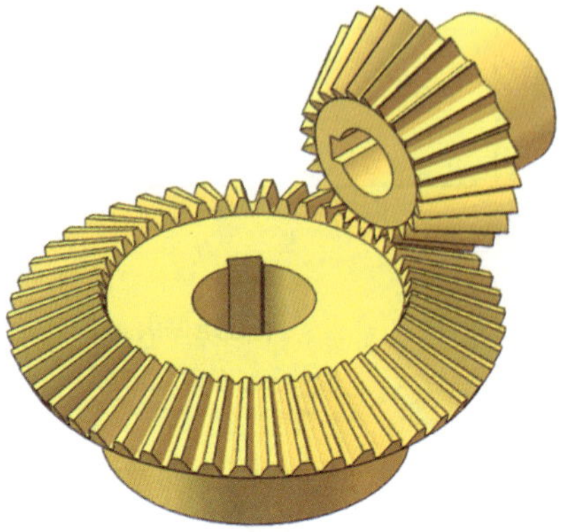

图 6–25　锥齿轮传动

1. 箱体检查

锥齿轮装配之前需检验两安装孔轴线的垂直度和相交程度。

图 6–26 所示为在同一平面内的两孔轴线垂直度、相交程度的检验方法，图 6–26a 为检验垂直度的方法。将百分表装在心棒 1 上，同时在心棒 1 上装有定位套筒，以防止心棒 1 的轴向窜动。旋转心棒 1，百分表在心棒 2 上 L 长度的两点读数差，即为两孔在 L 长度内的垂直度误差。图 6–26b 所示为两孔轴线相交程度检查。心棒 1 的测量端做成叉形槽，心棒 2 的测量端为阶台形，分别为通端和止端。检验时，若通端能通过叉形槽，而止端不能通过，则相交程度合格，否则即为超差。

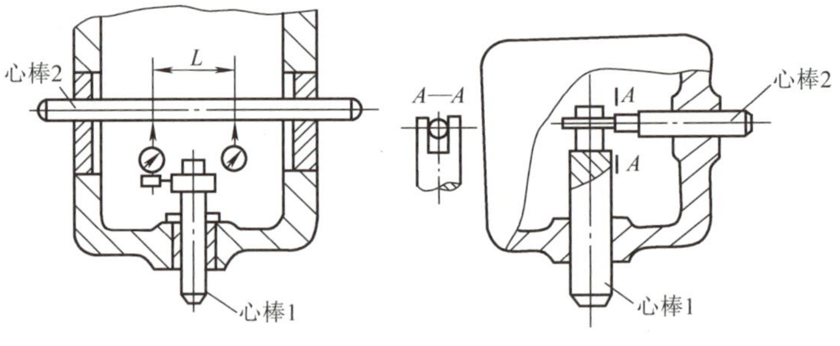

a)　　　b)

图 6–26　同一平面内两孔轴线垂直度和相交程度的检验

a）检验垂直度　b）检验相交程度

不在同一平面内的两孔轴线垂直度的检验，如图 6–27 所示。箱体用千斤顶支承在平板上，用直角尺将心棒 2 与平板调至垂直位置。此时，测量心棒 1 对平板的平行度误差，即为两孔轴线的垂直度误差。

2. 两锥齿轮轴向位置的确定

当一对标准的锥齿轮传动时，必须使两齿轮分度圆锥相切、两锥顶重合。确定锥齿轮安装距离时，可先安装一工艺轴，然后按图 6–28 所示的方法测量其安装距离，并固定该锥齿轮的轴向位置。另一锥齿轮的轴向位置可根据尺侧间隙来确定。

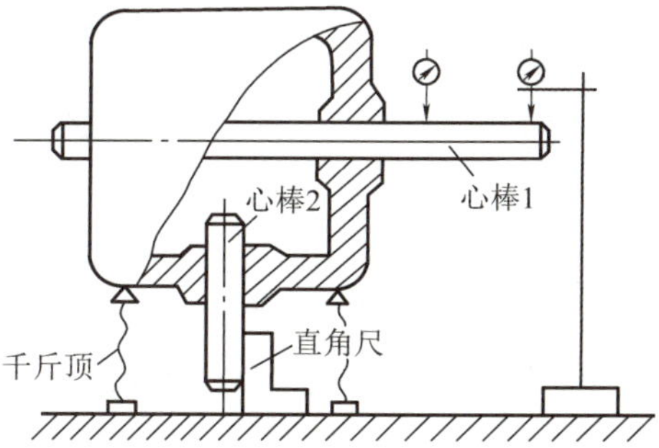

图 6-27　不在同一平面内两孔轴线的垂直度的检验

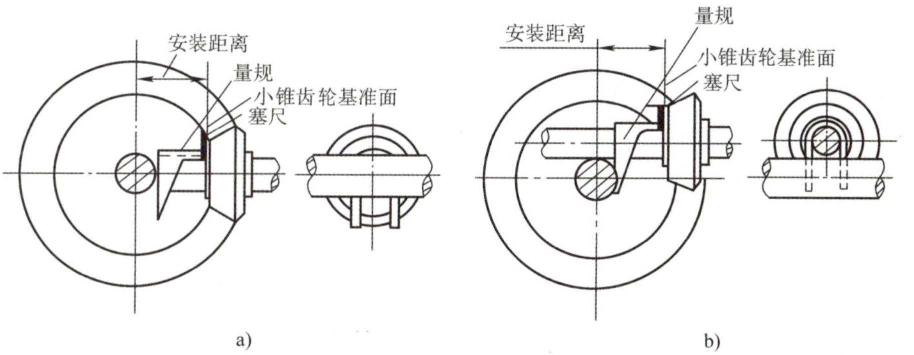

图 6-28　锥齿轮安装中心距的确定

a）相交轴　b）交错轴

有些用背锥面作定位面的锥齿轮，装配时只需将背锥面对齐对平就可保证两齿轮的正确位置。

锥齿轮轴向位置确定后，一般可采用改变垫片厚度或改变固定套圈的位置等方法将其固定，如图 6-29 所示，锥齿轮 1 的轴向位置，可通过改变垫片厚度来调整；锥齿轮 2 的轴向位置，则可通过调整固定垫圈位置确定。调整后，根据固定圈的位置配钻孔并用螺钉固定，即可保证两齿轮的正确装配位置。

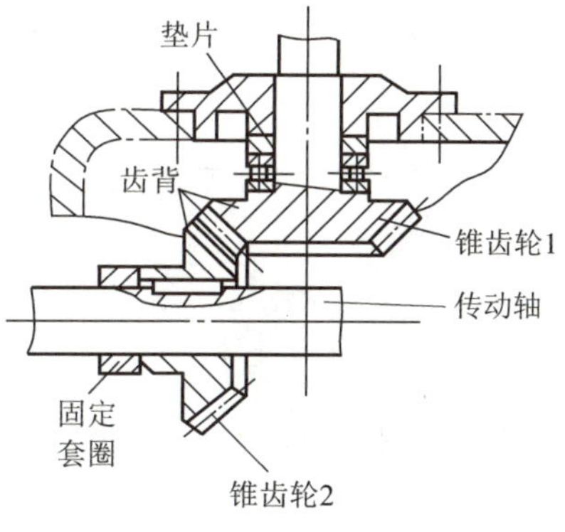

图 6-29　锥齿轮的轴向调整

3. 锥齿轮啮合质量的检验

啮合质量的检验包括齿侧间隙的检验和接触斑点的检验。

（1）齿侧间隙检验

其检验方法与圆柱齿轮基本相同。

（2）接触斑点检验

接触斑点检验一般用涂色法。在空载时，接触斑点应靠近轮齿小端；满载时，接触斑点在齿高和齿宽方向应不少于 40%～60%（随齿轮精度而定），如图 6-30 所示。

直齿锥齿轮涂色检验时接触斑点状况分析及调整方法见表 6-3。

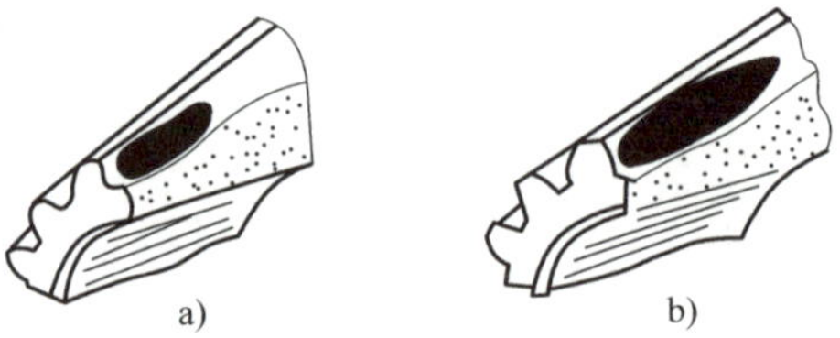

a)　　　　　　　　b)

图 6–30　锥齿轮受负荷前后接触斑点的变化

a）空载时　b）满载时

表 6–3　　　　直齿锥齿轮接触斑点状况分析及调整方法

接触斑点	状况分析	调整方法
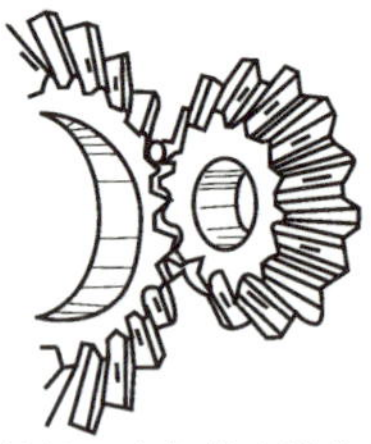 正常接触（中部偏小端接触）	在轻微负载下，接触区在齿宽中部，略宽于齿宽的一半，稍近于小端，在小齿轮齿面上较高，大齿轮齿面上较低，但都不到齿顶	—
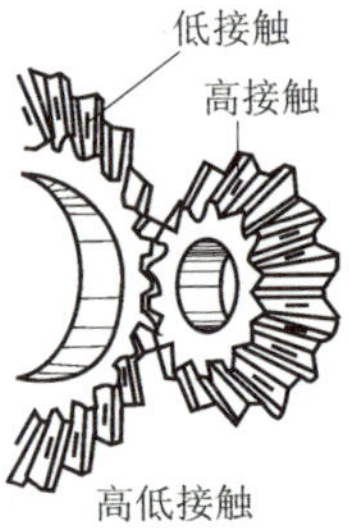 高低接触	小齿轮接触区太高，大齿轮太低，由小齿轮轴向定位误差所致	小齿轮沿轴线向移出。如齿侧间隙过大，可将大齿轮沿轴向移进
	小齿轮接触区太低，大齿轮太高原因同上，但误差方向相反	小齿轮沿轴向移进。如齿侧间隙过小，则将大齿轮沿轴向移出
	在同一齿的一侧接触区高，另一侧低，如小齿轮定位正确且齿侧间隙正常，则为加工不良所致	装配无法调整，需调换零件；若只做单向传动，可按以上两种方法调整
 小端接触 同向偏接触	两齿轮的齿两侧在小端接触，由轴线交角太大所致	不能用一般方法调整。必要时修刮轴瓦
	同在大端接触，由轴线交角太小所致	
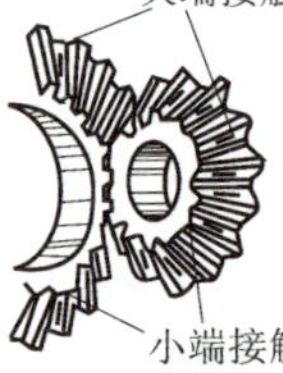 大端接触 小端接触 异向偏接触	大小齿轮在齿的一侧接触于大端，另一侧接触于小端，由两轴心线偏移所致	应检查零件加工误差，必要时修刮轴瓦

四、齿轮传动机构的修理

齿轮传动机构工作一定时间后，会产生磨损、润滑不良或因过载使磨损加剧，导致齿面出现点蚀、胶合和塑性变形，齿侧间隙增大，噪声增加，传动精度降低，严重时甚至发生轮齿断裂。

1. 齿轮磨损严重或轮齿断裂时，应更换新的齿轮。

2. 如果是小齿轮与大齿轮啮合，一般小齿轮比大齿轮磨损严重，应及时更换小齿轮，以免加速大齿轮磨损。

3. 大模数、低转速的齿轮，个别轮齿断裂时，可用镶齿法修复。

4. 大型齿轮轮齿磨损严重时，可采用更换轮缘法修复，此方法具有较好的经济性。

5. 锥齿轮因轮齿磨损或调整垫圈磨损而造成齿侧间隙增大时，应进行调整。调整时，将两个锥齿轮沿轴向移近，使齿侧间隙减小，再选配调整垫圈厚度来固定两齿轮的位置。

§6-4 蜗杆蜗轮传动机构的装配

蜗杆蜗轮传动机构用来传递互相垂直的空间交错两轴之间的运动和动力，如图 6-31 所示。常用于转速需要急剧降低的场合，它具有降速比大、结构紧凑、有自锁性、传动平稳、噪声小等特点。缺点是传动效率较低，工作时发热大，需要有良好的润滑。

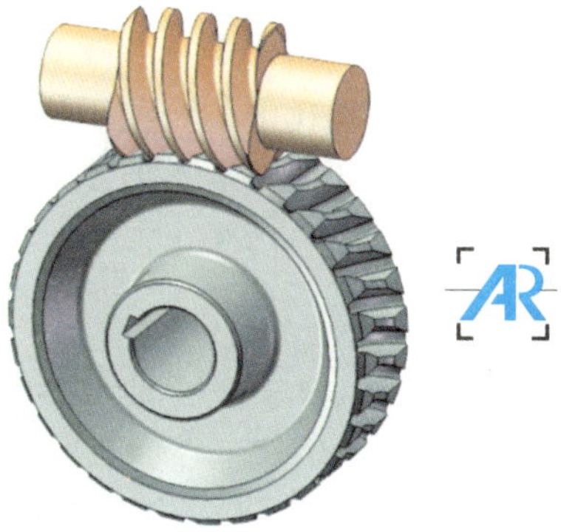

图 6-31　蜗杆蜗轮传动

一、蜗杆蜗轮传动机构的装配技术要求

蜗杆蜗轮传动是以蜗杆为主动件，其轴线与蜗轮轴线在空间交错角为 90°。装配时应符合以下技术要求：

1. 蜗杆轴线应与蜗轮轴线垂直。
2. 蜗杆轴线应在蜗轮轮齿的对称中心平面内。
3. 蜗杆与蜗轮间的中心距要准确
4. 有适当的齿侧间隙。
5. 有正确的接触斑点。

图 6-32 所示为蜗杆蜗轮传动装配不符合要求的几种情况。

二、蜗杆蜗轮传动机构箱体装配前的检查

为了确保蜗杆蜗轮传动机构的装配要求，通常是先对箱体上蜗杆轴孔中心线与蜗轮轴孔中心线的中心距和垂直度要进行检验，然后进行装配。

1. 箱体孔中心距的检验

检验箱体孔的中心距可按图 6-33 所示的方法进行。

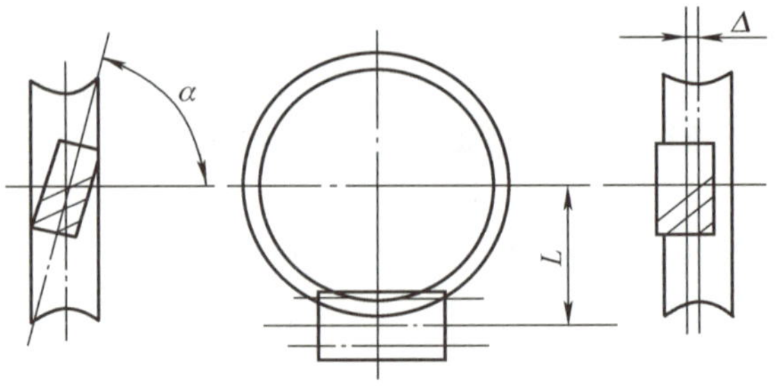

图 6-32　蜗杆蜗轮传动装配的几种不正确情况

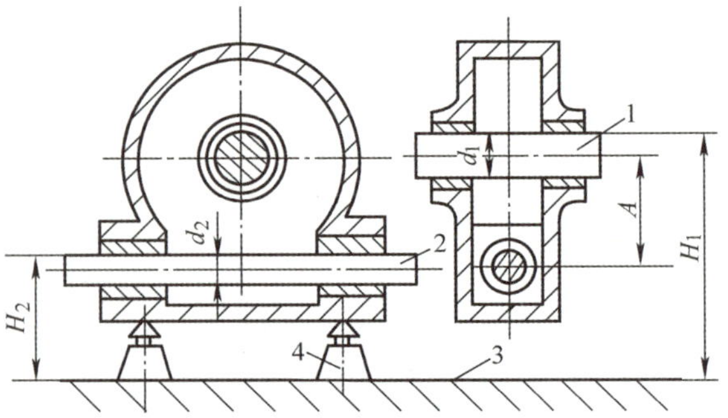

图 6-33　蜗杆轴孔与蜗轮轴孔中心距的检验

1、2—心轴　3—平板　4—千斤顶

将箱体用三只千斤顶支承在平板上。测量时，将检验心轴 1 和 2 分别插入箱体蜗轮和蜗杆轴孔中，调整千斤顶，分别使两心轴与平板平行后，再分别测量两心轴至平板的距离，即可计算出中心距 A：

$$A = \left(H_1 - \frac{d_1}{2}\right) - \left(H_2 - \frac{d_2}{2}\right)$$

式中　H_1——心轴 1 上母线至平板距离，mm；

H_2——心轴 2 上母线至平板距离，mm；

d_1、d_2——心轴 1、2 的直径，mm。

2. 箱体孔轴心线间垂直度的检验

检验箱体孔轴心线间的垂直度可按图 6-34 所示的方法进行。

检验时，先将蜗杆孔心轴和蜗轮孔心轴分别插入箱体上蜗杆和蜗轮的安装孔内。在蜗轮孔心轴上的一端套装有百分表的支架，并用螺钉紧定，百分表触头抵住蜗杆心轴侧母线。旋转蜗杆孔心轴，百分表在蜗轮心轴上 L 长度范围内的读数差，即为两轴线在 L 长度内的垂直度误差值。

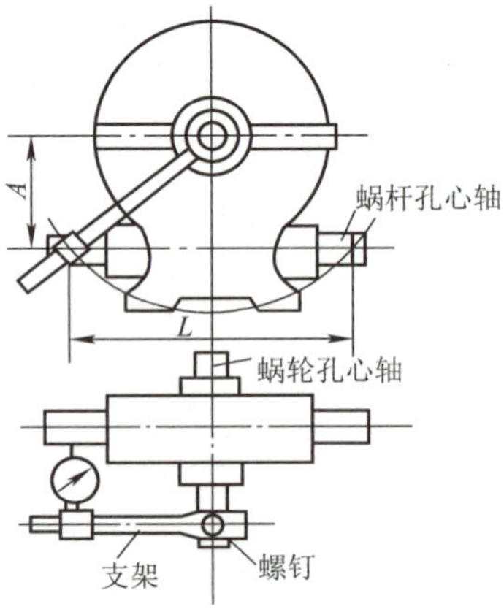

图 6-34　蜗杆箱体孔轴心线间垂直度的检验

三、蜗杆蜗轮传动机构的装配过程

一般情况下，装配工作是从装配蜗轮开始，其步骤如下：

1. 组合式蜗轮应先将齿圈压装在轮毂上，方法与过盈配合装配相同，并用螺钉加以紧固，如图 6–35 所示。

2. 将蜗轮装在轴上，其安装及检验方法与圆柱齿轮相同。

3. 把蜗轮轴组件装入箱体，然后再装入蜗杆。一般蜗杆轴的位置由箱体孔确定，要使蜗杆轴线位于蜗轮轮齿的对称中心平面内，可通过改变调整垫片厚度的方法，调整蜗轮的轴向位置。

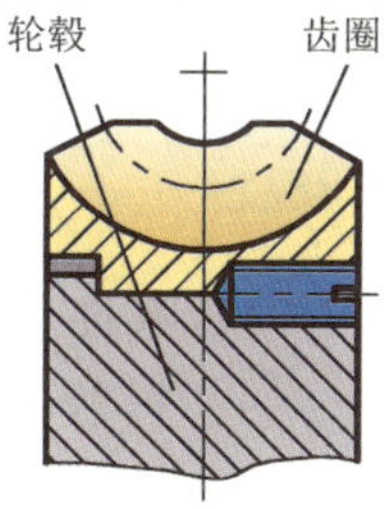

图 6–35　组合式蜗轮

四、蜗杆蜗轮传动机构装配质量的检验

1. 蜗轮的轴向位置及接触斑点的检验

用涂色法检验其接触斑点。先将红丹粉涂在蜗杆的螺旋面上，并转动蜗杆，可在蜗轮轮齿上获得接触斑点，如图 6–36 所示。图 6–36a 为正确接触，其接触斑点应在蜗轮轮齿中部稍偏于蜗杆旋出方向；图 6–36b、图 6–36c 表示蜗轮轴向位置不准确，应配磨垫片来调整蜗轮的轴向位置。具体蜗杆副接触斑点的面积要求可查阅国家标准 GB/T 10089—2018。

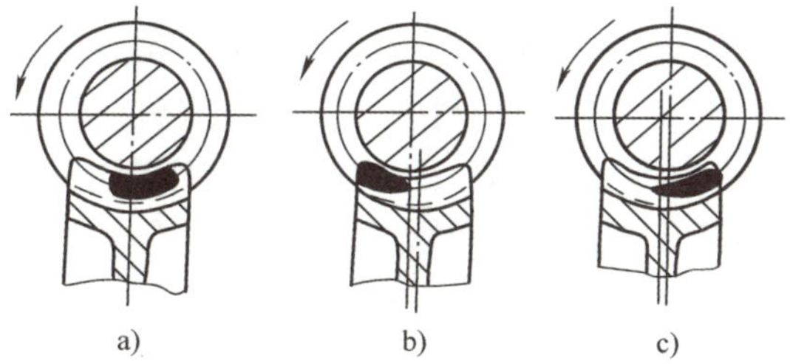

图 6–36　用涂色法检验蜗轮齿面接触斑点

a）正确　b）蜗轮偏右　c）蜗轮偏左

2. 齿侧间隙的检验

一般要用百分表测量，如图 6–37a 所示。在蜗杆轴上固定一带量角器的刻度盘，百分表触头抵在蜗轮齿面上，用手转动蜗杆，在百分表指针不动的条件下，用刻度盘相对固定指针的最大空程转角来判断齿侧间隙大小。如用百分表直接与蜗轮齿面接触有困难时，可在蜗轮轴上装一测量杆，如图 6–37b 所示。

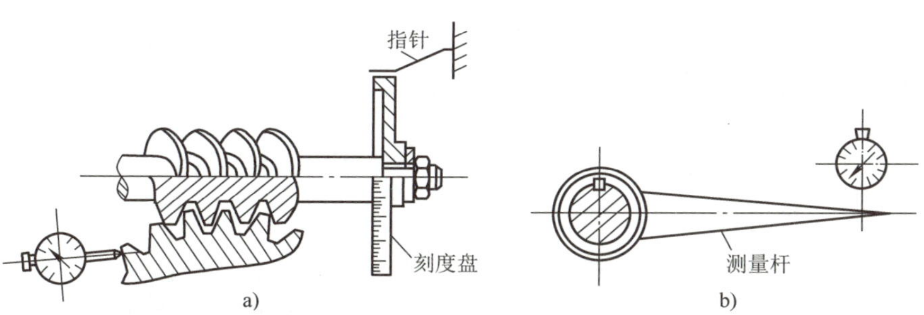

图 6–37　蜗杆传动齿侧间隙的检验

a）直接测量法　b）测量杆测量法

齿侧间隙与空程转角有如下的近似关系（蜗杆升角影响忽略不计）：

$$C_n = z_1 \pi m \frac{\alpha}{360}$$

式中 C_n——齿侧间隙，mm；

z_1——蜗杆头数；

m——模数；

α——空程转角，(°)。

小提示

对于不重要的蜗杆蜗轮传动机构，可以用手转动蜗杆，根据其空程量的大小来判断齿侧间隙的大小即可。

装配后的蜗杆蜗轮传动机构，还要检查其转动灵活性，蜗轮在任何位置上，用手旋转蜗杆所需的扭矩均应相同，转动灵活，没有咬住现象。

五、蜗杆蜗轮传动机构的修理

1. 一般传动的蜗杆、蜗轮磨损或划伤严重时，要更换新的。
2. 大型蜗轮磨损或划伤后，为了节约材料，一般采用更换轮缘法修复。
3. 分度用的蜗杆机构（又称分度蜗轮副）其传动精度要求很高，修理工作也复杂和精细，一般采用精滚齿后剃齿或珩磨法进行修复。

§6–5 螺旋传动机构的装配

螺旋传动机构是利用丝杠和螺母的旋合来传递运动和动力的，它可将旋转运动变换为直线运动。螺旋传动具有传动精度高、工作平稳、无噪声、易于自锁、能传递较大的力矩等特点。在机械设备中螺旋传动机构得到广泛的应用，如车床上的纵向和横向进给丝杠螺母副等。图 6–38a 所示为常见的滑动摩擦螺旋传动机构。

小提示

按螺纹间摩擦性质，螺旋传动可分为滑动螺旋传动和滚动螺旋传动。滑动螺旋传动又可分为普通滑动螺旋传动和静压螺旋传动。本章节介绍的螺旋传动机构指普通滑动螺旋传动机构。

一、螺旋传动机构的装配技术要求

为了保证丝杠的传动精度和定位精度，螺旋机构装配后，一般应满足以下要求：

1. 螺旋副应有较高的配合精度和准确的配合间隙。
2. 螺旋副轴线的同轴度及丝杠轴心线与基准面的平行度，应符合规定要求。
3. 丝杠与螺母相互转动应灵活。
4. 丝杠的回转精度应在规定范围内。

二、螺旋传动机构的装配方法

1. 螺旋副配合间隙的测量和调整

螺旋副的配合间隙是保证其传动精度的主要因素，分径向间隙和轴向间隙两种。

（1）径向间隙的测量

径向间隙直接反映丝杠螺母的配合精度，其测量方法如图 6–38b 所示。使百分表触头抵在螺母上，用稍大于螺母重量的力 F 压下或抬起螺母，百分表指针的摆动量即为径向间隙值。

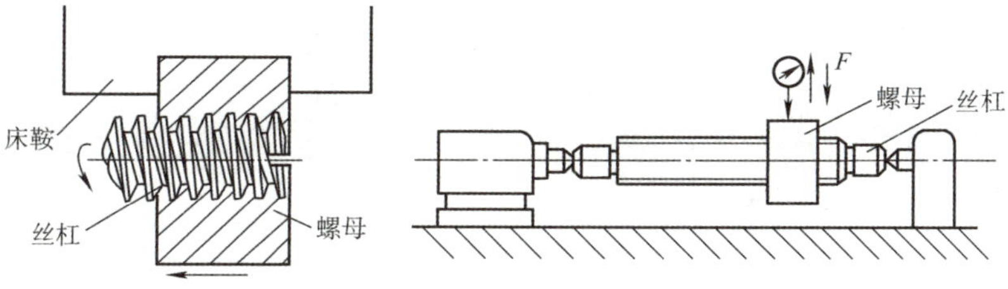

图 6–38　螺旋传动

a）螺旋传动的应用　b）螺旋副径向间隙的测量

（2）轴向间隙的消除和调整

丝杠螺母的轴向间隙直接影响其传动的准确性，进给丝杠应有轴向间隙消除机构（简称消隙机构）。

1）单螺母消隙机构　螺旋副传动机构只有一个螺母时，常采用如图 6–39 所示的消隙机构，使螺母与丝杠始终保持单向接触。注意消隙机构的消隙力方向应和切削力 p_x 方向一致，以防止进给时产生爬行，影响进给精度。

2）双螺母消隙机构　双向运动的螺旋副应用两个螺母来消除双向轴向间隙，其结构如图 6–40 所示。

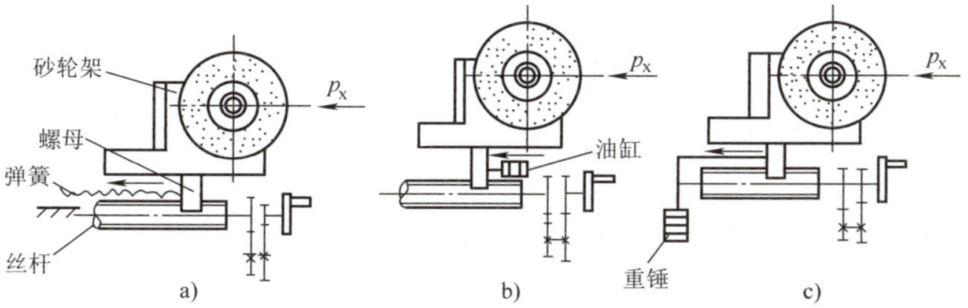

图 6–39　单螺母消隙机构

a）弹簧拉力消隙　b）油缸压力消隙　c）重锤消隙

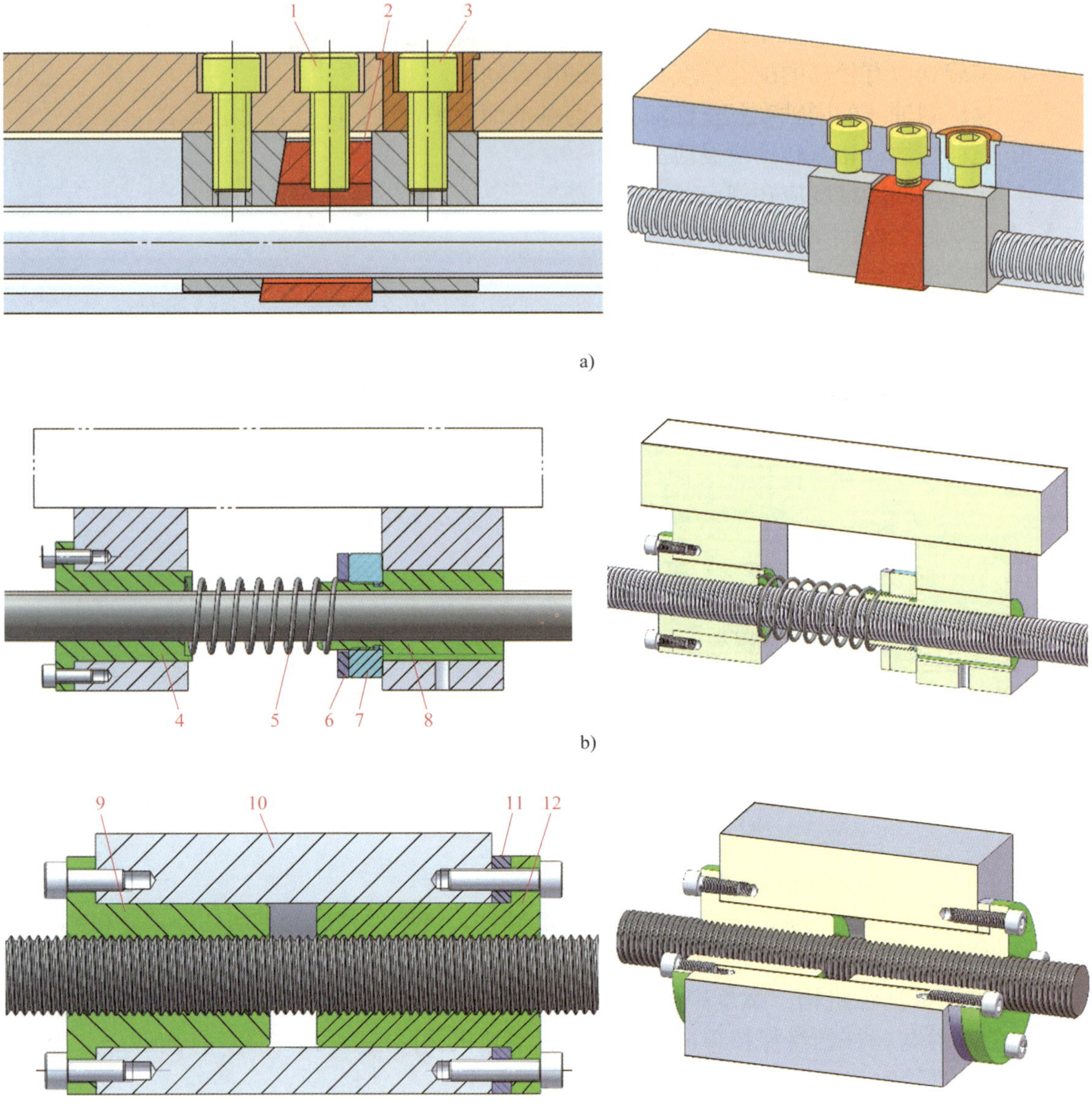

图 6-40　双螺母消隙机构

a）楔块消隙　b）弹簧消隙　c）垫片消隙

1、3—螺钉　2—楔块　4、8、9、12—螺母　5—弹簧

6—垫圈　7—调整螺母　10—工作台　11—垫片

图 6-40a 是楔块消隙机构。调整时，松开螺钉 3，再拧动螺钉 1 使楔块 2 向上移动，以推动带斜面的螺母右移，从而消除轴向间隙，调整好后用螺钉 3 锁紧。

图 6-40b 是弹簧消隙机构。调整时，转动调整螺母 7。通过垫圈 6 及压缩弹簧 5，使螺母 8 轴向移动，以消除轴向间隙。

图 6-40c 是利用垫片厚度来消除轴向间隙的机构。丝杠螺母磨损后，通过修磨垫片 11 来消除轴向间隙。

2. 校正丝杠螺母的同轴度及丝杠轴心线与基准面的平行度

为了能准确而顺利地将旋转运动转换为直线运动，螺旋副必须同轴，丝杠轴线必须和基面平行。为此安装丝杠螺母时应按以下步骤进行：

（1）先正确安装丝杠两轴承支座，用专用检验心棒和百分表校正，使两轴承孔轴心线在同一直线上，且与螺母移动时的基准导轨平行，如图 6–41 所示。校正时，可以根据误差情况修刮轴承座结合面，并调整前、后轴承的水平位置，使其达到要求。

心轴上母线 a 校正垂直平面，侧母线 b 校正水平平面。

（2）再以平行于基准导轨面的丝杠两轴承孔的公共中心线为基准，校正螺母与丝杠轴承孔的同轴度，如图 6–42 所示。校正时，将检验棒 4 装在螺母座 6 的孔中，移动工作台 2，如检验棒 4 能顺利插入前、后轴承座孔中，即符合要求；否则应修磨垫片 3 的厚度及调整螺母座的位置。

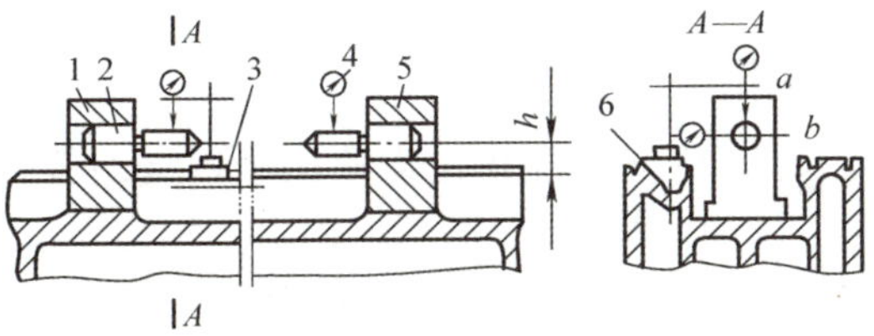

图 6–41　安装丝杠两轴承支座

1、5—前后轴承座　2—检验心棒　3—磁力表座滑板　4—百分表　6—螺母移动基准导轨

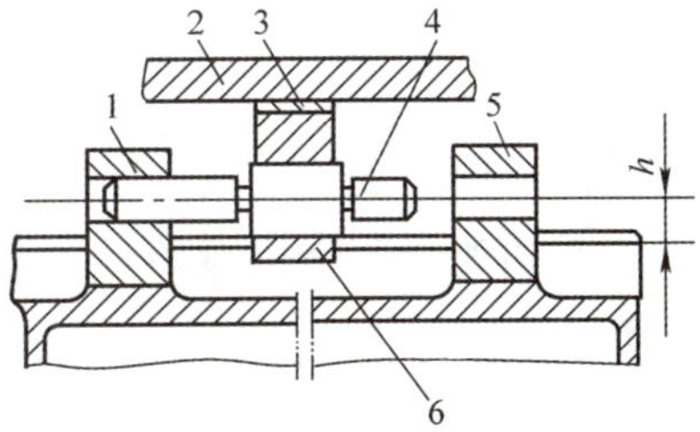

图 6–42　校正螺母与丝杠轴承孔的同轴度

1、5—前后轴承座　2—工作台　3—垫片　4—检验棒　6—螺母座

3. 调整丝杠的回转精度

丝杠的回转精度是指丝杠的径向跳动和轴向窜动的大小。装配时，主要通过正确安装丝杠两端的轴承支座来保证。

三、螺旋传动机构的修理

螺旋机构经过长期使用，丝杠和螺母都会出现磨损。常见的损坏形式有丝杠螺纹磨损、轴颈磨损、螺母磨损及丝杠弯曲等。

1. 丝杠螺纹磨损的修复

梯形螺纹丝杠的磨损不超过齿厚的 10% 时，通常用车深螺纹的方法修复，再根据修复后的丝杠配车新螺母；矩形螺纹丝杠磨损后，一般不能修复，只能更换新的；对磨损过大的精密丝杠，常采用更换的方法。

2. 丝杠轴颈磨损的修复

丝杠轴颈磨损后，可根据磨损情况，采用镀铬、涂镀、堆焊等方法加大轴颈，再通过机械加工来进行修复，加工时要注意保持轴颈与螺纹部分轴线的同轴度。

3. 螺母磨损的修复

螺母磨损通常比丝杠迅速，因此常需要更换。

4. 丝杠弯曲的修复

弯曲的丝杠常用矫正法修复。

小提示

为了保证丝杠螺母副的使用寿命，螺母常用耐磨材料（如青铜）制成，为了节约材料，通常将壳体做成铸铁的，然后在壳体孔中压装铜螺母，这样的螺母在修理中易于更换，经济性也好。

§6–6 联轴器和离合器的装配

联轴器和离合器是机械传动中常用的部件，大多数已标准化，主要用于连接两轴传递运动和扭矩。

一、联轴器的装配

联轴器将两轴牢固地连接在一起，在机器运转的过程中，两轴不能分开，只有在机器停车后，经过拆卸，才能使它们分离。联轴器的种类很多，按结构形式和特性可分为刚性联轴器、挠性联轴器和安全联轴器三大类。在机械中凸缘联轴器和滑块式联轴器最为常见。

1. 凸缘联轴器的装配

凸缘联轴器是一种刚性联轴器，应用较为广泛，其结构如图 6–43a 所示。该联轴器是通过螺栓将两个半联轴器连接起来以传递扭矩，其中一个半联轴器有凸台，另一个有相应的凹孔。安装时，凸台与凹孔应准确地嵌合，使两轴达到同轴度要求。图 6–43b 为凸缘联轴器的应用情况。

（1）装配技术要求

1）应严格保证两轴的同轴度，否则两轴不能正常传动，严重时会使联轴器或轴变形和损坏。

2）保证各连接件（螺母、螺栓、键、圆锥销等）连接可靠、受力均匀，不允许有自动松脱现象。

（2）装配方法

如图 6–43 所示的凸缘联轴器的装配方法如下：

1）将半联轴器 3、4 用平键分别装在轴 1 和轴 2 上，并固定齿轮箱。

2）将百分表固定在半联轴器 4 上，使百分表触头抵在半联轴器 3 的外圆上，找正半联轴器 3 和 4 的同轴度，同时调整两半联轴器的端面间隙 z 均匀一致。

3）先固定电动机，再移动两半联轴器使端面贴合。

4）用螺栓紧固两半联轴器，使各螺栓受力均匀。

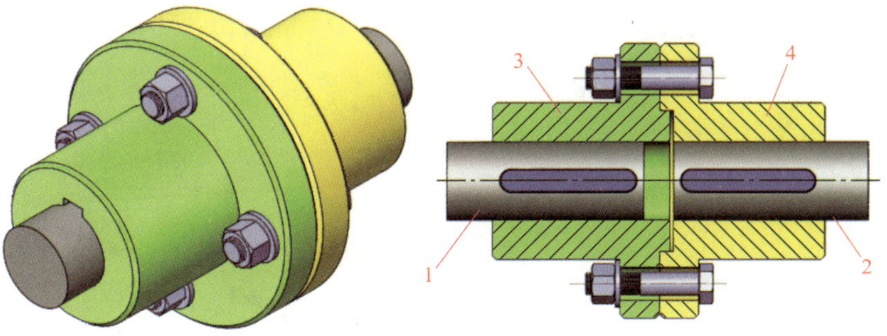

a)

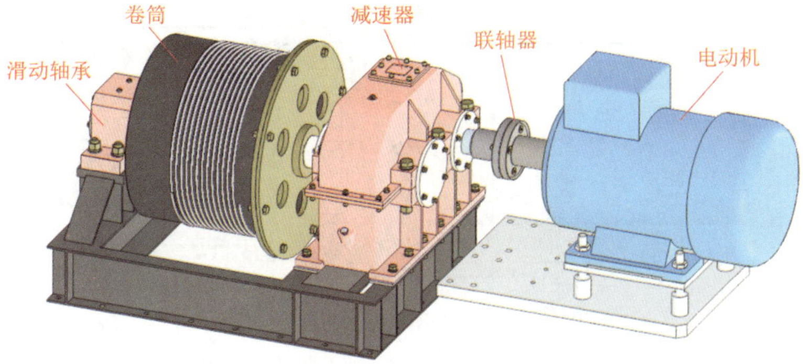

b)

图 6–43　凸缘联轴器及装配

1、2—轴　3、4—半联轴器

2. 十字滑块联轴器的装配

十字滑块联轴器是挠性联轴器中一种无弹性元件的联轴器，如图 6–44 所示。它由两个带端面径向槽的半联轴器和中间盘（十字滑块）组成。由于十字滑块的凸块能在半联轴器端面槽内滑动，故可补偿安装及运转时两轴间的相对位移。

（1）装配技术要求

1）装配时，允许两轴有少量的径向偏移和倾斜，一般情况下两轴线相对径向偏移量不大于 $0.01d+0.25$ mm（d 为轴直径）；两轴线相对倾角不大于 25′。

2）装配后，十字滑块应能在两半联轴器之间自由滑动，并留有一定的端面间隙（z）。

（2）装配方法

1）分别在轴 1 和轴 7 上装配键 2 和键 6，安装半联轴器 3 和 5。用直尺作为检查工具，检查直尺是否与半联轴器 3 和 5 的外圆表面均匀接触，并且在垂直和水平两个方向都要均匀接触。

2）找正后，安装中间盘 4，并移动两半联轴器，使半联轴器和中间盘留有少量间隙 z，以满足中间盘的自由滑动要求。

二、离合器的装配

离合器是一种能使主、从动部分在同轴线上传递转矩或运动时，具有接合或分离功能的装置，常用的有牙嵌式和摩擦式两种。

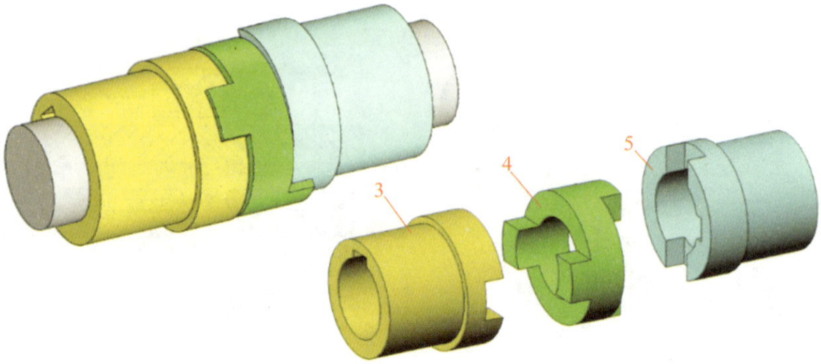

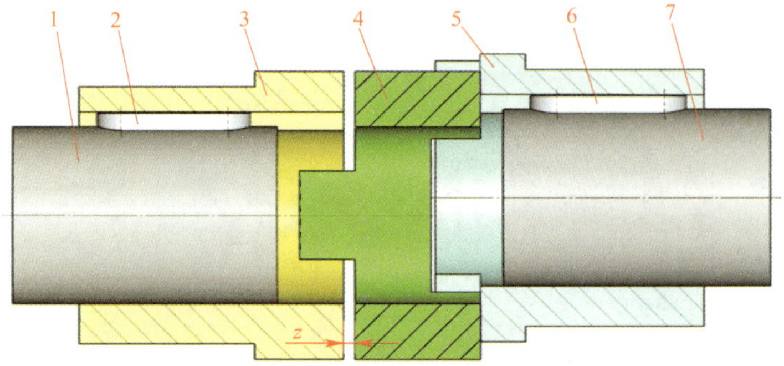

图 6-44　十字滑块联轴器及装配

1、7—轴　2、6—键　3、5—半联轴器　4—中间盘

1. 牙嵌式离合器的装配

牙嵌式离合器靠啮合的牙面来传递扭矩，结构简单，但有冲击，如图 6-45 所示。它由两个端面具有凸齿的接合子组成，其中接合子 1 固定在主动轴上，接合子 2 用导向键或花键与从动轴连接。通过操纵手柄控制的拨叉 4 可带动接合子 2 轴向移动，使接合子 1 和 2 接合或分离。导向环 3 用螺钉固定在主动轴接合子 1 上，以保证接合子 2 移动的导向和定心。

（1）装配技术要求

1）接合和分离时，动作要灵敏，能传递设计的扭矩，且工作平稳可靠。

2）接合子齿形啮合间隙要尽量小些，以防旋转时产生冲击。

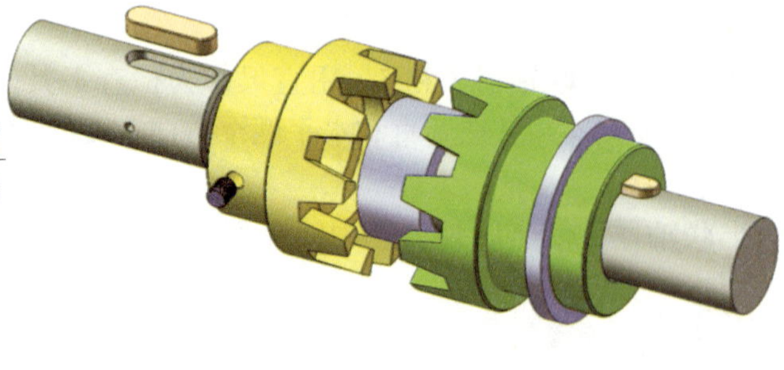

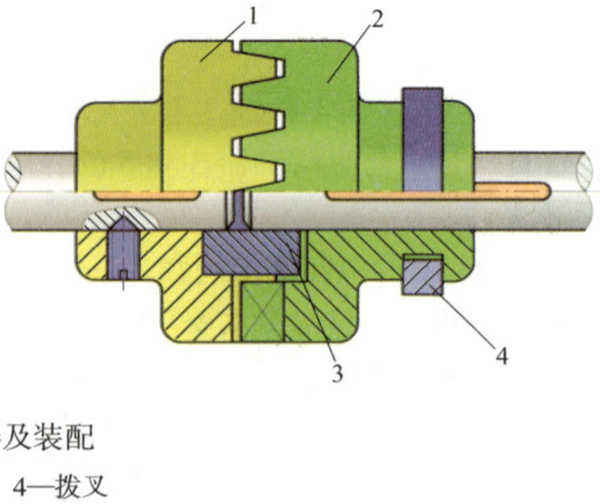

图 6-45　牙嵌式离合器及装配

1、2—接合子　3—导向环　4—拨叉

（2）装配方法

1）将接合子 1 和 2 分别装在轴上，接合子 2 与从动轴和键之间能轻快滑动，接合子 1 要固定在主动轴上。

2）将导向环 3 安装在接合子 1 的孔内，用螺钉紧固。

3）将从动轴装入导向环 3 的孔内，再装拨叉 4。

2. 摩擦式离合器的装配

摩擦式离合器是靠接触面的摩擦力来传递扭矩的，特点是接合平稳，可起安全保护作用，但结构复杂，须经常调整。根据摩擦表面的形状可分为圆锥式及片式等类型。

（1）圆锥式摩擦离合器的装配

图 6–46 所示为圆锥式摩擦离合器结构，它利用锥体 5 的外锥面和齿轮 4 的内锥面的紧密接合，把齿轮 4 的运动传给齿轮 6。图示为扳平手柄 1 的情况，使手柄 1 紧压套筒 3，齿轮 4 与锥体 5 压紧，接通运动；当向下扳动手柄 1 时，即不再压紧套筒 3，内、外锥面在弹簧作用下脱开，切断运动。

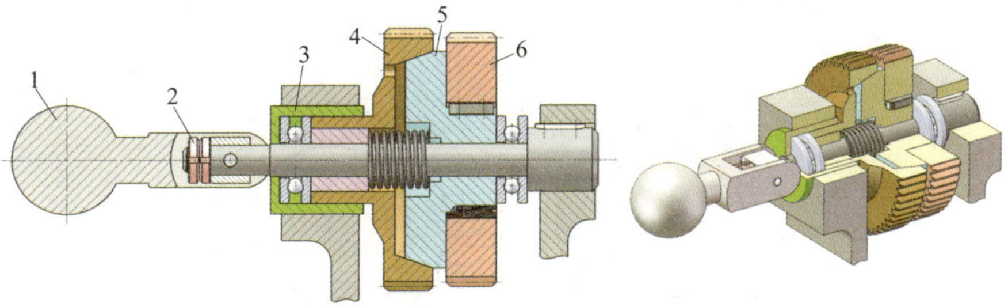

图 6–46　圆锥式摩擦离合器及装配

1—手柄　2—调节螺母　3—套筒　4、6—齿轮　5—锥体

圆锥式摩擦离合器装配方法如下：

1）两圆锥面接触必须符合要求，用涂色法检查时，其斑点应均匀分布在整个圆锥表面上，如图 6–47a 所示。图 6–47b 为接触斑点靠近锥底，图 6–47c 为斑点靠近锥顶，都表示锥体的角度不正确，可通过刮削或磨削方法来修整。

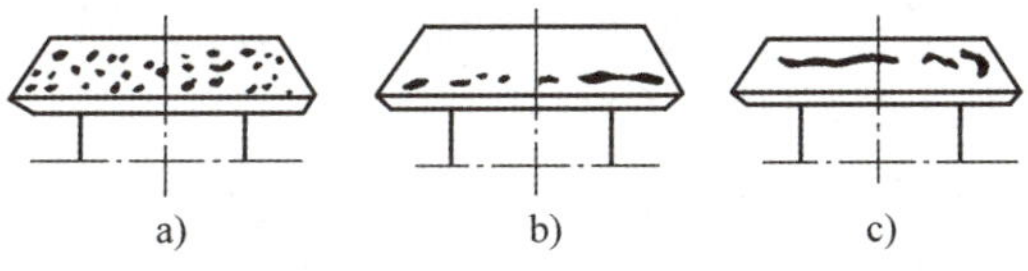

图 6–47　涂色法检查锥面上接触斑点分布情况

2）接合时要有足够的压力把两锥体压紧，断开时应完全脱开。开合装置必须调整到把手柄 1 扳到如图 6–46 所示位置时，两个锥面能产生足够的摩擦力；扳下手柄 1 时，运动能完全断开。摩擦力的大小，可通过调节螺母 2 来控制。

（2）多片式摩擦离合器的装配

片式摩擦离合器是指用圆环片的端平面组成摩擦副的离合器。如图 6–48 所示为多片式摩擦离合器，它由多片内、外摩擦片间隔排叠。外摩擦片 4 的外圆上有三个键齿，插在主动轴毂轮 2 的内孔纵向键槽中，外摩擦片的内孔空套在从动轴套筒 10 上，故外摩擦片可随主动轴 1 一起转动；内摩擦片 5 的内孔壁上也有三个键齿与从动轴套筒 10 上的键槽相配合，可随从动轴 11 一起转动。内、外摩擦片均可沿轴向移动，当滑环 8 向左移动时，通过曲臂压杆 9 和压板 3，将内、外摩擦片压紧，此时主动轴 1 通过内、外摩擦片间的摩擦力带动从动轴 11 转动；反之松开摩擦片时，从动轴 11 停止转动。

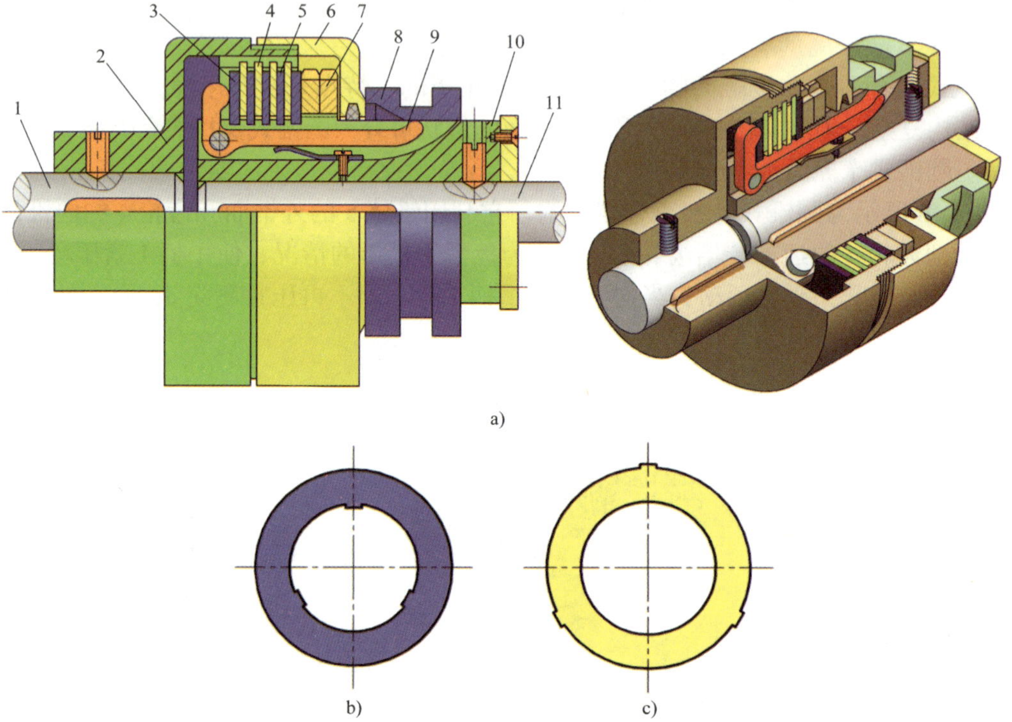

图 6–48　多片式摩擦离合器

a）视图　b）内摩擦片　c）外摩擦片

1—主动轴　2—主动轴毂轮　3—压板　4—外摩擦片　5—内摩擦片　6—外壳

7—调节螺母　8—滑环　9—曲臂压杆　10—从动轴套筒　11—从动轴

装配时，摩擦片间隙要适当，如果间隙过大，操纵时压紧力不够，内、外摩擦片会打滑，传递转矩小，摩擦片也容易发热、磨损；如果间隙太小，停车时，摩擦片不易脱开，严重时可导致摩擦片烧坏，所以必须调整适当。

间隙调整是通过转动调节螺母 7 来实现的。调整时，可根据试车情况来判断间隙是否符合要求。调整后，必须用两把钩形扳手将两个调节螺母 7 锁紧，以防工作过程中松脱。

三、联轴器和离合器的修理

1. 联轴器的修理

联轴器的损坏形式主要表现为联轴器孔与轴的配合松动，连接件或连接部位的磨损、变形及连接件的损坏。

联轴器与轴配合松动时，可将轴颈镀铬或喷涂，以增大轴颈的方法来修复；连接件磨损严重时应更换新的。

2. 离合器的修理

牙嵌式离合器的损坏形式通常是接合牙齿磨损、变形或崩裂。轻微的磨损可重新铣削、磨削或焊补，损坏严重时则需更换。

圆锥式摩擦离合器表面出现不均匀磨损时，可重新磨削或刮研。片式摩擦离合器出现弯曲或严重擦伤时，可调平或更换摩擦片。

§6–7　液压传动机构的装配

液压传动是以具有一定压力的液体（通常是油液）作为工作介质来传递运动和动力的。液压装置由液压泵、液压缸、阀类元件和管道等组成。

一、液压泵的安装

液压泵是将机械能转变为液压能的能量转换装置。常用的有齿轮泵、叶片泵和柱塞泵，一般由专业液压件厂生产。如图 6–49 所示为齿轮泵。

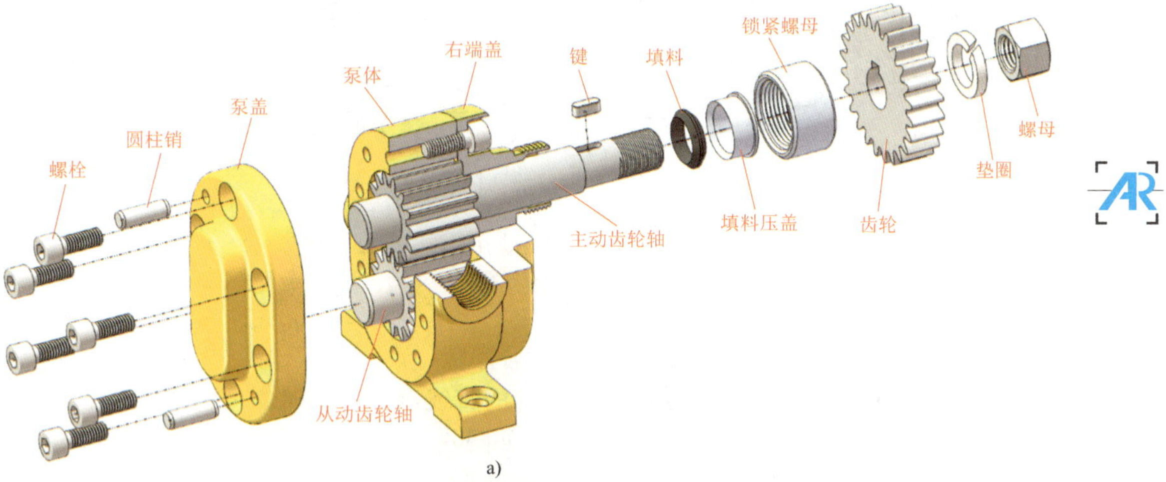

a)

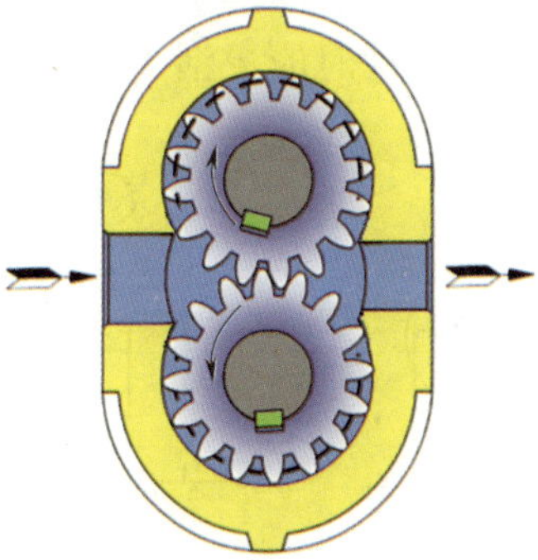

b)

图 6–49　齿轮泵

a）结构图　b）原理图

1. 液压泵安装前的性能试验

（1）用手转动主动轴（齿轮泵）或转子轴（叶片泵），要求灵活无阻滞现象。

（2）在额定压力下工作时，能达到规定的输油量。

（3）压力从零逐渐升到额定值，各接合面不准有漏油和异常的杂声。

（4）在额定压力工作时，其压力波动值不准超过规定值。

2. 液压泵安装要点

（1）用联轴器连接液压泵传动轴与电动机驱动轴时，必须满足联轴器的装配技术要求。且不可敲打泵轴，以免损坏液压泵转子。

（2）液压泵的吸油口、压油口和旋转方向，一般在铭牌中标明，应按规定连接管路和电路，不得反接。

二、液压缸的装配

液压缸是液压系统中的执行机构，也是液压系统中把液压泵输出的液体压力能转变为机械能的能量转换装置，用以实现工作台或刀架的直线往复移动。液压缸的形式主要有活塞式液压缸、柱塞式液压缸和摆动式液压缸三大类。如图 6–50 所示为双活塞杆液压缸。

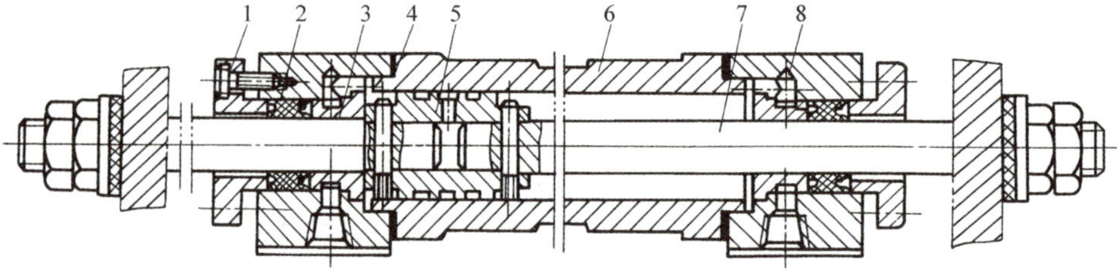

图 6–50　双活塞杆液压缸

1—压盖　2—密封圈　3—导向套　4—密封纸垫
5—活塞　6—缸体　7—活塞杆　8—端盖

1. 液压缸的装配要点

（1）严格控制液压缸缸体与活塞之间的配合间隙。

（2）保证活塞与活塞杆的同轴度及活塞杆的直线度。装配时，可将活塞和活塞杆连成一体，放在 V 形架上，用百分表检验并校正，如图 6–51 所示。

（3）活塞与液压缸缸体的配合表面应保持洁净。

（4）装配后，活塞在液压缸全长内移动时应灵活无阻滞。

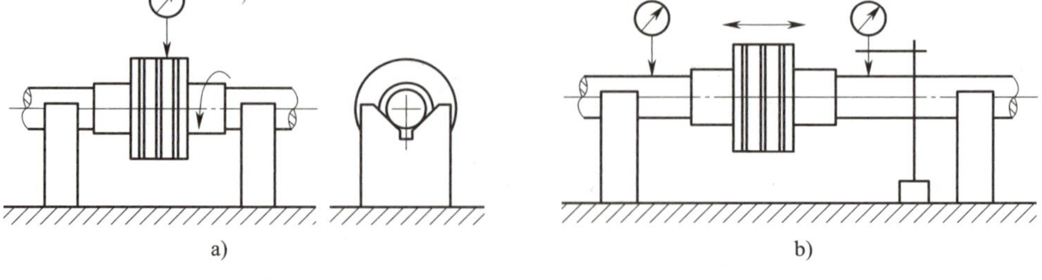

图 6–51　校正活塞杆的方法

a）活塞杆与活塞同轴度检查　b）活塞杆直线度检查

2. 液压缸的性能试验

（1）在规定压力下，观察活塞杆与液压缸端盖、端盖与缸体的结合处是否有渗漏。

（2）检查油封装置是否过紧而使活塞移动时产生阻滞，或过松而造成漏油。

（3）测定活塞移动速度是否均匀。

3. 液压缸的安装

液压缸在机床上安装时，要保证与机床导轨的平行度，应按图 6–52 所示进行检测和调整。

（1）以机床的平导轨为基准，将平行垫铁放在平导轨上，用百分表检测活塞杆的上母线。检测时，要将活塞分别移至液压缸的两端，检测靠近缸盖处的位置。如果超差，应修刮液压缸与机床的结合面。

（2）以 V 形导轨为基准，用相同的方法检测活塞杆侧母线。如果超差，可松开液压缸与床身间的连接螺钉，校正其侧母线至符合要求，然后紧固螺钉，并用销钉定位。

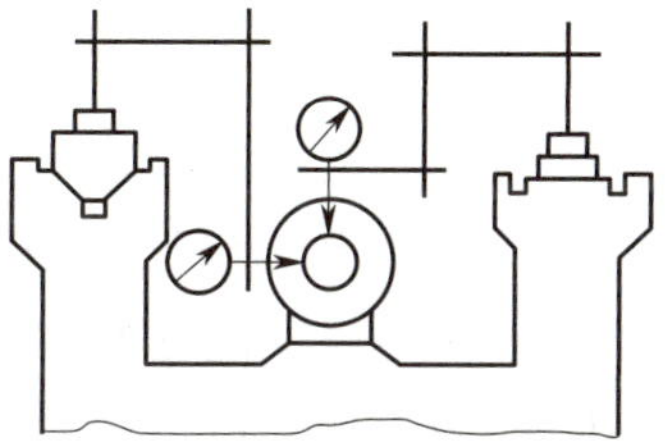

图 6–52　液压缸与机床导轨平行度的检测

三、压力阀的装配

压力阀是用来控制液压系统中压力的元件，常用的有溢流阀、减压阀等。如图 6–53 所示为低压溢流阀。

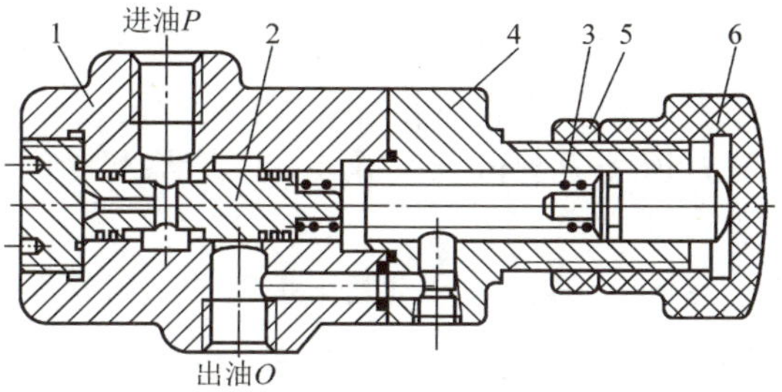

图 6–53　低压溢流阀

1—阀体　2—阀芯　3—弹簧　4—压盖　5—螺母　6—调整螺母

1. 压力阀的装配要点

（1）压力阀在装配前，应仔细清洗，特别是阻尼孔道，应用压缩空气清除污物。

（2）阀芯与阀座的密封应良好，可用汽油试漏。

（3）弹簧两端面需磨平，使两端面与中心线垂直。

（4）阀体结合面应加耐油纸垫，以确保密封。

（5）阀芯与阀体的配合间隙应符合要求，在全行程上移动应灵活无阻滞。

2. 压力阀的性能试验

（1）将压力调节螺钉尽可能全部松开，然后从最低数值逐渐升高到系统所需压力，要求压力平稳改变，工作正常，压力波动不超过规定值。

（2）当压力阀在机床中作循环试验时，观察其运动部件换向时工作的平稳性，应无明显的冲击和噪声。

（3）在最大压力下工作时，不允许结合处漏油。

（4）溢流阀在卸荷状态时，其压力不超过规定值。

四、管道连接的装配

管道是用来输送液体的辅助装置。它由管子、管接头、连接盘（法兰盘）和衬垫等组成。管道连接常用的管子有钢管、有色金属管、橡胶软管和尼龙管等。如果管道连接不当，不仅会使液压系统失灵，而且造成液压元件损坏，甚至发生事故。

1. 管道连接的装配技术要求

对管道连接的主要技术要求是连接简单、工作可靠、密封良好、无泄漏、对流体的阻力小、结构简单且制造方便。具体应满足以下要求：

（1）管子必须根据压力和使用场所进行选择，应有足够的强度而且内壁光滑、清洁、无砂眼、锈蚀、氧化皮等缺陷。

（2）为了加强密封性，使用螺纹管接头时，在螺纹处还需加以填料。用连接盘连接时，须在结合面之间垫以衬垫。

（3）配管作业时，对有腐蚀的管子要进行酸洗、中和、清洗、干燥、涂油、试压等工作，直到合格才能使用。

（4）切断管子时，断面应与轴线垂直；弯曲管子时，不要把管子弯瘪。

（5）较长的管道各段要有支撑，管道要用管夹固定，以防振动。

（6）在安装管道时，应保证最小的压力损失，使整个管道最短，转弯次数最少，并保证管道受温度影响时，有伸缩变形的余地。

（7）系统中任何一段管道或元件，应能单独拆装而不影响其他元件，以便于修理。

（8）在液压系统管道的最高处，应装设排气装置。

（9）液压系统中的所有管道都应进行二次拆装，以清除配管作业时对管道的污染。

2. 管道连接的装配要点

在机床液压系统管道连接中，主要进行的工作是管子与管接头的连接。

（1）扩口薄管接头装配

对于有色金属管、薄钢管或尼龙管，都采用扩口薄管接头连接。装配时，先将螺母和管套套在管子上，再用管口胀孔器（图 6–54）将管口扩出相应的形状，拧紧连接螺母，通过管套将扩孔薄管压紧在接头体的配合表面上，实现管路连接，如图 6–55 所示。

图 6–54　管口胀孔器

（2）球形管接头装配

图 6–56 所示为球形管接头结构。装配时，把连接螺母套在凸球面接头管子上，再分别把凸球面接头体和凹球面接头体与管子焊接，然后拧紧螺母，其松紧程度要适当。当压力较大时，接合球面应当研配。涂色检查时，接触面宽度应不小于 1 mm。

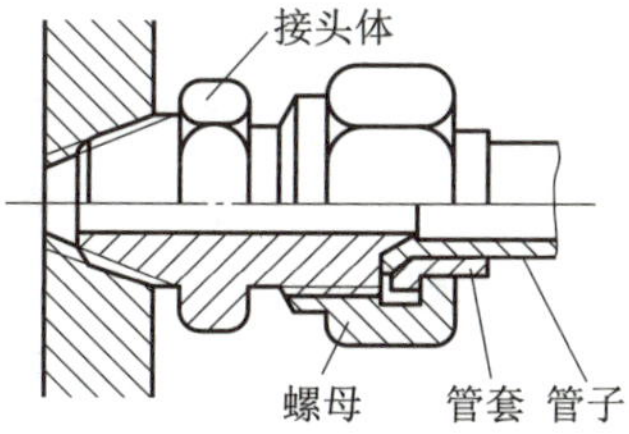

图 6–55　扩口薄管接头

（3）高压胶管接头装配

图 6–57 所示为高压胶管接头结构。装配时，将胶管剥去一定长度的外胶层，剥离处倒 15° 角，然后装入外套内，再把接头芯拧入接头外套及胶管中，于是，胶管便被挤入接头外套和接头芯螺纹中，使胶管与接头芯及外套紧密连接起来。

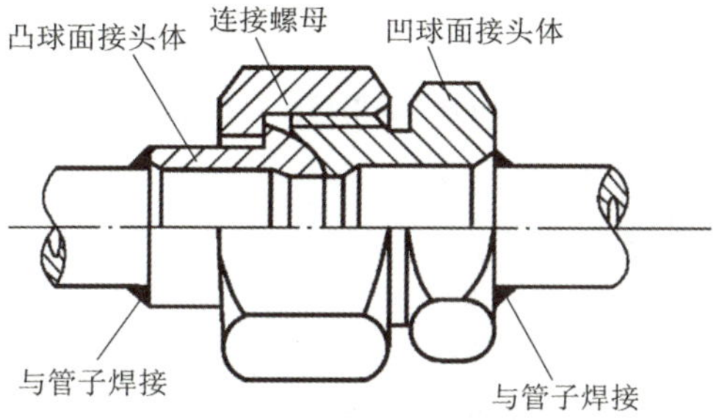

图 6–56　球形管接头

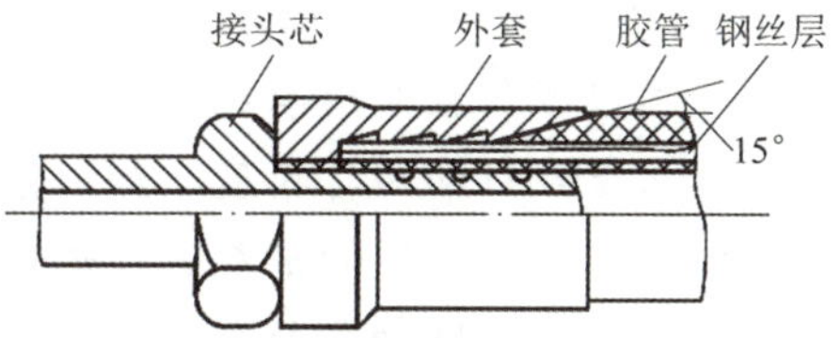

图 6–57　高压胶管接头

3. 管道连接的修理

（1）管子、连接盘产生裂缝

管子、连接盘产生裂缝时，可用补焊的方法修理；如果管子因腐蚀损坏而多处泄漏，应更换管子。

（2）管子与管接头连接处泄漏

管子与管接头连接处泄漏时，可旋紧或压紧管接头，如仍存在泄漏，则应拆开更换密封件（或填料），然后重新装配。

（3）管子或管接头螺纹损坏

管子或管接头螺纹损坏时，一般进行更换。

（4）橡胶、尼龙软管泄漏

橡胶、尼龙软管泄漏时，一般直接更换新管。

思考与练习

1. 带传动机构的装配技术要求有哪些？如不符合要求，对传动有何影响？
2. 为什么要调整传动带的初拉力？如何调整？
3. 链传动有哪些装配技术要求？
4. 链条两端接头如何连接？连接时应注意哪些问题？
5. 对齿轮传动机构的装配技术要求有哪些？

6. 齿轮装在轴上以后，为什么要检查跳动量？如何检查？

7. 齿轮轴部件装入箱体之前，一般要对箱体做哪些检查？

8. 什么是齿轮副的齿侧间隙？为什么齿轮传动要留有齿侧间隙？如何用压铅丝法检测齿轮齿侧间隙？

9. 如何检验齿轮传动的接触斑点？齿轮啮合后接触斑点产生同向偏接触或异向偏接触是什么原因造成的？应如何调整？

10. 如何检查同一平面内垂直相交两轴线的垂直度和相交情况？

11. 装配直齿锥齿轮时，应如何确定齿轮的轴向位置？如何检查装配后的齿侧间隙？

12. 直齿锥齿轮的高低接触是什么原因造成的？应如何调整？

13. 蜗杆传动机构的装配技术要求有哪些？

14. 蜗杆传动机构啮合后齿面上的接触斑点应怎样才算正确？

15. 丝杠螺母传动机构的装配技术要求是什么？

16. 为什么要消除螺旋副的轴向间隙？说明单、双螺母的螺旋副传动机构消除间隙的方法各有哪几种？

17. 如何校正丝杠两轴承孔与螺母孔轴线的同轴度？

18. 什么是丝杠的回转精度？如何保证？

19. 联轴器和离合器的根本区别是什么？

20. 简述凸缘式联轴器与十字滑块式联轴器的装配要求和装配要点。

21. 简述牙嵌式离合器的装配技术要求和装配要点。

22. 简述片式摩擦离合器的装配要点及调整方法。

23. 液压系统由哪几部分组成？各部分的作用是什么？

24. 液压缸的装配要点有哪些？

25. 管道连接的装配技术要求有哪些？

26. 简述各类管接头的装配要点。

第七章

轴承和轴组的装配

轴承是机械传动中不可缺少的重要部件，主要功能是确定旋转轴与轴上零件的相对运动位置，起支承或导向作用；减少轴与支承间的摩擦和磨损。

轴承的种类很多，按轴承与轴工作表面间摩擦性质的不同，可分为滑动轴承和滚动轴承两大类。

§7–1 滑动轴承的装配

滑动轴承是指工作时仅发生滑动摩擦的轴承。滑动轴承结构简单、制造方便、径向尺寸小、润滑油膜有吸振能力、工作平稳可靠，无噪声，并能承受较大的冲击负荷，所以多用于精密、高速及重载的场合。

一、滑动轴承的类型及结构形式

1. 滑动轴承的类型

按摩擦状态滑动轴承可分为动压润滑轴承和静压润滑轴承。

（1）动压润滑轴承

利用润滑油的黏性和轴颈的高速旋转，把油液带进轴承的楔形空间建立起压力油膜，使轴颈与轴承被油膜隔开，这种轴承称为动压润滑轴承，如图 7–1a 为内柱外锥式动压润滑轴承。动压润滑原理如下：当轴静止时，由于自重而处于最低位置，此时，在轴与轴承的侧面之间形成楔形油隙；当轴沿箭头方向旋转时，由于轴表面的附着力和油本身的黏性，轴就带着油层一起旋转，当油层经过楔形缝隙时，由于油的挤压和本身的动能，对轴产生一定的压力，在油楔压力作用下轴在轴承中便逐渐浮起；当轴达到一定速度时，轴与轴承表面完全被油膜隔开，从而形成液体动压润滑，如图 7–1b 所示。

（2）静压润滑轴承

将压力油强制送入轴和轴承的配合间隙中，利用液体静压力支承载荷的一种润滑轴承，称为静压润滑轴承，如图 7–2 所示。

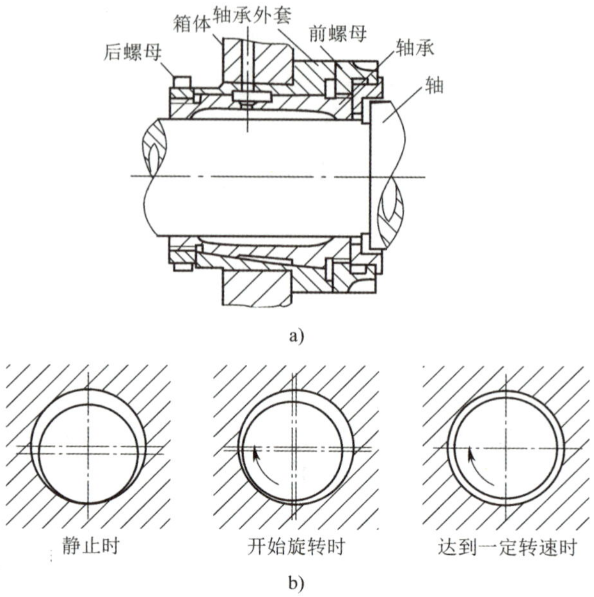

图 7–1　内柱外锥式动压润滑轴承和动压润滑原理

a）内柱外锥式动压润滑轴承　b）动压润滑原理

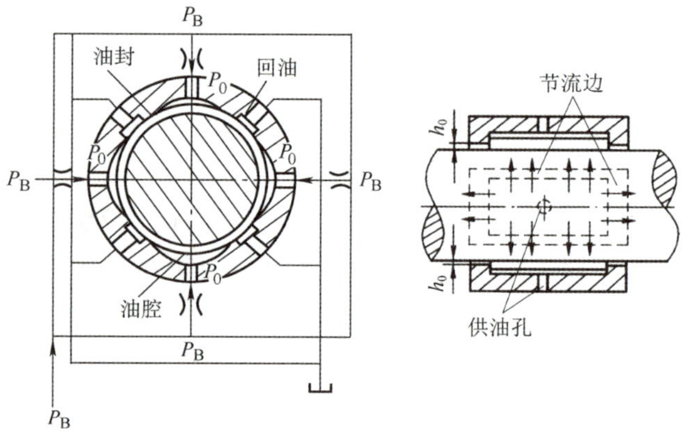

图 7–2　静压润滑轴承

2. 滑动轴承的结构形式

（1）整体式滑动轴承（图 7–3）

该种轴承实际上就是将一个青铜套压入轴承座内，并用骑缝螺钉固定而制成，套内开有油槽、油孔，以便润滑轴承配合面。该种轴承结构简单，制造容易，但磨损后无法调整轴与轴承之间的间隙。所以通常用于低速、轻载、间歇工作的机械上。

（2）剖分式滑动轴承（图 7–4）

该种轴承由轴承座、轴承盖、剖分轴瓦及螺栓组成。

（3）内柱外锥式滑动轴承（图 7–1）

该种轴承由轴承、轴承外套和前后螺母组成。轴承的外表面为圆锥面，与轴承外套贴合。在外圆锥面上对称分布有轴向槽，其中一条槽切穿，并在切穿处嵌入弹性垫片，使轴承内径大小可以调整。

（4）多瓦式自动调位轴承（图 7–5）

其结构有三瓦式和五瓦式两种，而轴瓦又分为长轴瓦和短轴瓦两种。

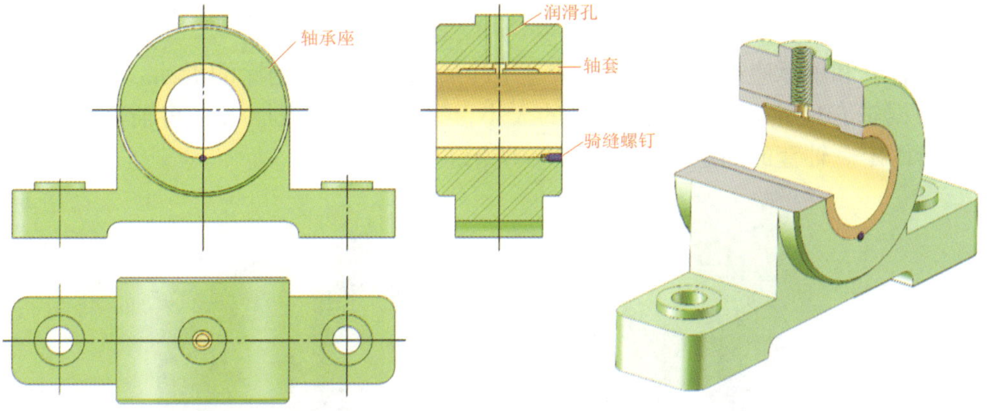

图 7–3　整体式滑动轴承

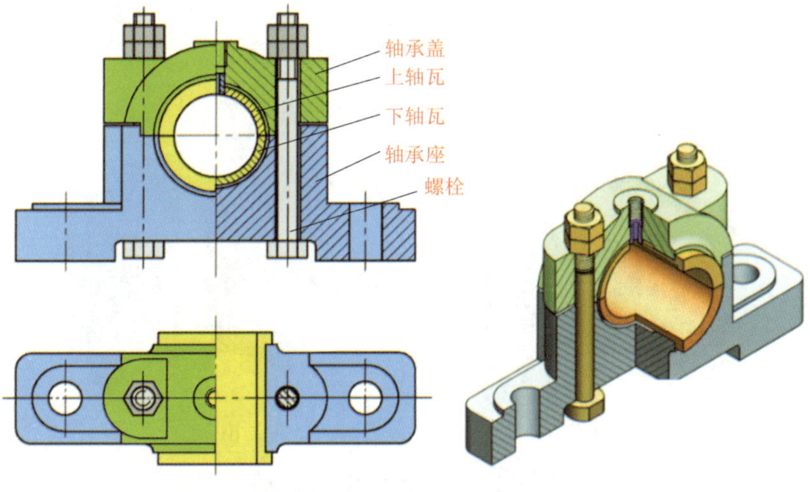

图 7–4　剖分式滑动轴承

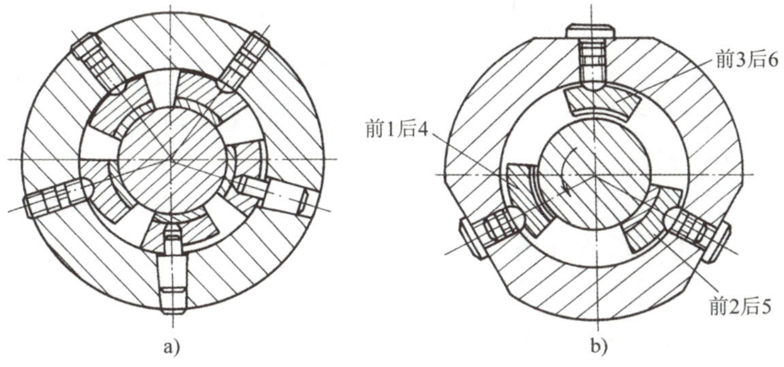

图 7–5　多瓦式自动调位轴承

a）五瓦式　b）三瓦式

二、滑动轴承的装配要求及装配方法

滑动轴承的装配技术要求主要是在轴颈与轴承之间获得合理的间隙，以保证轴颈与轴承的良好接触，使轴颈在轴承中旋转平稳、可靠。滑动轴承的装配方法取决于它们的结构形式。

1. 整体式滑动轴承的装配方法

（1）将轴套和轴承座孔去除毛刺，清理干净后在轴承座孔内涂润滑油。

（2）根据轴套尺寸和配合时过盈量的大小，采取敲入法或压入法将轴套装入轴承座孔内，并进行固定。轴套的固定方式如图 7–6 所示。

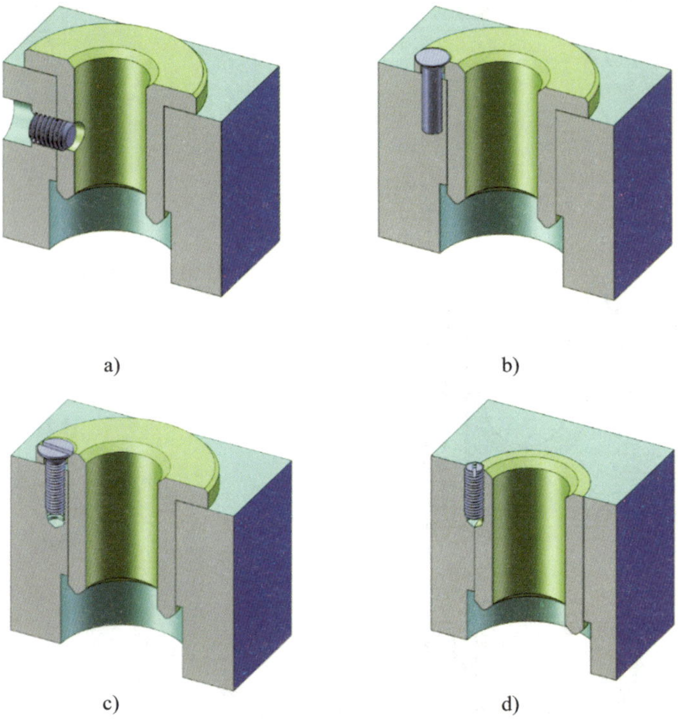

图 7–6　轴套的固定方式

a）径向紧固螺钉固定　b）端面铆钉固定

c）端面沉头螺钉固定　d）骑缝螺钉固定

（3）轴套压入轴承座孔后，易发生尺寸和形状变化，应采用铰削或刮削的方法对内孔进行修整、检验，以保证轴颈与轴套之间有良好的间隙配合。

2. 剖分式滑动轴承的装配方法

剖分式滑动轴承的装配顺序如图 7–7 所示。先将下轴瓦装入轴承座内，装上垫片，然后再装上轴瓦，最后装上轴承盖并用螺母固定。

剖分式滑动轴承的装配要点如下：

（1）上、下轴瓦与轴承座、盖应接触良好，同时轴瓦的台肩应紧靠轴承座两端面。轴瓦的定位方式如图 7–8 所示。

（2）为提高配合精度，轴瓦孔与轴应进行研点配刮。

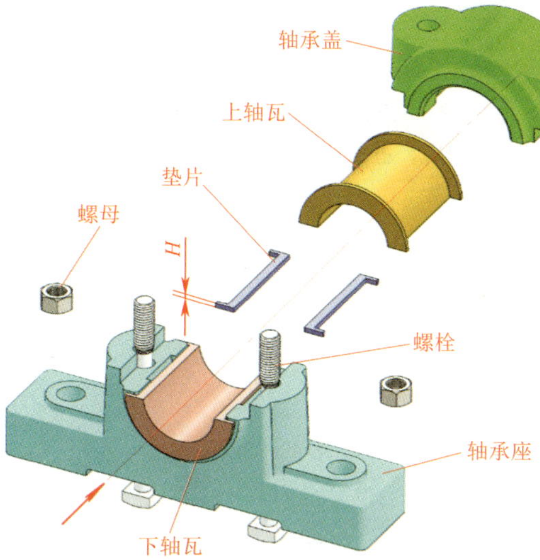

图 7–7　剖分式滑动轴承的装配顺序

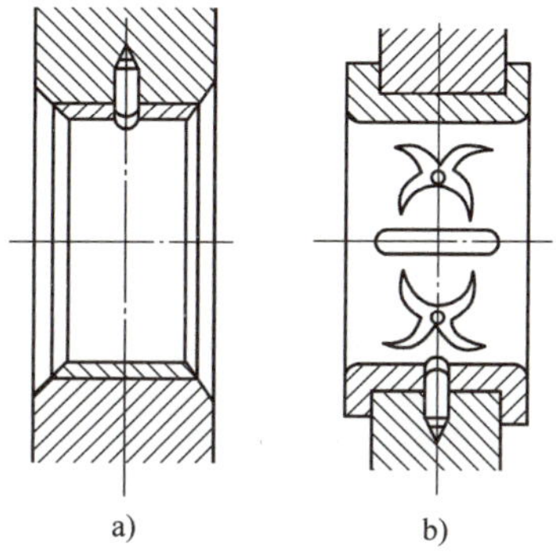

图 7–8　轴瓦的定位方式
a）定位销定位　b）台肩定位

3. 内柱外锥式滑动轴承的装配方法

内柱外锥式滑动轴承如图 7–1 所示，其装配方法如下。

（1）将轴承外套压入箱体的孔中，并保证有 H7/r6 的配合要求。

（2）用心棒研点，修刮轴承外套的内锥孔，并保证前、后轴承孔的同轴度。

（3）在轴承上钻油孔，与箱体、轴承外套油孔相对应，并与自身油槽相接。

（4）以轴承外套的内孔为基准研点，配刮轴承的外圆锥面，使接触精度符合要求。

（5）把轴承装入轴承外套的孔中，两端拧入螺母，并调整好轴承的轴向位置。

（6）以主轴为基准，配刮轴承的内孔，使接触精度合格，并保证前、后轴承孔的同轴度符合要求。

（7）清洗轴颈及轴承孔，重新装入主轴，并调整好间隙。

三、滑动轴承的修理

滑动轴承的损坏形式有工作表面的磨损、烧熔、剥落及裂纹等。造成这些缺陷的主要原因是油膜因某种原因破坏，而导致轴颈与轴承表面的直接摩擦。

1. 整体式滑动轴承的修复，一般采用更换轴套的方法。

2. 剖分式滑动轴承轻微磨损，可通过调整垫片、重新修刮的办法处理。

3. 内柱外锥式滑动轴承，如工作表面没有严重擦伤，仅作精度修整时，可以通过螺母来调整间隙；当工作表面有严重擦伤时，应将主轴拆卸，重新刮研轴承，恢复其配合精度。当没有调整余量时，可采用喷涂法等加大轴承外圆锥直径，或车去轴承小端部分圆锥面，加长螺纹长度以增加调整范围。当轴承变形、磨损严重时，则必须更换。

4. 对于多瓦式滑动轴承，当工作表面出现轻微擦伤时，可通过研磨的方法对轴承的内表面进行研抛修复。当工作表面因抱轴烧伤或磨损较严重时，可采用刮研的方法对轴承的内表面进行修复。

小提示

滑动轴承配刮轴瓦时，一般用与轴瓦配合的轴来显点。刮削时轴瓦两端为“硬点”，中间为“软点”，油槽两边的点子要“软”，以便形成油膜。油槽两端的点子分布要均匀，以防漏油。

§7–2 滚动轴承的装配

滚动轴承是指在承受载荷和彼此相对运动的零件间有滚动体作滚动运动的轴承。滚动轴承一般由内圈、外圈、滚动体和保持架四部分组成，如图 7–9 所示。内圈的作用是与轴相配合并与轴一起旋转；外圈作用是与轴承座孔（箱体孔）相配合，起支承作用；滚动体借助于保持架均匀地分布在内圈和外圈之间，其形状大小和数量直接影响着滚动轴承的使用性能和寿命；保持架除能使滚动体均匀分布外，还可以防止滚动体脱落。

滚动轴承具有摩擦力小、轴向尺寸小、更换方便和维护容易等优点，所以在机械制造中应用十分广泛。

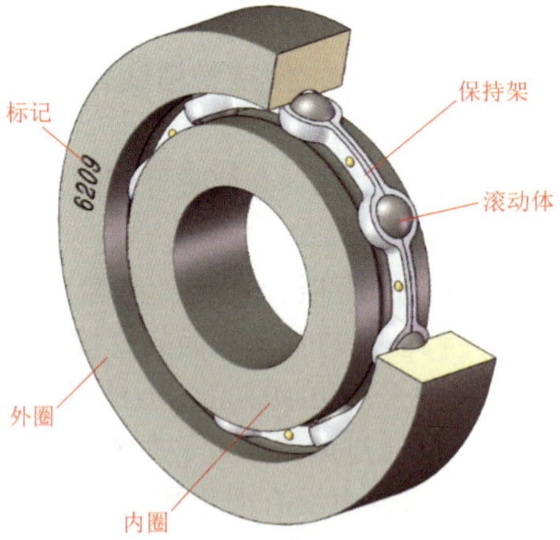

图 7–9　滚动轴承

一、滚动轴承的装配技术要求

1. 滚动轴承上带有标记代号的端面应装在可见方向，以便更换时查对。
2. 轴承装在轴上或装入轴承座孔后，不允许有歪斜现象。
3. 同轴的两个轴承中，必须有一个轴承在轴受热膨胀时有轴向移动的余地。

4. 装配轴承时，作用力应直接加在待配合的套圈端面上，不允许通过滚动体传递压力。

5. 装配过程中应保持清洁，防止异物进入轴承内。

6. 装配后的轴承应运转灵活，噪声小，工作时温升不得超过允许值。

二、滚动轴承的装配方法

滚动轴承的种类繁多，根据装配方法及特点一般分为不可分离轴承、可分离轴承、圆锥孔轴承、推力轴承等几大类。滚动轴承的内圈和轴颈为基孔制配合，外圈和轴承座孔为基轴制配合，其装配方法应视轴承尺寸大小和过盈量来选择。一般滚动轴承的装配方法有锤击法、压入法、热装法和液压套合法等。

1. 不可分离轴承的装配方法

不可分离轴承是指分部件之间不可分离的轴承，其中深沟球轴承最具有代表性。因其内、外圈不能分离，装配时，应按座圈的配合松紧程度来决定其装配顺序与装配方法。

（1）轴承座圈的装配顺序

轴承座圈的装配顺序一般遵循先紧后松的原则进行。

1）若轴承内圈与轴配合较紧，轴承外圈与轴承座配合较松，应先将轴承安装在轴上，然后将轴连同轴承一起装入轴承座孔内。压装时，力应直接作用在轴承内圈端面上，如图 7-10a 所示。

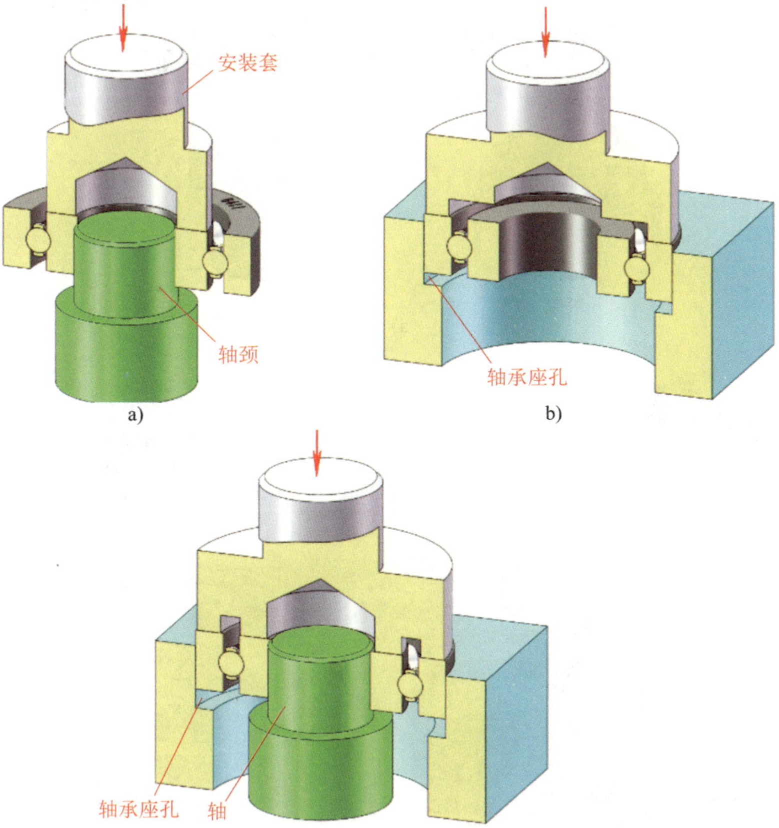

图 7-10　轴承座圈的装配顺序

a）先压装内圈　b）先压装外圈　c）内、外圈同时压装

2）若轴承外圈与轴承座孔配合较紧，轴承内圈与轴配合较松，则先将轴承压装在轴承座孔内，然后再把轴装入轴承。压装时，力应直接作用在轴承外圈端面上，如图 7–10b 所示。

3）若轴承内、外圈装配的松紧程度相同时，可用安装套使力同时作用在轴承内、外圈端面上，把轴承压入轴颈和轴承座孔中，如图 7–10c 所示。

（2）装配方法及工具

可根据配合过盈量的大小，分别采用锤击法、压力机压入法、热装法等进行。

1）锤击法　用于配合过盈量较小的场合。图 7–11a 是垫上安装套，用锤子将轴承装到轴颈上。注意：严禁用锤子直接敲击轴承座圈。图 7–11b、图 7–11c 是用锤子及铜棒在轴承内圈（或外圈）端面上对称地进行敲击装配。

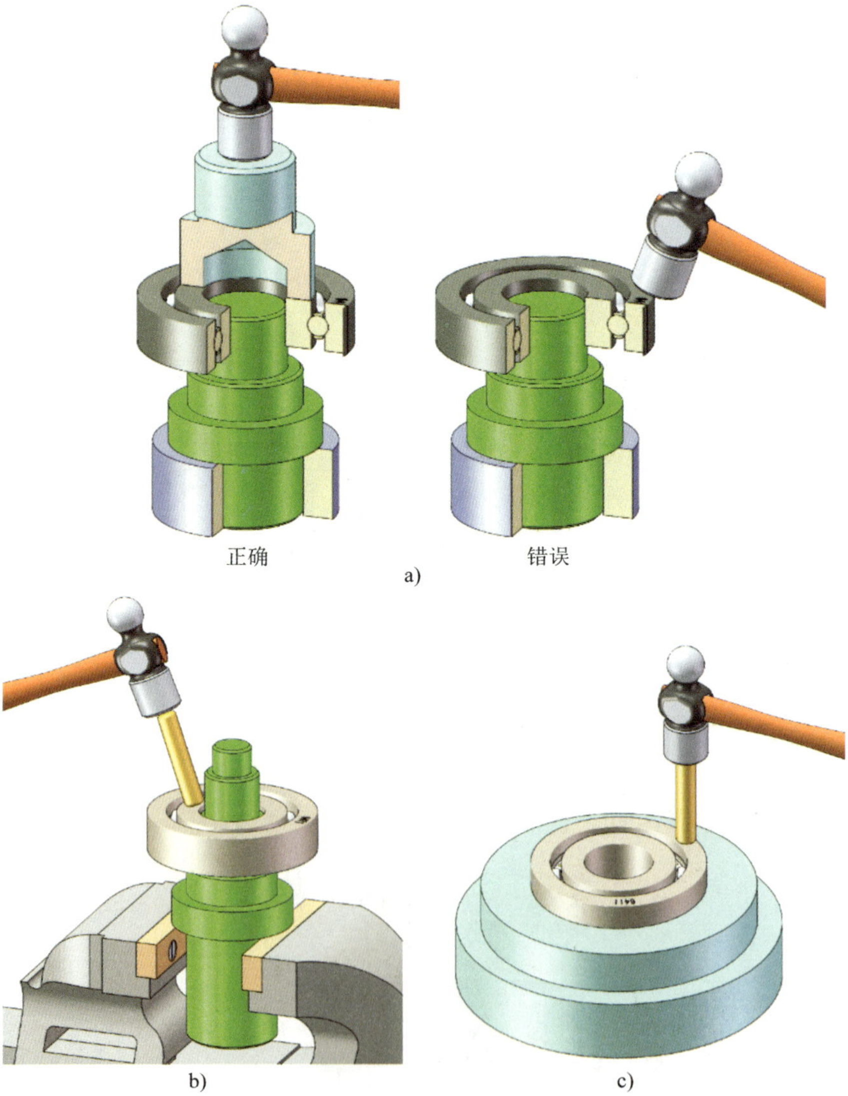

图 7–11　锤击法

a）锤击方法　b）将轴承装到轴颈上　c）将轴承装入孔内

2）压力机压入法　当配合过盈量较大时，可用压力机压入，如图 7–12 所示。

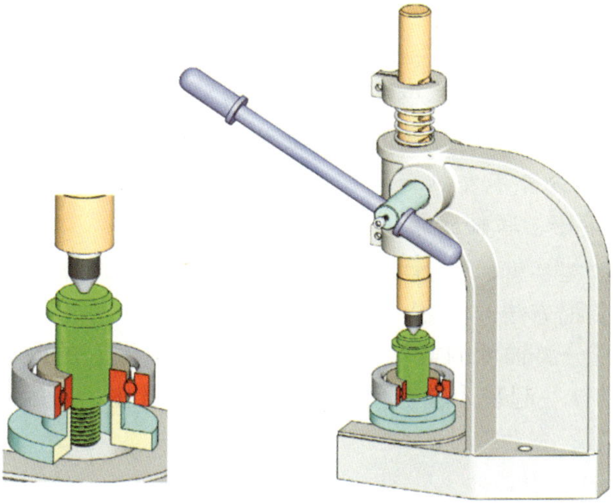

图 7–12　压力机压入法

3）热装法　对于高精度轴承装配时，一般采用热装法。即将轴承放在油中加热至 80 ~ 100 ℃后和常温状态的轴配合。为避免局部过热，加热时，轴承应置于油箱内的网格上或挂在油中加热，如图 7–13 所示。

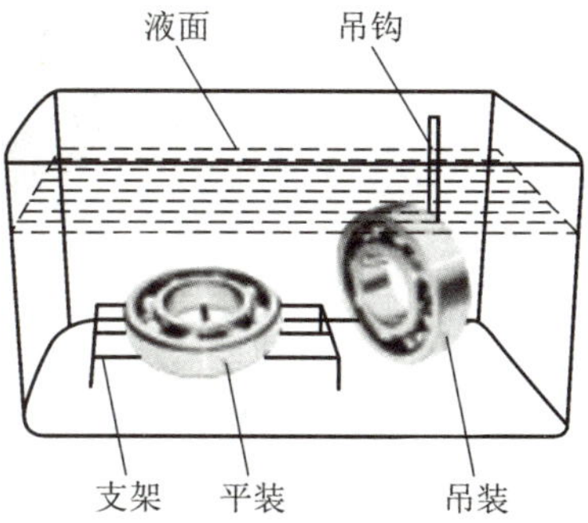

图 7–13　轴承在油箱中加热的方法

图 7–14 是利用电磁感应原理的一种加热方法。目前普遍采用工频加热，轴承的放置方式有立式放置和水平放置两种，可通过温控或时控来达到温度控制要求。加热时将轴承套在轭铁上，并将温度传感器吸在轴承内圈上，加热至设置温度即可自动停止或保温。电磁感应加热具有加热迅速、节能环保、温度易控、操作方便等特点，广泛用于生产线装配。

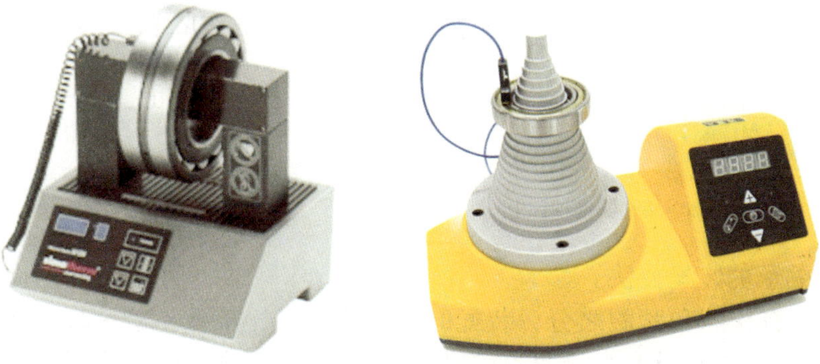

a)　b)

图 7–14　电磁感应加热
a）立式放置　b）水平放置

知识链接

感应加热器又叫轴承加热器、轴承感应加热器，其工作原理是利用交变的电流产生交变的磁场，这个交变的磁场使其中的金属导体内部产生涡流，从而使金属工件迅速发热。在感应加热的过程中，温度升高的只是被加热工件的金属部分，感应加热器本身和被加热工件的非金属部分并不发热。所有的环状闭合金属工件都可以用感应加热器来加热，如轴承、齿轮、带轮、联轴器等。

2. 可分离轴承的装配方法

圆锥滚子轴承是可分离轴承的典型，如图 7–15 所示。因它的内、外圈可以分离，装配时可分别将内圈和滚动体一起装入轴上，外圈装入轴承座孔中，装配时，仍按其过盈量大小来选择装配方法和工具。

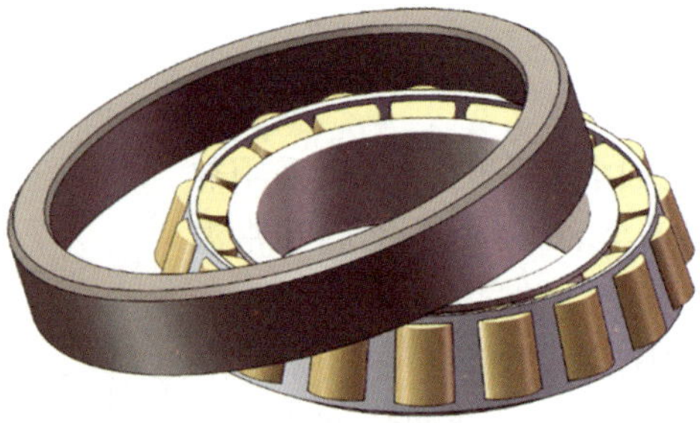

图 7–15　圆锥滚子轴承

3. 圆锥孔轴承的装配方法

圆锥孔轴承（如调心滚子轴承）的内圈带有一定的锥度，其装配方法如图 7–16 所示。

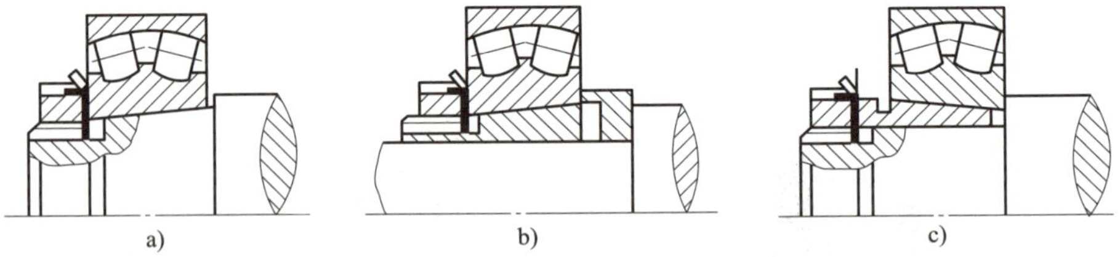

图 7–16　圆锥孔轴承的装配

a）装在圆锥轴颈上　b）装在紧定套上　c）装在退卸套上

4. 推力球轴承的装配方法

推力球轴承有松圈和紧圈之分，装配时一定要注意，千万不能装反，否则将造成轴发热甚至卡死现象。装配时应使紧圈靠在转动零件的端面上，松圈靠在静止零件（或箱体）的端面上，如图 7–17 所示。否则滚动体将丧失作用，从而加剧配合零件的磨损。

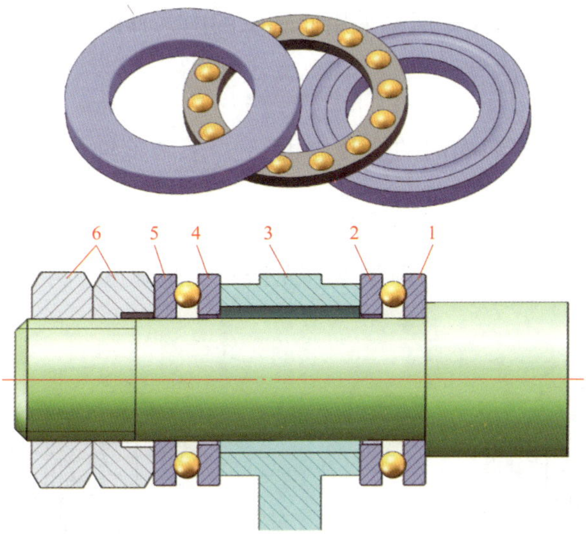

图 7-17　推力球轴承的装配

1、5—紧圈　2、4—松圈　3—箱体　6—螺母

三、滚动轴承的调整与预紧

1. 滚动轴承游隙的调整

滚动轴承的游隙是指在一个套圈固定的情况下，另一个套圈沿径向或轴向的最大活动量。游隙又分径向游隙和轴向游隙两种，如图 7-18 所示。

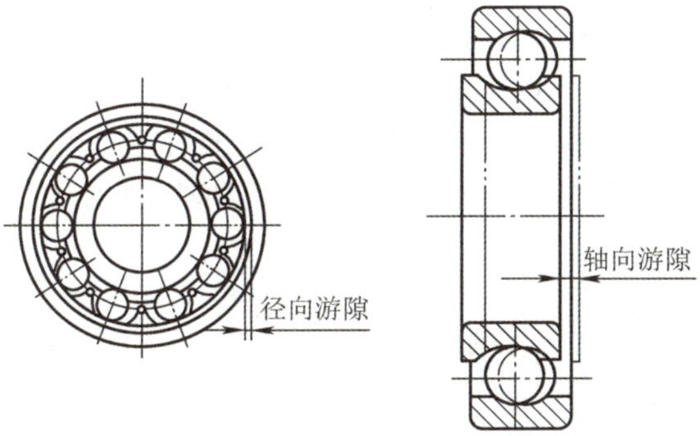

图 7-18　轴承的游隙

根据轴承所处的状态不同，游隙又分为原始游隙、配合游隙和工作游隙。

原始游隙：轴承在未安装前自由状态下的游隙。

配合游隙：轴承装在轴上和箱体孔内的游隙。

工作游隙：轴承在承受载荷时的游隙。一般情况下，原始游隙和工作游隙大于配合游隙。

滚动轴承的游隙不能太大或太小。游隙太大，会造成同时承受载荷的滚动体的数量减少，使单个滚动体的载荷增大，从而降低轴承的旋转精度，降低使用寿命。游隙太小，会使摩擦力增大，产生的热量增加，加剧磨损，同样使轴承的使用寿命降低。因此，许多轴承在装配时都要严格控制和调整游隙。通常采用使轴承的内、外圈作适当的轴向相对位移的方法来保证游隙。游隙的调整方法有：

（1）调整垫片法

通过调整轴承盖与壳体端面间的垫片厚度 δ，来调整轴承的轴向游隙，如图 7–19 所示。

（2）螺钉调整法

如图 7–20 所示的结构，调整的顺序是：先松开锁紧螺母，再调整螺钉，待游隙调整好后再拧紧螺母。

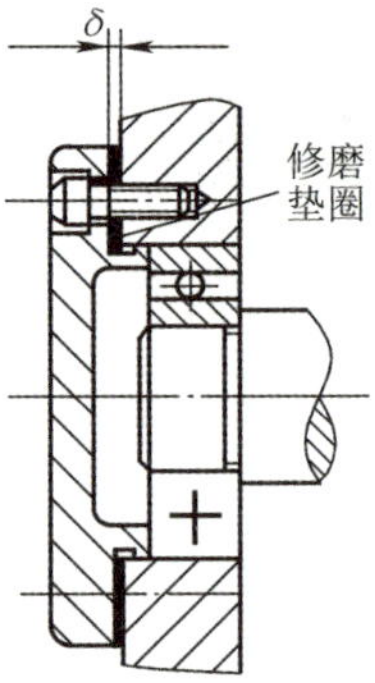

图 7–19　用垫片调整轴承游隙

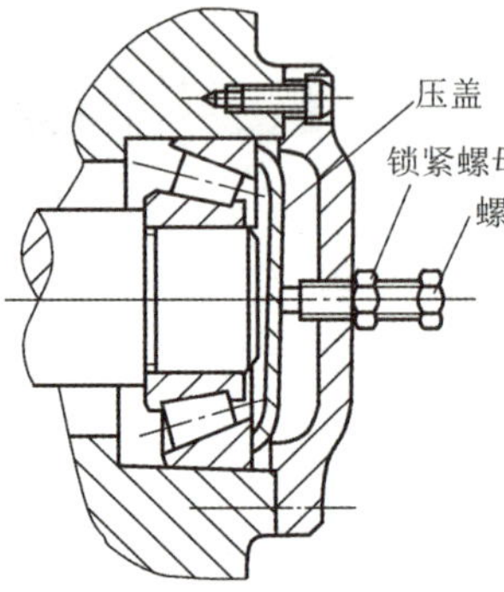

图 7–20　用螺钉调整轴承游隙

2. 滚动轴承的预紧

对于承受载荷较大，旋转精度要求较高的轴承，大都是在无游隙甚至有少量过盈的状态下工作的，这时对轴承装配就需要进行预紧。预紧就是轴承在装配时，给轴承的内圈或外圈施加一个轴向力，以消除轴承游隙，并使滚动体与内、外圈接触处产生初变形。预紧能提高轴承在工作状态下的刚度和旋转精度。滚动轴承的预紧原理如图 7–21 所示。

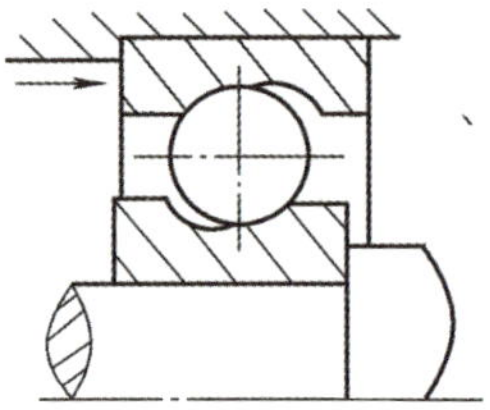

图 7–21　滚动轴承的预紧原理

滚动轴承的预紧方法有以下几种：

（1）成对配置角接触球轴承的预紧

角接触球轴承装配时的配置方式如图 7–22 所示。图 a 为背对背（外圈宽边相对）配置安装；图 b 为面对面（外圈窄边相对）配置安装；图 c 为串联配置安装。若按图示箭头方向施加预紧力，即可达到预紧目的。在成对安装的轴承之间配置不同厚度的间隔套，可得到不同的预紧力，如图 7–23 所示。

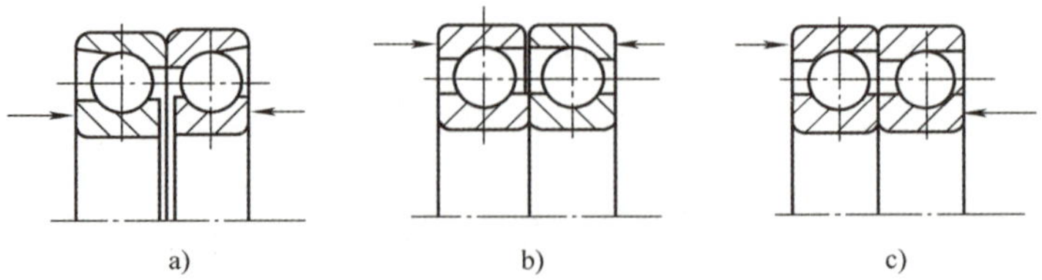

图 7–22　成对配置角接触球轴承的预紧

a）背对背配置　b）面对面配置　c）串联配置

（2）单个角接触球轴承的预紧

如图 7–24 所示，通过调整螺母，使弹簧产生不同的预紧力施加在轴承外圈上，达到预紧的目的。

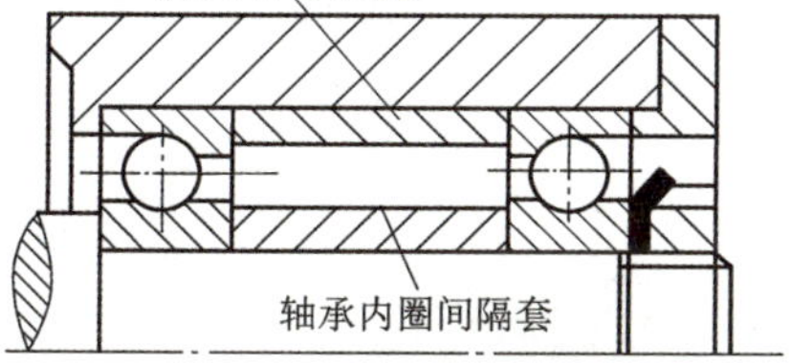

图 7–23　用间隔套长度差预紧

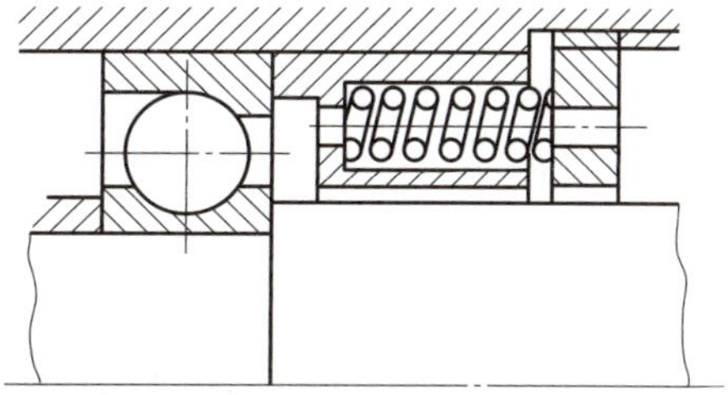

图 7–24　单个角接触球轴承预紧

（3）圆锥孔轴承的预紧

如图 7–25 所示，先松开左侧锁紧螺母，再拧紧右侧锁紧螺母，可通过隔套使轴承内圈向轴颈大端移动，使轴承内圈直径增大形成预负荷，从而达到预紧的目的。最后将调整螺母锁紧，以防松动。

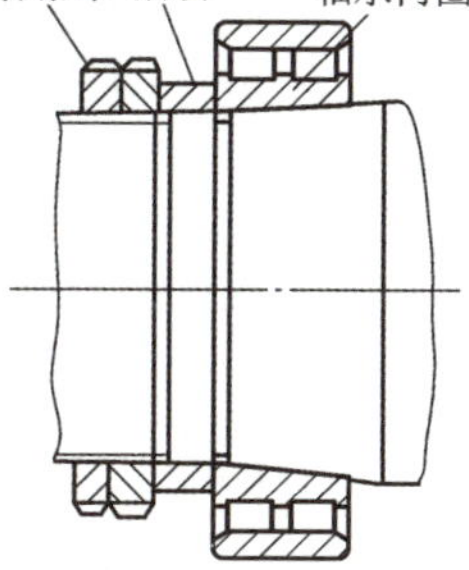

图 7–25　圆柱孔轴承预紧

四、滚动轴承的修理

滚动轴承在长期使用中会出现磨损或损坏，发现故障后应及时调整或修理，否则轴承将会很快地失效。滚动轴承的失效形式有疲劳、磨损、腐蚀、电蚀、塑性变形、断裂和开裂等。

对于轻度磨损的轴承可通过清洗轴承、轴承壳体，重新更换润滑油和精确调整间隙的方法来恢复轴承的工作精度和工作效率。

对于磨损严重或失效的轴承，一般采取更换处理。

§7–3　轴组的装配

轴是机械中的重要零件，通常旋转类的传动零件，如齿轮、带轮、蜗轮等都要装到轴上才能工作。轴、轴上零件与两端轴承支座的组合，称为轴组。轴组装配是指将装配好的轴组组件，正确地安装到机器中，达到装配技术要求，保证其能正常工作。轴组装配的主要内容包括将轴组装入箱体（或机架）中，进行轴承固定、游隙调整、轴承预紧、轴承密封和轴承润滑装置的装配等。

一、滚动轴承的固定

轴在工作时，既不允许有径向跳动，也不允许有较大的轴向移动，但又要保证轴不致因受热膨胀而卡死，因此要求轴承有合理的固定方式。轴承的径向固定是靠外圈与壳体孔的配合来解决的；轴承的轴向固定有两端单项固定和一端双向固定两种基本方式。

1. 两端单向固定

滚动轴承两端单向固定如图 7–26 所示。在轴两端的支承点，用轴承盖单向固定，分别限制了轴两个方向的轴向移动。为避免轴受热伸长将轴卡死，在右端轴承外圈与轴承盖间留有一定的间隙，间隙的大小可通过调整垫片组的厚度来实现。

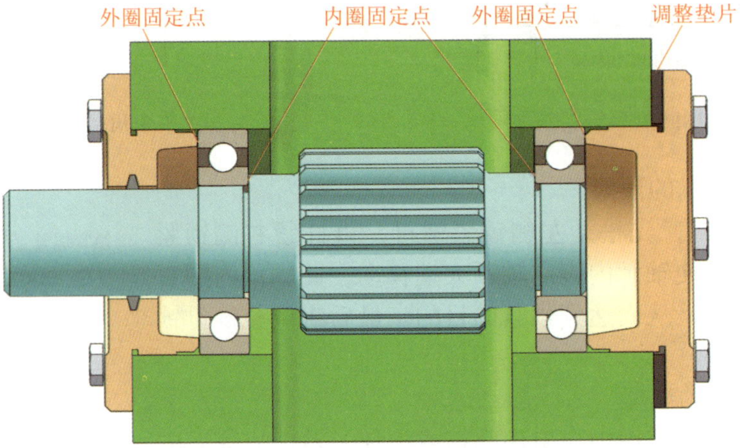

图 7–26　滚动轴承两端单向固定

2. 一端双向固定

滚动轴承一端双向固定如图 7–27 所示。将右端轴承内、外圈双向固定，左端轴承可随轴作轴向游动。这种固定方式工作时不会产生轴向窜动，轴受热时又能自由地向一端伸长，轴不会被卡死。

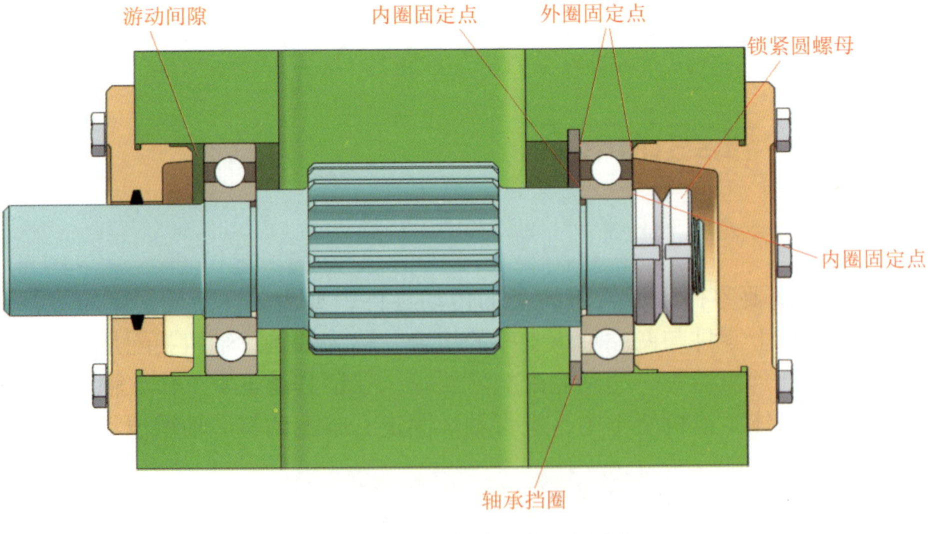

图 7–27　滚动轴承一端双向固定

轴组装配时轴承游隙的调整和预紧方法，前面已经介绍，在此不再叙述。

二、滚动轴承的定向装配

对于旋转精度要求较高的主轴，为了提高主轴的回转精度，轴承内圈与主轴装配及轴承外圈与箱体孔装配时，常采用定向装配的方法。定向装配就是人为地控制各装配件径向跳动误差的方向，合理组合，采用误差相互抵消的方法来提高装配精度。装配前需对主轴轴端锥孔中心线偏差及轴承的内、外圈径向跳动进行测量，确定误差值和方向并做好标记。

1. 测量轴承外圈径向圆跳动误差的方法（图 7–28a）

转动外圈并沿百分表方向施加一定的压力，同时旋转轴承外圈即可测出外圈径向圆跳动的最高（低）点和数值，并做好标记。

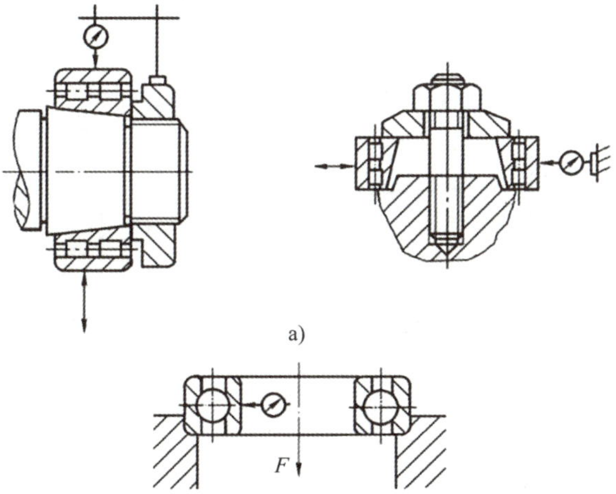

a)

b)

图 7–28　测量轴承径向圆跳动误差的方法

a）测量轴承外圈径向圆跳动误差　b）测量轴承内圈径向圆跳动误差

2. 测量轴承内圈径向圆跳动误差的方法（图 7–28b）

检测时，外圈固定不动，内圈端面上加适当载荷，旋转内圈，按表针的指示标出内圈径向圆跳动的最高（低）点和数值，并做好标记。

3. 测量主轴锥孔中心线偏差的方法（图 7–29）

检测时，将主轴轴颈置于 V 形架上，轴向用钢球支撑在角铁上，在主轴锥孔中插入检验棒，把百分表分别支在近主轴端及距轴端 L 处，转动主轴测出锥孔中心线的最大偏差值及偏差方向，并做好标记。

4. 定向装配要点

（1）主轴前轴承的精度比后轴承的精度高一级。

（2）前后两个轴承内圈径向圆跳动量最大的方向置于同一轴向截面内，并位于旋转中心线的同一侧。

（3）前后两个轴承内圈径向圆跳动量最大的方向与主轴锥孔中心线的偏差方向相反。

按不同方法进行装配后的主轴精度比较如图 7–30 所示。

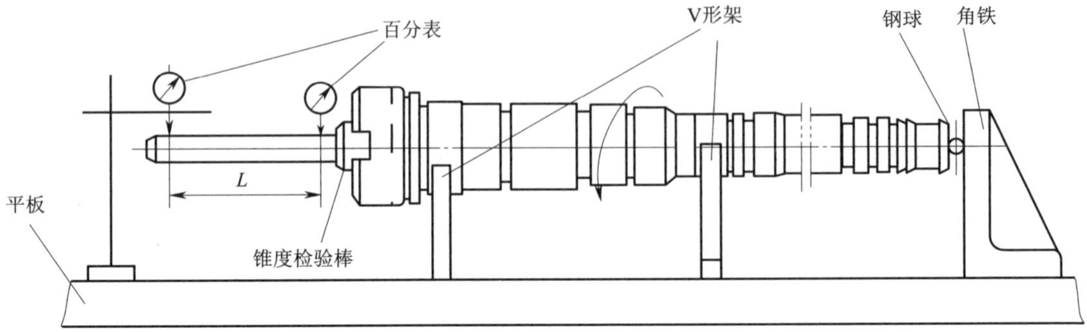

图 7-29　测量主轴锥孔中心线偏差的方法

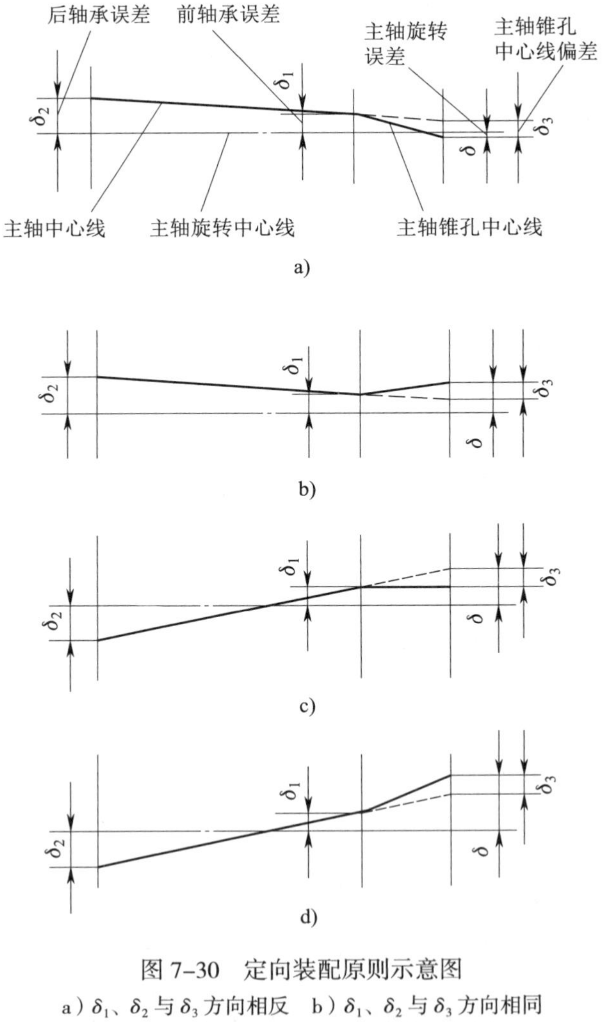

图 7-30　定向装配原则示意图

a）δ_1、δ_2 与 δ_3 方向相反　b）δ_1、δ_2 与 δ_3 方向相同

c）δ_1 与 δ_2 方向相反，δ_3 在主轴中心线内侧

d）δ_1 与 δ_2 方向相反，δ_3 在主轴中心线外侧

图中 δ_1、δ_2 分别分为主轴前、后轴承内圈的径向圆跳动量；δ_3 为主轴锥孔中心线对主轴回转中心线的径向圆跳动量；δ 为主轴的径向圆跳动量。

如图 7-30a 所示，按定向装配要求进行装配的主轴的径向圆跳动量 δ 最小，$\delta<\delta_3<\delta_1<\delta_2$。如果前后轴承精度相同，主轴的径向圆跳动量反而增大。

同理，轴承外圈也应按上述方法定向装配。对于箱体部件，由于检测轴承孔偏差较费时间，可将前后轴承外圈的最大径向跳动点在箱体孔内装在一条直线上即可。

三、典型主轴轴组的装配

下面以较典型的 CA6140 型卧式车床为例，介绍其主轴轴组的装配要求及方法。

1. 主轴部件的结构

图 7-31a 所示为 CA6140 型卧式车床主轴轴组。主轴是一个空心的阶梯轴，其内孔可用来通过棒料或拆卸顶尖时用来穿入金属棒，也可用于安装气动、电动或液动夹紧机构。主轴前端的锥孔为莫氏 6 号锥度，用来安装顶尖套及顶尖；也可安装心轴，利用锥面配合的摩擦力直接带动心轴转动。

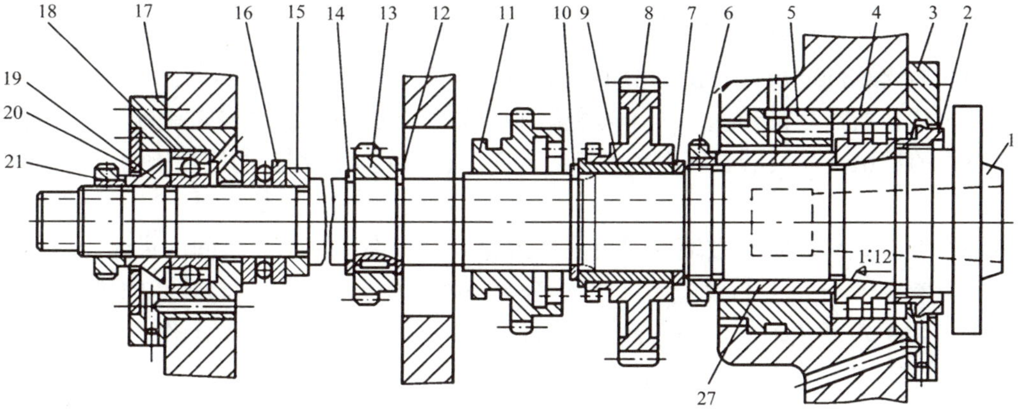

a)

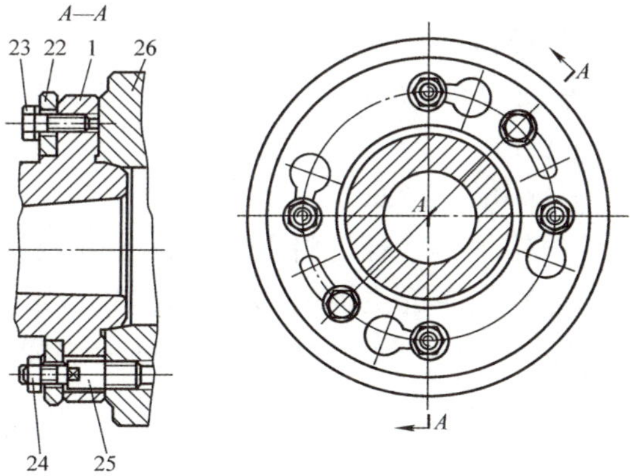

b)

图 7-31 CA6140 型卧式车床主轴部件结构

a）主轴轴组 b）主轴前端结构形式

1—主轴 2—密封套 3—前轴承端盖 4—双列圆柱滚子轴承 5—阻尼套筒 6、21—圆螺母 7、15—垫圈 8、11、13—齿轮 9—衬套 10、12、14—开口垫圈 16—推力球轴承 17—后轴承壳体 18—角接触球轴承 19—锥形密封套 20—盖板 22—锁紧盘 23—螺钉 24—螺母 25—螺栓 26—卡盘座主轴前端采用短锥法兰式结构，它的作用是安装卡盘和拨盘，如图 7–31b 所示。它以短锥和轴肩端面作定位面。卡盘、拨盘等夹具通过卡盘座 26，用四个螺栓 25 固定在主轴 1 上。安装卡盘时，只需将预先拧紧在卡盘上的螺栓 25 连同螺母 24 一起，从主轴 1 轴肩和锁紧盘 22 上的孔中穿过，然后将锁紧盘转过一个角度，使螺栓进入锁紧盘上宽度较窄的圆弧槽内，把螺母卡住（如图中所示位置），然后再把螺钉 23 拧紧，就可把卡盘等夹具紧固在主轴上。这种主轴轴端结构的定心精度高，连接刚度好，卡盘悬伸长度短，装卸卡盘也比较方便，因此，在新型车床上应用很普遍。

主轴安装在两支承上，前支承为 P5 级精度的双列圆柱滚子轴承，用于承受径向力。轴承内圈和主轴之间有 1∶12 锥度相配合。当内圈与主轴在轴向相对移动时，内圈可产生弹性膨胀或收缩，以调整轴承的径向间隙大小，调整后将圆螺母锁紧。前支承处装有阻尼套筒，内套装在主轴上，外套装在前支承座孔内。内、外套之间有 0.2 mm 的径向间隙，其中充满了润滑油，能有效地抑制振动，提高主轴的动态性能。

后轴承由一个推力球轴承和角接触球轴承组成，分别用以承受轴向力（左、右）和径向力。同理，轴承的间隙和预紧可以用主轴尾端的螺母调整。

主轴前后支承的润滑都是由润滑油泵供油。润滑油通过进油孔对轴承进行充分的润滑，并带走轴承运转所产生的热量。为了避免漏油，前后支承采用了油沟式密封。主轴旋转时，由于离心力的作用，油液沿着斜面（朝箱内方向）被甩到轴承端盖的接油槽内，由油孔流向主轴箱。

主轴上装有三个齿轮，右端的斜齿圆柱齿轮 8 空套在主轴上；中间的齿轮 11 可以在主轴的花键上滑移。当齿轮 11 处于中间不啮合（空挡）位置时，主轴与轴承的传动联系被断开，这时可用手转动主轴，以便于测量主轴回转精度及装夹时找正等工作。左端的齿轮 13 固定在主轴上，用于将动力传递给进给箱。

2. 主轴部件的精度

主轴部件是车床的关键部分，在工作时承受很大的切削抗力。加工工件的精度和表面粗糙度，在很大程度上取决于主轴部件的刚度和回转精度。

主轴部件的精度是指它在装配调整之后的回转精度，包括主轴的径向圆跳动、轴向窜动以及主轴旋转的均匀性和平稳性。

（1）主轴径向圆跳动的测量（图 7–32a）

在锥孔中紧密地插入一根锥柄检验棒，将百分表固定在机床上，使百分表测头顶在检验棒表面上，旋转主轴，分别在靠近主轴端部的 a 处和距 a 点 300 mm 的 b 处检验。为了避免检验棒锥柄配合不良的影响，拔出检验棒，相对主轴旋转 90°，重新插入主轴锥孔内，依次重复检验四次，四次测量结果的平均值即为主轴在 a 点和 b 点的径向圆跳动误差。

（2）主轴轴向窜动（轴向圆跳动）的测量（图 7–32b）

在主轴锥孔中紧密地插入一根锥柄短检验棒，中心孔中装入钢球（钢球用黄油粘上），百分表固定在床身上，使百分表触头顶在钢球上。旋转主轴进行检查，百分表读数的最大差值，就是轴向窜动误差值。

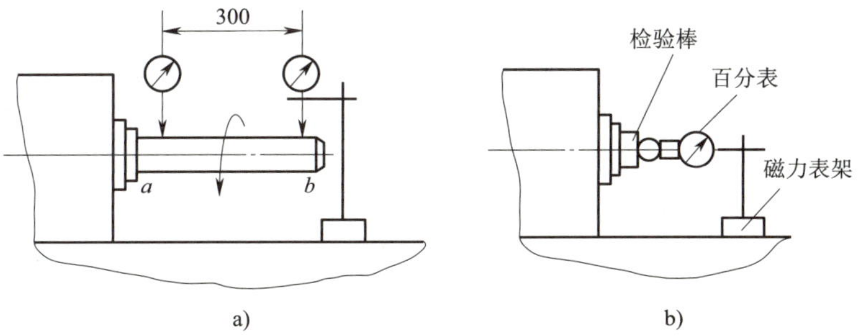

a)　　b)

图 7–32　主轴部件回转精度的检查

a）径向圆跳动的测量　b）轴向窜动的测量

3. 主轴轴组的装配

CA6140 型卧式车床主轴轴组的装配顺序如下：

（1）将阻尼套筒 5 的外套和双列圆柱滚子轴承 4 的外圈及前轴承端盖 3 装入主轴箱体前轴承孔中，并用螺钉将前轴承端盖固定在箱体上。

（2）把主轴分组件（由主轴 1、密封套 2、双列圆柱滚子轴承 4 的内圈及阻尼套筒 5 的内套组装而成）从主轴箱前轴承孔中穿入。在此过程中，从箱体上面依次将圆螺母 6、垫圈 7、齿轮 8、衬套 9、开口垫圈 10、齿轮 11、开口垫圈 12、键、齿轮 13、开口垫圈 14、垫圈 15 及推力球轴承 16 装在主轴上，并将主轴安装至要求的位置，如图 7–31a 所示。适当预紧圆螺母 6，防止轴承内圈因转动改变方向。

（3）从箱体后端，将后轴承壳体分组件装入箱体，并拧紧螺钉。

（4）将角接触球轴承 18 按定向装配法装在主轴上，敲击时用力不要过大，以免主轴移动。

（5）依次装入锥形密封套 19、盖板 20、圆螺母 21 并拧紧所有螺钉。

（6）对装配情况进行全面检查，以防止遗漏和错装。

装配双列圆柱滚子轴承 4 内圈时，应先检查其内锥面与主轴锥面的接触面积，一般应大于 50%。如果锥面接触不良，收紧轴承时，会使轴承内滚道发生变形，破坏轴承精度，降低轴承使用寿命。

4. 主轴轴组的调整

（1）主轴轴组的预装调整

在主轴箱未装入其他零件之前，应进行一次预装，预装调整的目的是为了检查组成主轴轴组的各零件是否能达到规定的装配要求，同时，空箱便于翻转，修刮箱体底面比较方便，易于保证底面与床身结合面的良好接触以及主轴轴线对床身导轨的平行度。主轴轴承的调整顺序，一般是先调整固定支承，再调整游动支承。因 CA6140 型卧式车床主轴后支承对轴有双向轴向固定作用，未调整之前，主轴可以任意翘动，不能定心，影响前轴承调整的准确性。因此，主轴前、后轴承的调整顺序是：先调整后轴承，再调整前轴承。

1）后轴承的调整　先将圆螺母 6 松开，旋转圆螺母 21，逐渐收紧角接触球轴承 18 和推力球轴承 16。用百分表触及主轴前端面，用适当的力前后推动主轴，保证轴向间隙在 0.01 mm 之内。同时用手转动大齿轮 8，若感觉不太灵活，可能是角接触球轴承内、外圈没有装正，可用木锤（或铜棒）在主轴前后端敲击，直到用手感觉主轴旋转灵活自如后，再将两螺母锁紧。

2）前轴承的调整　逐渐拧紧圆螺母 6，通过阻尼套筒 5 内套的移动，使双列圆柱滚子轴承 4 的内圈做轴向移动，迫使内圈胀大。如图 7–33 所示，用百分表触及主轴前端轴颈处，撬动杠杆使主轴受 200 ~ 300 N 的径向力，保证轴承径向间隙在 0.005 mm 之内，且大齿轮转动灵活，最后将圆螺母 6 锁紧。

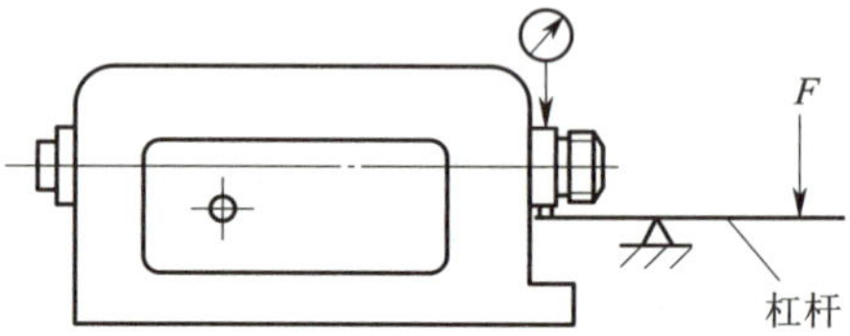

图 7–33　主轴径向间隙的检查

（2）主轴轴组的试车调整

机床正常运转时，随着主轴箱内温度的升高，主轴轴承间隙也会发生变化。因此，主轴的间隙，一般应在机床温升稳定后再进行调整。试车调整方法如下：

按要求给主轴箱加入润滑油，适当拧松圆螺母 6 和圆螺母 21（原始位置做好标记），用木锤（或铜棒）在主轴前、后端适当振击，使轴承回松，保持间隙在 0 ~ 0.02 mm。主轴从低速到高速空运转时间不超过 2 h，在最高速的运转时间不少于 30 min，一般温升不超过 60 ℃即可。停车后锁紧圆螺母 6 和圆螺母 21，结束调整工作。

思考与练习

1. 滑动轴承的特点是什么？有哪些类型？对滑动轴承的装配要求有哪些？
2. 简述整体式滑动轴承的装配要点。
3. 简述剖分式滑动轴承的装配要点。
4. 简述内柱外锥式滑动轴承的装配和调整过程。
5. 滑动轴承的损坏形式有哪些？如何修复？
6. 简述滚动轴承的结构及各部分的作用。
7. 滚动轴承的装配技术要求有哪些？
8. 简述角接触球轴承、圆锥滚子轴承和推力球轴承的装配要点。
9. 为什么要调整滚动轴承的游隙？调整原则是什么？
10. 滚动轴承预紧的目的是什么？常用的预紧方法有哪些？
11. 滚动轴承的损坏形式有哪些？如何修复？
12. 轴组装配主要包括哪些工作？
13. 滚动轴承的轴向固定有哪两种基本方式？
14. 什么叫滚动轴承的定向装配？
15. 车床主轴部件的旋转精度包括哪些内容？

第八章

卧式车床及其总装配

金属切削机床是指用切削、特种加工等方法加工各种金属工件，使之获得所要求的几何形状、尺寸精度和表面质量的机器（便携式除外）。它是机械制造业中的主要加工设备。其中，卧式车床在金属切削机床中占有重要的地位。

§8-1 金属切削机床型号

一、机床通用型号

1. 机床通用型号的构成

金属切削机床型号是机床的代号，用以表明金属切削机床的类别、主要技术参数、结构特性等。我国目前的机床型号是按 GB/T 15375—2008《金属切削机床型号编制方法》编制的。此标准规定，机床型号由大写汉语拼音字母及阿拉伯数字按一定规律组合而成，它适用于新设计的各类通用及专用金属切削机床及加工自动线（不包括组合机床、特种加工机床）。机床通用型号构成如下所示：

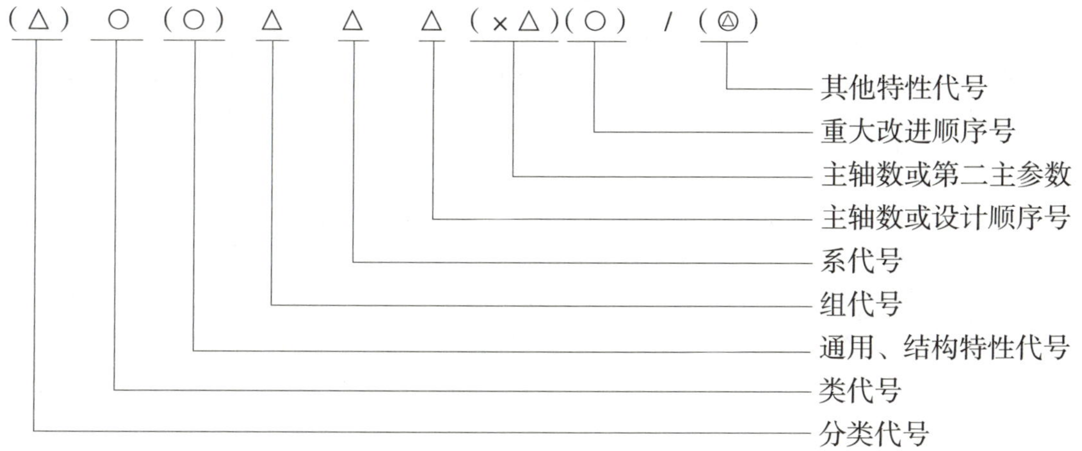

知识链接

机床的型号由基本部分和辅助部分组成，中间用“/”隔开，读作“之”。基本部分需统一管理，辅助部分纳入型号与否由企业决定。有“(　)”的代号或数字，当无内容时，则不表示，若有内容则不带括号。有“○”符号者，为大写的汉语拼音字母。有“△”符号者，为阿拉伯数字。有“◎”符号者，可为大写的汉语拼音字母或阿拉伯数字，也可两者兼而有之。

2. 机床分类及其代号

机床按其工作原理可划分为车床、钻床、镗床、磨床、齿轮加工机床、螺纹加工机床、铣床、刨插床、拉床、锯床和其他机床等共 11 类。

机床的类别代号包括类代号和分类代号。

机床的类别代号用大写的汉语拼音字母表示，如车床用“C”表示，钻床用“Z”表示。必要时，每类可分为若干分类。分类代号用阿拉伯数字表示，位于类代号之前，作为型号的首位。第一分类代号前的“1”省略，第二、第三分类代号则应予以表示。例如，磨床类机床分为 M、2M 和 3M 三个分类。机床的类代号及读音见表 8–1。

表 8–1　　机床的分类和代号（摘自 GB/T 15375—2008）

类别	车床	钻床	镗床	磨床			齿轮加工机床	螺纹加工机床	铣床	刨插床	拉床	锯床	其他机床
代号	C	Z	T	M	2M	3M	Y	S	X	B	L	G	Q
读音	车	钻	镗	磨	二磨	三磨	牙	丝	铣	刨	拉	割	其

3. 特性代号

（1）通用特性代号

当某类型机床，除有普通型外，还有某种通用特性时，则在类别代号之后加通用特性代号予以区分。通用特性代号用大写的汉语拼音字母表示，按其相应的汉字字意读音。例如，“CK”表示数控车床。如同时具有 2 ～ 3 种通用特性时，一般按重要程度来排列先后顺序。例如，“MBG”表示半自动高精度磨床。如某类机床仅有通用特性，而无普通型时，则通用特性不予表示。通用特性代号有统一的规定含义，它在各类机床型号中，表示的意义相同。通用特性代号及读音见表 8–2。

表 8–2　　机床通用特性代号（摘自 GB/T 15375—2008）

通用特性	高精度	精密	自动	半自动	数控	加工中心（自动换刀）	仿形	轻型	加重型	柔性加工单元	数显	高速
代号	G	M	Z	B	K	H	F	Q	C	R	X	S
读音	高	密	自	半	控	换	仿	轻	重	柔	显	速

（2）结构特性代号

对主参数值相同而结构、性能不同的机床，在型号中加结构特性代号予以区分。根据各类机床的具体情况，对某些结构特性代号，可以赋予一定含义，但结构特性代号与通用特性代号不同，它在型号中没有统一的含义，只在同类机床中起区分机床结构、性能不同的作用。当型号中有通用特性代号时，结构特性代号应排在通用特性代号之后。结构特性代号用大写的汉语拼音字母（通用特性代号已用的字母和“I”“O”两个字母不能用）A、B、C、D、E、L、N、P、T、Y 表示。例如，CA6140 型卧式车床型号中的“A”为结构特性代号，表示这种型号车床在结构上有别于 C6140 型车床。当单个字母不够用时，可将两个字母组合起来使用，如 AD、AE 等，或 DA、EA 等。

4. 组、系代号

机床的组系代号包括组代号和系代号。

机床按其工作原理分为 11 类。每类机床划分为十个组，每个组又划分为十个系（系列）。组、系划分的原则：在同一类机床中，主要布局或使用范围基本相同的机床，即为同一组；在同一组机床中，其主参数相同，主要结构及布局形式相同的机床，即为同一系。机床的组代号用一位阿拉伯数字表示，位于类别代号或通用特性代号、结构特性代号之后；机床的系代号用一位阿拉伯数字表示，位于组代号之后。例如，CA6140 型卧式车床型号中的“61”，表示它属于车床类 6 组，1 系列。各类机床的组、系划分见附表 8 所列（只节选车床、钻床两类）。

5. 主参数

机床主参数表示机床规格大小并反映机床最大工作能力。主参数代号是以机床最大加工尺寸或与此有关的机床部件尺寸的折算值表示，位于系代号之后。当折算值大于 1 时，则取整数，前面不加“0”，当折算值小于 1 时，则取小数点后第一位数，并在前面加“0”。

6. 通用机床的设计顺序号

某些通用机床，当无法用一个主参数表示时，则在型号中用设计顺序号表示。设计顺序号由 1 起始，当设计顺序号小于 10 时，由 01 开始编号。

7. 主轴数和第二主参数

对于多轴车床、多轴钻床、排式钻床等机床，其主轴数应以实际数值列入型号，置于主参数之后，用“×”分开，读作“乘”。单轴可省略，不予表示。

第二主参数（多轴机床的主轴数除外），一般不予表示，如有特殊情况，需在型号中表示。在型号中表示的第二主参数，一般以折算成两位数为宜，最多不超过三位数。以长度、深度等表示的，其折算系数为 1/100；以直径、宽度值表示的，其折算值为 1/10；以厚度、最大模数值等表示的，其折算系数为 1。当折算值大于 1 时，则取整数；当折算值小于 1 时，则取小数点后第一位数，并在前面加“0”。

8. 重大改进顺序号

当机床的结构、性能有更高的要求，并需按新产品重新设计、试制和鉴定时，为区别原机床型号，要在型号基本部分的尾部按改进的先后顺序选用 A、B、C 等汉语拼音字母（但“I”“O”两个字母不能用）表示。例如，型号 CG6125B 中的“B”表示 CG6125 型高精度卧式车床的第二次重大改进。

重大改进设计不同于完全的新设计，它是在原有机床的基础上进行改进设计，因此，重大改进后的产品与原型号的产品，是一种取代关系。

9. 其他特性代号

其他特性代号置于辅助部分之首。其中同一型号机床的变形代号，一般应放在其他特性代号之首位。其他特性代号主要用以反映各类机床的特性。如：对于数控机床，可用来反映不同的控制系统等；对于加工中心，可用以反映控制系统、联动轴数、自动交换主轴头、自动交换工作台等；对于柔性加工单元，可用以反映自动交换主轴箱；对于一机多能机床，可用以补充表示某些功能；对于一般机床，可以反映同一型号机床的变形等。

其他特性代号可用汉语拼音字母（“I”“O”两个字母除外）表示，也可用阿拉伯数字表示，还可以用两者组合表示。其中 L 表示联动轴数，F 表示复合。当单个字母不够用时，可将两个字母组合使用，如 AB、AC、AD 或 BA、CA、DA 等。

小提示

我国的机床型号编制方法曾做过多次修订和补充，对 1976 年以前已定型号中目前仍在生产或使用的型号暂不更改。如 C618、C620—1、Z525 钻床等，这些型号中，只有组代号而无系代号，车床的主参数表示中心高的 1/10，钻床主参数与新型号相同，机床重大改进序号用阿拉伯数字 1、2、3、…按顺序表示，加在型号尾部，并用“—”分开。

二、通用机床型号示例

1. CA6140 型卧式车床

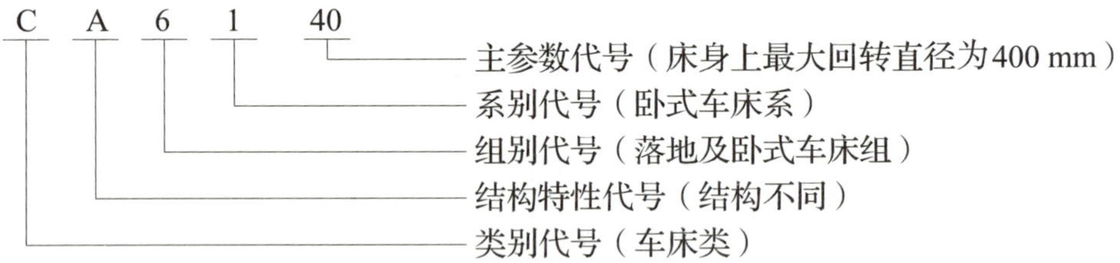

2. CK6140 型数控车床

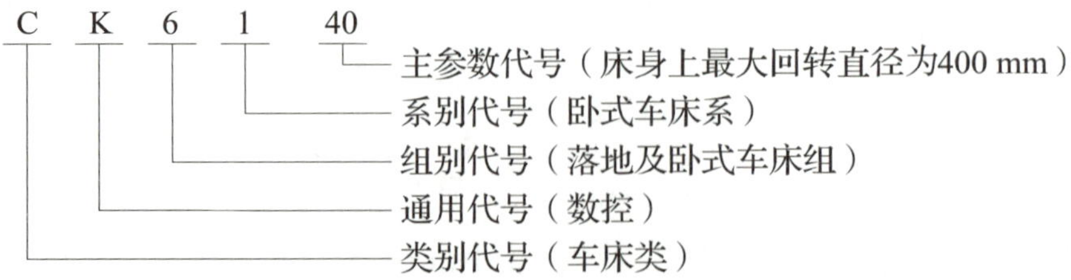

3. Z5625×4A 型四轴立式排钻床

Z　5　6　25　×4　A

- A —— 重大改进顺序号（第一次重大改进）
- ×4 —— 主轴数代号（4轴）
- 25 —— 主参数代号（最大钻孔直径为25 mm）
- 6 —— 系别代号（立式排钻床系）
- 5 —— 组别代号（立式钻床组）
- Z —— 类别代号（钻床类）

§8–2　CA6140 型卧式车床概述

车床在金属切削加工中应用极为广泛。其中 CA6140 型卧式车床是我国自行设计、质量较好的卧式车床，应用广泛。它的传动机构和结构形式比较典型。

一、车床的功用

卧式车床在车床中的加工工艺范围较为广泛，它适用于加工各种轴类、套筒类和盘类工件上的各种回转表面，如车削内外圆柱面、内外圆锥面、环槽和成形回转表面；车削端面及各种螺纹；还可用钻头、扩孔钻和铰刀进行内孔加工；还能用丝锥、圆板牙加工内、外螺纹以及进行滚花等工作。如图 8–1 所示为卧式车床上所能完成的典型加工表面。

二、运动分析

车床的运动按功用来分，可分为工作运动和辅助运动。

1. 工作运动

工作运动即车床为加工各种成型面所需的运动。它分为主运动和进给运动。

（1）主运动

工件的旋转运动。其作用是使车刀与工件作相对运动，以完成切削工作。用转速 n（r/min）表示。

（2）进给运动

车刀的纵向进给和横向进给运动。车刀的纵向进给运动是指切削时刀具沿平行于工件回转中心线的移动，如车外圆、车螺纹等。车刀的横向进给运动是指切削时刀具沿垂直于工件回转中心线的移动，多用于车端面及切断等。

2. 辅助运动

机床在加工过程中，加工工具与工件除工作运动以外的其他运动称为辅助运动。辅助运动包括刀具的移近、退回、尾座的移动等。在卧式车床上这些运动通常由操作者用手工操作来完成。

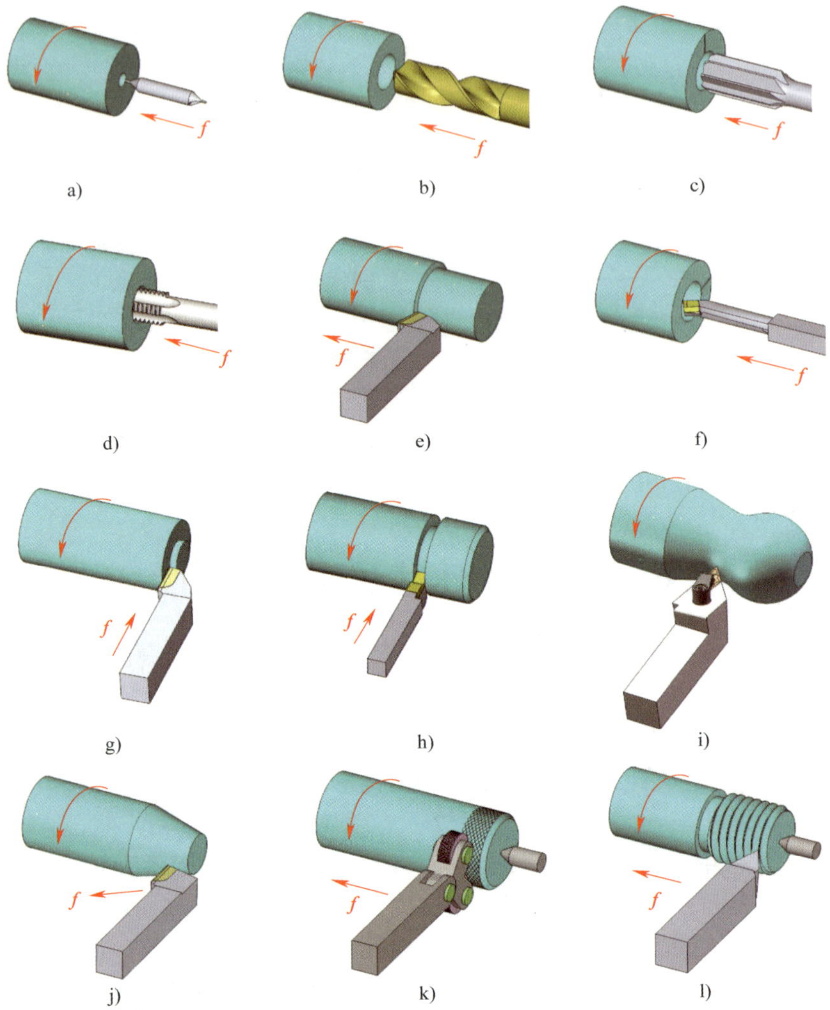

图 8-1 卧式车床典型加工表面

a）钻中心孔 b）钻孔 c）铰孔 d）攻螺纹 e）车外圆 f）车孔 g）车端面 h）车槽 i）车成形面 j）车锥面 k）滚花 l）车螺纹

为了减轻操作者的劳动强度和节省移动刀架所耗费的时间，CA6140 型卧式车床在溜板箱的右侧还安装了快速移动电动机，以便实现刀架纵向及横向的快速移动。

三、卧式车床的组成

图 8-2 是 CA6140 型卧式车床的外形图。机床的主要组成部件如下：

1. 主轴箱

主轴箱又称床头箱，固定在床身 10 的左端。其内装有主轴和变速、换向机构，由电动机经变速机构带动主轴旋转，实现主运动，并获得所需转速及转向。主轴前端可安装卡盘等夹具，用以装夹工件。

2. 进给箱

进给箱 2 固定在床身 10 的左前侧。进给箱是进给运动传动链中主要的传动比变换装置，它的功用是改变被加工螺纹的导程或机动进给的进给量。

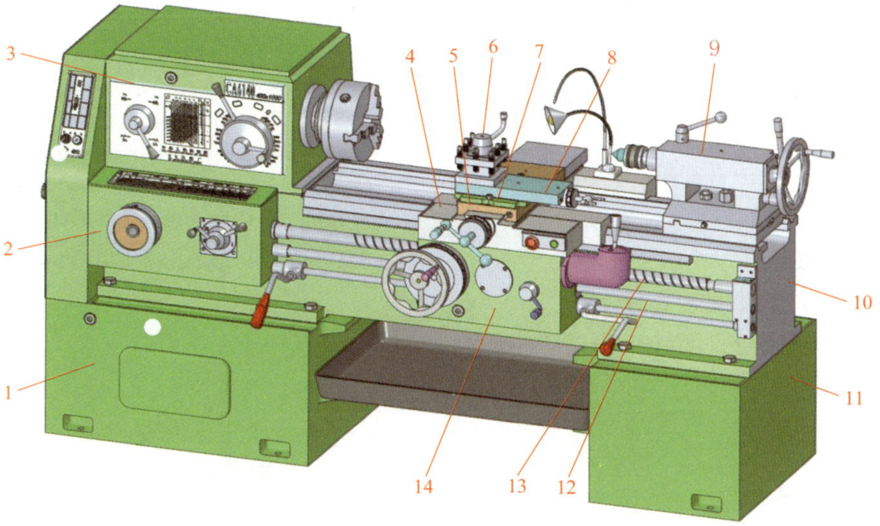

图 8-2　CA6140 型卧式车床的外形

1、11—床脚　2—进给箱　3—主轴箱　4—床鞍　5—中滑板　6—刀架　7—回转盘
8—小滑板　9—尾座　10—床身　12—光杠　13—丝杠　14—溜板箱

3. 溜板箱

溜板箱 14 固定在床鞍 4 的底部，可带动刀架一起作纵向运动。溜板箱的功用是将进给箱传来的运动传递给刀架，使刀架实现纵向进给、横向进给、快速移动或车削螺纹。在溜板箱上装有各种操纵手柄及按钮，可以方便地操作机床。

4. 床身

床身 10 固定在左床脚 1 和右床脚 11 上。床身是车床的基本支承件。车床的各个主要部件均安装在床身上，并保持各部件间具有准确的相对位置。

5. 尾座

尾座 9 安装在床身导轨上，可沿导轨移至所需的位置。尾座套筒内安装顶尖时，可用来支承轴类工件；安装钻头、扩孔钻或铰刀时，可在工件上完成钻孔、扩孔或铰孔加工。

6. 光杠

光杠 12 将进给运动传递给溜板箱，实现自动进给。

7. 丝杠

丝杠 13 将进给运动传递给溜板箱，完成螺纹车削。

8. 床鞍

床鞍 4 与溜板箱连接，可带动车刀沿床身导轨作纵向移动。

9. 中滑板

中滑板 5 可带动车刀沿床鞍上的导轨作横向移动。

10. 小滑板

小滑板 8 可沿转盘上的导轨作短距离移动。当转盘扳转一定角度后，小滑板还可带动车刀作相应的斜向运动。

11. 回转盘

回转盘 7 与中滑板连接，用螺栓紧固。松开螺母，转盘可在水平面内转动任意角度。

12. 刀架

刀架6用来装夹车刀，最多可同时装夹四把。松开锁紧手柄即可转位，选用所需车刀。

四、CA6140型卧式车床主要技术性能

床身上最大回转直径	400 mm
最大工件长度	750 mm、1 000 mm、1 500 mm、2 000 mm
最大车削长度	650 mm、900 mm、1 400 mm、1 900 mm
刀架上最大工件回转直径	210 mm
主轴中心至床身平面导轨距离（中心高）	205 mm
主轴内孔直径	48 mm
主轴孔前端锥度	莫氏6号
主轴转速	正转分24级：10 ~ 1 400 r/min 反转分12级：14 ~ 1 580 r/min
进给量	纵向分64级：0.028 ~ 6.33 mm/r 反向分64级：0.014 ~ 3.16 mm/r
床鞍及刀架纵向快速移动速度	4 m/min
车削螺纹范围	公制螺纹44种：P=1 ~ 192 mm 英制螺纹20种：α=24 ~ 2扣/in 模数螺纹39种：m=0.25 ~ 48 mm 径节螺纹37种：DP=96 ~ 1牙/in
主电动机功率	7.5 kW 1 450 r/min
床鞍快速移动电动机	250 W 1 360 r/min
机床外形尺寸（长 × 宽 × 高）	2 668 mm × 1 000 mm × 1 267 mm
机床质量（最大工件长度为1 000 mm的机床）	2 010 kg

§8–3 CA6140型卧式车床的传动系统

一、传动链和传动系统图

车床的主运动是以电动机为动力，通过一系列传动零件的传动联系，使主轴得到不同的转速；进给运动则是由主轴开始，通过各种传动联系，使刀架产生纵、横向运动。

从电动机到主轴或主轴到刀架的这种传动联系，称为传动链。由电动机到主轴的传动链，即实现主运动的传动链称为主传动链；由主轴到刀架的传动链，即实现进给运动的传动链称为进给传动链。图8–3是CA6140型卧式车床的传动系统图。

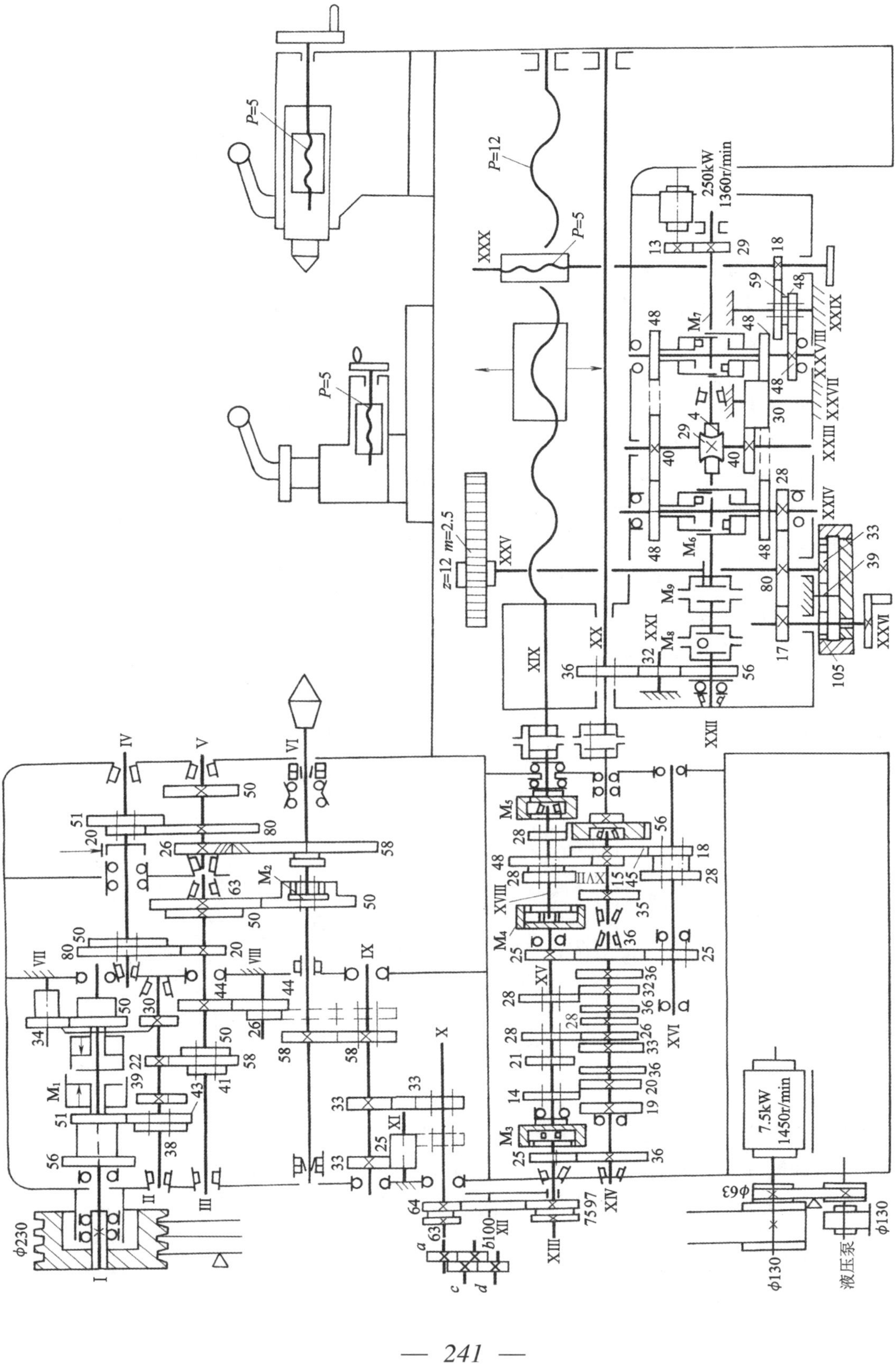

图 8-3　CA6140 型卧式车床的传动系统

二、CA6140 型卧式车床传动系统分析

1. 主运动传动链

（1）运动分析

主运动是将电动机的转动传给主轴，该传动链使主轴获得 24 级正转转速和 12 级反转转速。同时，完成主轴的启动、停止、换向和调速。

（2）传动路线

由图 8–3 可知，运动由电动机经 V 形带传至Ⅰ轴。为控制主轴的启动、停止及旋转方向的变换，在轴Ⅰ上装有双向多片摩擦离合器 M_1、齿数为 56、51 的双联空套齿轮和齿数为 50 的空套齿轮，当离合器 M_1 左边的摩擦片被压紧工作时，运动由轴Ⅰ上的双联齿轮传出，实现主轴正转；当离合器 M_1 右边的摩擦片被压紧工作时，运动由轴Ⅰ上齿数为 50 的齿轮传出，实现主轴反转；两边摩擦片均不压紧时，轴Ⅰ空转，主轴停止转动。轴Ⅰ的运动经 M_1 和双联滑移齿轮变速组传至轴Ⅱ，使轴Ⅱ获得 2 种正转转速；经 M_1 和 $50/34 \times 34/30$ 传至轴Ⅱ，使轴Ⅱ获得 1 种反转转速。由此可知，反转转速级数为正转转速级数的一半。轴Ⅱ的运动经三联滑移齿轮变速组，即齿轮副 39/41、22/58、30/50 传到轴Ⅲ，使轴Ⅲ获得 6 种正转转速。运动传到轴Ⅲ后，经过两条不同的传动路线传递，一条是高速传动路线，即主轴上带内齿的 z50 的滑移齿轮处于图示位置时，轴Ⅲ的运动经齿轮副 63/50 直接传给主轴使主轴获得 6 级高转速；当 z50 的齿轮处于右边位置（右移）使 M_2 接合工作时，轴Ⅲ的运动经齿轮副 20/80 或 50/50 传到轴Ⅳ，再经齿轮副 20/80 或 51/50 传到轴Ⅴ，然后经齿轮副 26/58 传给主轴Ⅵ，使主轴获得中、低转速。

CA6140 型卧式车床主运动传动结构式如下：

$$\text{电动机}-\frac{130}{230}-\mathrm{I}-\left\{\begin{matrix} \overline{M}_1-\left\{\begin{matrix}\frac{51}{43}\\ \frac{56}{38}\end{matrix}\right\}- \\ \overline{M}_1-\frac{50}{34}\times\frac{34}{30}- \end{matrix}\right\}-\mathrm{II}-\left\{\begin{matrix}\frac{39}{41}\\ \frac{22}{58}\\ \frac{30}{50}\end{matrix}\right\}-\mathrm{III}-$$

$$\left\{\begin{matrix} -\left\{\begin{matrix}\frac{20}{80}\\ \frac{50}{50}\end{matrix}\right\}-\mathrm{IV}-\left\{\begin{matrix}\frac{20}{80}\\ \frac{51}{50}\end{matrix}\right\}-\mathrm{V}-\frac{26}{58}-\overline{M}_2 \\ -\frac{63}{50}-\overline{M}_2- \end{matrix}\right\}-\mathrm{VI}\,(\text{主轴})$$

2. 进给运动传动链

进给运动传动链可使刀架实现纵向、横向运动或车削螺纹运动。

进给运动的动力来源也是主电动机，它的运动是经主运动传动链、主轴、进给传动链传至刀架，使刀架带着车刀实现纵向、横向进给或车削螺纹。由于刀架的进给量及加工螺纹的导程是以主轴每转过一转时刀架的移动量（mm/r）来表示的，所以分析进给传动链时，应把主轴作为传动链的起点（首件），而把刀架作为传动链的终点（末件）。CA6140 型卧式车床的进给运动传动链的传动路线如图 8–3 所示，其传动结构式如图 8–4 所示。

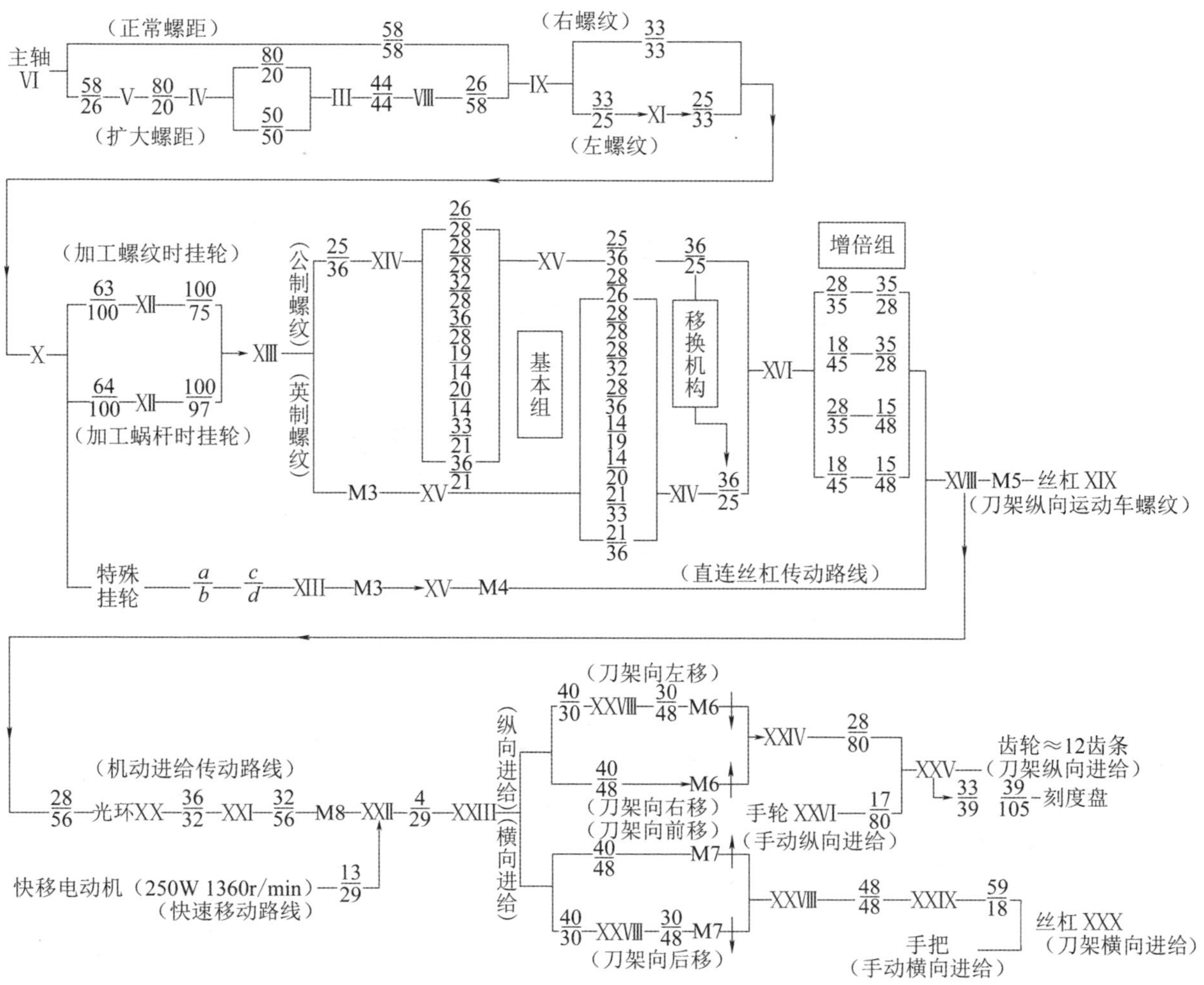

图 8-4　CA6140 型卧式车床的进给运动传动结构式

（1）车削螺纹

CA6140 型卧式车床能车削公制、英制、模数和径节制等四种标准螺纹，还可以车削加大螺距、非标准螺距及精密螺纹等。其中，车削公制螺纹的传动路线如下：

由图 8–4 可知，车削公制螺纹时，进给箱中的内齿轮离合器 M3 和 M4 脱开，M5 结合。此时，运动由主轴Ⅵ经齿轮副 58/58 传给Ⅸ，然后经变向机构 33/33 或 33/25/33（用于车削右旋螺纹或左旋螺纹），传至交换齿轮架（挂轮架）上轴Ⅹ。在车螺纹时，交换齿轮齿数 63/100 × 100/75；车蜗杆时，交换齿轮选用 64/100 × 100/97。运动经交换齿轮后，传至进给箱内轴ⅩⅢ。进给箱内轴ⅩⅢ经齿轮副 25/36、轴ⅩⅣ—ⅩⅤ间的八级滑移齿轮变速机构、齿轮副 25/36 × 36/25 传至轴ⅩⅥ，再经过ⅩⅥ—ⅩⅧ间的两组滑移齿轮变速机构和离合器 M5，使丝杠ⅩⅧ转动，经溜板箱开合螺母带动刀具完成切削螺纹运动。

（2）机动进给

CA6140 型卧式车床能实现纵向机动进给和横向机动进给。由图 8–4 可知，机动进给由光杠经溜板箱中齿轮 36/32 × 32/56、超越离合器 M8 传至ⅩⅫ轴，经蜗杆 4/29 传至ⅩⅩⅢ轴。当运动由ⅩⅩⅢ轴经齿轮 40/48 或 40/30 × 30/38、双向离合器 M6、ⅩⅩⅣ轴、齿轮 28/80、轴ⅩⅩⅤ传至 Z12 的小齿轮，再经齿轮齿条传动实现刀架纵向机动进给。当运动由ⅩⅩⅢ轴经齿轮 40/48 或 40/30 × 30/48、双向离合器 M7、ⅩⅩⅧ轴、齿轮 48/48 × 59/18 传给横向进给丝杠后，使刀架实现横向机动进给。

进给方向的变换是由双向离合器 M6 和 M7 来完成的。摇动轴ⅩⅩⅩ上手轮实现横向手动进给，摇动轴ⅩⅩⅥ上手轮则为纵向手动进给。

（3）刀架的快速移动

为了减轻工人的劳动强度，缩短辅助时间，机床的溜板箱内右端装有快速电动机，可使刀架快速移动。

按下快速移动按钮，快速电动机接通，运动经齿轮 13/29 使轴ⅩⅫ高速转动，再经蜗杆蜗轮传至溜板箱内的传动机构，使刀架实现快速的纵向或横向进给。

§8–4 常用装配测量器具

一、平尺

平尺主要用作导轨的刮研和测量的基准，常用的有桥形平尺、工字形平尺和角形平尺三种，如图 8–5 所示。

桥形平尺具有一个上测量面，主要用来检验机床导轨的平面度和直线度误差；工字型平尺具有上、下两个平行的测量面，主要用来检验机床导轨的平面度、直线度和平行度误差；角形平尺具有两个互成一定角度的测量面，主要用来检验燕尾导轨的平面度、直线度和角度误差。

a)　　b)　　c)

图 8-5　平尺的种类

a）桥形平尺　b）工字形平尺　c）角形平尺

平尺用灰口铸铁铸成，并经时效处理以消除内应力。其准确度等级分为 00 级、0 级、1 级和 2 级。

二、方尺和三角形直角尺

如图 8-6 所示，方尺具有相邻互为垂直面的四个测量面，主要用于检验零件或部件的垂直度和平行度；三角形直角尺的侧面形状为三角形，用于安装或调修设备时，检验零件或部件有关表面的垂直度。

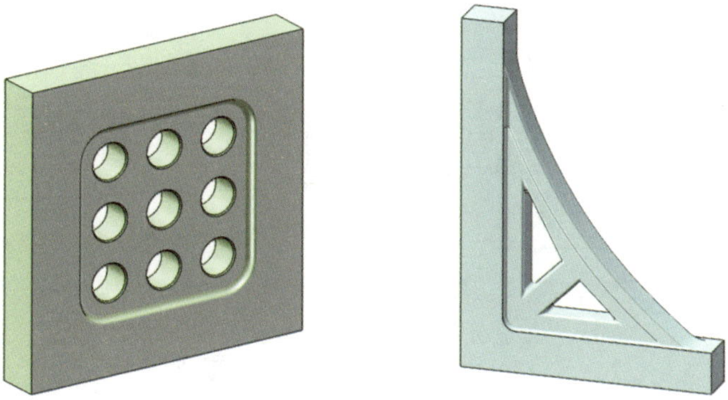

a)　　b)

图 8-6　方尺和三角形直角尺

a）方尺　b）三角形直角尺

三、垫铁

垫铁是一种检验导轨精度的辅助工具，主要用来安放水平仪或百分表等精密测量器具。材料多为铸铁，根据使用目的和导轨形状不同，可做成多种形状，如图 8-7 所示。

四、检验棒

检验棒主要用来检查机床主轴及套筒类零部件的径向跳动、轴向窜动、同轴度、平行度等，是机床装配、修理工作中常备器具之一。

检验棒一般用工具钢制成，经热处理及精密加工，精度较高。为减轻质量可以做成空心的；为便于装拆、保管，还可以做出拆卸螺纹及吊挂用小孔。用完要清洗、涂油，并吊挂保存。

检验棒按主轴结构及检验项目不同，可以做成不同的结构形式，如图 8-8 所示。

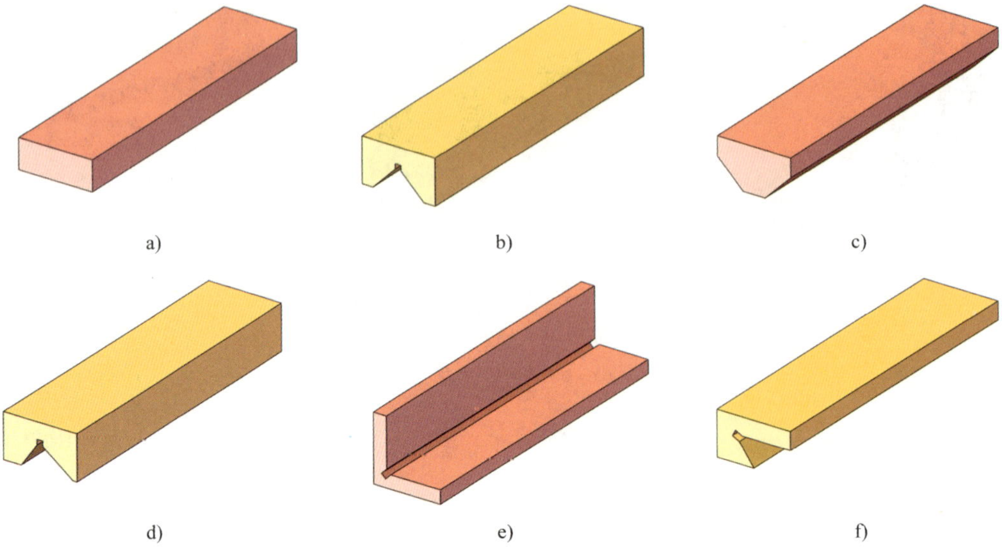

图 8-7　垫铁

a）平面垫铁　b）凹 V 形等边垫铁　c）凸 V 形等边垫铁

d）凹 V 形不等边垫铁　e）90° 角垫铁　f）55° 角垫铁

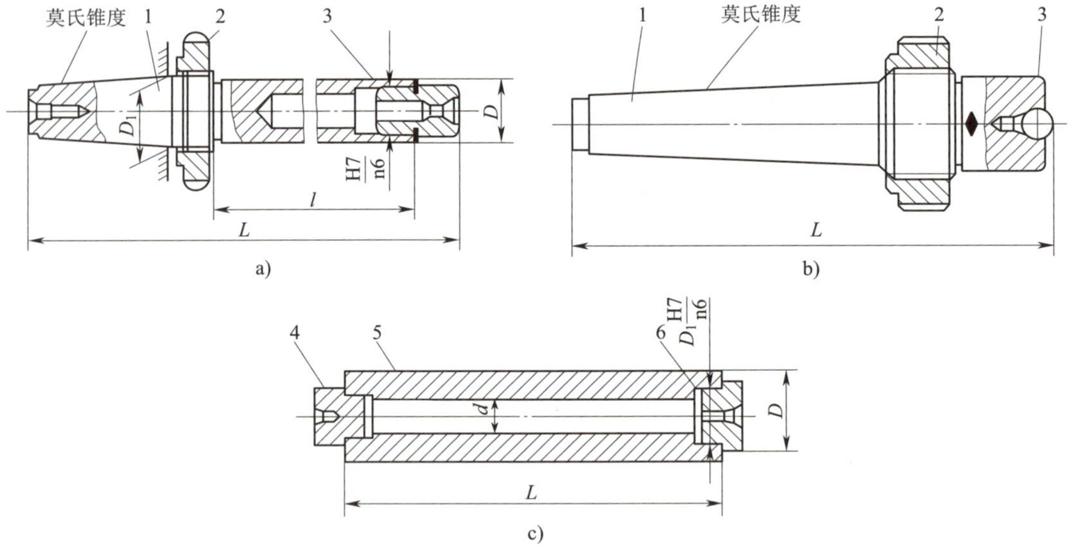

图 8-8　检验棒

a）长检验棒　b）短检验棒　c）圆柱检验棒

1—莫氏锥柄　2—退卸螺母　3、5—测量圆柱面　4、6—工艺塞

五、检验桥板

检验桥板是检验机床导轨面间相互位置精度的一种工具，一般与水平仪、百分表结合使用，图 8–9a 所示为常用的一种。按导轨的不同形状，可以做成不同的支承结构形式，如图 8–9b 所示。检验桥板与导轨接触部分及本身的跨度可以调整和更换，以适应多种床身导轨组合的测量。

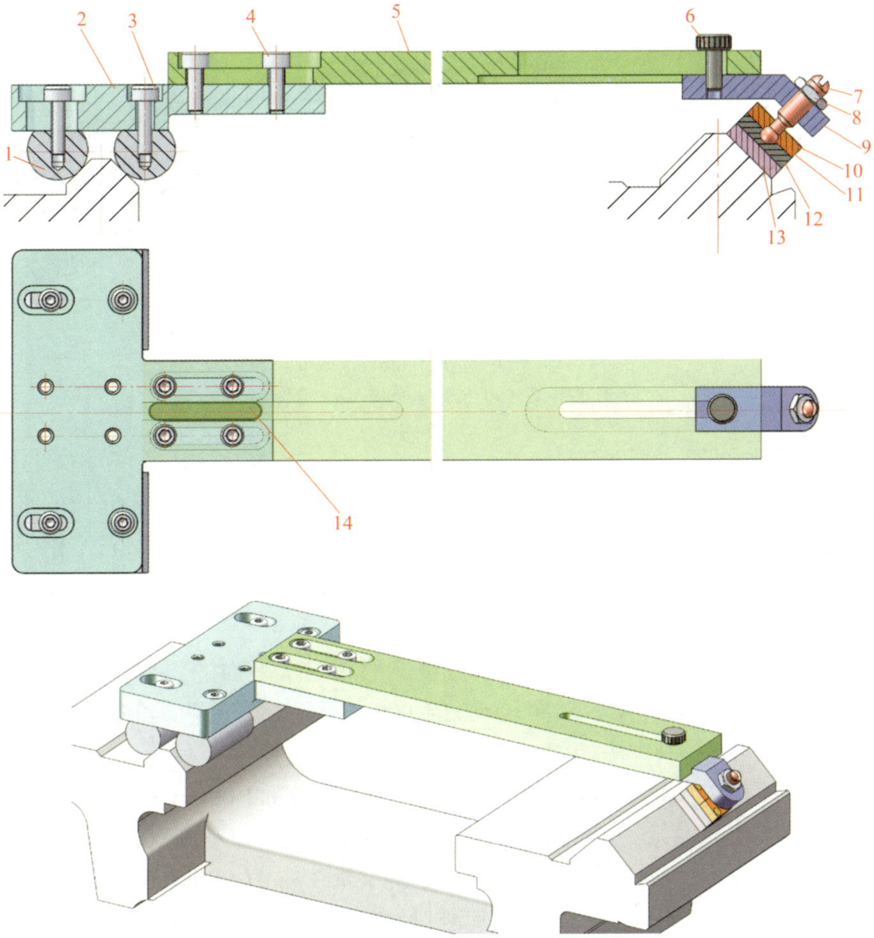

a)

b)

图 8–9　检验桥板

a）常用检验桥板　b）支承结构形式

1—半圆棒　2—T 形板　3、4—圆柱头螺钉　5—桥板　6—滚花螺钉　7—调整杆　8—六角螺母　9—滑动支承板　10—圆柱头铆钉　11—盖板　12—垫板　13—接触板　14—平键

六、水平仪

水平仪是一种利用水准器气泡偏移来测量被测平面相对水平面微小倾角的角度测量仪器，主要用来测量机床导轨在垂直平面内的直线度、工作台的平面度及零件的垂直度和平行度等，有条形水平仪、框式水平仪和合像水平仪等，如图 8–10 所示。

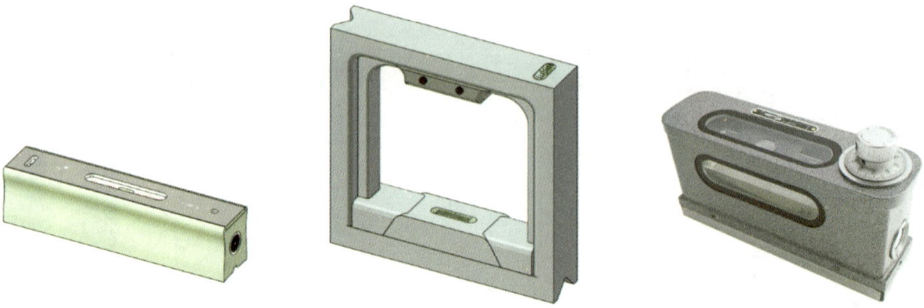

a)　　　b)　　　c)

图 8–10　水平仪的种类

a）条形水平仪　b）框式水平仪　c）合像水平仪

1. 水平仪的读数原理

如图 8–11 所示，假定平板处于自然水平，在平板上放一根 1 000 mm 长的平行平尺，平尺上的水平仪的读数为零，即处于水平状态。如将平尺右端抬起 0.02 mm，相当于使平尺与平板平面形成 4″的角度。如果此时水平仪的气泡向右移动一格，则该水平仪分度值规定为每格 0.02/1 000，读作千分之零点零二。

水平仪是一种测角量仪，它的测量结果是被测面相对水平面的斜率。如 0.02/1 000，其含义是被测量面相对水平面倾斜 4″，斜率是 0.02/1 000，而此时平尺两端的高度差，则因测量长度不同而不同。在图 8–11 中，按相似三角形比例关系可得：

在离左端 200 mm 处 ΔH_1=0.02 × 200 mm/1 000=0.004 mm

在离左端 250 mm 处 ΔH_2=0.02 × 250 mm/1 000=0.005 mm

在离左端 500 mm 处 ΔH_3=0.02 × 500 mm/1 000=0.01 mm

因此，用水平仪测量导轨直线度时，其测量结果与测量用垫铁跨度有关。

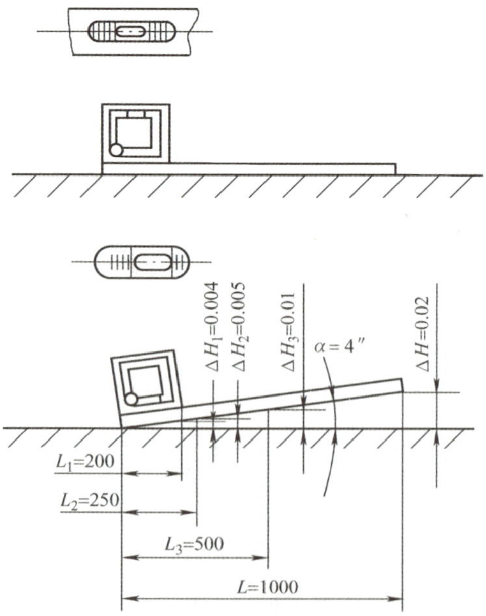

图 8–11　水平仪的读数原理

2. 水平仪的示值读取方法

常用的读数方法有两种：

（1）绝对读数法

始终以左基准线（或右基准线）为“0”基准，气泡向任意一端偏离零线的格数，即为实际偏差的格数。偏离起端为“+”，偏向起端为“—”。一般习惯由左向右测量，也可以把气泡向右移作为“+”，向左移作为“—”。图 8–12a 所示为 +2 格。

（2）平均值读数法

分别以左基准线和右基准线为“0”基准，向同一方向分别读出气泡停止的格数，再把两数相加除以 2，即为其读数值。如图 8–12b 所示，气泡偏离右端“零线”3 个格，偏离左端“零线”2 个格，实际读数为 +2.5 格，即右端比左端高 2.5 格。平均值读数法不受环境温度的影响，读数精度较高。

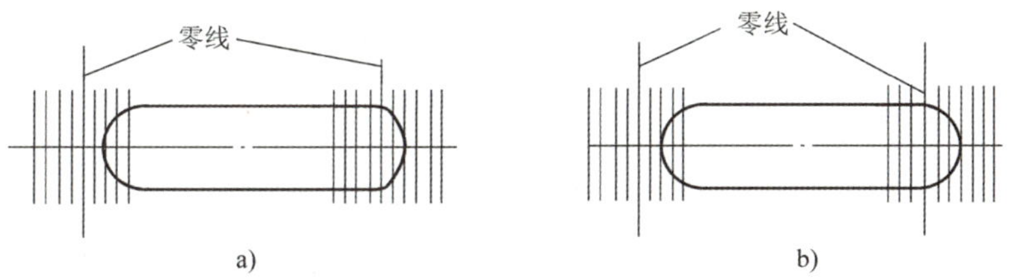

图 8–12　水平仪的示值读取方法

a）绝对读数法　b）平均值读数法

3. 用水平仪测量导轨在垂直平面内直线度的方法

（1）用一定长度（l）的垫铁安放水平仪，不能直接将水平仪置于被测导轨表面上。

（2）将水平仪置于导轨中间，调平导轨。

（3）将导轨按垫铁长度分若干段。依次首尾相接逐段测量导轨，并读取各段气泡偏移格数。可根据气泡移动方向来评定导轨倾斜方向，如假定气泡移动方向与水平仪移动方向一致时为“+”，反之为“–”，如图 8–13 所示。

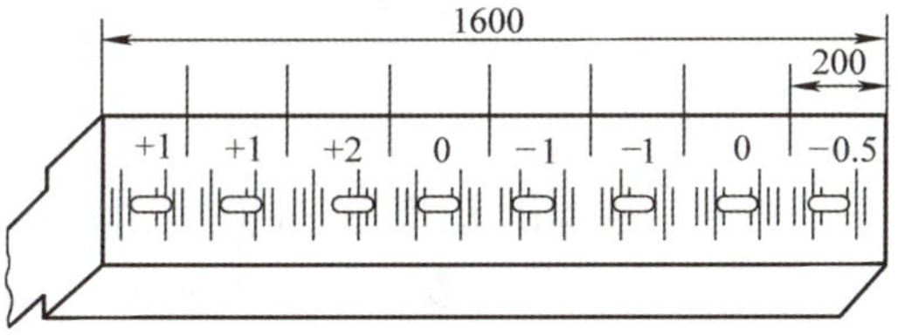

图 8–13　导轨分段测量

（4）把各段测量读数逐段积累，画出导轨直线度曲线图。作图时，导轨的长度为横坐标，水平仪读数为纵坐标。根据水平仪读数依次画出各折线段，每一段的起点与前一段的终点重合。

（5）用两端点连线法或最小区域法确定最大误差格数及误差曲线形状。

1）两端点连线法　若导轨直线度误差曲线成单凸（或单凹）时，如图 8–14 所示。作首尾两端点连线Ⅰ—Ⅰ，并过曲线最高点（或最低点），作Ⅱ—Ⅱ直线与Ⅰ—Ⅰ平行。两包容线间最大纵坐标值即为最大误差值。

2）最小区域法　在直线度误差曲线有凸有凹呈波折状时采用，如图 8–15 所示。过曲线上两个最低点（或两个最高点），作一条包容线Ⅰ—Ⅰ；过曲线上的最高点（或最低点）作平行于Ⅰ—Ⅰ线的另一条包容线Ⅱ—Ⅱ，将误差曲线全部包容在两平行线之间，两平行线之间沿纵轴方向的最大坐标值即为最大误差。

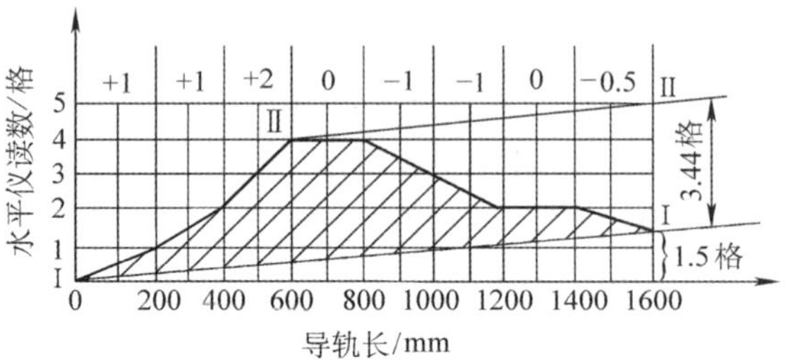

图 8–14　两端点连线法确定导轨曲线误差

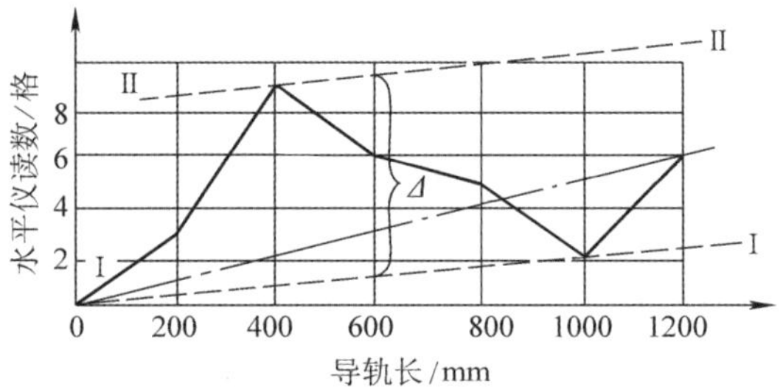

图 8–15　最小区域法确定导轨曲线误差

（6）将误差格数换算为导轨直线度误差值，一般按下式换算：

$$\Delta = nil$$

式中　Δ——导轨直线度误差数值，mm；

n——曲线图中最大误差格数；

i——水平仪的分度值；

l——每段测量长度，mm。

例 8–1　用分度值为 0.02/1 000 的框式水平仪测量长 1 600 mm 的导轨在垂直平面内直线度误差。水平仪垫铁长度为 200 mm，分 8 段测量。用绝对读数法，每段读数依次为：+1、+1、+2、0、−1、−1、0、−0.5，试计算导轨在垂直平面内直线度误差值。

解：①画出导轨直线度误差曲线图，参见图 8–14。

②由图可见，最大误差在导轨长为 600 mm 处。曲线右端点坐标值为 1.5 格，按相似三角形解法，导轨 600 mm 处最大误差格数为：n=4−（600×1.5）/1 600=4−0.56=3.44 格。

所以

$$\begin{aligned}\Delta &= nil\\ &= 3.44\times 0.02/1\,000\times 200\ \text{mm}\\ &= 0.014\ \text{mm}\end{aligned}$$

§ 8–5 卧式车床的总装配

一、床身与床脚的安装

1. 床身导轨的作用及技术要求

床身导轨是床鞍移动的导向面，是保证刀具移动直线性的关键。图 8–16 所示为卧式车床床身导轨的截面图，其中 2、6、7 为床鞍用导轨，3、4、5 为尾座用导轨，1、8 为压板用导轨。

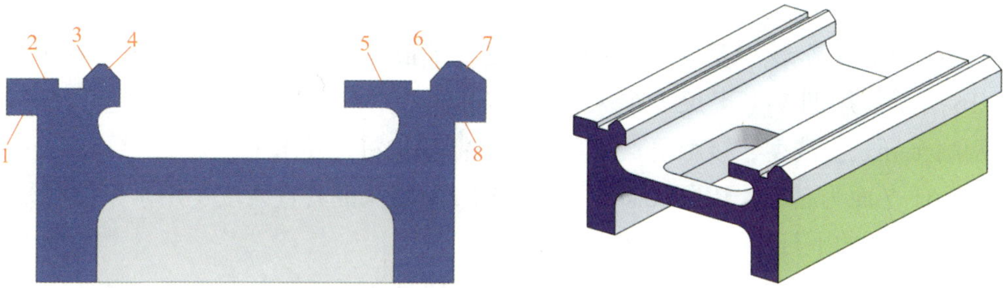

图 8–16　卧式车床床身导轨截面图

1、8—压板用导轨　2、6、7—床鞍用导轨　3、4、5—尾座用导轨

床身与床脚用螺钉连接，是车床的基础，也是车床总装配的基准部件。床身导轨精加工往往也是在床身与床脚结合后再进行，最终达到以下要求：

（1）床身导轨的几何精度

导轨几何精度主要包括各导轨在垂直平面内的直线度（只许中凸）和各导轨之间的平行度，具体要求可参见附表 9。

（2）接触精度

刮削导轨每 25 mm × 25 mm 范围内接触点不少于 10 点，磨削导轨则以接触面积大小来评定接触精度的高低。

（3）表面粗糙度

刮削导轨表面粗糙度值一般在 Ra1.6 μm 以下；磨削导轨表面粗糙度值在 Ra0.8 μm 以下。

（4）硬度

一般导轨表面硬度应在 170 HB 以上，并且全长范围硬度一致；与之相配合件的硬度应比导轨硬度稍低。

（5）导轨几何形状的稳定性

导轨在使用中应不变形。除采用刚度大的结构外，还应进行良好的时效处理，以消除内应力，减少变形。

2. 床身与床脚结合的装配

（1）床身装到床脚上

先将结合面的毛刺清除并倒角。在床身、床脚连接螺钉上垫上平垫圈，以保证结合面平整贴合，防止床身紧固时产生变形。同时在结合面间加入 1 ~ 2 mm 厚纸垫，以防止漏油。

（2）床身导轨精加工方法

对导轨的精加工有精磨法，精刨法和刮研法三种，目前应用最广的为精磨法。它是将床身导轨在导轨磨床（或龙门刨床加磨具）上一次装夹磨削完成的，从而保证了床鞍导轨和尾座导轨的直线度和平行度。采用适当的压紧方法还能使磨削的导轨达到中凸的理想要求，同时具有较好的表面质量和较高的生产效率。

刮研法是单件、小批量生产或机修中常用的方法，刮削前将可调垫铁置于床脚地脚螺钉附近，用水平仪调整床身处于自然水平位置，使各垫铁受力均匀，床身放置稳定后即可进行刮削。刮削时按下列步骤进行：

1）选择刮削量最大，导轨中最重要和精度要求最高的床鞍用导轨 6、7 作为刮削基准，如图 8–16 所示。用凹 V 形平尺（车床专用）研点，水平仪测量导轨直线度并绘导轨曲线图。待刮削至导轨直线度、接触研点数和表面粗糙度均符合要求为止。

2）以 6、7 面为基准，用平尺研点刮平导轨 2。要保证其直线度（用水平仪测量）及与基准导轨面 6、7 的平行度（图 8–17）要求。

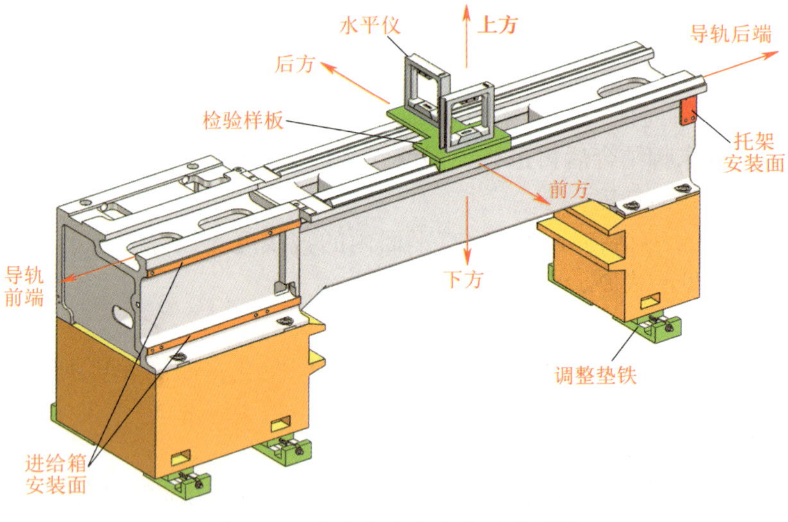

图 8–17　床身与床脚安装后的测量

3）以床鞍导轨为基准刮削尾座导轨 3、4、5 面，使其达到自身形状精度要求和对床鞍导轨的平行度要求。检查方法如图 8–18 所示，将 V 形垫铁在床鞍导轨上，百分表座吸在桥板上。触头触及尾座导轨 3、4 或 5。沿导轨在全长上移动桥板，百分表读数差即为平行度误差值。

4）刮削压板导轨 1、8，要求达到与床鞍导轨的平行度及自身形状精度。测量方法如图 8–19 所示。

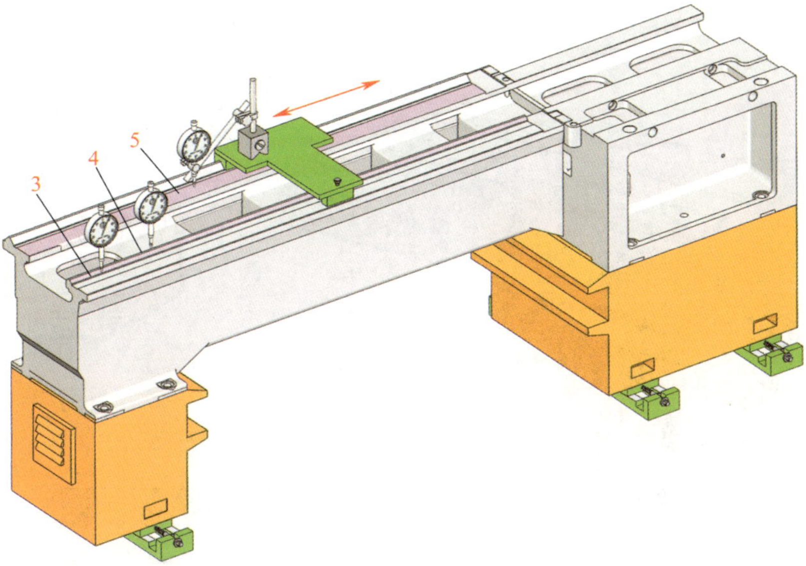

图 8-18　尾座导轨对床鞍导轨平行度的测量

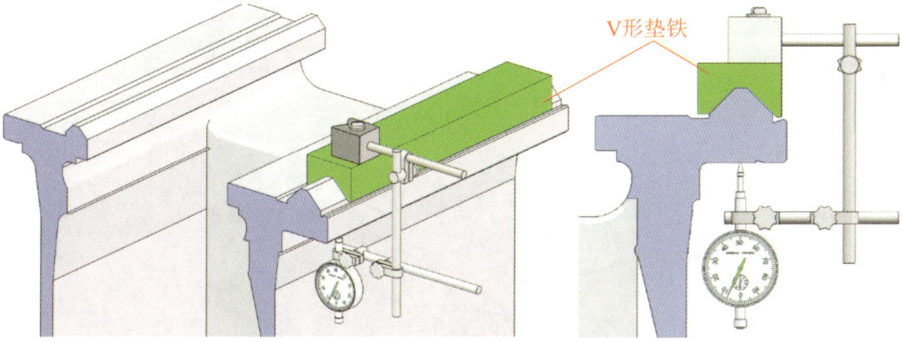

图 8-19　测量压板导轨与床鞍导轨的平行度

二、床鞍配刮与床身装配

床鞍部件是保证刀架运动的关键。床鞍上、下导轨面分别与床身导轨和刀架中滑板配刮完成。

1. 配刮横向燕尾导轨及中滑板

（1）如图 8-20 所示，用校准平板研点表面 1 和 2，并保证面 1 与面 2 的平行度要求。一般要求平面 1、2 中间位置的研点可软些。

（2）将床鞍放在床身导轨上，减少刮削时床鞍变形。以中滑板的表面 2 为基准，配刮床鞍横向燕尾导轨表面 5，如图 8-20 所示。推研时，手握工艺心棒，以保证安全。

（3）以燕尾导轨表面 5 为基准，用角形平尺研点刮削燕尾导轨表面 6，保证该燕尾导轨与横丝杠 *A* 孔中心线的平行度要求。测量方法如图 8-21 所示，在 *A* 孔中插入检验心轴，百分表吸附在角形平尺上，分别在心轴上母线及侧母线上测量其平行度误差。

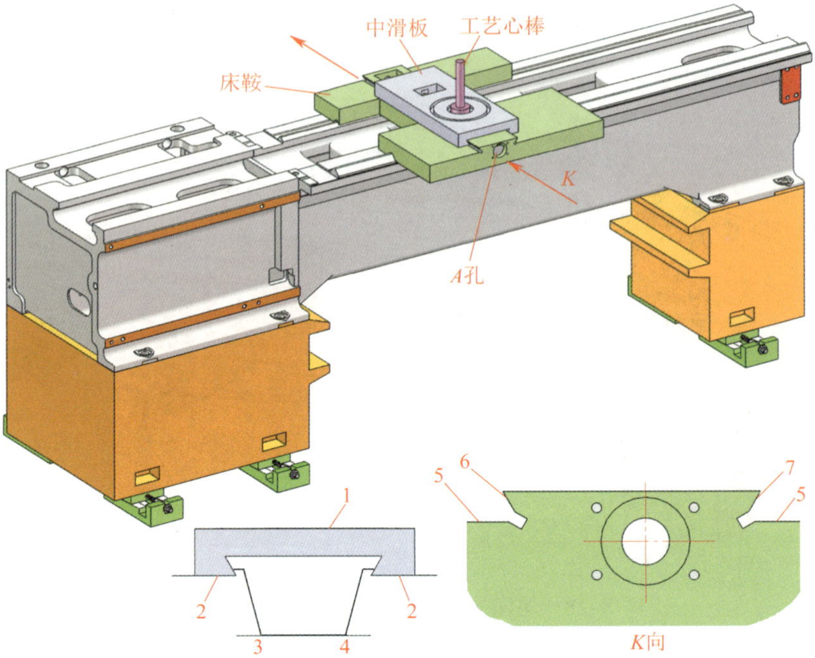

图 8-20　刮研床鞍上导轨面

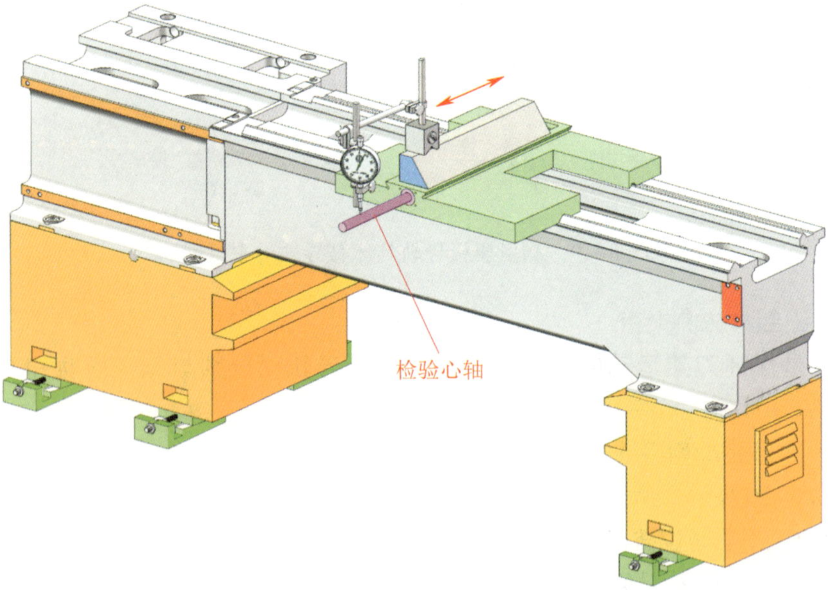

图 8-21　测量床鞍上导轨面对横丝杠孔的平行度

（4）以燕尾导轨表面 5 为基准，用角形平尺研点刮削燕尾导轨表面 7，保证该燕尾导轨的平行度要求。测量方法如图 8–22 所示，将测量圆柱放在燕尾导轨两端，用千分尺分别在两端测量，两次测得的读数差就是平行度误差。

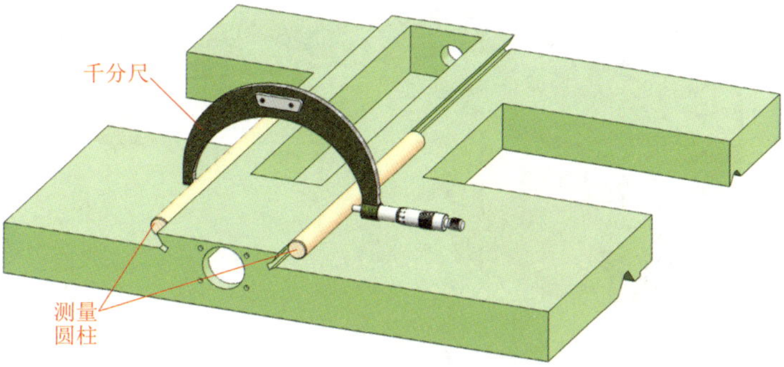

图 8–22　测量燕尾导轨的平行度

（5）以床鞍燕尾导轨为基准，分别配刮中滑板导轨面 3、4，使其达到研点数要求。

2. 配镶条

配镶条的目的是使刀架横向进给时有准确间隙，并能在使用过程中，不断调整间隙，保证足够寿命。镶条按导轨和中滑板配刮，使中滑板在床鞍燕尾导轨全长上移动时，无轻重或松紧不均匀的现象，并保证大端有 10 ~ 15 mm 调整余量。燕尾导轨与中滑板配合表面之间用 0.03 mm 塞尺检查，插入深度不大于 20 mm。如图 8–23 所示为燕尾导轨的镶条。

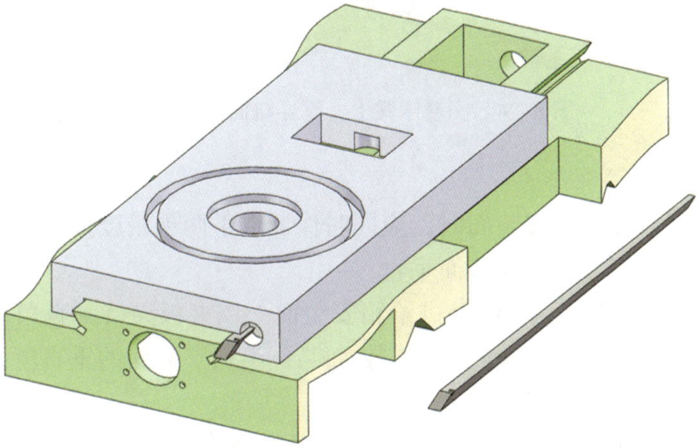
图 8–23　燕尾导轨的镶条

3. 配刮床鞍下导轨面

以床身导轨为基准，刮研床鞍与床身配合的表面至接触点为 10 ~ 12 点 /（25 mm × 25 mm），并按图 8–24 所示测量床鞍上、下导轨的垂直度。本项精度要求只许偏向床头。测量时，先纵向移动床鞍，校正床头放的直角平尺的一个边与床鞍移动方向平行。然后将百分表移放在中滑板上，沿燕尾导轨全长上移动，百分表的最大读数差，就是床鞍上、下导轨面垂直度误差。超过公差时，应刮研床鞍与床身结合的下导轨面，直至合格。

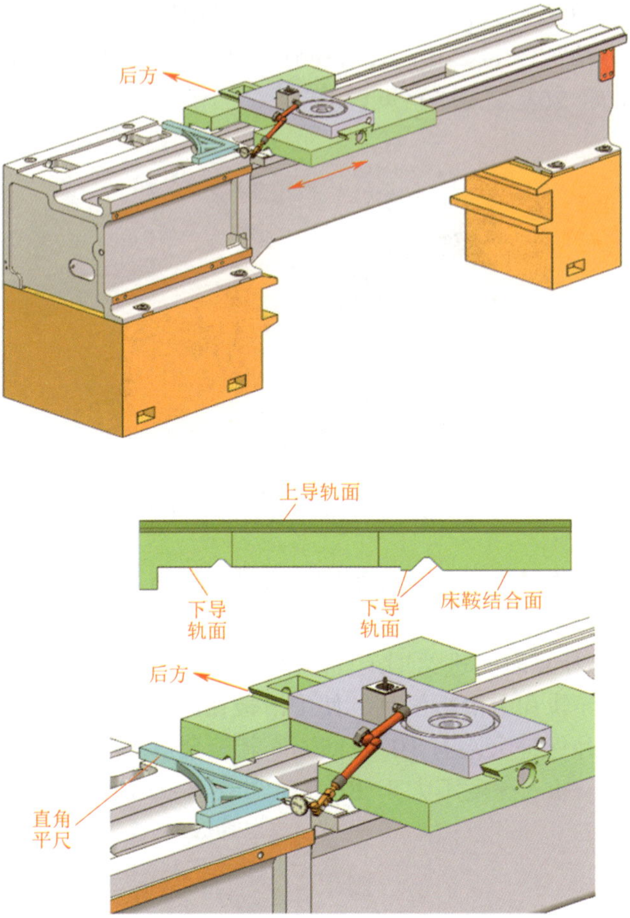

图 8-24　测量床鞍上、下导轨面的垂直度

4. 刮削床鞍下面与溜板箱的安装面

刮削床鞍下面与溜板箱的安装面时，应同时保证以下两项精度要求：

（1）横向应与进给箱、托架安装面垂直

测量方法如图 8-25 所示，在床身进给箱安装面上用夹板夹持一直角尺，在直角尺处于水平的表面上移动百分表，即可检测出该安装面与进给箱安装面的垂直度误差。

（2）纵向应与床身导轨平行

测量方法如图 8-26 所示，将百分表吸附在床身上，百分表触头抵在床鞍下面与进给箱的安装面上，纵向移动床鞍，百分表在该面上的最大读数差值即为该项平行度误差。

5. 床鞍与床身的装配

如图 8-27 所示，装上两侧压板并调整到适当的配合，推研床鞍，按接触情况刮研两侧压板，要求接触点为 6 ~ 8 点 /（25 mm × 25 mm）。全部螺钉调整紧固后，用 200 ~ 300 N 力推动床鞍在导轨全长上移动应无阻滞现象；用 0.03 mm 塞尺检查贴合程度，插入深度不大于 20 mm。

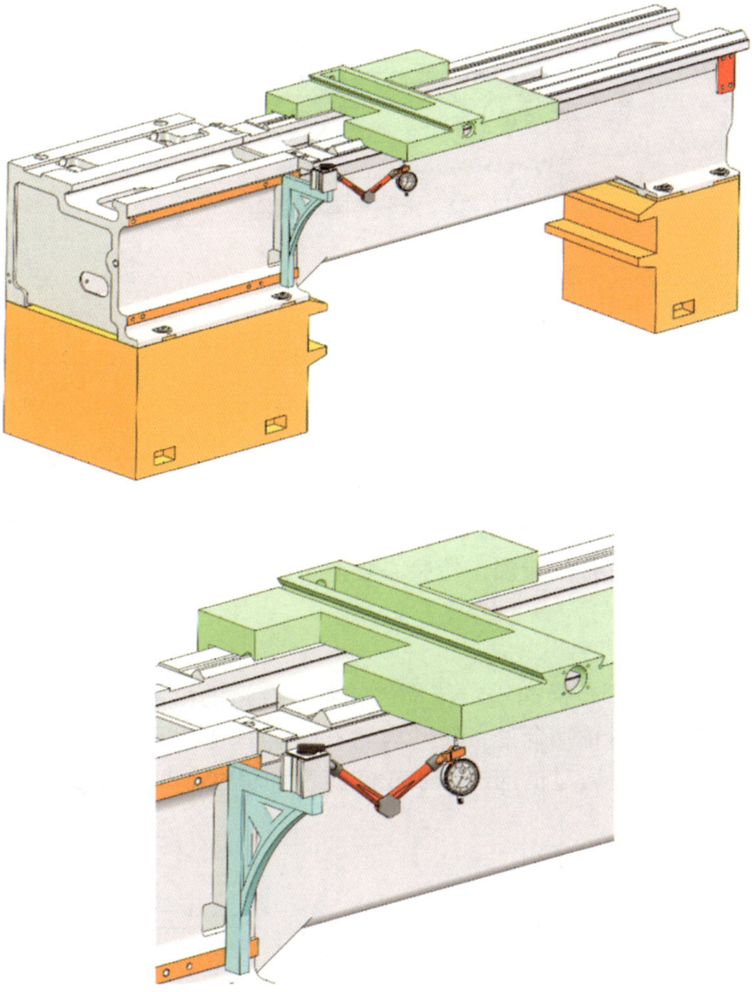

图 8-25　测量溜板箱安装面与进给箱安装面垂直度

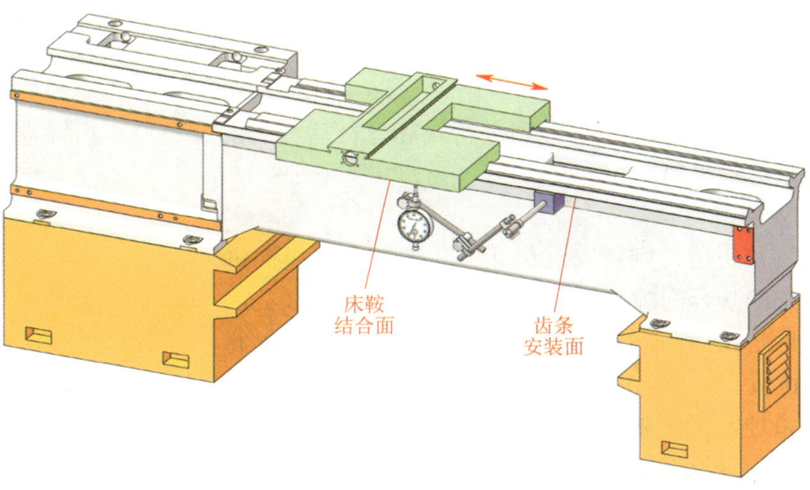

图 8-26　测量溜板箱安装面与床身导轨平行度

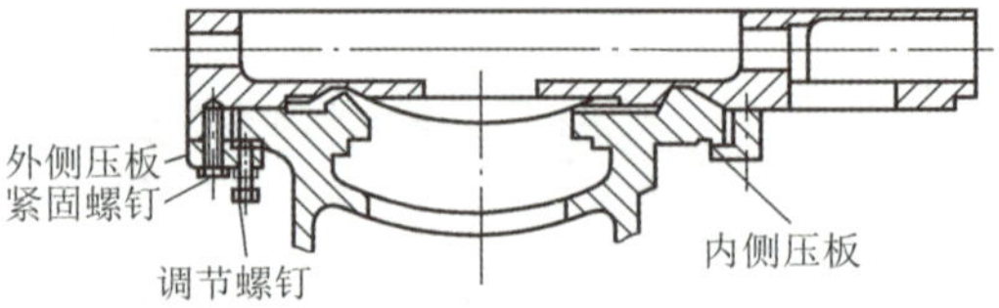

图 8–27　床鞍与床身的装配

三、溜板箱、进给箱及主轴箱的安装

1. 溜板箱的安装

溜板箱安装在总装配过程中起重要作用。其安装位置直接影响丝杠、螺母能否正确啮合，进给能否顺利进行，还是确定进给箱和丝杠后支架安装位置的基准。确定溜板箱位置应按下列步骤进行：

（1）校正开合螺母中心线与床身导轨平行度

如图 8–28 所示，在溜板箱的开合螺母体内卡紧一检验心轴，在床身检验桥板上紧固丝杠中心测量工具。分别在左右两端校正检验心轴上母线和侧母线与床身导轨的平行度，其误差值应在 0.15 mm 以下。

（2）确定溜板箱位置

左右移动溜板箱，使床鞍横向进给传动齿轮副有合适的齿侧间隙，如图 8–29 所示。将一张厚 0.08 mm 的纸放在齿轮啮合处，转动齿轮若印痕呈现将断与不断的状态即为正常齿侧间隙。此外，齿侧间隙也可通过横向进给手轮空转量不超过 1/30 r 来检查。

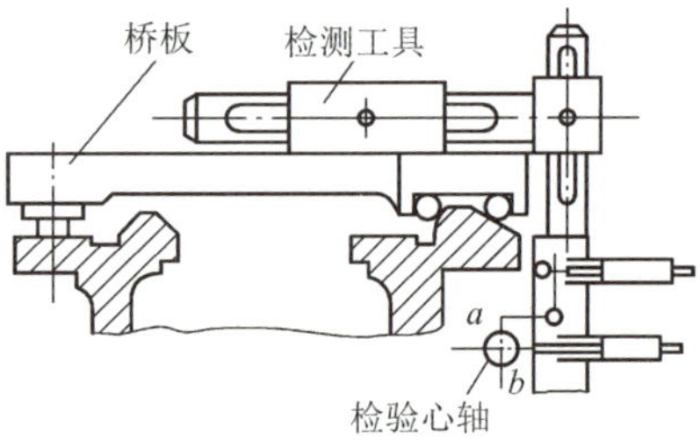

图 8–28　开合螺母中心线与床身导轨平行度检测

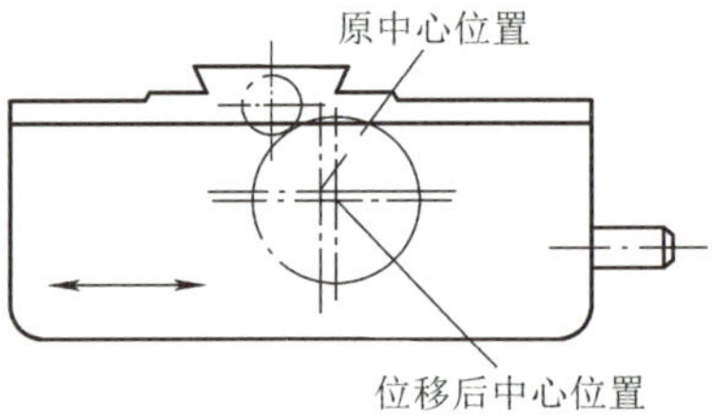

图 8–29　溜板箱横向进给齿轮副齿侧间隙调整

（3）溜板箱最后定位

溜板箱预装精度校正后，应等到进给箱和丝杠后托架的位置校正后才能钻、铰溜板箱定位销孔，配作锥销实现最后定位。

2. 齿条的安装

溜板箱位置校正后，则可安装齿条，主要是保证纵向进给小齿轮与齿条的啮合间隙。正常啮合齿侧间隙为 0.08 mm，检验方法和横向进给齿轮副齿侧间隙检验方法相同，并以此确定齿条安装位置。

由于受齿条加工工艺限制，车床齿条一般由几根短齿条拼接装配而成。为保证相邻齿条接合处的齿距精度，齿条安装时，应用标准齿条进行跨接校正，如图 8–30 所示。校正时，

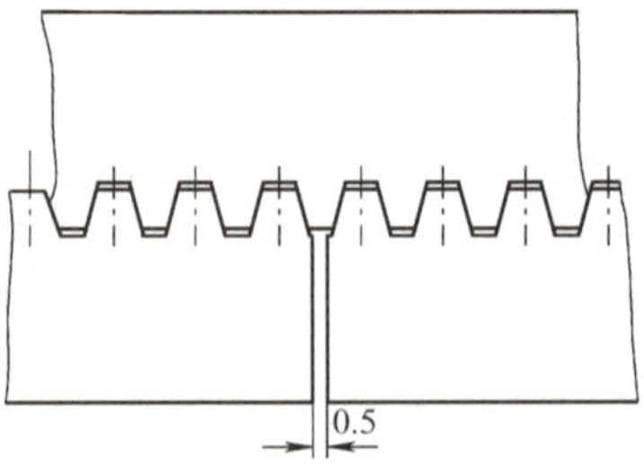

图 8–30　齿条跨接校正

在两根相接齿条的接合端面之间，须留有 0.5 mm 左右的间隙。

齿条安装后，必须在床鞍行程的全长上检查纵向进给小齿轮与齿条的啮合间隙，间隙要一致。齿条位置调好后，每个齿条都配有两个定位销，以确定其安装位置。

3. 进给箱和丝杠后托架的安装

安装进给箱和后托架主要应保证进给箱、溜板箱、后托架上安装丝杠三孔同轴度，并保证丝杠与床身导轨的平行度。安装时，按图 8–31 所示进行测量调整，即在进给箱、溜板箱、后托架的丝杠支承孔中，各装入一根配合间隙不大于 0.005 mm 的检验心轴，三根检验心轴外伸测量端的外径相等。溜板箱用心轴有两种：一种其外径尺寸与开合螺母外径相等，它在开合螺母未装入时使用；另一种具有与丝杠中径尺寸一样的螺纹，测量时，卡在开合螺母中。前者测量可靠，后者测量误差较大。

安装进给箱和丝杠后托架可按下列步骤进行：

（1）调整进给箱和后托架丝杠安装孔中心线与床身导轨平行度

用图 8–28 中所用的专用检测工具，检查进给箱和后托架丝杠孔的中心线。其对床身导轨平行度公差：上母线为 0.02 mm/100 mm，只许前端向上偏；侧母线为 0.01 mm/100 mm，只许向床身方向偏。若超差，则通过刮削进给箱和后托架与床身结合面来调整。

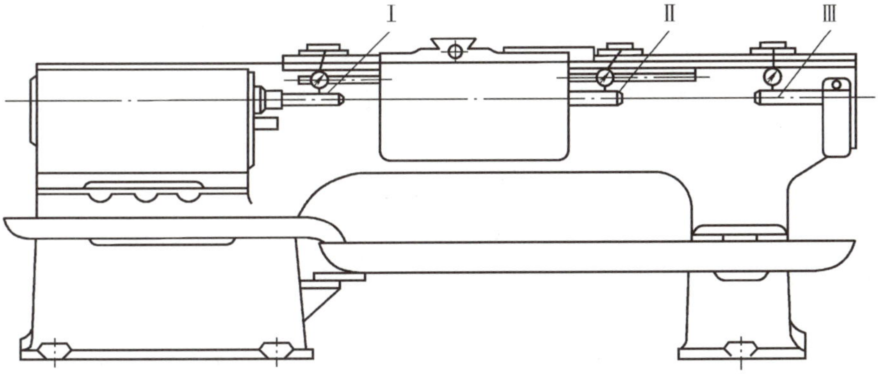

图 8–31　丝杠三点同轴度测量

（2）调整进给箱、溜板箱和后托架三者丝杠安装孔的同轴度

以溜板箱上的开合螺母孔中心线为基准，通过抬高或降低进给箱和后托架丝杠支承孔的中心线，使丝杠三处支承孔同轴，其测量如图 8–31 所示，上母线测量误差不大于 0.01 mm/100 mm。横向则移出或推进溜板箱，使开合螺母中心线与进给箱、后托架中心线同轴，其侧母线测量误差不大于 0.01 mm/100 mm。

调整合格后，进给箱、溜板箱和后托架即配作定位销，以确保位置不变。

4. 主轴箱的安装

主轴箱是以底平面和凸块侧面与床身接触来保证正确安装位置的。底面是用来控制主轴轴线与床身导轨在垂直平面内的平行度；凸块侧面是控制主轴轴线在水平面内与床身导轨的平行度。安装时，按图 8–32 所示进行测量和调整。主轴孔插入检验心轴，百分表座吸在中滑板上，分别在上母线和侧母线上测量，百分表在全长（300 mm）范围内读数差就是平行度误差值。

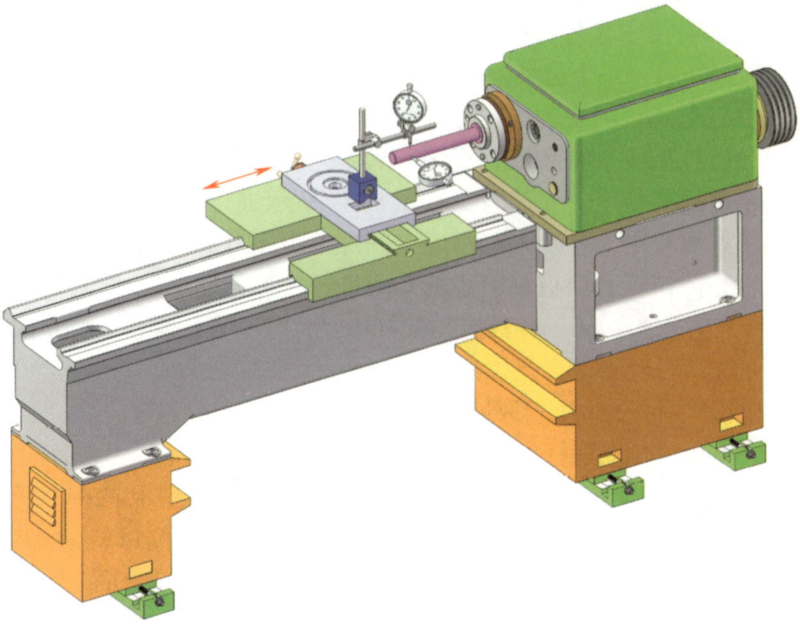

图 8–32　主轴轴线对床鞍纵向移动平行度测量

安装要求：在垂直平面内，只许检验心轴外端向上抬起（俗称“抬头”），若超差则刮削底平面；在水平平面内，只许检验心轴偏向操作者方向（俗称“里勾”），超差时，通过刮削凸块侧面来满足要求。其允差值可参见附表 9（G7 项）。

小提示

为消除检验心轴本身误差对测量的影响，测量时应旋转主轴 180° 做两次测量，两次测量结果的平均值就是平行度误差。

四、尾座的安装

1. 调整尾座的安放位置

以床身上尾座导轨为基准，配刮尾座底板，使其达到精度要求。

将尾座部件装在床身上，按图 8–33 所示测量尾座的两项精度。

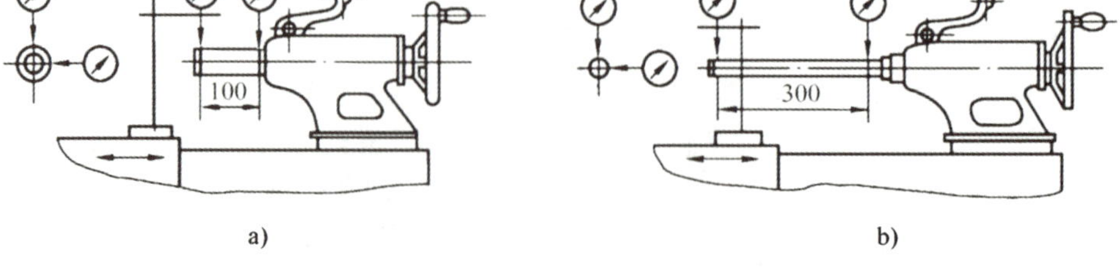

图 8–33　顶尖套轴线对床身导轨平行度测量

（1）尾座套筒轴线对床鞍移动的平行度

测量方法是：使尾座套筒伸出尾座体 100 mm，并与尾座体锁紧。移动床鞍使其上的百分表测头触于尾座套筒的上母线和侧母线上，百分表在 100 mm 内的读数差，即为平行度误差，如图 8–33a 所示。该项精度上母线只允许抬头；侧母线只许里勾，其允差值可参见附表 9（G9 项）。

（2）尾座套筒锥孔中心线对床鞍移动的平行度

在尾座套筒内插入一个检验心轴（300 mm），尾座套筒退回尾座体内并锁紧，然后移动床鞍，使其上百分表测头触于检验心轴的上母线和侧母线上。百分表在 300 mm 长度范围内的读数差，即为尾座套筒锥孔中心线平行度误差，如图 8–33b 所示。其允差值可参见附表 9（G10 项）。为了消除检验心轴本身误差对测量的影响，一次检验后，将检验心轴退出，转 180° 再插入检验一次，两次测量结果的代数和之半，即为该项误差差值。

2. 调整主轴锥孔中心线和尾座套筒锥孔中心线对床身导轨的等高度

测量方法如图 8–34 所示，在主轴箱主轴锥孔内插入一个顶尖，并校正其与主轴轴线的同轴度。在尾座套筒内，同样装一个顶尖，两顶尖之间装夹一标准检验心轴。将百分表置于中滑板上，移动床鞍分别测出检验心轴两端处的上母线示值，两示值之差即为主轴锥孔中心线与尾座套筒锥孔中心线对床身导轨的等高度误差。该项精度只许尾座高，其允差值可参见附表 9（G11 项）。

为了消除尾座套筒中的顶尖本身误差对测量的影响，一次检验后，将顶尖退出，转过 180° 重新检验一次，两次测量结果的代数和之半，即为其误差值。

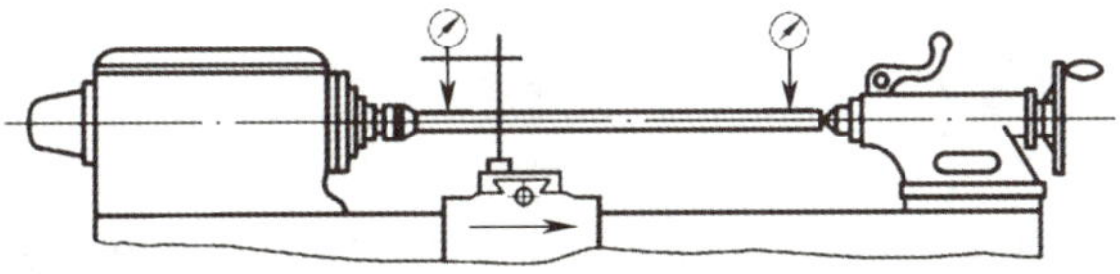

图 8–34　主轴锥孔中心线与尾座套筒锥孔中心线对床身导轨的等高度检测

五、丝杠及光杠的安装

溜板箱、进给箱、后托架的三支承孔同轴度校正后，就能装入丝杠、光杠。丝杠装入后应检验如下两项精度：

1. 测量丝杠两轴承中心线和开合螺母中心线对床身导轨的等距度

测量方法如图 8–35 所示，用图 8–28 所示的专用检测工具在丝杠两端和中间三处测量。三个位置中对导轨相对距离的最大差值，就是等距度误差。此项精度要求为：在丝杠上母线上测量允差为 0.15 mm，在丝杠侧母线上测量允差为 0.15 mm。

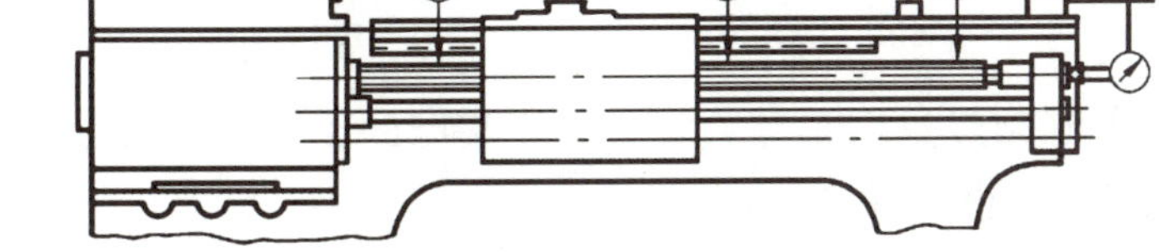

图 8–35　丝杠与导轨等距度及轴向窜动量的测量

小提示

测量时开合螺母应是闭合状态，这样可以排除丝杠重量、弯曲等因素对测量数值的影响。溜板箱应在床身中间，防止丝杠挠度对测量的影响。

2. 测量丝杠的轴向窜动

测量方法如图 8–35 所示，在丝杠后端的中心孔内，用黄油粘住一个钢球，平头百分表顶在钢球上。合上开合螺母，使丝杠转动，百分表的读数差就是丝杠轴向窜动误差，最大不应超过 0.015 mm。

六、小滑板的安装

小滑板部件装配在中滑板上，装配时应按图 8–36 所示方法测量小滑板移动对主轴中心线的平行度。

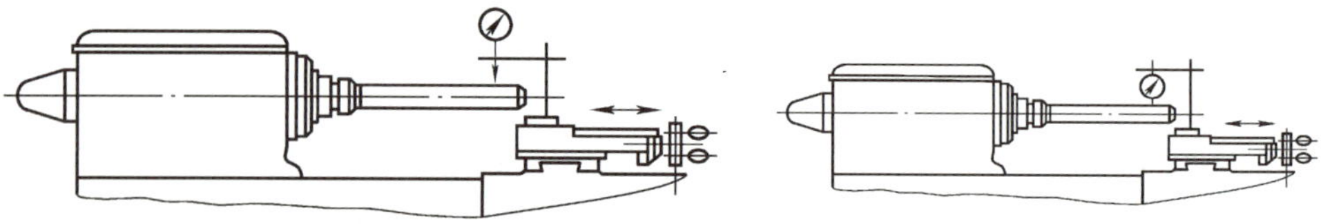

图 8–36　小滑板移动轨迹对主轴中心线的平行度测量

测量时在主轴锥孔中插入检验心轴，先调整小滑板移动在水平平面内与主轴轴线平行后，再在垂直平面内检测小滑板纵向移动对主轴轴线的平行度，其允差值可参见附表 9（G12 项）。先横向移动中滑板，使百分表触及主轴锥孔中插入的检验心轴上母线，再纵向移动小滑板测量，误差不超过 0.03 mm/100 mm。若超差，通过刮削回转盘与滑板的结合面来调整。

七、其他安装

其他安装包括挂轮架的安装、电动机的安装以及冷却系统、照明系统、机床标牌等的安装。

§8–6　卧式车床的试车和验收

车床总装配后，必须经过试车和验收。卧式车床的试车和验收一般包括静态检查、空运转试验、负荷试验和精度检验四个方面。

一、静态检查

静态检查是车床进行性能试验之前的检查，主要是检查车床各部位是否安全、可靠，以保证试车时不出事故。主要应从以下几方面检查：

1. 用手转动各传动件，应运转灵活。

2. 变速手柄和换向手柄应操纵灵活、定位准确、安全可靠。手轮或手柄转动时，其转动力用拉力器测量，不应超过 80 N。

3. 移动机构的反向空行程量应尽量小。

4. 床鞍等滑动导轨在行程范围内移动时，应轻重均匀和平稳。

5. 顶尖套在尾座孔中作全长伸缩，应运动灵活而无阻滞，手轮转动轻快，锁紧机构灵敏无卡死现象。

6. 开合螺母机构开合可靠，无阻滞或过松的感觉。

7. 安全离合器应灵活可靠，在超负荷时，能及时切断运动。

8. 挂轮架交换齿轮间的齿侧间隙适当，固定装置可靠。

9. 各部分的润滑加油孔有明显的标记，清洁畅通。油窗明亮，油尺清洁，插入深度与松紧合适。

10. 电气设备的启动和停止应安全可靠。

二、空运转试验

空运转试验是在机床不受负荷的状态下进行的运转试验。目的是为了发现机床在运动中可能出现的故障，并对机床进行必要的调整，为以后的负荷试验、工作精度检验做好准备。空运转试验和调整应包括以下内容：

1. 试验前对机床进行调平，使机床尽量处于自然水平状态。检查主轴箱的油平面不得低于油标线，也不能把油加得过多。

2. 检查各变速、变向操纵手柄应灵活、可靠。

3. 运转机床的主运动机构。从最低转速起依次运转，各级转速的运转时间不少于 5 min，最高转速的运转时间不少于 30 min。同时，对机床的进给机构也要进行低、中、高进给量的空运转，使主轴轴承达到稳定的温度。

4. 在主轴轴承达到稳定温度（即热平衡状态）时，轴承的温度和温升均不得超过如下规定：滑动轴承温度 60 ℃，温升 30 ℃；滚动轴承温度 70 ℃，温升 40 ℃；其他机构的轴承温升不得超过 20 ℃。

5. 在各级转速下，机床应运转正常，无异常振动和噪声。

6. 润滑系统正常、可靠、无泄漏现象；安全防护装置和保险装置安全可靠。

三、负荷试验

车床经空运转试验合格后，将其调至中速（最高转速的 1/2）下继续运转，待其达到热平衡状态时，则可进行负荷试验。

1. 全负荷强度试验

（1）目的

检验车床主传动系统能否输出设计所允许的最大扭转力矩和功率。

（2）试验方法

将尺寸为 ϕ120 mm × 250 mm 的中碳钢试件，一端用三爪自定心卡盘夹紧，一端用顶尖顶住，用 45° 标准硬质合金（YT5）右偏刀进行外圆车削，切削用量为：n=50 r/min（v=18.8 m/min），a_p=12 mm，f=0.6 mm/r。

（3）应达到的要求

车床所有机构应工作正常，动作平稳，不得出现异常的振动和噪声。主轴转速不得比空转时的转速降低 5% 以上。各手柄不得有颤抖和自动换位现象。试验时，允许将摩擦离合器适当调紧些，待切削完毕，再松至正常位置。

2. 精车外圆试验

（1）目的

检验车床主轴的旋转精度及主轴轴线对床鞍移动方向的平行度。

（2）试验方法

如图 8–37 所示，在车床卡盘上夹持尺寸为 ϕ80 mm × 300 mm 的中碳钢试件，检验长度 l_1=300 mm，l_2=20 mm，不用尾座顶尖，采用高速钢车刀。切削用量取 n=397 r/min，a_p=0.15 mm，f=0.1 mm/r。精车外圆表面。

（3）精车后试件允差

圆度为 0.01 mm，圆柱度为 0.04 mm/300 mm。表面粗糙度值不大于 Ra3.2 μm。

3. 精车端面试验

（1）目的

检查车床在正常工作温度下，刀架横向移动对主轴轴线的垂直度和横向导轨的直线度。

（2）试验方法

如图 8–38 所示，试件为 ϕ250 mm × 50 mm 的铸铁圆盘，用三爪自定心卡盘夹持。用 40° 硬质合金右偏刀精车端面，切削用量取 n=230 r/min，a_p=0.2 mm，f=0.15 mm/r。

（3）精车端面后试件允差

平面度不大于 0.02 mm（只许中间凹）。

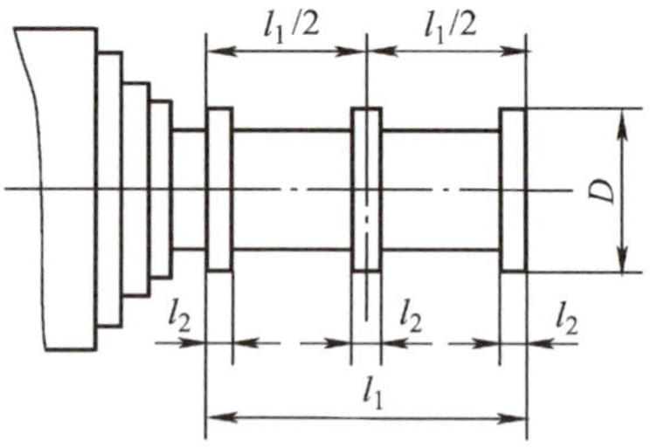

图 8–37　外圆试切件

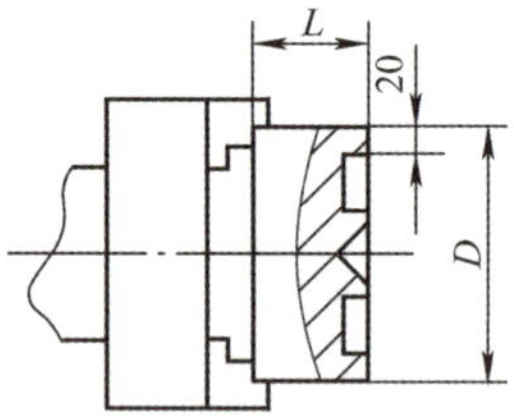

图 8–38　端面试切件

4. 精车螺纹试验

（1）目的

检查车床螺纹加工传动系统的准确性。

（2）试验方法

ϕ40 mm × 500 mm 的中碳钢工件；高速钢 60° 标准螺纹车刀；切削用量为 n=19 r/min，a_p=0.02 mm，f=6 mm/r；两端用顶尖装夹。

（3）精车螺纹试验精度

螺距累计误差应小于 0.04 mm/300 mm，表面粗糙度不大于 *Ra*3.2 μm，无振动波纹。

四、精度检验

完成上述各项试验之后，在车床热平衡状态下，按 GB/T 4020—1997 规定逐项做好精度检验，并认真做好纪录。

1. 工作精度检验

机床进行工作精度检验前应重新检查机床安装水平并将机床紧固。按精度检验标准要求的试件形状、尺寸、材料准备试切件；按试切要求准备刀具、卡盘等。按检验要求准备检验试切件精度、表面粗糙度的测量器具。

2. 几何精度检验

一般机床的几何精度检验分两次进行，一次在空运转试验后进行，另一次在工作精度检验之后进行。

在机床几何精度检验中应注意以下几点：

（1）机床的几何精度检验，一般不允许紧固地脚螺钉。

（2）凡与主轴轴承温度有关的项目，应在主轴运转达到稳定温度后进行。

（3）凡规定的检验项目均应在允许范围内，若因超差需要调整或返修的，返修或调整后必须对所有几何精度重新检验。

卧式车床精度标准见附表 9。

§8–7 卧式车床的修理

一、卧式车床大修

卧式车床大修的基本内容是将车床全部解体，修理基准件，更换或修理磨损件，精磨、刮削或用其他加工方法修复全部导轨面，全面恢复车床精度要求。车床大修可分为 3 个阶段：

1. 修理前的准备阶段

包括详细了解需要大修车床的精度丧失情况、主要零件的磨损情况、传动系统的精度情况和外观情况等。还要查阅有关技术资料、机床说明书和历次修理记录，充分了解该车床的结构特点，传动系统和设计精度要求，提出预检项目。经预检，确定更换零件和主要零部件的修复方法，准备修理和修后精度检验的专用工具、检具和量具。

2. 修理装配阶段

首先按照与装配相反的顺序和方法进行设备解体，即以先上后下，先外后里的顺序拆卸零部件。拆卸后立即对零部件进行二次预检，以进一步确定更换件并根据更换件和修复件的供、修情况，制定零部件的修复工艺，并根据图样要求完成其修复工作及部件装配工作。

然后按本章第五节讲述的顺序完成卧式车床总装配。

3. 修后验收阶段

修后应对装配调整好的车床按相关精度检验标准进行试车验收，以全面衡量修后精度和工作性能的恢复情况。还应将大修情况的记录和小结与原始资料归档，以备下次修理时参考。

二、主要零部件的修理工艺

1. 主轴箱主要零、部件的修理

（1）主轴定心轴颈的精度检测与修理

如图 8-39 所示，在主轴后端孔中镶入一个闷头，闷头中心孔内粘一钢球，将主轴的定心轴颈置于 V 形架上，钢球顶在挡铁上以控制主轴轴向移动。用百分表分别检测各轴颈及轴肩的误差情况，若发现某部位精度超差或磨损，可采用镀铬或刷镀的方法修复至要求。

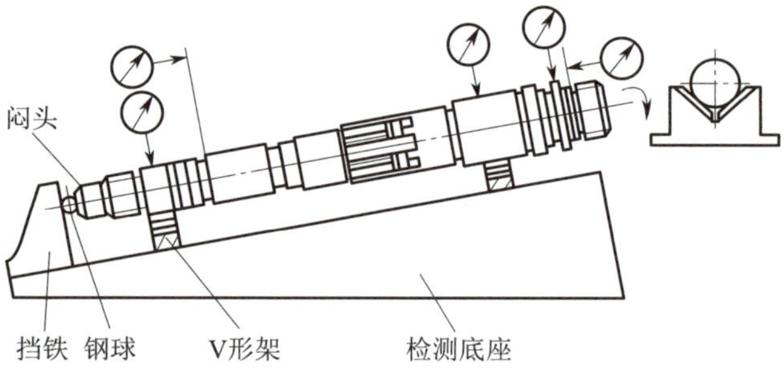

图 8-39　主轴轴颈、轴肩的精度检测

（2）主轴锥孔的精度检测与修理

如图 8-40a 所示，在主轴锥孔中装入一检验棒，用百分表分别在检验棒的两端检测其圆跳动量。若锥孔精度在允差范围内，但锥孔表面有轻微磨损，可用如图 8-40b 所示的方法进行研磨修复。若锥孔精度超差较大或锥孔表面磨损严重，应在磨床上精磨锥孔至要求。

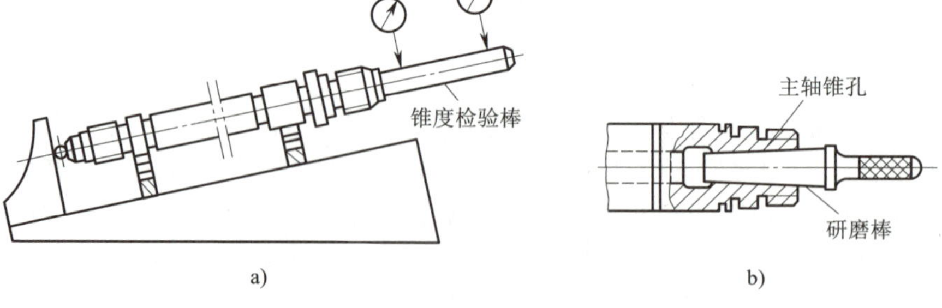

图 8-40　主轴锥孔精度检测及修复
a）锥孔精度检测　b）锥孔修复

（3）片式摩擦离合器的修理与调整

摩擦片属易损件，磨损后，一般需换新件。但摩擦片变形或划伤时，可矫平后磨削修复，修磨后厚度减少，可适当增加片数以保证调节余量。

（4）主轴箱操纵部分修理

操纵部分的拨叉、摆杆等零件断裂或磨损时，一般需更换新件。但装配后应保证动作灵敏，定位准确。

（5）制动装置的修理

由于车床启动、停车频繁，所以制动带容易磨损、断裂，应更换新件，并进行调整，使主轴能迅速停车。

2. 溜板箱的修理

（1）开合螺母副的修理

若开合螺母磨损严重，一般应进行更换。若丝杠局部磨损，可采用掉头修复工艺。

（2）单向超越离合器和安全离合器的修理

1）单向超越离合器的修理　主要是齿轮孔壁和星状体表面被滚柱挤磨成沟，通常是更换磨损件，装配前应进行清洗，装配后应保证机动进给和快速移动变换时准确可靠。

2）安全离合器的修理　主要是对左、右接合子接触面磨损进行加工修理，修理装配后应调整弹簧压力，使发生过载时起到切断进给运动的保护作用。

3. 尾座的修理

尾座经长期使用后，尾座底板、尾座孔和尾座套筒都会产生磨损，因此尾座孔轴线一般都会低于主轴轴线，必须进行修理。

（1）修复尾座孔轴线高度

通过以下几种方法修复，可使尾座孔轴线与主轴轴线等高。

1）将尾座底板刨去一定尺寸后镶垫板，提高尾座孔轴线高度（留刮研余量），然后经刮削达到精度要求。

2）更换新尾座底板，经刮削后达到精度要求。

3）修刮主轴箱底面，降低主轴轴线高度以达到与尾座孔轴线等高。

（2）修复尾座孔

对于磨损量小于 0.03 mm 的尾座孔，可用研磨棒研磨修复；磨损量大于 0.05 mm 时，用可调式研磨棒修复；当磨损量为 0.1 mm 左右时，可通过珩磨方法修复。修复后，应按尾座孔的实际尺寸配制尾座套筒，以保证配合间隙要求。

（3）若尾座孔轴线低于主轴轴线，且尾座孔磨损严重，可在本机床主轴卡盘上装刀，镗修尾座孔，然后配制尾座套筒。

三、CA6140 型卧式车床常见故障原因与排除方法

机械设备修理工作，不但要进行定期大修，而且对局部的修理和调整（小修理和中修理）更是机修钳工的重要工作内容。正确分析设备故障产生原因，采取合理的排除故障的方法，是迅速排除故障的基础，以恢复和达到规定的精度和工艺要求，尽量减少停机时间。

CA6140 型卧式车床常见故障原因及排除方法见表 8–3。

表 8-3　　CA6140 型卧式车床常见故障原因及排除方法　　续表

序号	故障现象	产生故障原因	排除故障方法
1	主轴箱冒烟；主轴轴承温升过高	缺少润滑油；摩擦片过紧发热；润滑位置不当；油量过少；主轴轴承过紧发热	排除润滑系统故障；添加润滑油；适当调松摩擦片和主轴轴承间隙
2	主轴闷车；大吃刀自行停车	摩擦片过松；传动带过松；齿轮未挂上挡	调整摩擦片间隙；张紧或更换带；重新挂上齿轮
3	主轴停车太慢	制动带磨损；调节过松	调紧制动带或更换制动带
4	主轴箱变速位置不准	手柄定位销松退或拨叉磨损、断裂；齿轮错位；拨叉支杆轴向窜动	调紧定位销；更换拨叉；齿轮重新定位；紧定拨叉支杆
5	主轴箱漏油，噪声增大	箱盖不平整；轴承盖密封垫损坏或未压紧；回油孔堵塞；轴承磨损；齿轮啮合精度差	修整箱盖；更换密封垫并压紧；疏通回油孔；更换轴承；修研齿轮
6	工件加工表面粗糙	主轴径向圆跳动、轴向窜动过大；床鞍及中、小滑板配合间隙过大；进给量过大	调整前轴承间隙；更换轴承，必要时调整后轴承；调整床鞍及中、小滑板配合间隙；减小进给量、刃磨刀具
7	车外圆产生椭圆	主轴径向圆跳动误差大；主轴轴承损坏	减小主轴径向间隙或更换轴承
8	切削工件振动、崩刃	主轴径向圆跳动、轴向窜动大；床鞍及中、小滑板配合间隙大；主轴前轴承外圈松动	调整主轴径向、轴向间隙或配换前轴承；调整床鞍及中、小滑板间隙
9	车外圆产生锥度及圆柱度超差	主轴轴线对床鞍移动的平行度超差；床身导轨局部重度磨损	调整修刮使主轴轴线对床鞍移动的平行度误差符合要求，修磨床身导轨
10	车端面产生中凸；中滑板前后紧、中间松	中滑板横向移动对主轴轴线的垂直度超差；中间移动多，磨损大	刮研床鞍导轨校正垂直度；修刮中滑板两端导轨至松紧一致
11	强力切削产生振动	主轴松动；滑板配合间隙大	调整主轴轴承间隙或调整配刮滑板镶条、下压板间隙
12	小滑板进刀不准	丝杠螺母配合间隙大；丝杠弯曲；刻线盘松动	修整丝杠；配换螺母；紧固松动部位
13	中滑板进刀不准	丝杠螺母配合间隙大；丝杠弯曲；刻线盘松动	调整丝杠螺母间隙；校正丝杠；修理刻度盘
14	方刀架定位不准	定位套磨损或定位销卡死	修复或更换定位套、定位销；清洁刀架接触面

续表

序号	故障现象	产生故障原因	排除故障方法
15	走刀停顿或无走刀	安全离合器过松；纵横向离合器及轴承损坏；操作不当	适当调紧安全离合器；更换离合器或轴承；手柄调整到位
16	尾座中心过低	尾座底板磨损；尾座套筒磨损	更换底板；降低主轴中心高；底板加垫抬高；修换套筒；配镗尾座套筒孔
17	车螺纹螺距不准	丝杠螺母磨损或配合间隙大；丝杠弯曲；丝杠轴向窜动过大	修复校直丝杠；调整或配换开合螺母；减小丝杠轴向窜动
18	床鞍及滑板移动过紧	缺少润滑油；导轨配合面长期磨损，接触面过大；下压板过紧	加注润滑油；修刮导轨面；调整下压板间隙
说明	1. 序号15项目请注意在反向螺纹状态下无走刀 2. 以上故障原因及排除方法均未包括刀具夹持和工件安装中存在的问题		

思考与练习

1. 机床通用型号的构成。

2. 说明下列机床型号的含义：

CM6132；Z3040；Z4012；Z525。

3. 简述CA6140型卧式车床的主要组成及其功用。

4. 机床装配时常用的测量器具有哪些？各有何功用？

5. 有一车床导轨长2 000 mm，水平仪垫铁长为250 mm，分度值为0.02 mm/1 000 mm。分8次测量，读数依次为：+1、+1、+1、+0.5、+0.5、−1、0、−1。试求：

（1）画出导轨在垂直平面内直线度误差曲线图；

（2）求出导轨全长内直线度误差。

6. 卧式车床总装配工作的主要内容是什么？

7. 床身与床脚的结合应满足哪些要求？目的是什么？应如何检验？

8. 床鞍的上导轨面为什么要垂直下导轨面？为什么只许上导轨偏向主轴一方？

9. 确定溜板箱安装位置的主要依据是什么？

10. 安装齿条时，应注意哪些问题？

11. 如何保证进给箱、溜板箱、丝杠后支架丝杠安装孔的同轴度？

12. 主轴箱安装时应满足哪些要求？超差时应如何修刮？

13. 安装车床尾座时应满足哪些技术要求？为什么要求尾座顶尖要比主轴中心高一些？其等距度应如何测量？

14. 车床空运转试验前的静态检查有哪些内容？

15. 车床空运转试验应如何进行？具体有什么要求？
16. 车床负荷试验的目的是什么？包括哪些内容？
17. 车床精度检验包括哪些内容？为什么精度检查要在热平衡状态下进行？
18. 设备大修可分为哪几个阶段？
19. CA6140 型卧式车床的常见故障有哪些？如何排除？

第九章

机械装置的润滑、密封与治漏

§9-1 机械装置的润滑

合理选择润滑剂及润滑装置，对机械装置实行润滑，可以减少摩擦、降低磨损，提高机械设备的使用效率和延长寿命，同时还可起到冷却、防锈、防尘和吸振等作用。

一、润滑剂的种类及润滑方式

1. 润滑剂的种类

生产中常用的润滑剂包括润滑油、润滑脂和固体润滑剂等，其特点及应用见表 9-1。

表 9-1　　常用润滑剂的种类、特点及应用

种　类		特点及应用
润滑油	（L-A 组）全损耗系统用油（机械油）	常用牌号有 L-AN10、L-AN15、L-AN32、L-AN46 等。数值表示油的 ISO 黏度等级。AN 品种主要用于轻负荷部件（滑动轴承、齿轮），处于流体动力润滑状态的普通轴承
	（L-F 组）主轴、轴承和有关离合器用油	分 FC 和 FD 两个品种，主要用于滑动或滚动轴承的压力、油浴和油雾润滑，如牌号 L-FD15 等。FC 类也可用于离合器润滑
	（L-C 组）齿轮用油	用于闭式齿轮润滑的有 CKB、CKC、CKD、CKE、CKS、CKT、CKG 等品种；用于开式齿轮润滑的有 CKH、CKJ、CKL、CKM 等品种
（L-X 组）润滑脂	钙基润滑脂	应用最广，呈黄色，防水性好，但熔点低、耐热性差。适用于工作温度不高和潮湿的场合
	钠基润滑脂	呈暗褐色或黑色，耐热性较好，但不耐水。适用于高温重载的场合
	锂基润滑脂	一种高效能润滑脂，呈白色，表面光滑，具有良好的防腐和抗水性能。适用于高速和精密机床的滚动轴承
	铝基润滑脂	呈奶油状，表面光滑，缺乏塑性。具有很好的耐水、耐热、润滑和黏附性。常用于精密仪器和高速齿轮等润滑

2. 润滑方式

在机械设备中，因结构和润滑的要求不同，其润滑的方式也有所不同。按操作方法分为手工润滑和自动润滑；按输入方法分为集中润滑和分散润滑；按压力分为压力润滑和无压润滑；按输入状态分为连续润滑和间隙润滑等。生产中应根据实际情况灵活选用。

二、机械装置的润滑

机床中需要润滑的机械装置主要包括滑动轴承、滚动轴承、导轨、变速箱和链传动机构等。

1. 滑动轴承的润滑

由于轴颈与轴瓦为面接触，摩擦和磨损严重，因此，润滑对滑动轴承非常重要。

（1）润滑剂的选用

滑动轴承的润滑剂可根据轴颈速度和轴承的工作条件、工作要求和工作环境等进行选择，一般用矿物润滑油和润滑脂。其中润滑油应用广泛；润滑脂则适用于轴颈速度小于 1 ~ 2 m/s 的滑动轴承，在温度变化大或高速场合下不宜使用。

（2）润滑方式的选择

重要或精密机床主轴的滑动轴承，一般均采用连续润滑方式，以保证其在充分润滑条件下工作；小型、低速或间歇运转的轴承，可用油壶或油杯人工定期供油。图 9–1 所示为连续润滑方式，图 9–2 所示为常见的油杯结构。

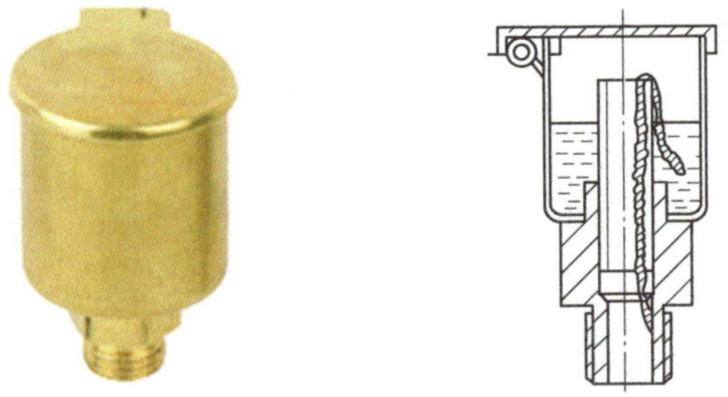

图 9–1　滴油润滑

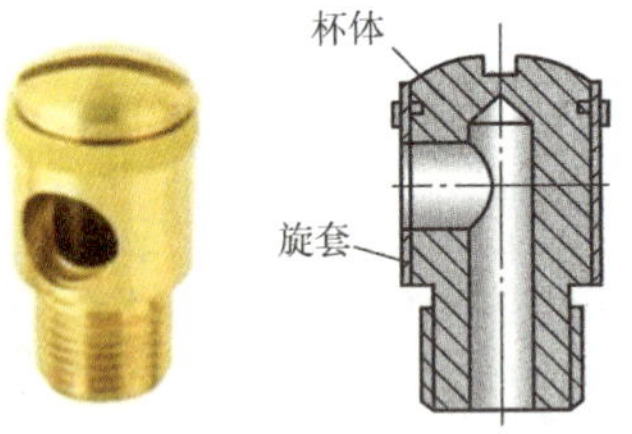

a)

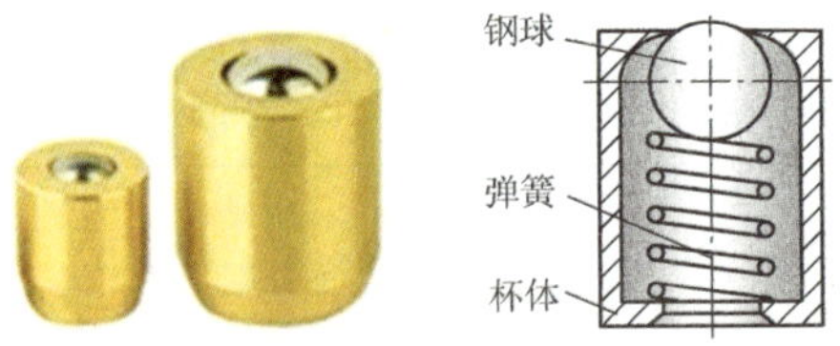

b)

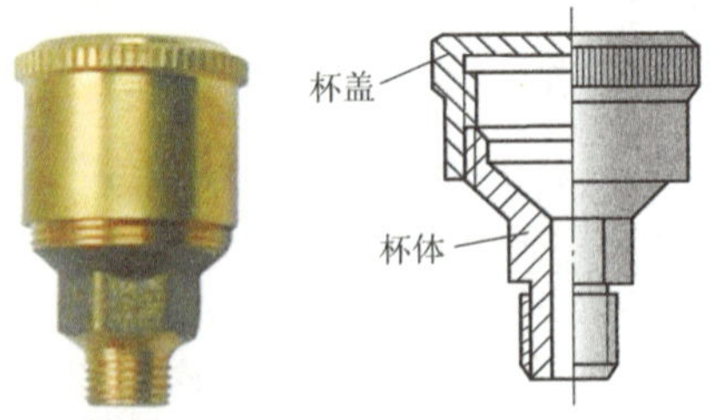

c)

图 9–2　油杯

a）旋套式　b）压配式　c）旋盖式

知识链接

选择润滑油黏度的大小由轴颈转速、轴承间隙及轴承所承受的载荷来决定。一般应具有在轴承工作温度下，形成油膜的最低黏度。选用润滑油黏度的一般原则如下：

（1）重载低速、温度高等条件下，选用高黏度主轴油。

（2）高速时，选用低黏度的主轴油。如当主轴转速为 1 000 ~ 3 000 r/min、主轴与轴承间的热间隙为 0.01 ~ 0.02 mm 时，选用的主轴油牌号为 L-FD15。

（3）重载时，润滑油的黏度也应选高些。

（4）加工粗糙、轴承与轴的间隙较大的情况应选黏度较高的油。

2. 滚动轴承的润滑

（1）润滑方式的选定

滚动轴承的润滑方式要根据轴承具体的工作情况来确定。如间歇运动机构的轴承可采用间歇润滑方式；低速轴承可采用油浴润滑等，如图 9–3 所示。

（2）选用润滑油或润滑脂的依据

滚动轴承可采用油润滑或脂润滑。选用润滑油或润滑脂主要应考虑到摩擦副的运动性质及速度、摩擦副的工作条件、环境温度、摩擦表面的状态、润滑方法及机床的特殊要求。在高温条件下工作的润滑剂，热稳定性和化学稳定性要好。而液压系统用油则应具有较好的抗氧化、抗磨损、抗泡沫和防锈蚀等性能，黏度指数还要高。常用的有 L-HL15、L-HL22、L-HL46 的液压油及 L-AN32、L-AN46 全损耗系统用油或 L-FD15 主轴油等。

（3）润滑油黏度或润滑脂稠度的选择

1）在冲击、振动或间歇性工作条件下工作的摩擦副，应用黏度高的润滑油（或稠度高的润滑脂）。

2）高速、轻载时，应选用低黏度油（或低稠度脂）。

3）低速、重载时，则应选用高黏度的油（或高稠度脂）。

润滑油的具体选择可参考图 9–4，根据 *dn*（轴承内径和转速的乘积）值及工作温度，选定所需的黏度，然后再从有关手册中选定相应的牌号。

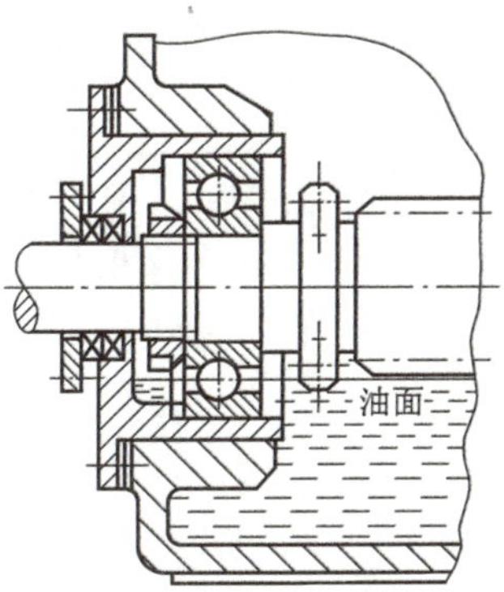

图 9–3　油浴润滑

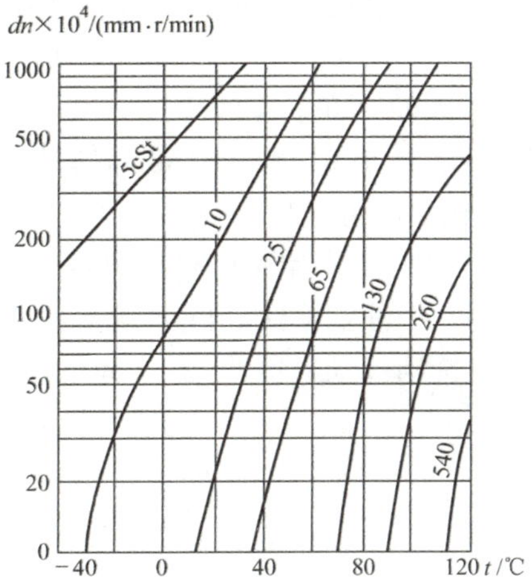

图 9–4　润滑油的选择

小提示

润滑脂的稠度等级分为 000、00、0、1、2、3、4、5、6 共九个号。润滑脂一般在装配时加入，轴承润滑脂的充填量不宜过多，一般充填量约占轴承内部空间的 1/4 ~ 1/3，高速时应不超过 1/3。润滑脂的润滑装置及轴承座结构如图 9–5 所示。

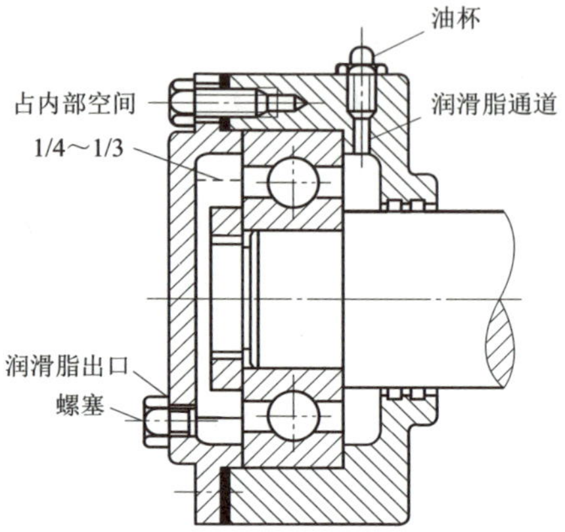

图 9–5　脂润滑的润滑装置及轴承座结构

3. 导轨的润滑

导轨因结构形式的不同，可分为滑动导轨、静压导轨及滚动导轨，下面主要介绍滑动导轨的润滑。

（1）润滑方式

当导轨面负荷较小、摩擦频率较小时，采用间歇无压润滑；当导轨面负荷较大，且连续摩擦时，采用连续压力循环润滑方式。

（2）润滑油黏度

精密机床导轨滑行速度很慢，当润滑剂供给不足、质量不好或选择不当时，易产生爬行现象，因此不能使用一般的全损耗系统用油，必须选用具有良好抗爬行性并具有合适黏度的导轨油。

当机床导轨面负荷较大时，导轨油应选用黏度较高的，如滚齿机、坐标镗床应选用 L–GA 68、L–GA 100、L–GA150 导轨油；而导轨面负荷较小时（如磨床），选用 L–GA32 或 L–GA68 导轨油即可。

大部分磨床导轨和液压系统共用一种油，且负荷低、移动速度慢。由于液压系统和导轨润滑是同一个油路系统，既要保证加工精度、避免导轨的慢速爬行，又要保证润滑油顺利运行，一般选用运动黏度为 20 ~ 40（50 ℃）的导轨油。

小提示

机床的导轨在修理过程中，可通过改变修理工艺，由宽刮代替点刮来改善润滑条件。因宽刮利于油楔的建立，增加了油膜厚度，减少了摩擦因数，从而改善了导轨的润滑状态。

4. 变速箱的润滑

变速箱是机械设备中较复杂的部件，一般由箱体、传动轴、轴承、齿轮副、离合器、凸轮、螺旋副及操纵元件等组成。由于各种不同的摩擦副同时集中在同一箱体中，所以一般均采用集中润滑方式。

对常见的齿轮副，选择变速箱齿轮的润滑方式主要根据齿轮工作的线速度确定。一般当齿轮旋转的最大线速度小于 0.8 m/s 时，可采用手工涂润滑脂的方法进行润滑；当线速度在 0.8 ~ 4 m/s 时，采用浸油润滑或使用润滑脂；当线速度为 4 ~ 12 m/s 时，采用浸油润滑；当齿轮的线速度大于 12 m/s 时，则采用压力喷油润滑。

润滑油黏度的选择：一般应根据变速箱的变速级数、齿轮中心距和环境温度等进行选择。

5. 链传动机构的润滑

根据链节距 p 和链速 v 的不同可采用不同的链传动润滑方式，如图 9-6 所示。常选用的 L-AB32 等全损耗系统润滑剂。注意高温环境下工作应选用黏度较大的润滑油。

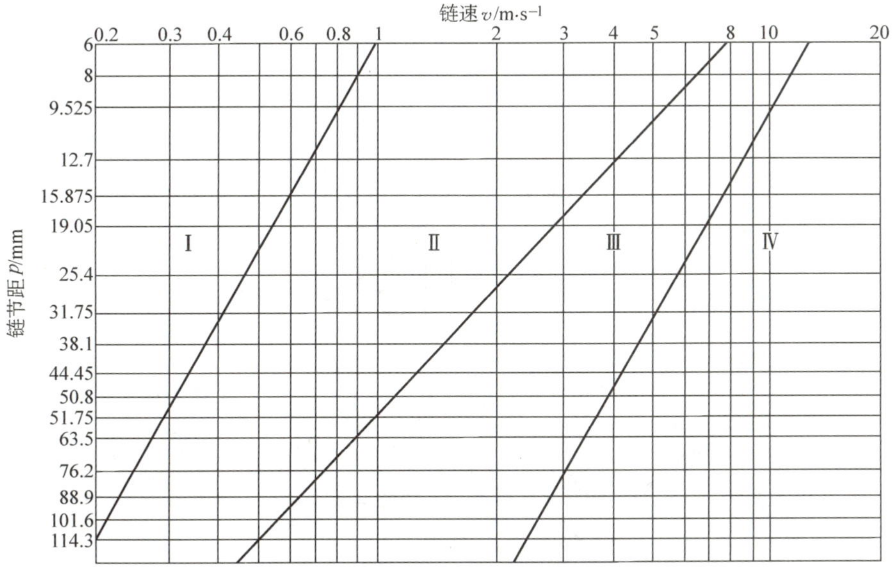

图 9-6　推荐的链传动润滑方式

Ⅰ—人工定期润滑　Ⅱ—滴油润滑

Ⅲ—油浴式飞溅润滑　Ⅳ—压力喷油润滑

§ 9–2 机械装置的密封

一、密封及其类型

1. 密封

机械装置中实行的密封，是指采用适当措施以阻挡零件间接触处出现液体或气体的泄漏。密封可以防止灰尘、杂质的侵入，减少润滑剂的流失，保持封闭腔的密封。从而避免资源、能源的浪费和环境的污染，保持设备稳定运行。在存在易燃、剧毒及放射性物质的场合，密封就有其更加重要的作用了。

2. 密封的类型

密封的类型很多，主要有静密封和动密封两类。所有的静密封和大部分的动密封都是靠密封面互相靠近或嵌入以减少或消除间隙，从而达到密封的目的，这类密封方式称为接触式密封。密封面间有间隙，依靠各种方法减少密封间隙两侧的压力差而阻漏的密封称为非接触式密封。

二、静密封

在工作状态下，两零件间无相对运动，其结合面之间的密封称静密封，如图 9–7 所示。

静密封的主要类型、特点及应用见表 9–2。

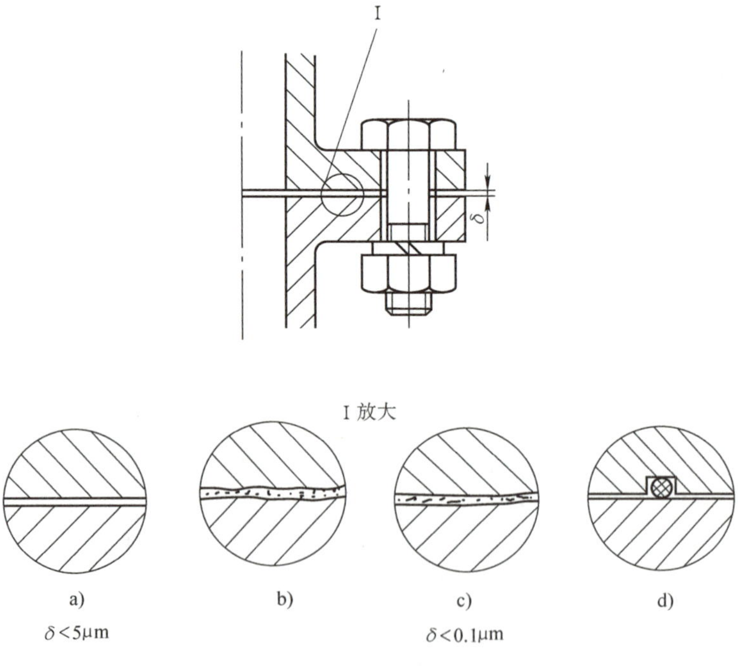

图 9–7　静密封

a）研磨面密封　b）垫片密封　c）密封胶密封　d）O 形圈密封

表 9–2　静密封的类型、特点及应用

类型	特点及应用
金属垫片密封	采用纯铜、铝、铅、低碳钢、不锈钢及合金钢等制成的各种类型的垫片，垫于结合面中进行密封。常用于高温、高压的场合
非金属垫片密封	采用天然橡胶、纸板、牛皮、聚四氟乙烯及其合成品制成的各种垫片，垫于结合面中间进行密封。适用于常温及中、低压场合
密封胶密封	这类密封直接采用成品密封胶进行密封。使用时，把它们涂敷在设备的各种静结合面上。它们可以用于形状复杂或材料不同的结合面上
管螺纹密封	管螺纹的密封采用聚四氟乙烯薄膜缠绕在螺纹表面（缠绕方向与螺纹旋向相反），拧入后，使聚四氟乙烯填充在管螺纹之间进行密封；厌氧胶也是用于管螺纹密封的材料，使用时，先将结合面上的油污、水、灰尘等擦干净，有锈蚀的要清除干净，然后将厌氧胶涂敷在螺纹表面，涂层厚为 0.06 ~ 0.1 mm，凝固后，即对管螺纹起到很好的密封作用

三、动密封

在工作状态下，两零件间有相对运动的结合面之间的密封，称为动密封。在回转轴的动密封中，有接触式、非接触式密封和组合式密封三种类型。密封装置一般设置在轴承上（称为密封轴承）或轴承的支承部位。

1. 接触式密封

（1）毡圈密封（图 9–8）

这种密封装置结构简单，但因摩擦和磨损较大，高速时不能应用，主要应用于工作环境比较清洁的场合下密封润滑脂。密封处的线速度不应超过 4 ~ 5 m/s，工作温度不得超过 90 ℃。

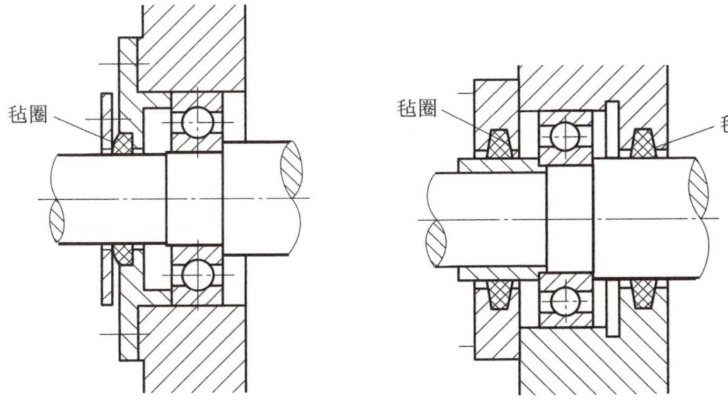

a)　b)

图 9–8　毡圈密封

（2）密封圈密封（图 9–9）

这种密封圈用耐油橡胶制成，借助本身的弹性和用弹簧使之压紧在轴上，可以密封润滑脂或润滑油。密封处的线速度不应超过 7 m/s，工作温度为 -40 ～ 100 ℃。安装时应注意密封唇的方向，用于防止漏油时，密封唇应向着轴承；用于防止外界污物侵入时，密封唇应背着轴承；也可以同时用两只密封圈以提高密封效果。

（3）机械密封

机械密封又称端面密封。图 9-10 所示是一种简单的机械密封，动环与轴一起转动，静环固定在机座端盖上，动环与静环端面在弹簧的弹力作用下互相贴紧，起到很好的密封作用。这种密封多用于工作环境恶劣的场合。

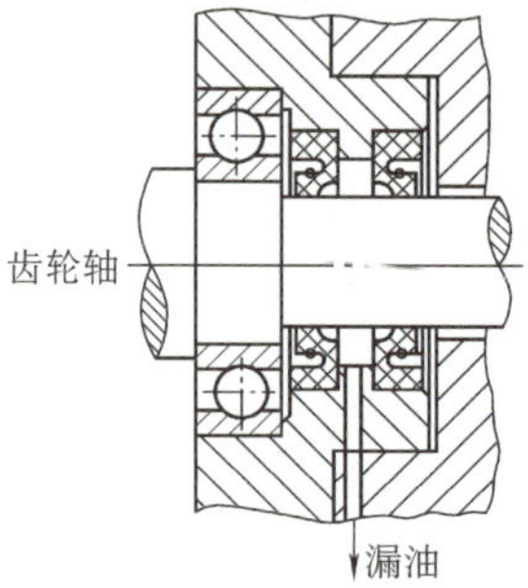

图 9-9　密封圈密封

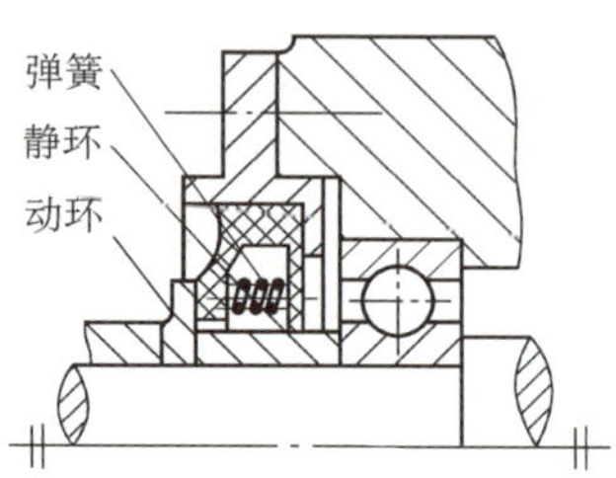

图 9-10　机械密封

2. 非接触式密封

（1）间隙密封（图 9-11）

这种密封靠轴与轴承盖的孔之间充满润滑脂的微小间隙（0.1 ～ 0.3 mm）实现密封。在轴承盖的孔中开槽后，密封效果更好。这种装置常用于环境比较清洁和不很潮湿的场合。

（2）挡油环密封（图 9-12）

工作时挡油环随轴一起转动，利用离心力甩去落在挡油环上的油和杂质，起到密封作用。挡油环常用于减速器内的齿轮用油润滑、轴承用脂润滑时轴承的密封。

（3）迷宫式密封（又称曲路密封，图 9-13）

这种密封由转动件与固定件间曲折的窄缝形成，窄缝中的径向间隙为 0.2 ～ 0.5 mm，轴向间隙为 1 ～ 2.5 mm，并注满润滑脂。工作时轴的线速度越高，其密封效果越好。多用于多尘、潮湿和轴表面线速度小于 30 mm/s 的场合。

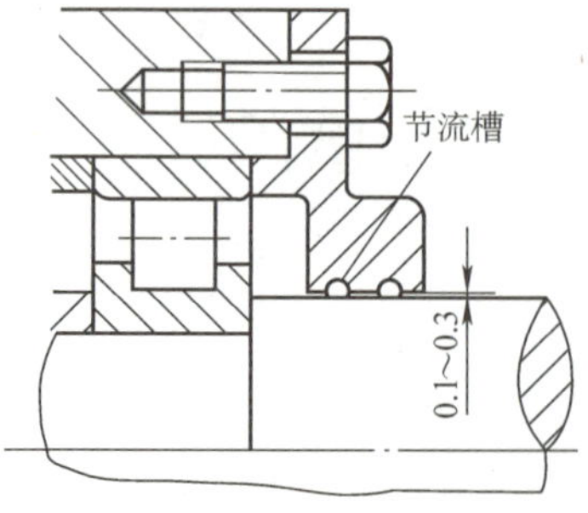

图 9-11　间隙密封

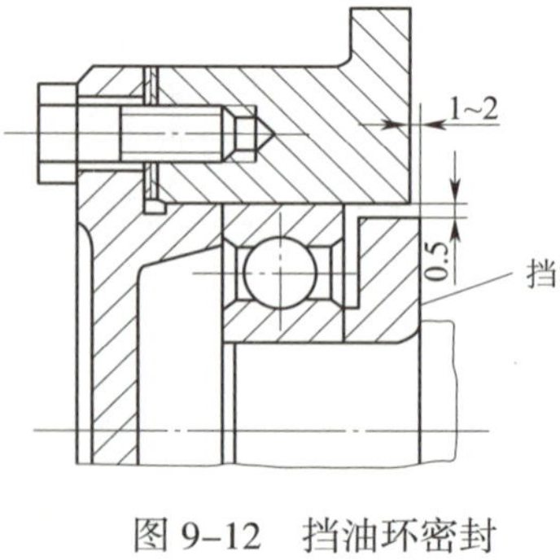

图 9-12　挡油环密封

3. 组合密封

在一些重要的密封部位通常可采用几种密封形式组合使用。图 9–14 是毡圈密封与迷宫式密封的组合方式，可提高密封效果。

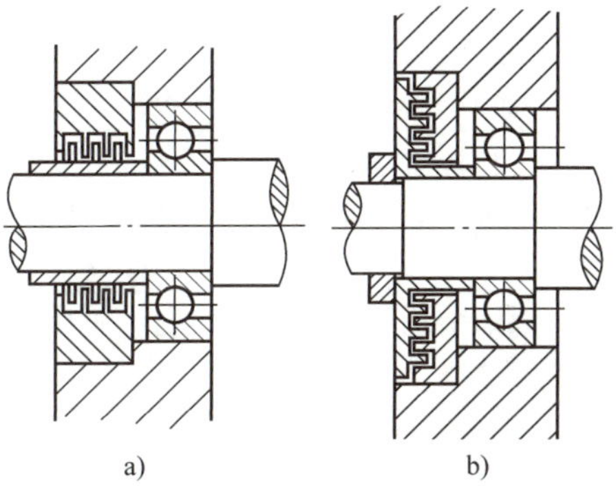

图 9–13　迷宫式密封

a）径向迷宫式密封　b）轴向迷宫式密封

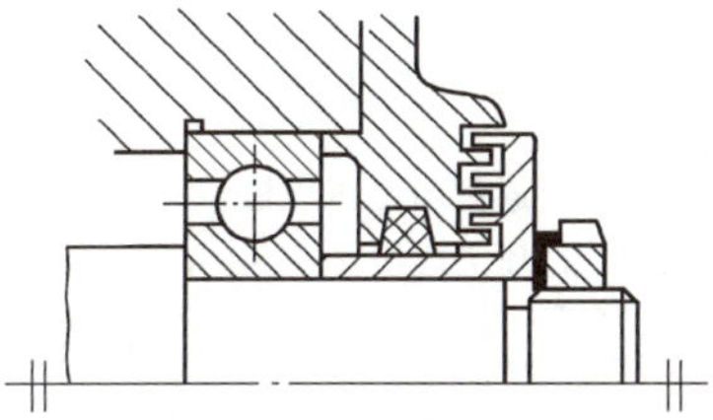

图 9–14　组合密封

§9–3　机械设备的治漏

在机械设备中，机床润滑油的泄漏是维护工作中较普遍、较难治理的问题之一，对机床中各种泄漏通常采取不同的方法和措施进行有效的防治。

一、漏油的检查与原因分析

1. 漏油的形态

通常将漏油划分为渗油、滴油和流油三种形态。

（1）渗油

静结合面部位，每 30 min 滴 1 滴油为渗油；动结合面部位，每 6 min 滴 1 滴油为渗油。

（2）滴油

无论是动结合面还是静结合面，每 2 ～ 3 min 滴 1 滴油时为滴油。

（3）流油

每 1 min 滴 5 滴油时，就认为是在流油。

2. 漏油检查的一般方法

漏油的检查主要指对机械系统和液压润滑系统漏油的检查。其检查内容及方法见表 9–3。

3. 设备漏油的常见原因

设备的漏油可归纳成两方面的原因，见表 9–4。

表 9–3　漏油检查内容及方法

检查内容	检查方法
机械系统漏油	按部件进行普查。先将被检部件外表擦干净，再观察漏油部位并测定渗漏程度。对静密封处主要检查箱体盖缝、油标、油管、管接头处，对动密封处注意检查轴孔配合处、旋转工作台等
	对重点部件要进行细查，如箱体等
	重视设备使用过程中的日常观察工作。在日常对设备的清洁工作中观察渗漏情况，弄清渗漏部位
液压润滑系统漏油	按顺序进行普查。从油泵开始，依次检查滤油器、控制阀、油管、管接头、油缸等部分。检查应在擦干净后的正常供油状态下进行。对于重点怀疑的部位可缠上白吸油纸，观察是否因有油渗出而变黄，以便判断。
	通过增压试验进行细查。为了检查出可能漏油的薄弱环节，可以进行增压试验，使压力比正常工作压力高出 25% ~ 30%，然后检查油路各部分的渗漏情况
	由日常液压动作进行观察。对于液压系统来说，不仅要防治其外泄漏问题，还要注意从部件的一个腔流到另一腔的内泄漏问题。内漏可以表现在动作失调、开关失灵、效率下降等方面

表 9–4　设备漏油的常见原因

类型	原因分析
先天性的原因	设计不合理。对密封结构考虑不周造成润滑油回流不畅或飞溅溢出
	不按制造工艺施工。如结合面加工精度不高，尺寸超差；运动副材料早期磨损，造成间隙过大；结合面粗糙不平；紧固件旋紧顺序不对，紧固力大小不均；铸件未经时效处理，结合面变形等而造成泄漏
	密封件的选用、制造、安装不当
生产过程中的原因	加工材料侵入。当机床加工铸铁等易产生硬质颗粒或粉末的工件时，硬颗粒及粉末容易侵入运动副中，加剧其磨损，使间隙增大，密封失效而发生泄漏
	机床开停频繁。当启动机床时，各运动副刚要运转的一瞬间，一般都处在半干摩擦状态，各运动副容易磨损。如机床开停频繁，运动副的磨损速度必然加快，使其间隙迅速增大而发生泄漏。同时，运动副的间隙增加，也必然导致振动加大，反过来又促使磨损加速，造成更大的泄漏
	振动。机床振动能歪曲结合面形状，降低接合精度，引起紧固件松动，使静密封失效
	未注意维护保养。未定期更换密封件，不定期、定量加润滑油（脂），不及时调整间隙，检修质量不符合标准，这些都必然导致泄漏发生

二、治漏的一般标准与方法

1. 治漏的一般标准

治漏应达到使设备外部静结合面处不得有渗油现象，动结合面处允许有轻微渗油，但不得流到地面上。

在设备的内部允许有些渗油，但不得渗入电气箱和传动带上，不得滴落到地面，并能引回到油箱内。

2. 治漏方法

常用的治漏方法及应用见表 9–5。

表 9-5　　常用的治漏方法及应用

方法	应用
紧固法	通过紧固渗漏部位的螺钉、螺母、管接头等来消除连接部位因松动而引起的漏油现象
疏通法	保证回流油路畅通，不被污物堵住；将过小的回油孔改成大直径回油孔或增加新的回油孔使油路畅通
封涂法	在渗漏处涂抹密封胶进行密封紧固，以消除渗漏现象。此方法简单方便、成本低廉、效果明显、适应性广
调整法	调整相关件的位置。如调整滑动轴承孔与轴颈之间的间隙；减少液压润滑系统的压力；调整刮油装置如毛毡的松紧（高低）等。调整法应是治漏的首选方法
堵漏法	对漏油的铸件砂眼、通孔（或螺纹孔）进行堵塞的办法进行治漏。如在箱体的砂眼处堵塞环氧树脂，在通孔中堵塞铅块等
修理法	箱盖结合面不严密时，对其进行表面刮研修理；油管喇叭口不严密时，对喇叭口进行修理；液压润滑件因毛刺、拉伤、变形而漏油时，对液压件进行修理，从而达到治漏的效果
换件法	更换密封件或相关件，达到治漏的目的
改造法	对因设计不合理而造成的漏油，可通过改造原有结构、改换密封材料、改变润滑介质、减小配合间隙、增加挡油板及接油盘的方法进行改造治漏。改造治漏时要注意不要破坏设备原有的强度和刚度

思考与练习

1. 润滑剂有哪几种？各适用于什么场合？
2. 常用的润滑方式有哪些？
3. 润滑与密封在机械设备中各起什么作用？
4. 简述选择润滑油黏度的一般原则。
5. 变速箱齿轮副的润滑方式如何确定？
6. 静密封有哪些类型？
7. 在回转轴的动密封中常用的结构形式有哪几种？各有何特点？
8. 治漏一般应达到什么标准？
9. 简述常用的治漏方法。

第十章

机 床 夹 具

§10–1 机床夹具概述

在机床上用来安装工件以确定工件与刀具的相对位置，并将工件夹紧的装置，称为机床夹具（简称夹具）。夹具作为一种装夹工件的工艺装备，是机械加工工艺系统的重要组成部分，在机械加工中占有十分重要的地位，广泛应用于机械加工、装配、检验等工艺中。

一、机床夹具的分类及组成

1. 机床夹具的分类

按夹具的通用特征，夹具可分为通用夹具、专用夹具、组合夹具和可调整夹具等。按夹具使用的机床及性能不同，夹具可分为钻床夹具、车床夹具、铣床夹具、磨床夹具等。

2. 机床夹具的组成

机床夹具主要由以下几部分组成：

（1）定位元件

定位元件的作用是使工件在夹具中占据正确的加工位置。图 10–1 所示为轴套的零件图，图 10–2 所示为在钻床上钻削轴套上的 ϕ12H9 孔所用的钻孔夹具。夹具上的定位心轴和定位销都是定位元件。工件（图中双点画线所示）通过 ϕ40 mm 内孔以及宽 12 mm 的键槽，安装在夹具的定位心轴和定位销上。钻孔时定位心轴与钻床主轴垂直，可保证 ϕ12H9 孔中心线对 ϕ40 mm 孔中心线的垂直度，定位销则保证 ϕ12H9 孔的对称度。

（2）夹紧装置

夹紧装置的作用是将工件压紧夹牢，保证已确定的工件位置在加工过程中不发生变化。如图 10–2 中的螺母和开口垫圈都是施力于工件，克服切削力等外力作用，使工件保持在正确的定位位置上。

（3）引导元件

引导元件的作用是确定刀具相对于工件的正确位置并引导刀具进行加工。如图 10–2 中的钻套可用来引导钻头到正确位置上钻孔，同时增加钻削时钻头的稳定性，提高加工精度。

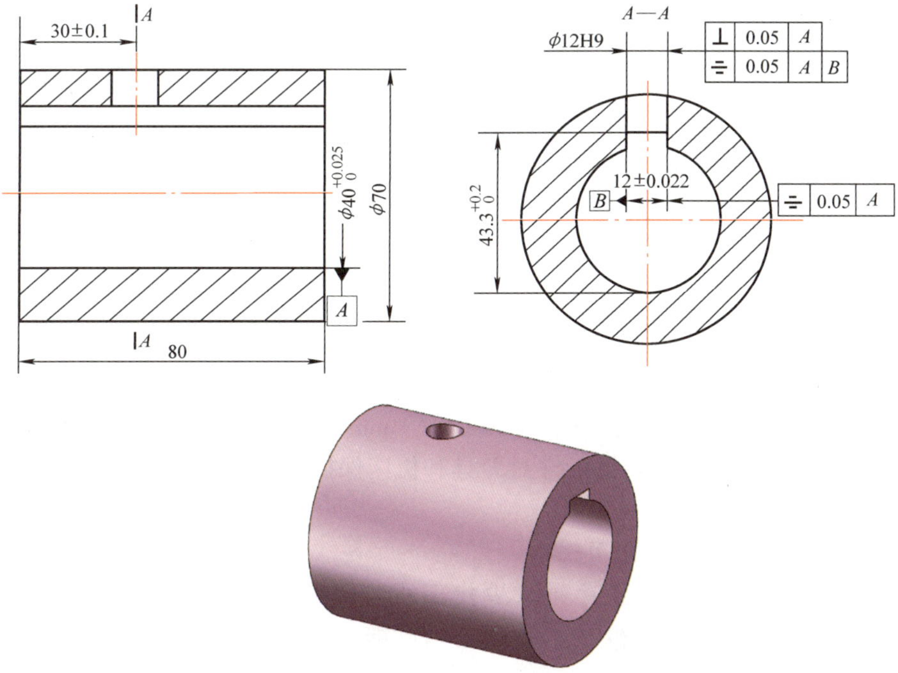

图 10–1　轴套

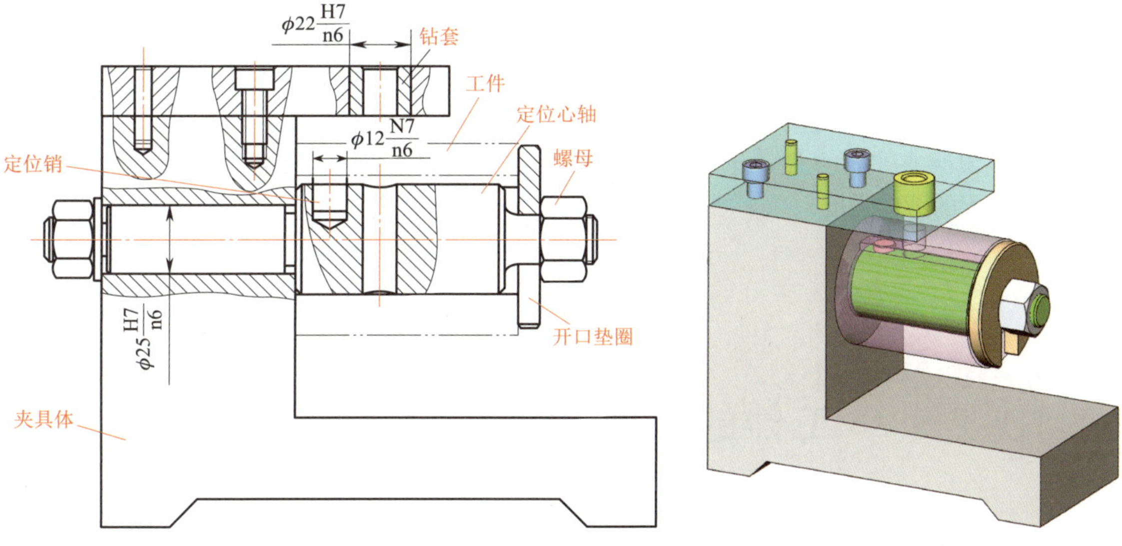

图 10–2　轴套钻孔用夹具

（4）夹具体

夹具体是夹具的基础件，通过它将夹具上所有元件装配成一个整体。如图 10–2 中的夹具体。

（5）其他元件及装置

其他元件及装置包括用于改变工件与刀具相对位置以获得多个工位的分度装置；非手动夹具中作为生产动力部分的气缸、液压缸及电磁装置；靠模装置及连接元件、自动定心装置等。

小提示

一般机床夹具至少由夹具体、定位元件和夹紧装置三部分组成，引导元件或某些辅助装置，则根据夹具的作用和要求而定。

二、机床夹具的作用

1. 保证加工精度

使用夹具的主要作用是保证工件上被加工表面与基准间的相互位置精度，如表面之间的尺寸精度、平行度、垂直度、对称度、同轴度等。如图 10–1 所示零件中 ϕ12H9 孔轴线对 $\phi 40^{+0.025}_{0}$ mm 孔轴线的垂直度和对称度、(30 ± 0.1) mm 的尺寸精度都必须用夹具保证。夹具的使用保证了在加工过程中，同批工件对刀具和机床保持在确定的相对位置上，这比划线找正的方法所能达到的精度要高。

2. 提高劳动生产率，降低加工成本

采用夹具后，可省略划线工序，减少找正所需辅助时间，同时操作方便、安全，安装稳固，可加大切削用量，减少基本时间，因此能提高劳动生产率，降低产品的加工成本。

3. 扩大机床加工范围

使用夹具可以扩大机床的加工范围，充分发挥机床的工艺性能，实现一机多用，解决缺乏某种设备的困难。例如，在车床或摇臂钻床上使用镗模，则可以代替镗床做镗孔加工。

4. 能减轻工人的劳动强度

使用夹具装夹工件方便、迅速，如果再采用气动或液压夹紧装置，则效果更为显著，并能减轻工人的劳动强度。

§10–2 工件的定位

一、工件的定位原理

1. 定位与定位基准

确定工件在机床上或夹具中占有准确加工位置的过程，称为定位。工件的定位是靠工件上某些表面与夹具中的定位元件（或装置）相接触来实现的。工件的定位必须使一批工件逐次放入夹具中都能占有同一位置，能否保证工件加工位置的一致性，直接影响到工件的加工精度。

定位基准是指在加工过程中，使工件在夹具中（或机床上）占有准确加工位置所依据的基准。

2. 六点定位规则及应用

（1）六点定位规则

一个尚未定位的工件在夹具中的位置是任意的，可以视为在空间直角坐标系中的自由物体，如图 10–3 所示。在空间直角坐标系中，工件可沿着三个坐标轴移动和绕这三个坐标轴转动，可分别用 $\vec{x}$、$\vec{y}$、$\vec{z}$ 和 $\widehat{x}$、$\widehat{y}$、$\widehat{z}$ 来表示。通常把这种运动的可能性称为自由度。任何工件在空间内，如果不加任何约束和限制，它都具有以上六个自由度。因此，要使工件在夹具中占有确定的位置，就必须限制这六个自由度。

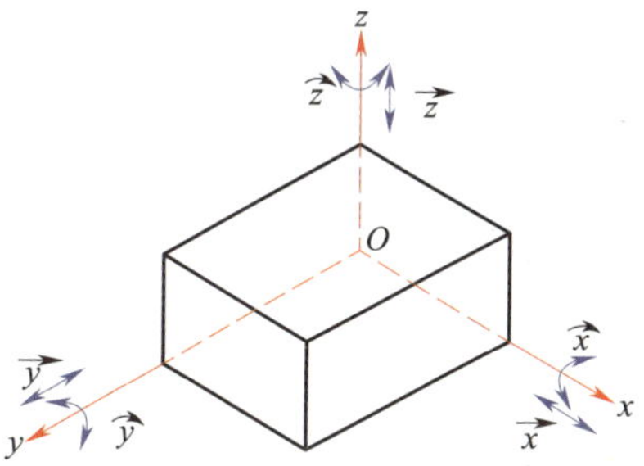

图 10–3　物体的六个自由度

用合理分布的与工件接触的六个定位支承点，来限制工件的六个自由度，使工件在夹具中的位置完全确定，称为六点定位规则。

（2）长方体工件的定位

如图 10–4a 所示，在长方体工件上加工槽，保证加工尺寸 $A \pm \Delta A$ 时，需要限制工件的 $\vec{z}$、$\widehat{x}$、$\widehat{y}$ 三个自由度；保证 $B \pm \Delta B$ 时，需限制 $\vec{x}$、$\widehat{z}$ 两个自由度；保证 $C \pm \Delta C$ 时，需限制 $\vec{y}$ 自由度。所以应将工件的六个自由度全部加以限制，才能满足加工要求，其支承点的布置如图 10–4b 所示。

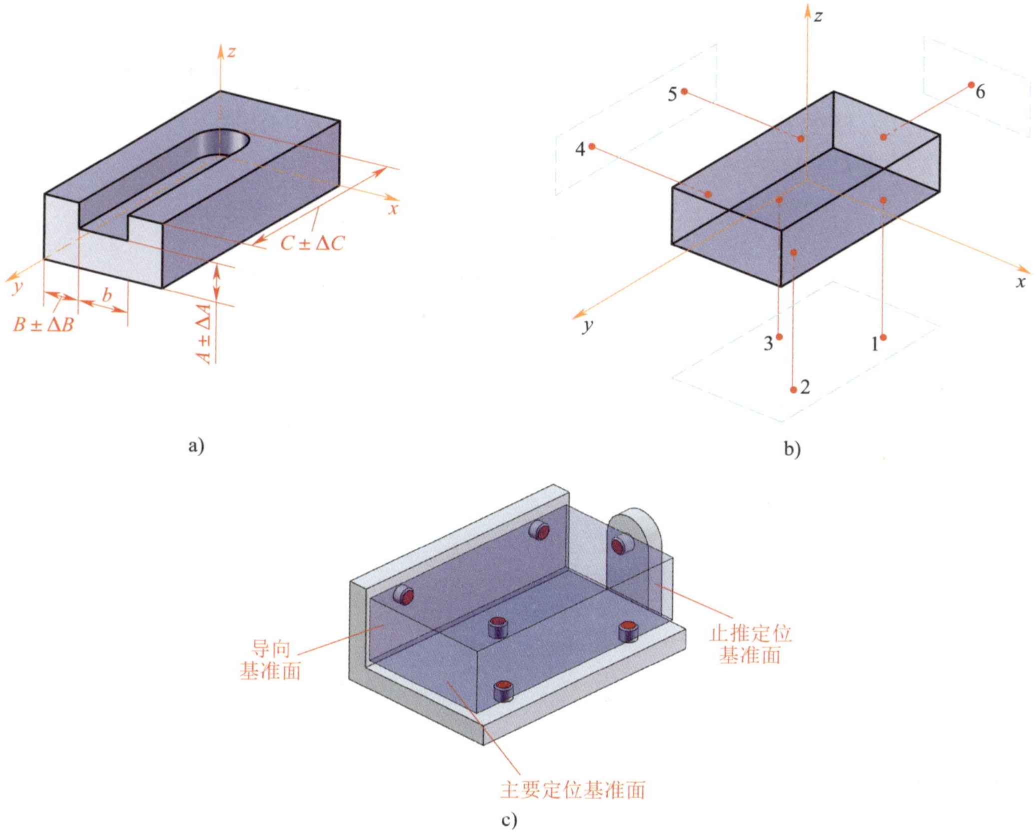

图 10–4　长方体工件的定位

在工件的底面上均匀的布置三个支承点，可限制工件的 $\overrightarrow{z}$、$\overset{\frown}{x}$、$\overset{\frown}{y}$ 三个自由度，该平面称为主要定位基准面。这三个定位支承点应处于同一个水平面内（不能处于同一直线上），且相互距离要尽可能远。

小提示

三个定位支承点所组成的三角形面积越大，工件安放越平稳，也容易保证其各表面间的位置精度。由于主要定位基准面通常要承受较大的外力（夹紧力、切削力等），所以往往选取工件上最大的表面作为主要定位基准面。

在工件的垂直侧面上布置两个支承点（两点的连线不能与主要定位基准面垂直），可限制工件的 $\overrightarrow{x}$、$\overset{\frown}{z}$ 两个自由度，该面称为导向基准面。要求两支承点距离要远些，并且要在同一平面上，以便导向正确。一般应选取工件上狭而长的表面为导向基准面。

在工件的正垂直面上布置一个支承点，可限制工件的 $\overrightarrow{y}$ 自由度，该面称为止推定位基准面。一般选取工件上最窄小且与切削力方向相对应的表面作为止推定位基准面。

（3）圆柱体工件的定位

图 10–5a 所示为在轴上铣槽。为保证槽宽 b 对轴线对称度、槽侧面与轴线平行度，应在轴的侧母线上布置两个支承点（图 10–5b 中的 1、2 点），限制 $\overrightarrow{x}$、$\overset{\frown}{z}$ 两个自由度。为保证槽深尺寸 $H \pm \Delta H$ 及槽底面与轴线的平行度，应在下母线上布置两个支承点（图 10–5b 中的 3、4 点），限制 $\overrightarrow{z}$、$\overset{\frown}{x}$ 两个自由度。在已有槽内布置一个支承点 5，限制 $\overset{\frown}{y}$ 一个自由度，以保证槽 b 与已有槽的相对位置。在轴端面布置一个支承点 6，限制工件 $\overrightarrow{y}$ 一个自由度，以保证槽长度尺寸 $L \pm \Delta L$。

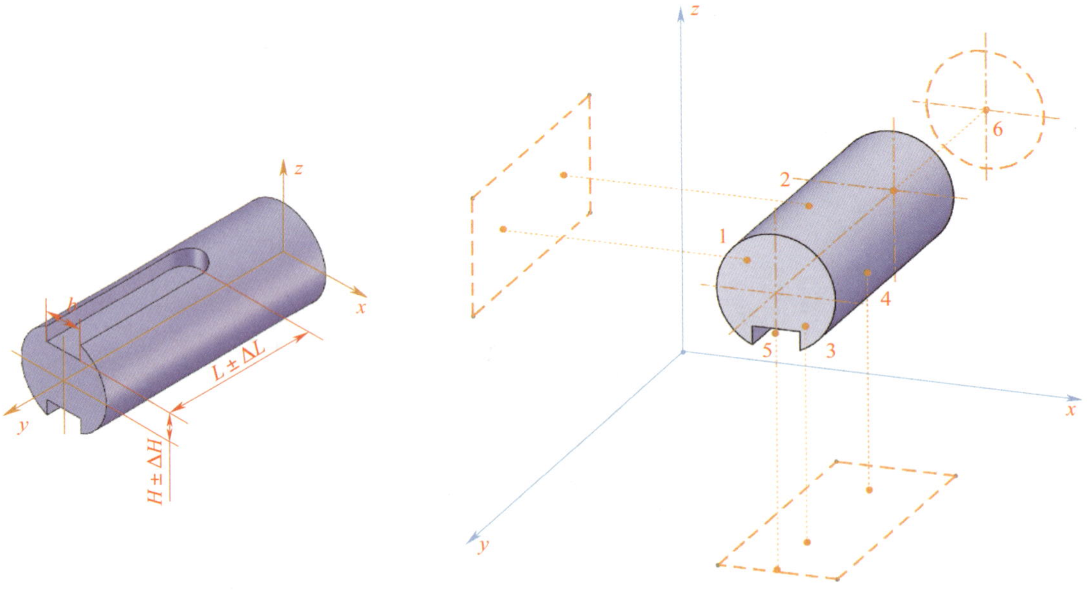

a)　　　　b)

图 10–5　圆柱体工件的定位

圆柱面上布置的四个支承点，称为双导向支承。在端面上的一个支承钉，限制一个移动自由度，称为止推支承。键槽上的定位销，限制一个转动自由度，称为防转支承。防转支承应尽可能远离回转中心，以减小转角误差。

实际上，工件加工时并非一定需要限制 6 个自由度才能使其位置正确的确定下来，而应根据不同工件的具体加工要求，限制它们某几个或全部自由度。定位支承点的布置则取决于工件的结构形状。表 10–1 列出了几种工件及其加工要求和为保证加工质量应限制的自由度数量。

表 10–1　　　　满足加工要求必须限制的自由度

序号	简图	加工要求	需限制的自由度
1	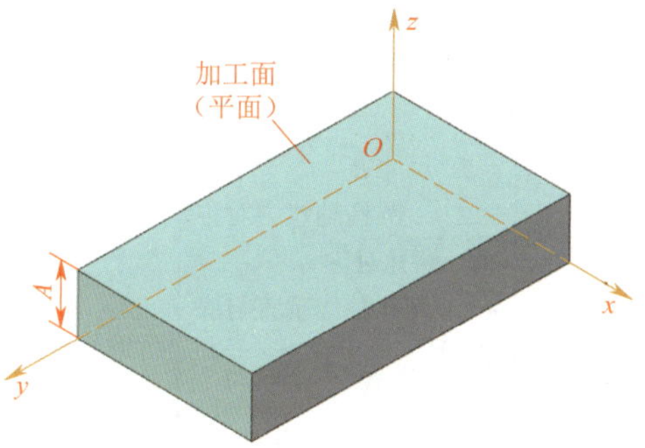	1. 尺寸 A 2. 加工面与底面的平行度	$\vec{z}$、$\overset{\frown}{x}$、$\overset{\frown}{y}$
2	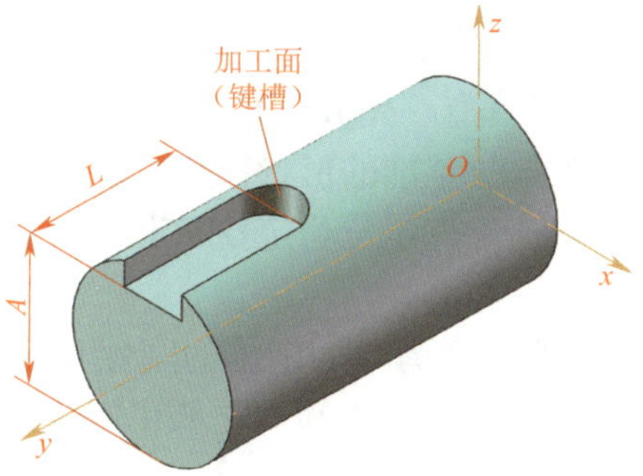	1. 尺寸 A、L 2. 槽与圆柱轴线平行并对称	$\vec{x}$、$\vec{y}$、$\vec{z}$、$\overset{\frown}{x}$、$\overset{\frown}{z}$
3	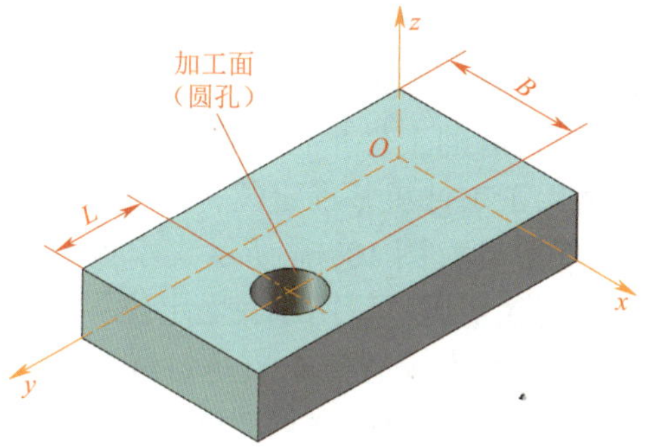	1. 尺寸 B、L 2. 孔轴线与底面的垂直度	通孔：$\vec{x}$、$\vec{y}$、$\overset{\frown}{x}$、$\overset{\frown}{y}$、$\overset{\frown}{z}$ 不通孔：$\vec{x}$、$\vec{y}$、$\vec{z}$、$\overset{\frown}{x}$、$\overset{\frown}{y}$、$\overset{\frown}{z}$

续表

<table>
<tr><th>序号</th><th>简图</th><th colspan="2">加工要求</th><th>需限制的自由度</th></tr>
<tr><td rowspan="2">4</td><td rowspan="2">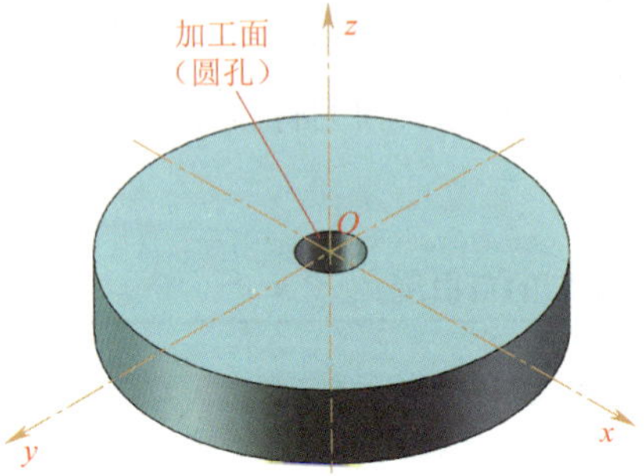
</td><td rowspan="2">1. 孔与外圆柱面的同轴度
2. 孔轴线与底面的垂直度</td><td>通孔</td><td>$\overrightarrow{x}$、$\overrightarrow{y}$、$\overset{\curvearrowright}{x}$、$\overset{\curvearrowright}{y}$</td></tr>
<tr><td>不通孔</td><td>$\overrightarrow{x}$、$\overrightarrow{y}$、$\overrightarrow{z}$、$\overset{\curvearrowright}{x}$、$\overset{\curvearrowright}{y}$</td></tr>
<tr><td rowspan="2">5</td><td rowspan="2">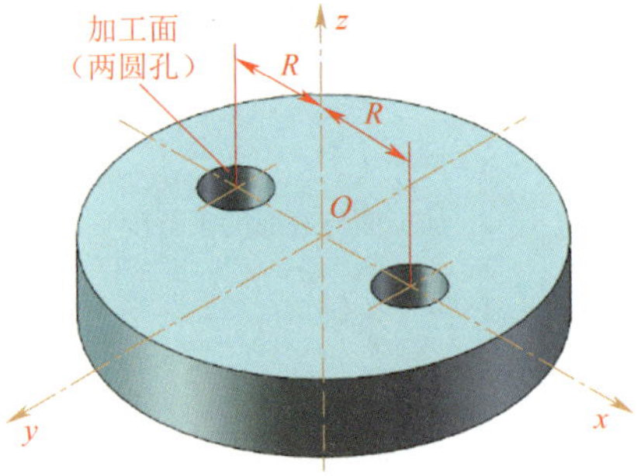
</td><td rowspan="2">1. 尺寸 R
2. 以圆柱轴线为对称轴，两孔对称
3. 两孔轴线垂直与底面</td><td>通孔</td><td>$\overrightarrow{x}$、$\overrightarrow{y}$、$\overset{\curvearrowright}{x}$、$\overset{\curvearrowright}{y}$、$\overset{\curvearrowright}{z}$</td></tr>
<tr><td>不通孔</td><td>$\overrightarrow{x}$、$\overrightarrow{y}$、$\overrightarrow{z}$、$\overset{\curvearrowright}{x}$、$\overset{\curvearrowright}{y}$、$\overset{\curvearrowright}{z}$</td></tr>
</table>

二、定位方法和定位元件的选用

工件在夹具中定位时，起定位支承点作用的是具有一定几何形状的定位元件。定位方法和定位元件的选用，主要是根据工件加工要求和定位基准的形状特点，来确定定位支承点数目和布置方案，进而选定合适的定位元件，以保证工件定位稳定性和定位误差最小。

1. 工件以平面定位

工件在夹具中，大多数都以平面作为定位基准面，为增加定位的刚性和稳定性，常以支承钉或支承板等来充当理论上的支承点。夹具中的支承分为基本支承和辅助支承两类。

（1）基本支承

基本支承是用来限制工件自由度，具有独立定位作用的定位支承。常用的有固定支承、自位支承和可调支承等。

1）固定支承　固定支承有支承钉和支承板两种形式，如图 10–6 所示。

图 10–6a 所示平头支承钉适用于定位基准较光滑的工件平面；图 10–6b 所示球头支承钉接触面积较小，便于与粗糙表面稳定接触，适用于工件粗基准定位；图 10–6c 齿纹头支承钉用在工件的侧面，能增大摩擦因数，防止工件滑动；图 10–6d 所示支承板结构简单，适用于侧面及顶面定位；图 10–6e 所示支承板便于清除切屑，适用于底面定位。

当工件以平面为定位基准面时，通常在主定位面上设置三个支承钉或两块支承板；在导向定位面上设置两个支承钉或一块支承板；而在止推定位面上只能设置一个支承钉。其能限制的自由度数目见表 10–2。

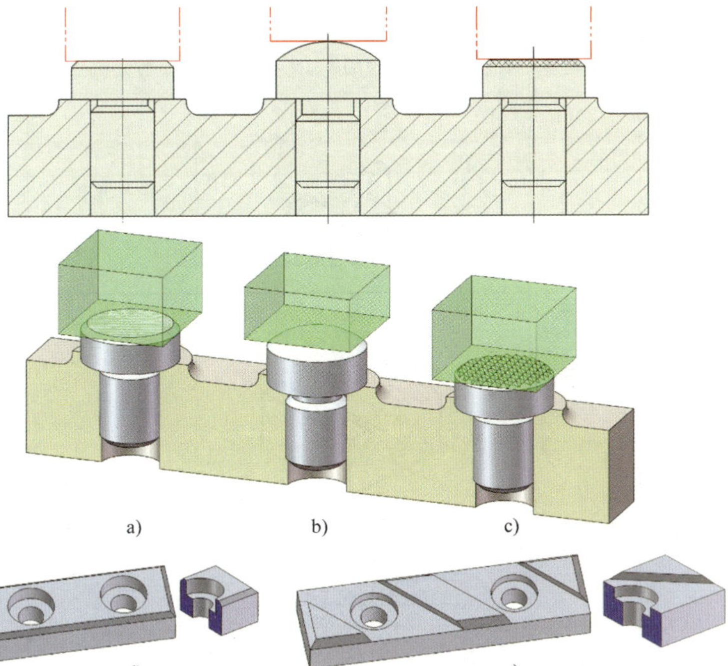

图 10–6　支承钉和支承板

a）、b）、c）支承钉　d）、e）支承板

表 10–2　　　　**常用定位元件所限制的自由度**

工件定位基准	定位元件	定位简图	定位元件特点	限制自由度
平面 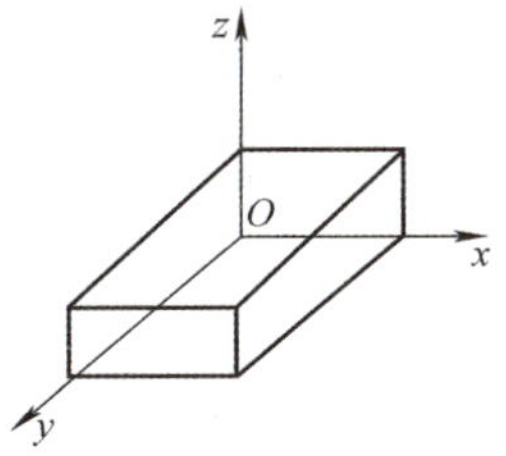	支承钉	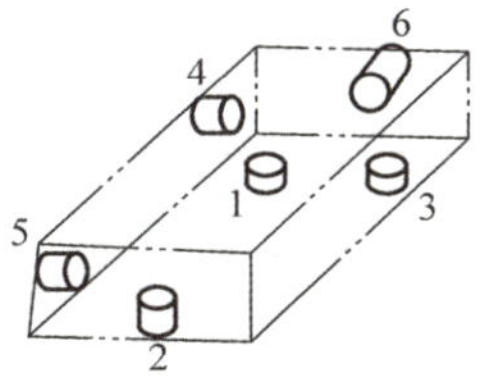		1、2、3 — $\vec{z}$、$\widehat{x}$、$\widehat{y}$ 4、5 — $\vec{x}$、$\widehat{z}$ 6 — $\vec{y}$
	支承板	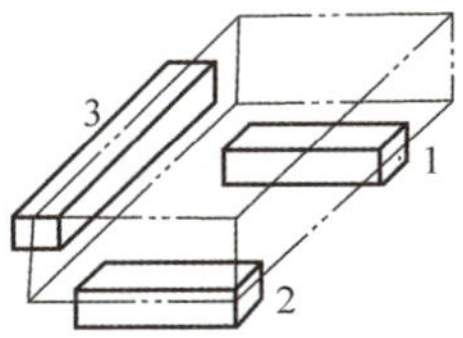		1、2 — $\vec{z}$、$\widehat{x}$、$\widehat{y}$ 3 — $\vec{x}$、$\widehat{z}$
	支承板或支承钉		短支承板或支承钉	$\vec{z}$
		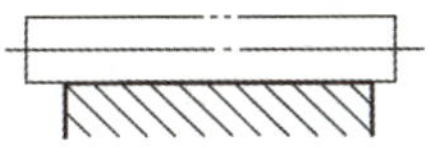	长支承板或支承钉	$\vec{z}$、$\widehat{x}$

工件定位基准	定位元件	定位简图	定位元件特点	限制自由度
外圆柱面 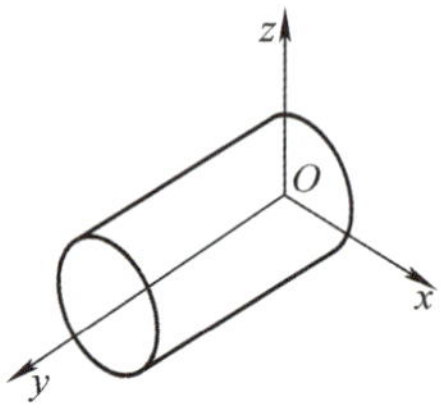	V 形架	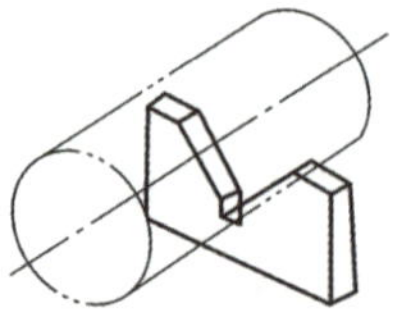	短 V 形架	$\vec{x}$、$\vec{z}$
		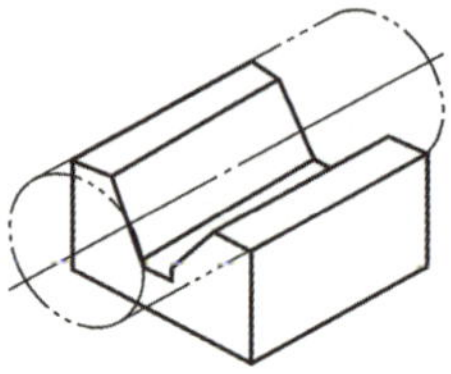	长 V 形架	$\vec{x}$、$\vec{z}$、$\overset{\frown}{x}$、$\overset{\frown}{z}$
	定位套	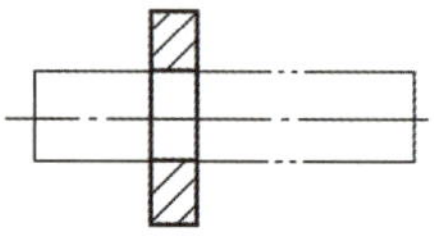	短套	$\vec{x}$、$\vec{z}$
		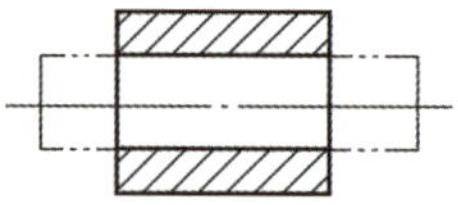	长套	$\vec{x}$、$\vec{z}$、$\overset{\frown}{x}$、$\overset{\frown}{z}$
圆柱孔 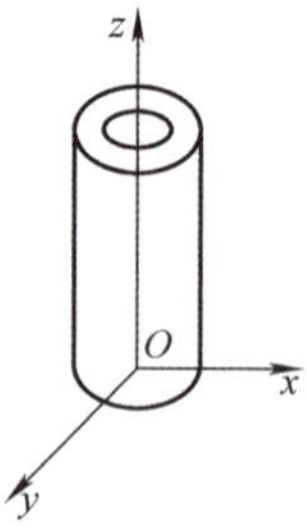	定位销（心轴）	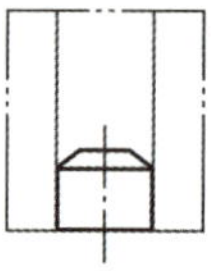	短销（短心轴）	$\vec{x}$、$\vec{y}$
		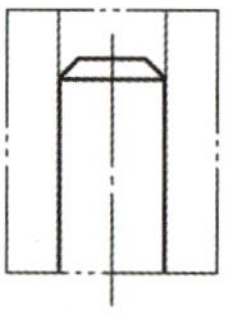	长销（长心轴）	$\vec{x}$、$\vec{z}$、$\overset{\frown}{x}$、$\overset{\frown}{y}$
	削边销	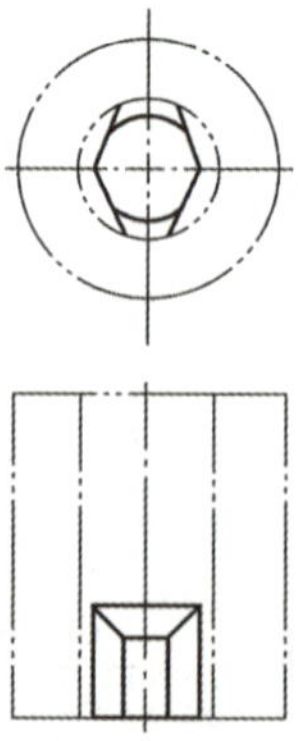	短削边销	$\vec{y}$

续表

工件定位基准	定位元件	定位简图	定位元件特点	限制自由度
圆柱孔 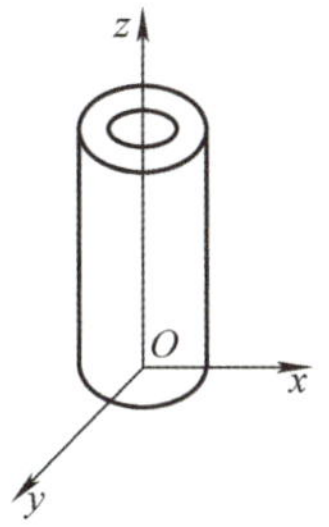	削边销	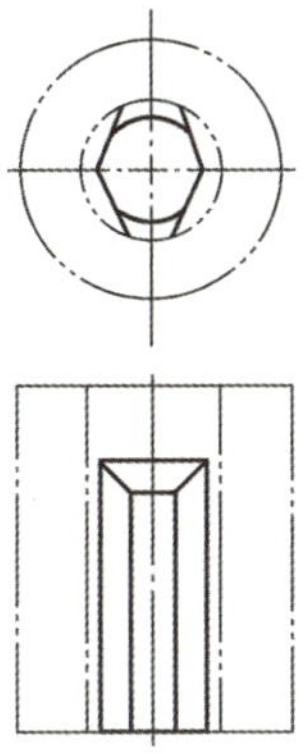	长削边销	$\overset{\frown}{x}$、$\overset{\frown}{y}$
	短锥销	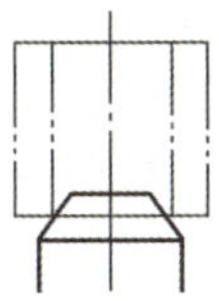	一端使用	$\overrightarrow{x}$、$\overrightarrow{y}$、$\overrightarrow{z}$
		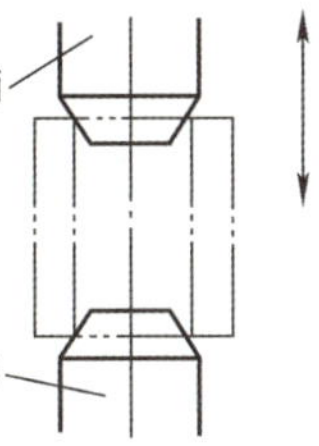	两端使用	$\overrightarrow{x}$、$\overrightarrow{y}$、$\overrightarrow{z}$、$\overset{\frown}{x}$、$\overset{\frown}{y}$

2）自位支承　也称浮动支承，在工件定位时，能自动调整位置以适应工件定位基准的变化。图 10–7 所示为两点式自位支承，这类支承能适应定位基准变化，相当于一个定位支承，只限制一个自由度。

3）可调支承　在工件定位时，支承钉的高度需要调整时，可采用图 10–8 所示的可调支承。可调支承一般用于粗基准定位。

（2）辅助支承

当工件由于结构上的特点使定位不稳定或工件局部刚度较差而容易变形时，可在工件的适当部位设置辅助支承。这种支承在定位支承对工件定位后才参与支承，仅与工件适当接触，加强工件的安装刚度而不起定位作用，如图 10–9 所示，其中 D 为辅助支承。

2. 工件以外圆柱面定位

工件以外圆柱面作定位基准时，主要是保证外圆柱面的轴线在夹具中占有预定的位置。根据加工要求和装夹方式等具体情况，常采用下列几种定位元件和装置。

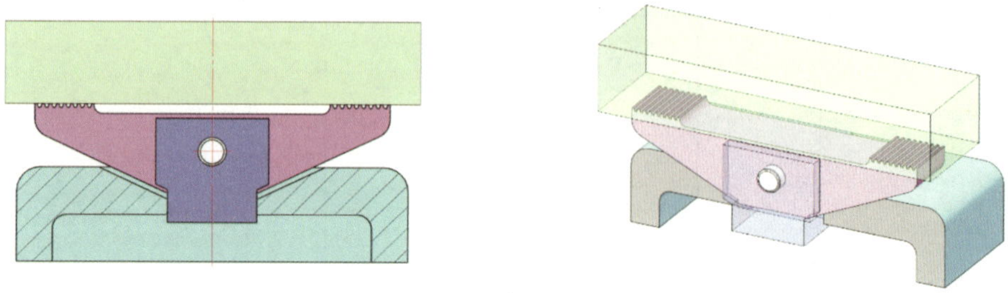

a)

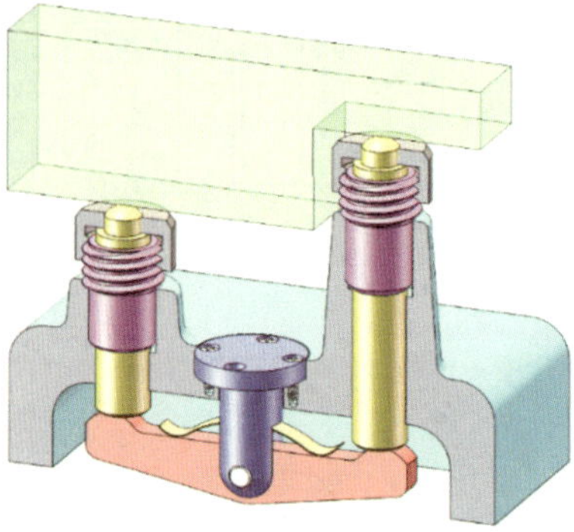

b)

图 10–7　自位支承

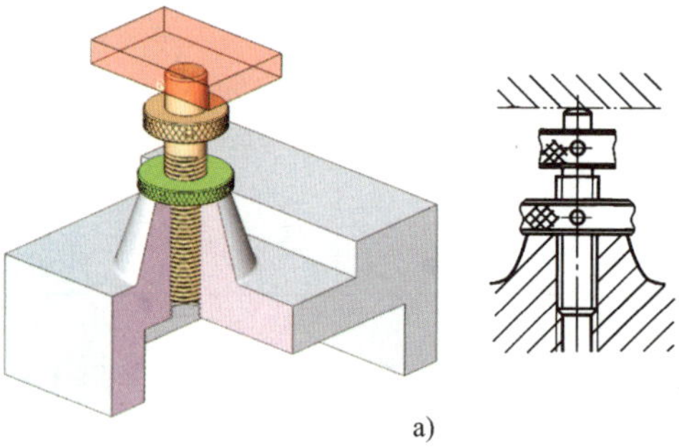

a)

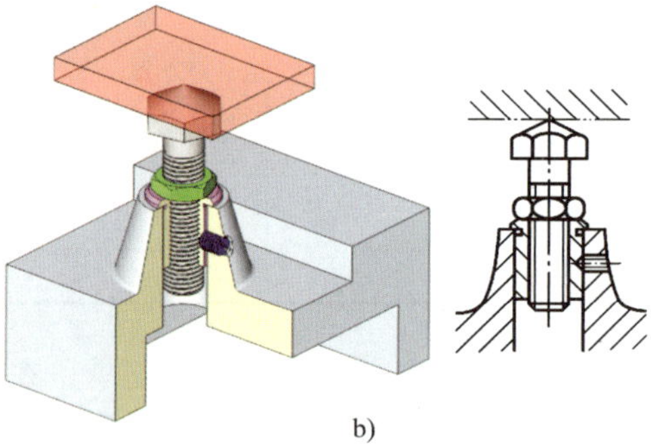

b)

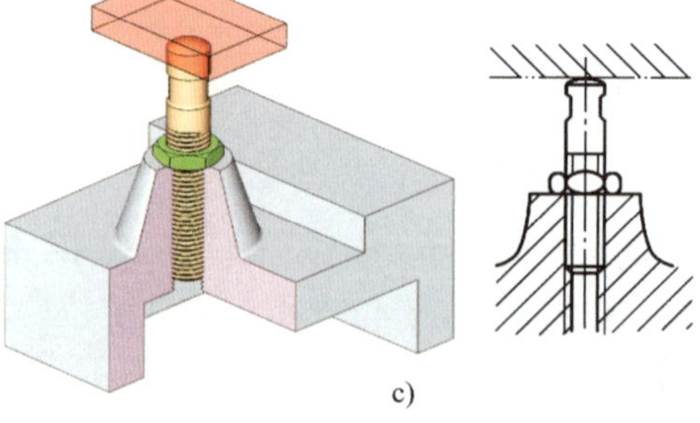

c)

图 10–8　可调支承

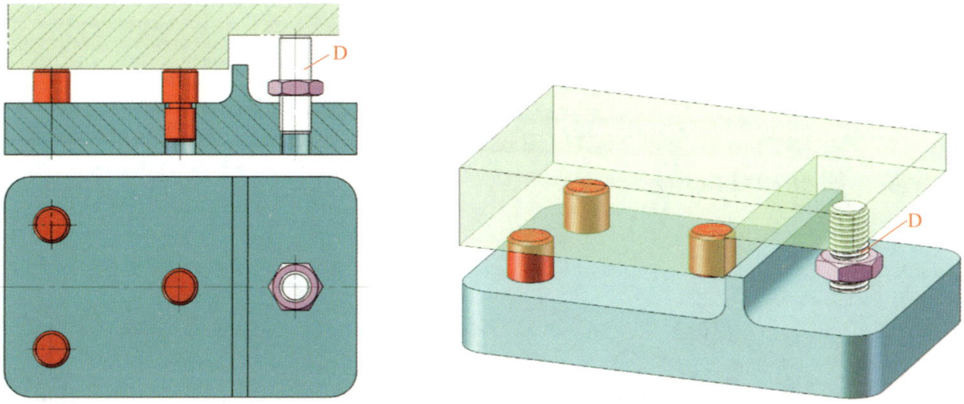

图 10–9　辅助支承

（1）V 形架

是具有两个定位平面并相互形成夹角 α 的一种定位元件，α 一般有 60°、90° 和 120° 三种。长 V 形架可限制四个自由度，短 V 形架可限制二个自由度，见表 10–2。

如图 10–5 所示的轴类零件，在夹具中的定位如图 10–10 所示。以长 V 形架代替在圆柱面上所需布置的四个支承点，由于工件外圆与 V 形架成两直线接触，定位点 1、2 和 4、5 限制了工件 $\vec{x}$、$\vec{z}$、$\overset{\frown}{x}$、$\overset{\frown}{z}$ 四个自由度；在端面上的一个支承钉 3 限制了 $\vec{y}$ 自由度；在键槽内的定位销 6 限制了 $\overset{\frown}{y}$ 自由度，使工件满足了定位要求。

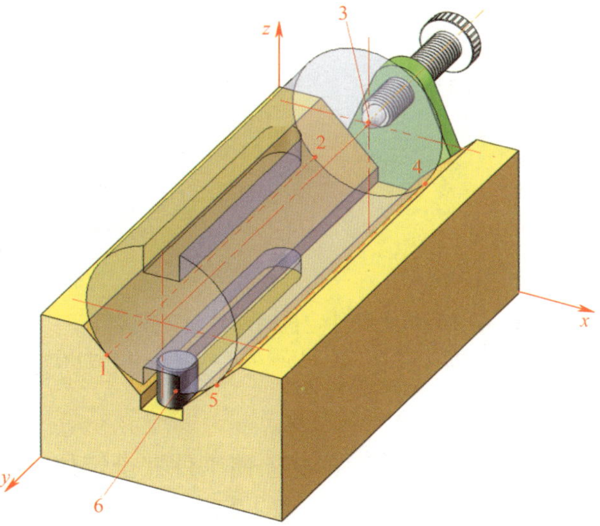

图 10–10　轴类零件铣键槽定位方法

（2）定位套

定位套镶在夹具体上，工件的圆柱定位基准面插入定位套中。用定位套元件对工件定位时，短套可限制两个自由度，长套可限制四个自由度，见表 10–2。

3. 工件以圆柱孔定位

工件以孔为定位基准时，必须使孔的中心线与夹具体上有关定位元件轴线重合（同轴）。常用的定位元件由定位心轴和定位销，见表 10–2。

4. 工件定位时应注意的问题

（1）完全定位

用六个支承点限制工件全部六个自由度，使工件在夹具中占有完全确定的唯一位置，称为完全定位，如图 10–11a 所示。

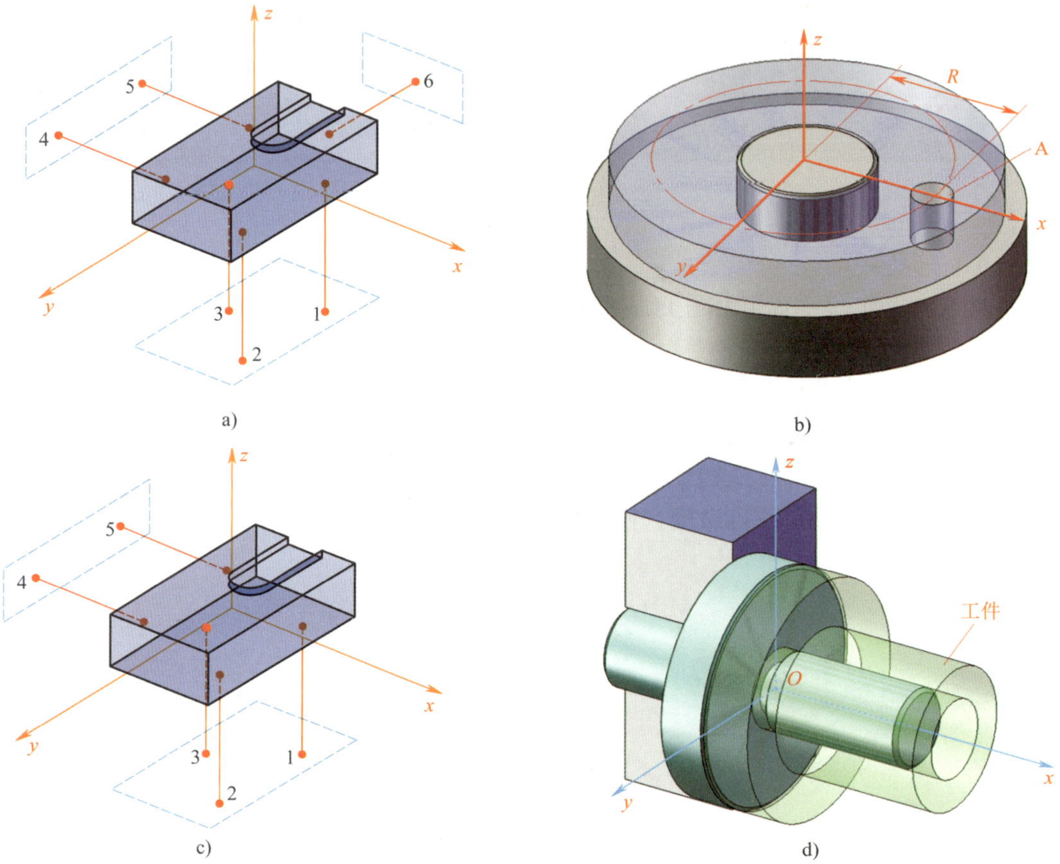

图 10–11　工件定位时应注意的问题

a）完全定位　b）不完全定位　c）欠定位　d）过定位

（2）不完全定位

在实际生产中，并非在所有情况下，都必须使工件完全定位，在满足加工要求的情况下，还可以采用不完全定位。如图 10–11b 所示的圆盘工件，钻通孔 A 时，只要孔在距圆盘几何中心半径为 R 的圆周上即可。因此，就不需要限制工件的 $\overrightarrow{z}$ 自由度。这种没有完全限制工件六个自由度就能满足加工要求的定位，称为不完全定位。

（3）欠定位

欠定位是指工件实际定位时，所限制的自由度数目少于按加工要求所必须限制的自由度数目。如图 10–4a 中，在长方体工件上加工槽，若要保证尺寸 $C \pm \Delta C$，需限制 $\overrightarrow{y}$ 自由度。若 y 轴方向无定位点（如图 10–11c 所示缺少止推定位点 6），则槽沿加工方向的尺寸 $C \pm \Delta C$ 就无法控制，出现欠定位。由于欠定位不能保证加工质量，因此是不允许的。

（4）过定位

过定位是指夹具上两个或两个以上的定位元件，重复限制工件的同一个或几个自由度的现象。如图 10–11d 所示，工件采用孔与端面联合定位，由于工件的大端面与定位元件表面接触，限制了工件的 $\vec{x}$、$\overset{\curvearrowright}{y}$、$\overset{\curvearrowright}{z}$ 三个自由度；长销限制了工件的$\vec{y}$、$\vec{z}$、$\overset{\curvearrowright}{y}$、$\overset{\curvearrowright}{z}$ 四个自由度，则两个自由度 $\overset{\curvearrowright}{y}$、$\overset{\curvearrowright}{z}$ 被重复限制，出现过定位。

过定位是否允许，应根据具体情况进行分析。如过定位造成的结果是使工件定位不稳，或在夹紧后使工件或定位元件产生变形，那么这种情况是不允许出现的，在实际生产中应该尽量避免和消除。如果工件的定位基准及夹具中定位元件的精度较高时，过定位也可以选择。

知识链接

选择定位基准时的注意事项

（1）尽量使定位基准与设计基准重合，以消除基准不重合误差。

（2）尽量用已加工表面作为定位基准，以减小定位误差。当不得不用毛坯面作定位基准时，应尽量只使用一次，而且应选用表面较光滑、误差和加工余量较小的表面或与加工表面有直接关系的表面，以有利于保证加工精度要求。

（3）应使工件安装稳定，便于定位、夹紧，有利于使用结构简单的夹具。

§ 10–3 工件的夹紧

定位只是确定了工件的位置，而在加工过程中，要使工件在受到切削力、惯性力及重力等作用下不致产生振动或位移，使定位遭到破坏，就需要将工件夹紧。夹紧就是在工件定位后，通过夹紧装置使工件在加工过程中始终固定在正确位置上。

一、夹紧装置的组成

夹紧装置的种类很多，但其结构均由如下三部分组成。

1. 力源装置

力源装置是产生夹紧力的装置。通常是指机动夹紧时所使用的气动、液压、电动等动力装置。如图 10–12 中的气缸便是一种力源装置。

2. 中间递力机构

中间递力机构是介于力源和夹紧元件之间的传力机构。它把力源装置的夹紧作用力传递给夹紧元件，然后由夹紧元件最终完成对工件的夹紧。一般递力机构可以在传递夹紧作用力过程中，改变夹紧作用力的方向和大小，根据需要也可具有一定的自锁性能。如图 10–12 中的斜楔为中间递力机构。

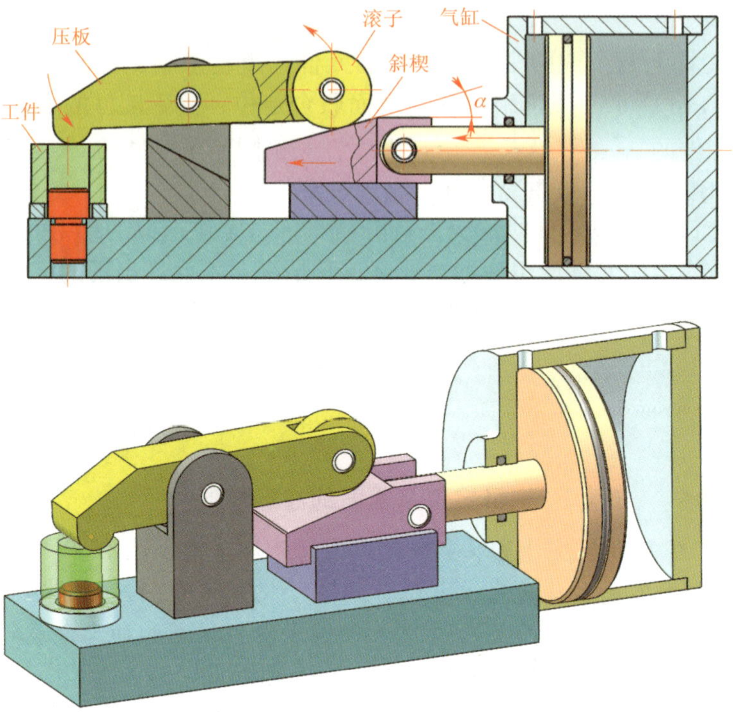

图 10-12　夹紧装置的组成

3. 夹紧元件及夹紧机构

夹紧元件是夹紧装置的最终执行元件。通过它和工件受压面的直接接触而完成夹紧动作。图 10-12 中的压板即为夹紧元件。对于手动夹紧装置来说，夹紧机构则是由中间递力机构和夹紧元件所组成。

二、夹紧装置的基本要求

在对工件夹紧的过程中，夹紧装置是否合理，对于确保工件的加工质量和提高生产率有着很大的影响。为此，夹紧装置应满足如下基本要求：

1. 牢

夹紧后，应保证工件在加工过程中的位置不发生变化。

2. 正

夹紧时，应不破坏工件的正确定位。

3. 快

操作方便，安全省力，夹紧迅速。

4. 简

结构简单紧凑，有足够的刚度和强度，且便于制造。

三、夹紧力的确定

夹紧力的确定包括夹紧力的方向、作用点和大小三个要素。

1. 夹紧力的方向

夹紧力应尽量垂直于工件的主要定位基准面，并作用在夹具的固定支承上，而且尽量与切削力、工件重力的方向一致，以增强其夹紧的效果。

如图 10–13 所示，工件上的 A、B 两面应垂直，孔 K 中心线应与面 B 垂直，所以面 B 为主要定位基准。然而一批工件的面 A、B 的垂直度总会存在一定的误差，如 $\alpha<90°$ 或 $\alpha>90°$，显然，按图 10–13a 所示施加夹紧力 F 能满足孔 K 中心线垂直于面 B 的要求；按图 10–13b 所示施加夹紧力 F，则不能满足要求。

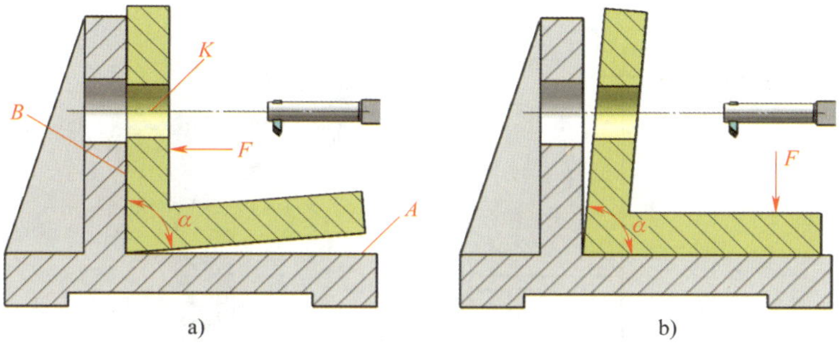

图 10–13　夹紧力应垂直于主要定位基准
a）正确　b）错误

2. 夹紧力的作用点

（1）夹紧力的作用点应保持工件定位稳固，而不致引起工件位移或偏转，如图 10–14 所示。

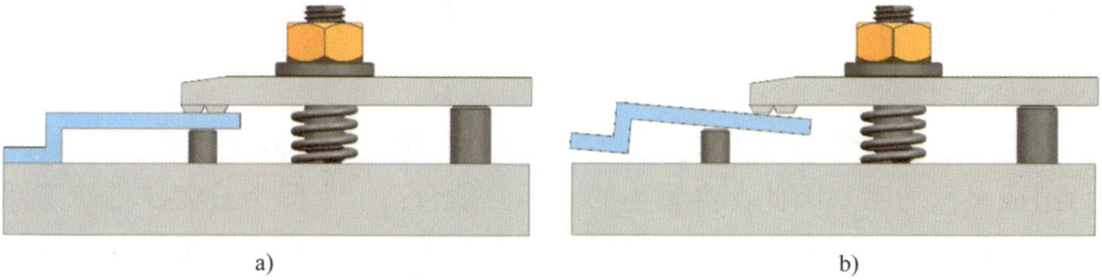

图 10–14　夹紧力作用点应防止工件倾斜
a）正确　b）错误

（2）夹紧力的作用点应使工件夹紧变形尽可能小，如图 10–15 所示。

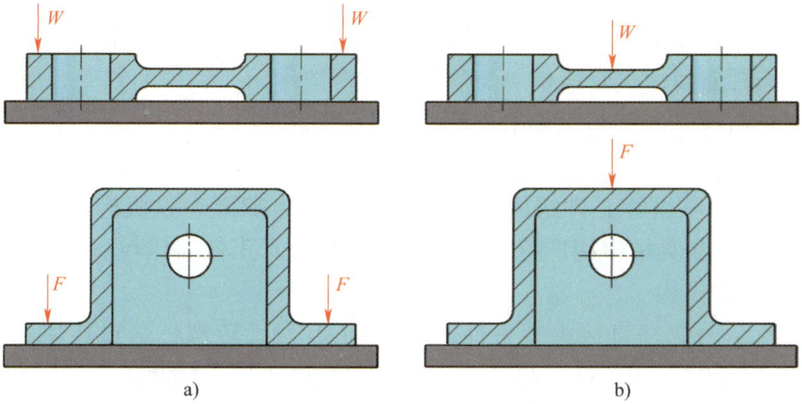

图 10–15　夹紧力作用点应落在刚度好的部位
a）正确　b）错误

（3）夹紧力的作用点应尽可能靠近工件被加工表面，以提高定位稳定性和夹紧可靠性。如图 10–16 所示，在拨叉上铣槽。由于主要夹紧力的作用点距加工表面较远，在靠近加工表面的地方设置了辅助支承，增加了附加夹紧力 F'，提高了工件的装夹刚度，减小了加工时工件的振动。

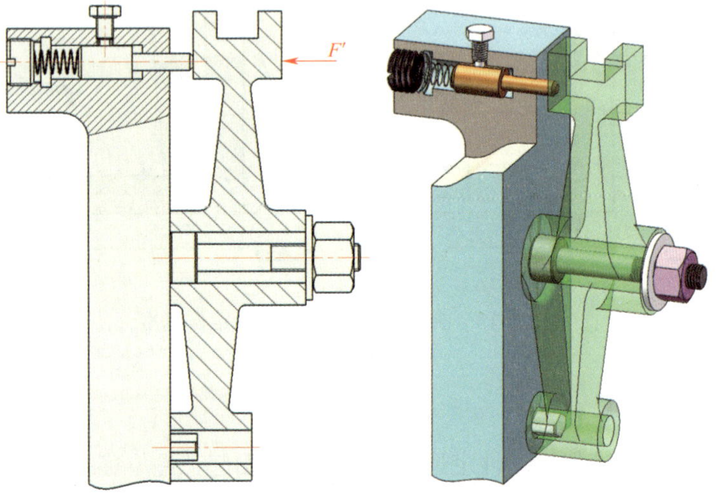

图 10–16　夹紧力作用点应靠近加工表面

3. 夹紧力的大小

在加工过程中，夹紧力要克服切削力、惯性力、重力等作用力的影响，即夹紧力应与上述作用力组成平衡力系。因此，夹紧力的大小必须合适。夹紧力过大，将使工件变形，增大夹紧装置的结构尺寸；夹紧力过小，夹紧不可靠，影响工件的准确定位，不能保证加工要求。

四、基本夹紧机构

夹具的夹紧机构种类很多，但其结构大都以斜楔、螺旋、偏心夹紧机构为基础，这三种夹紧机构合称为基本夹紧机构。

1. 斜楔夹紧机构

斜楔夹紧机构是利用斜楔斜面将斜楔推力转变为夹紧力，从而将工件夹紧的一种机构。图 10–17a 为普通斜楔夹紧机构。为使斜楔有自锁作用，斜楔的斜面升角应小于摩擦角。图 10–17b 所示是由螺旋斜楔与压板组合而成的夹紧机构。

2. 螺旋夹紧机构

由螺钉、螺母、压板等元件组成的夹紧机构，称为螺旋夹紧机构。螺旋夹紧机构结构简单、夹紧可靠，在夹具中应用广泛。缺点是夹紧和松开工件时比较费时费力。

（1）单螺旋夹紧机构

图 10–18a 所示为螺杆直接夹紧工件；图 10–18b 为旋转螺杆通过压块将工件夹紧。压块可防止在旋紧螺杆时带动工件一起转动，并避免螺杆头部直接与工件接触而造成压痕，还可增大与工件的接触面积，可靠的夹紧工件；采用可换螺母是为了内螺纹磨损后便于更换；螺钉用来防止螺母松动。

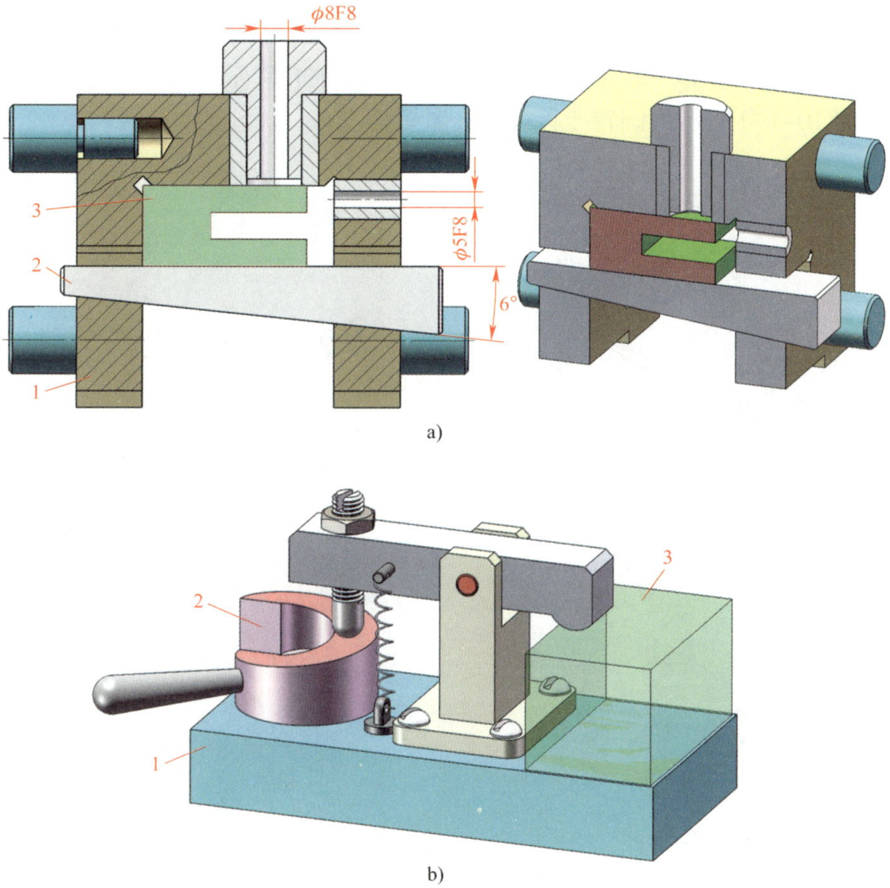

图 10-17　斜楔夹紧机构

a）普通斜楔夹紧　b）螺旋斜楔与压板夹紧

1—夹具体　2—斜楔　3—工件

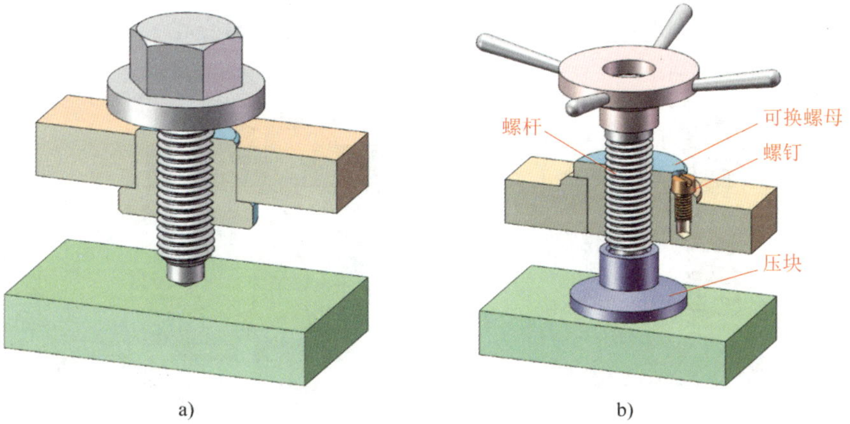

图 10-18　单螺旋夹紧机构

a）无压块螺旋夹紧机构　b）带压块螺旋夹紧机构

（2）螺旋压板夹紧机构

夹紧机构中，结构形式变化最多的是螺旋压板夹紧机构，图 10-19 所示是螺旋压板夹紧机构的四种典型结构。其中，图 10-19a、图 10-19b 所示为普通压板螺旋夹紧机构，图 10-19c、图 10-19d 所示为翻转压板螺旋夹紧机构。

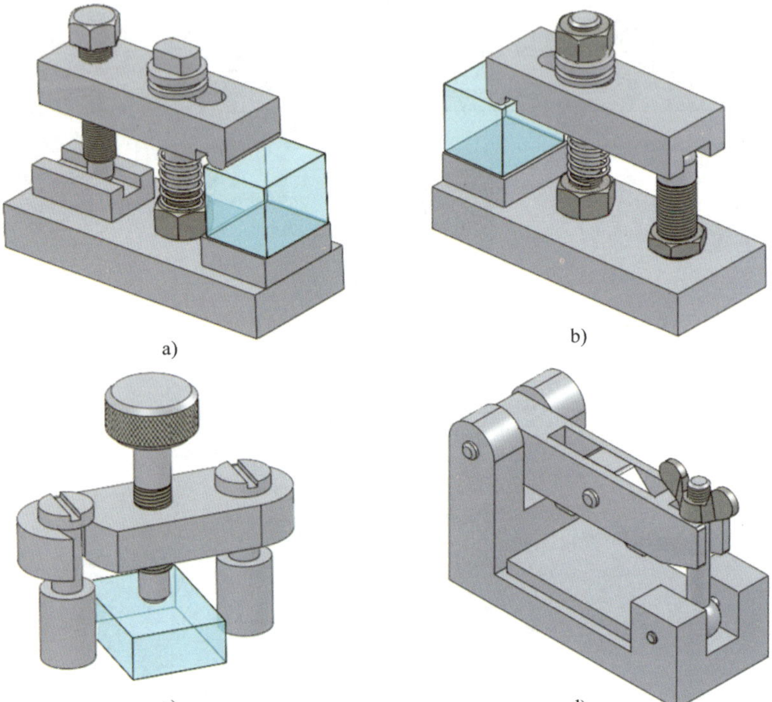

a) b) c) d)

图 10-19 螺旋压板夹紧机构

a)、b）普通压板螺旋夹紧机构 c)、d）翻转压板螺旋夹紧机构

3. 偏心夹紧机构

偏心夹紧机构是用偏心件来实现夹紧作用的一种机构，常用的偏心件是偏心轮和偏心轴。图 10-20 为偏心夹紧机构的应用实例，其中图 a 用的是偏心轮，图 b 用的是偏心轴。

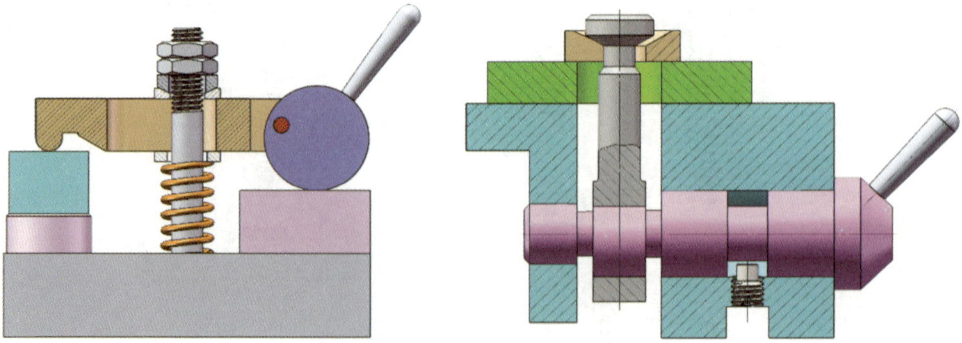

a) b)

图 10-20 偏心夹紧机构

a）偏心轮夹紧机构 b）偏心轴夹紧机构

§ 10-4 钻床夹具

一、钻床夹具的特点

在钻床上进行孔的钻、扩、铰、锪、攻螺纹等加工所用的夹具，称为钻床夹具（钻模）。在钻床夹具上，一般都装有钻套，通过它引导刀具来保证被加工孔的准确位置，并防止钻头在切入时引偏，从而保证和提高被加工孔的位置精度、尺寸精度及降低孔的表面粗糙度，还可缩短工序时间，提高生产率。

二、常用钻床夹具的类型

钻床夹具的类型，在很大程度上取决于工件上被加工孔的分布情况。常用的钻床夹具主要有固定式、移动式、翻转式、盖板式和回转式等几种类型。

1. 固定式钻床夹具

这类夹具在使用过程中，夹具和工件在机床上的位置固定不变。常用于在立式钻床上加工较大的单孔或在摇臂钻床上加工平行孔系。图 10–21 所示为一种钻斜孔用的固定式钻床夹具结构。该夹具的夹具体 1 底部留出可供固定的部位，如图中箭头所示。工件的底面及两孔为定位基准，夹具上则以平面支承板 2、圆柱定位销 4 和削边定位销 3 为定位元件。为便于工件的快速装卸，采用了快速夹紧螺母 5，并采用下端伸长且成斜面形状的特殊快换钻套 6，保证钻头能良好起钻和正确引导。

在立式钻床工作台上安装固定式夹具时，一般应先将装在钻床主轴上的定尺寸刀具（精度要求高时，可用心轴）伸入钻套中，以确定夹具在工作台上的位置。待刀具（或心轴）在钻套中进出自如时，再将夹具固定。

2. 移动式钻床夹具

这类夹具用于在单轴立式钻床上，钻削中、小型工件在同一表面上的多个孔。如图 10–22 所示，夹具在两导板中移动，当移至右端靠近定位板时钻削孔 1，移至左端与定位板靠紧时钻削孔 2。这样既可缩短钻头对准钻套的时间，同时导轨还能承受钻孔时的扭转力矩，从而提高了生产率。

3. 翻转式钻床夹具

对于在几个方向都有孔的中、小型工件，为了减少装夹次数，提高各孔之间的位置精度，可采用翻转式钻床夹具。

图 10–23 所示为在工件互相垂直的两个面上钻孔时所用的翻转式夹具。这种夹具不是固定在钻床工作台上使用，而是根据待加工孔的分布位置可将夹具翻转进行加工，提高了工作效率。但此类夹具连同工件的总质量不能太大，否则会不便于翻转。

4. 盖板式钻床夹具

这类夹具没有夹具体，供定位用的定位元件和夹紧装置全部安装在钻模板上，使用时，只要将它覆盖在工件上即可进行加工。图 10–24 所示为加工车床溜板箱上多个小孔用的盖板式夹具。在钻模盖板上不仅装有钻套，还装有定位用的圆柱销、削边销和支承钉。因钻小孔，钻削力矩小，故未设置夹紧装置。

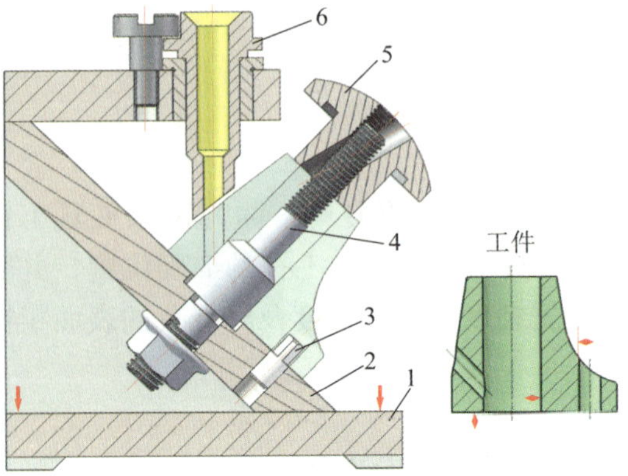

图 10-21　固定式钻床夹具

1—夹具体　2—平面支承板　3—削边定位销

4—圆柱定位销　5—快速夹紧螺母

6—特殊快换钻套

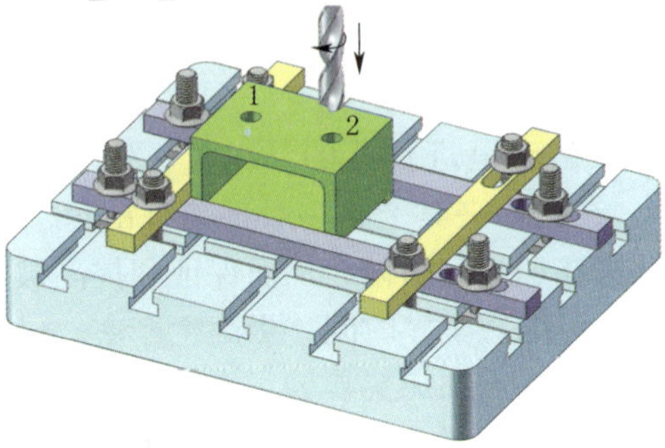

图 10-22　移动式钻床夹具

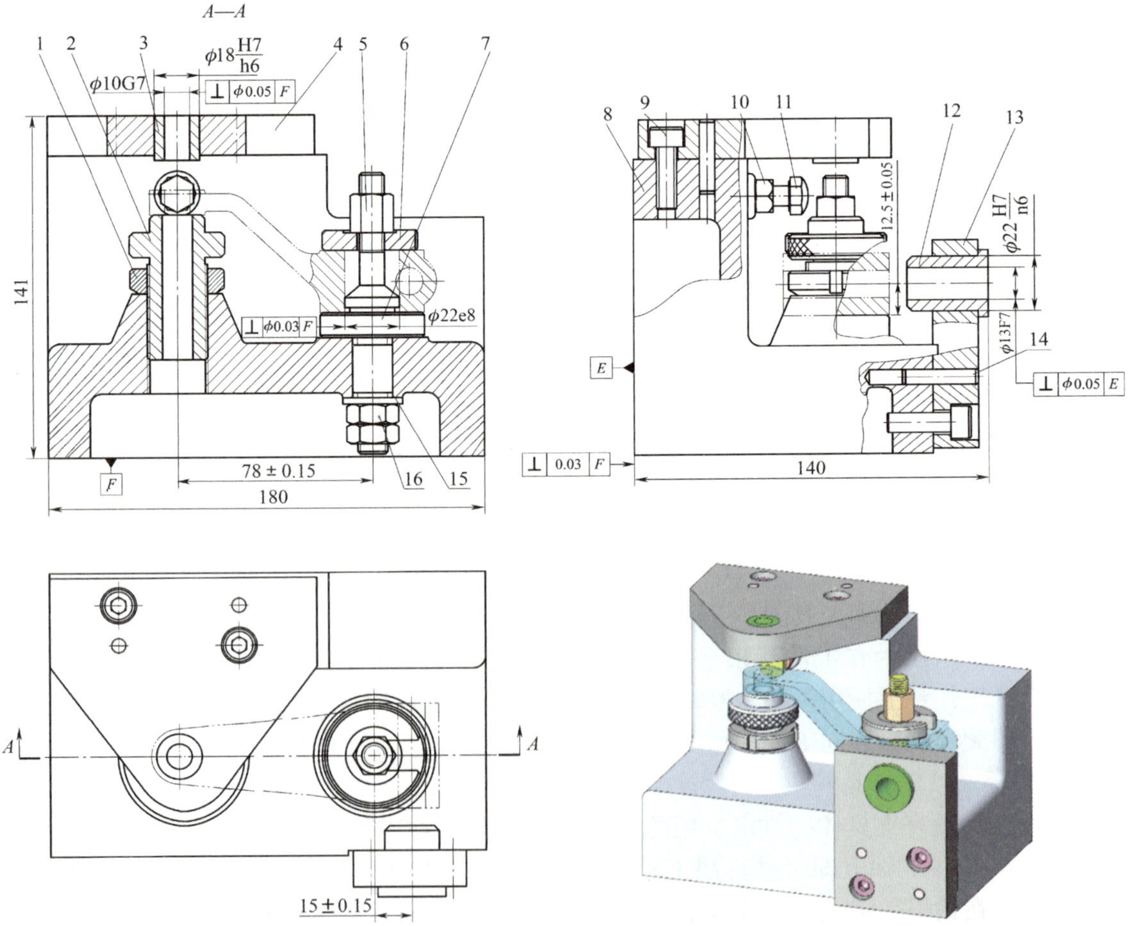

图 10-23　翻转式钻床夹具

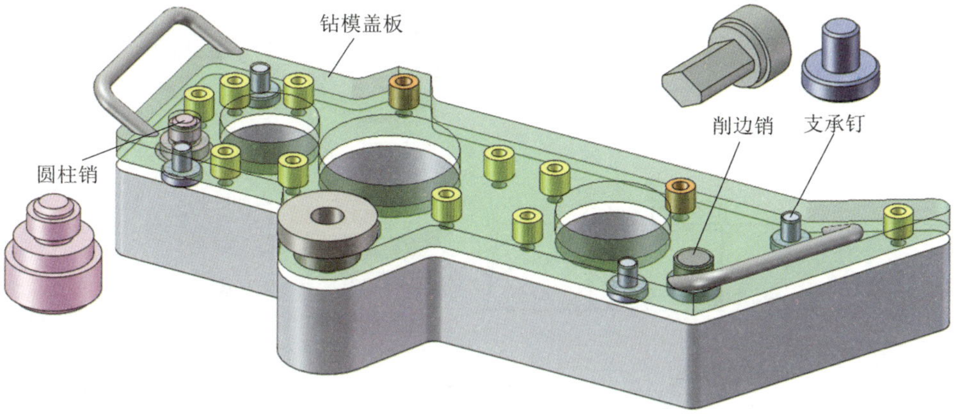

图 10–24　盖板式钻床夹具

盖板式钻床夹具结构简单，除屑方便，一般多用于加工大型工件上的小孔。因夹具在使用时经常搬动，故盖板式夹具的质量不宜过大。

5. 回转式钻床夹具

这类夹具用于加工同心圆周上的平行孔系或分布在几个不同表面上的径向孔，分立轴、斜轴和卧轴三个类型。图 10–25 为在凸缘盘上加工同心圆周上小孔所用的钻床夹具。图中下部为标准回转台，上部为夹具，它通过中心销在回转台上定位，然后用螺钉固定，采用铰链式模板加工。

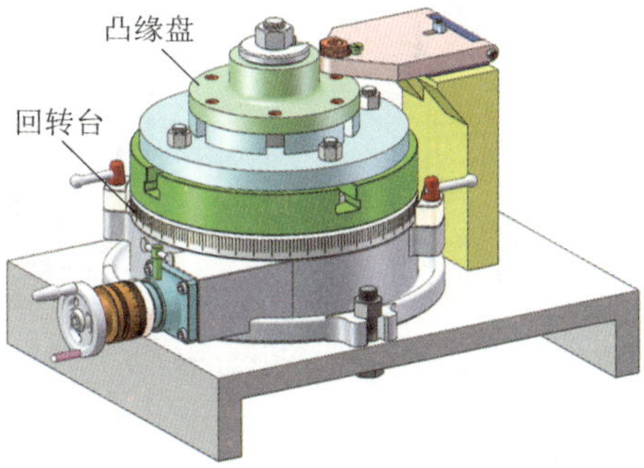

图 10–25　回转式钻床夹具

三、钻套的类型及应用

钻套是钻床夹具上的重要元件，它安装在钻模板或夹具体中。其作用是确定孔加工刀具的加工位置，保证被加工孔的轴线位置尺寸，引导刀具并增强刀具系统刚性。钻套的结构和尺寸已经标准化，按结构和使用情况，钻套可分为固定钻套、可换钻套、快换钻套、特殊钻套四种类型：

1. 固定钻套

这种钻套的结构如图 10–26 所示，分为无肩式和带肩式两种。带肩式主要用于较薄的钻模板，利用阶台端面保证钻套压入后不发生歪斜。固定钻套采用 H7/n6 配合压装在钻模板孔内，一般磨损后不能更换。固定钻套适用于生产批量较小的单工步孔加工。

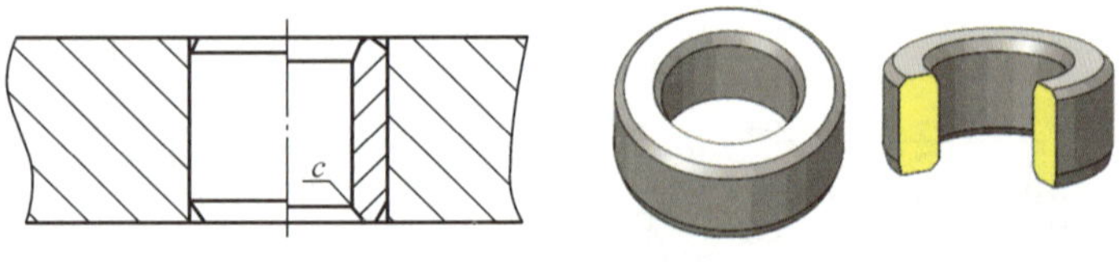

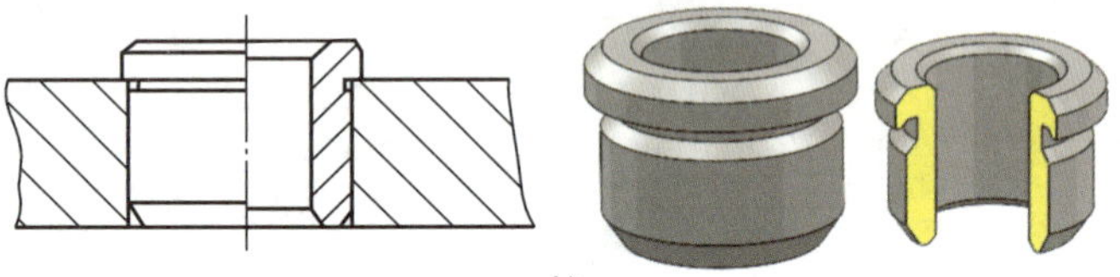

图 10–26　固定钻套

a）无肩式　b）带肩式

2. 可换钻套

在单工步孔加工大批量生产中，为了便于更换磨损的钻套，可选用可换钻套，如图 10–27 所示。它的凸缘上制有台肩，钻套螺钉的圆柱头压紧在此台肩上，可防止钻套转动和掉出。当钻套磨损后，只要卸下螺钉，便可取出钻套进行更换。如钻套更换较为频繁，为了保护钻模板不被损坏，应在可换钻套外以 H7/n6 配装一个衬套，可换钻套以 F7/m6 或 F7/k6 与衬套配合。

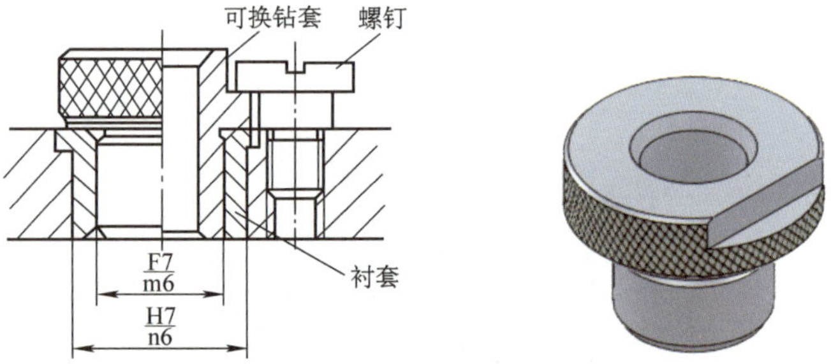

图 10–27　可换钻套

3. 快换钻套

图 10–28 所示为快换钻套的标准结构。当被加工孔要连续进行钻、扩、铰等多种工步时，为能够快速更换不同孔径的钻套，应选用快换钻套。快换钻套的有关配合与可换钻套相同。其特点是更换钻套时，不必拧出螺钉，只要将钻套削边转至螺钉处，就可迅速取出钻套进行更换。

4. 特殊钻套

对形状或被加工孔位置特殊的工件，需要选用相应特殊结构的钻套。图 10–29 是几种特殊钻套的结构。图 a 用于在斜面上钻孔，可防止钻头切入时引偏甚至折断；图 b 为加长钻套，用在钻模板下端不能靠近加工表面时（如深坑内钻孔），使其下端与工件加工表面有较短的距离；图 c、d 因两孔孔距太小，为便于装配和制造，两个钻套台肩削边或导向孔加工在同一钻套体上。

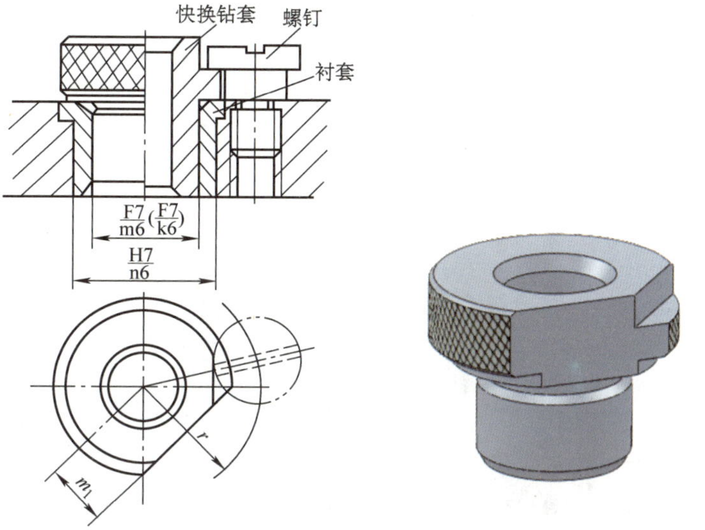

图 10-28　快换钻套

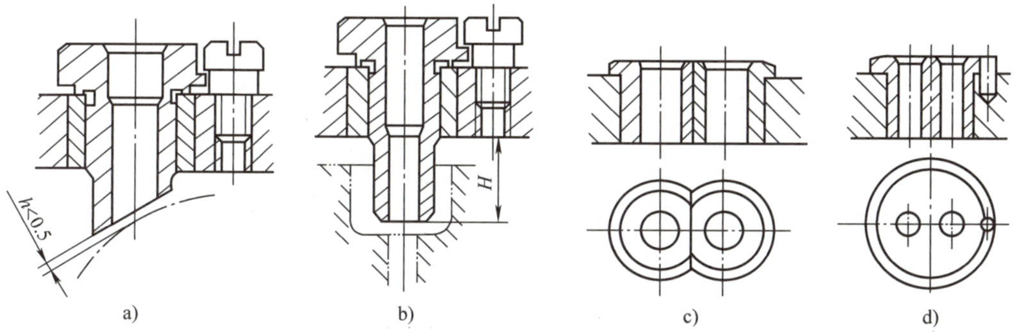

图 10-29　特殊钻套

a）斜面钻套　b）加长钻套　c）、d）小孔距钻套

§ 10-5　组合夹具

组合夹具是由可反复使用的标准夹具零部件（或专用零部件）组装成易于连接和拆卸的夹具。它是在夹具元件高度标准化、通用化的基础上发展起来的一种夹具。组合夹具是一种先进的工艺装备，它由一套预先制造好的，具有各种不同的形状、不同规格、不同尺寸、具有互换性、高耐磨性和高精度的标准元件和组合件组合而成。使用时，根据加工工件的工

艺要求和加工特点，选择合适的标准件和组合件，可组装出加工、检验及装配等所需的各种夹具。为了保证组装后夹具有足够的准确性，各类元件都具有较高的表面质量、几何精度和尺寸精度。图 10–30 所示是一种钻孔用的组合夹具。

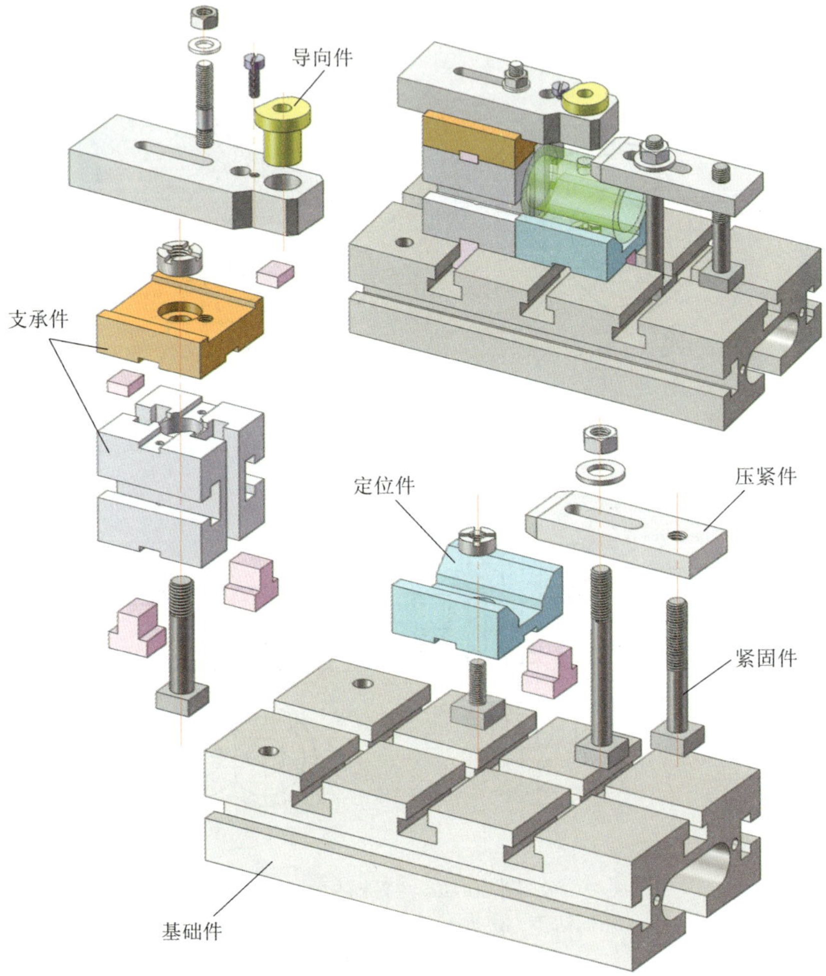

图 10–30　钻孔用组合夹具

一、组合夹具的构成

组合夹具主要由以下八类元件组成：

1. 基础件

包括各种规格尺寸的方形、矩形、圆形基础板和基础角铁等，它是安装其他元件的基础，如图 10–31 所示。基础件通过定位键、T 形槽、螺钉孔等来安装其他元件。

2. 支承件

支承件主要用于不同高度的支承和具有一定角度关系的支承，包括各种规格尺寸的垫板、矩形支承、角度支承、V 形支承等，如图 10–32 所示。在一般情况下，支承件和基础件共同组成夹具的夹具体，在组合小型夹具时，支承件也可作为基础件。

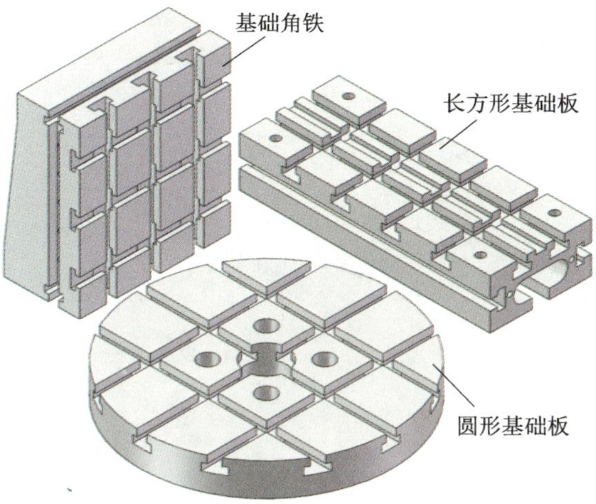

图 10–31　基础件

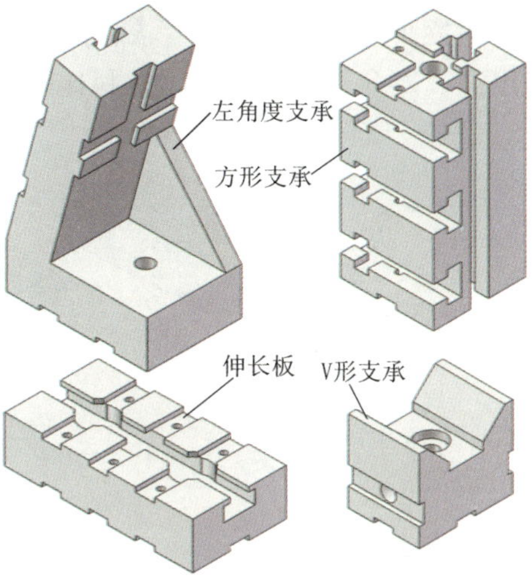

图 10–32　支承件

3. 定位件

定位元件主要用于确定元件与元件、元件与工件之间的相互位置，以保证夹具的装配精度和工件的加工精度，同时增强元件之间的连接强度和整个夹具的刚度。主要包括各种定位销、定位盘、定位支承等，如图 10–33 所示。

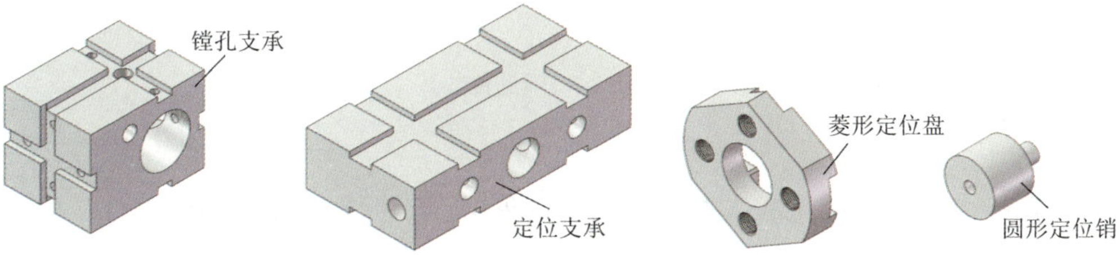

图 10–33　定位件

4. 导向件

导向件用来确定刀具与工件的相互位置，加工时引导刀具到达加工部位，还可增强加工稳定性。常用的有各种导向板、钻套、钻模板及导向支承等，如图 10–34 所示。

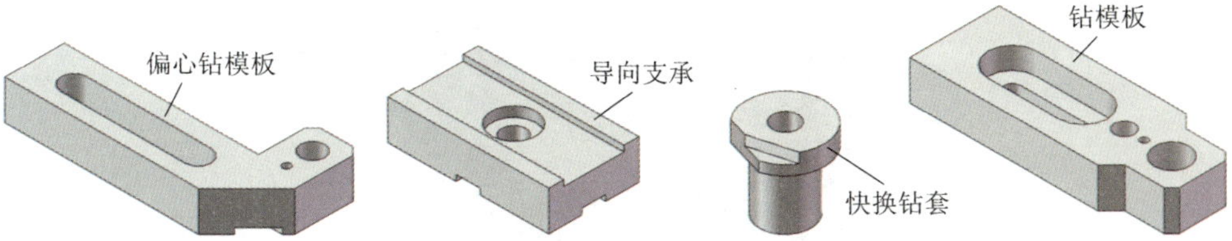

图 10–34　导向件

5. 压紧件

压紧件的作用是将工件压紧在夹具上，包括各种形状、尺寸的压板，如图 10–35 所示。

6. 紧固件

紧固件包括各种螺栓、螺钉、螺母和垫圈等。组合夹具使用的各种标准紧固件，要求强度高、寿命长、体积小，材料比一般标准紧固件好，加工精度也较高。

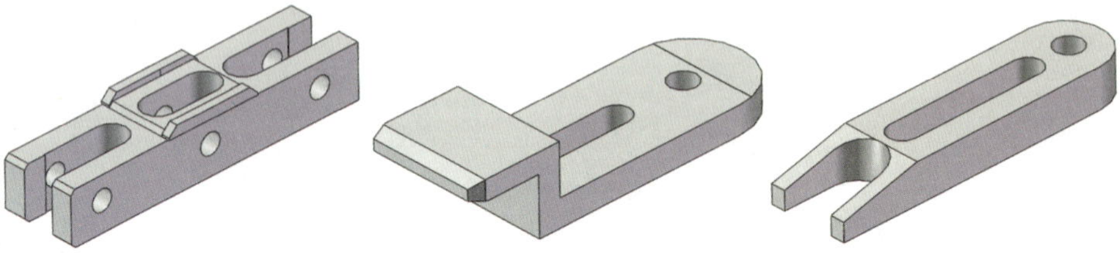

关节压板　　弯压板　　叉形压板

图 10–35　压紧件

7. 辅助件

这类元件用途单一，包括连接板、浮动块、回转压板、平衡块以及支承钉和支承环等，如图 10–36 所示。

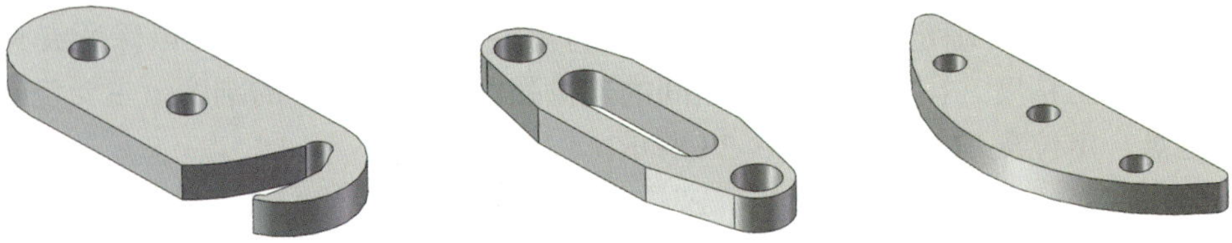

回转压板　　连接板　　平衡块

图 10–36　辅助件

8. 组合件

组合件是指由几个元件组成，在夹具组装过程中，不拆散使用的独立部件。按用途分为：定位组合件、分度组合件、导向组合件等。图 10–37 所示为分度组合件。

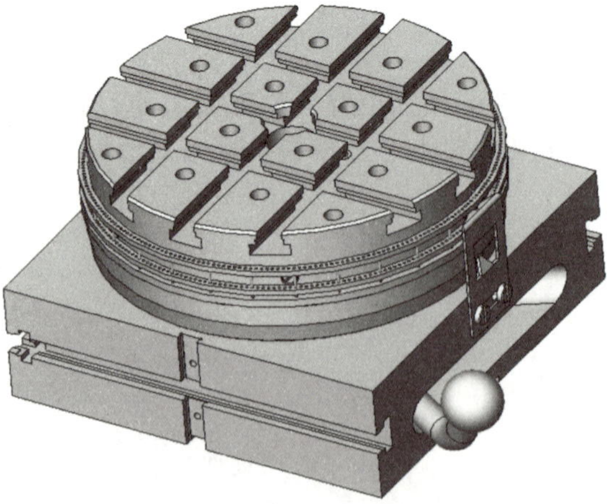

图 10–37　分度组合件

二、组合夹具的组装

组合夹具的组装就是把组合夹具的元件和组合件，按一定的步骤和要求组装成加工所需的夹具的过程。

组合夹具的组装步骤一般是：

1. 首先根据工件的加工图样（或实物）、加工工艺卡等技术资料确定组装方案，选择定位和夹紧方法及相应的元件。同时要考虑工件的装卸、排屑、空刀位置、夹具的刚度、质量的平衡等因素。

2. 进行夹具的试装，确认方案合理后，即可装上定位键，进行元件的连接和尺寸调整工作。

3. 仔细检查夹具的总装精度、尺寸精度和相互位置精度，经检验合格后方可交付使用。

三、组合夹具的特点及应用

1. 组合夹具的特点

（1）灵活多变，能迅速根据工件不同加工要求，提供各种定位夹紧形式，缩短生产周期。

（2）保证加工质量，提高生产率。

（3）使用后便于拆卸、清洗和存放。

（4）可重复使用，大大节省了人力和物力。

（5）制造成本较高。

2. 组合夹具的应用

（1）适用于产品变化较大的生产中，如新产品试制、单件小批量生产及临时突击性生产。

（2）可用于车、铣、刨、镗、磨、钻及检验等工序，尤其在孔加工工序中用量最大。

（3）可以满足各种不同形状工件的加工要求，不受工件形状的限制。

（4）组合夹具各元件间的配合尺寸公差一般为 IT7 级，因此，采用组合夹具，工件加工精度一般可达 IT8 级。

知识链接

在组合夹具中，按元件间定位结构形式可区分为槽系列组合夹具和孔系列组合夹具。槽系列组合夹具是指主要通过定位键与槽确定元件之间相互位置的组合夹具。孔系列组合夹具是指主要通过定位销与孔确定元件之间相互位置的组合夹具。

思考与练习

1. 什么是机床夹具？试述机床夹具的组成及各组成部分的作用。
2. 举例说明机床夹具在机械加工中的作用。

3. 什么是工件在夹具中的定位？定位和夹紧有何区别？

4. 试述六点定位规则的主要内容。

5. 试述长方体工件定位时，如果主要定位基准面上的三个支承点位于同一直线上，或导向定位基准面上的两个支承点垂直布置时，其定位效果如何？

6. 运用六点定位规则，说明题图 10–1 中各工件定位时，应限制哪几个自由度？

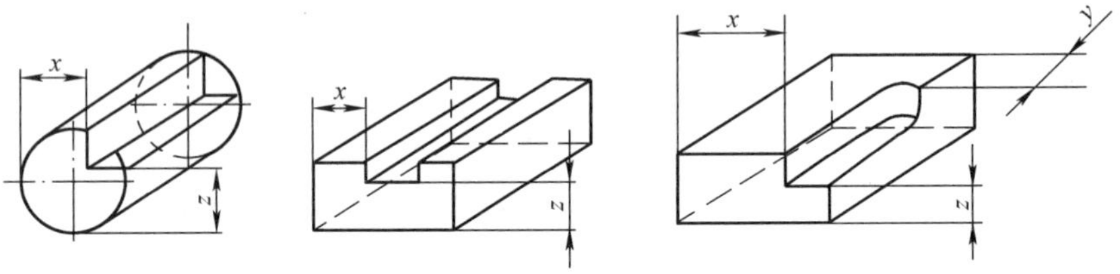

题图 10–1

7. 什么叫欠定位？为什么不允许出现欠定位？

8. 工件以平面定位时，常用哪几种定位元件？各适用于什么场合？

9. 工件以外圆定位时，常用哪几种定位方式？各有什么特点？

10. 试分析题图 10–2 所示各定位元件能限制哪些自由度？起何作用？

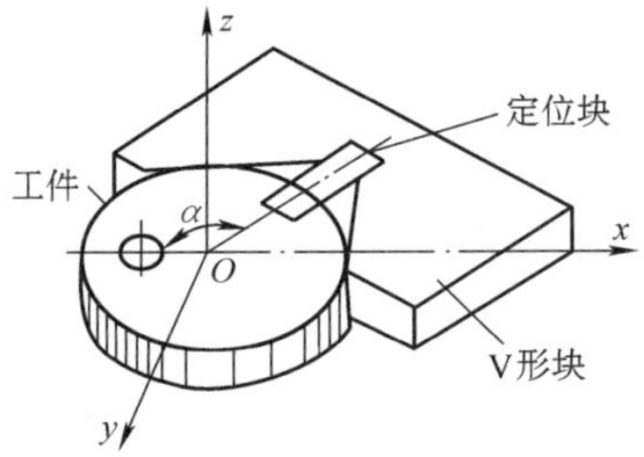

题图 10–2

11. 工件在夹具中定位时，如何合理的选择定位基准？

12. 常用的夹紧机构有哪些类型？确定夹紧力的方向和作用点时应考虑哪些原则？

13. 试分析题图 10–3 所示的夹紧方案是否合理？应如何改正？

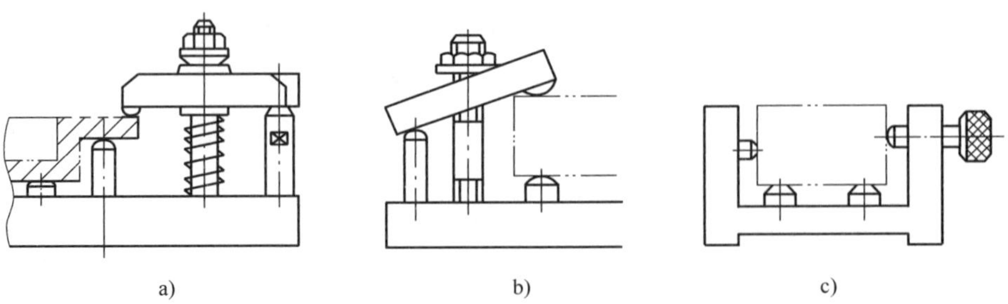

题图 10–3

14. 钻床夹具有何特点？有哪几种类型？各适用于什么场合？

15. 钻床夹具的钻套有什么作用？常用的钻套有哪几种？各有何特点？

16. 组合夹具由哪些元件组成？各有何用途？

17. 简述组合夹具的一般组装步骤。

18. 组合夹具的特点是什么？适用于何种场合？

第十一章

数控机床及其装配

数控机床是一种装有程序控制系统的机床，该系统能够逻辑地处理具有使用号码或其他符号编码指令规定的程序。根据零件图样要求及加工工艺，将所用刀具运动轨迹及相关工艺信息，以规定的数控代码形式编制成程序，并输入到数控装置中，数控装置对其进行处理、计算后，向伺服系统及辅助装置发出指令，驱动机床各运动部件及辅助装置进行有序的动作，实现刀具与工件的相对运动，从而加工出符合要求的零件。数控机床较好地解决了复杂、精密、小批量、多品种零件的加工问题，是一种柔性的、高效能的自动化机床，代表了现代机床控制技术的发展方向，是一种典型的机电一体化产品。

§11–1 数控机床的特点及组成

一、数控机床的特点

现代数控机床集高精度、高效率、高柔性于一身，具有许多普通机床无法实现的特殊功能，它具有如下特点。

1. 柔性高

数控机床是一种高度自动化和高效率的机床，可适应不同品种和不同尺寸规格工件的自动加工，能完成很多普通机床难以胜任或者根本不可能加工出来的复杂型面的零件。当加工对象改变时，只要改变数控加工程序，就可改变加工工件的品种，为复杂结构的单件、小批量生产以及试制新产品提供了极大的便利。

2. 加工精度高

数控机床按照预定的程序自动加工，不受人为因素的影响，加工同批零件尺寸的一致性好，其加工精度由机床来保证，还可利用软件来校正和补偿误差。因此，能获得比机床本身精度还要高的加工精度及重复精度（中、小型数控机床的定位精度可达 0.005 mm，重复定位精度可达 0.002 mm）。

3. 生产率高

数控机床的生产效率较普通机床的高 2 ~ 3 倍。尤其是某些复杂零件的加工，生产效率可提高十几倍甚至几十倍。这是因为数控机床具有良好的结构刚度，可进行大切削用量的强力切削，能有效地节省机动时间，还具有自动变速、自动换刀、自动交换工件和其他辅助操作自动化等功能，使辅助时间缩短，而且不需要工序间的检测和测量。对壳体零件采用加工中心进行加工，利用转台自动换位、自动换刀，几乎可以实现在一次装夹的情况下完成零件的全部加工，节约了工序之间的运输、测量、装夹等辅助时间。

4. 自动化程度高，工人劳动强度减少

数控机床主要是自动加工，能自动换刀、启停切削液、自动变速等，其大部分操作不需人工完成，可大大减轻操作者的劳动强度和紧张程度，改善劳动条件。

5. 生产成本降低，经济效益好

数控机床自动化程度高，减少了操作人员的人数，同时加工精度稳定，降低了废品、次品率，使生产成本下降。在单件、小批量生产情况下，使用数控机床加工，可节省划线工时，减少调整、加工和检验时间，节省直接生产费用和工艺装备费用。此外，数控机床可实现一机多用，节省厂房面积和建厂投资。因此，使用数控机床仍可获得良好的经济效益。

6. 数字化生产，管理水平提高

在数控机床上加工，能准确地计算零件加工时间，加强了零件的计时性，便于实现生产计划调度，简化和减少了检验、工具与夹具准备、半成品调度等管理工作。数控机床具有的通信接口，可实现计算机之间的连接，组成工业局部网络，采用制造自动化协议（Manufacture Automation Protocol，MAP）规范，实现生产过程的计算机管理与控制。

二、数控机床的组成

具有数控特性的各类机床均可称为相应的数控机床。常见的数控机床有数控车床、数控钻床、数控镗床、数控铣床、数控磨床、加工中心等，图 11–1 所示为数控车床外形图。

图 11–1　数控车床

数控机床一般由控制介质、数控装置、伺服系统、测量反馈装置和机床主体组成，如图 11–2 所示。

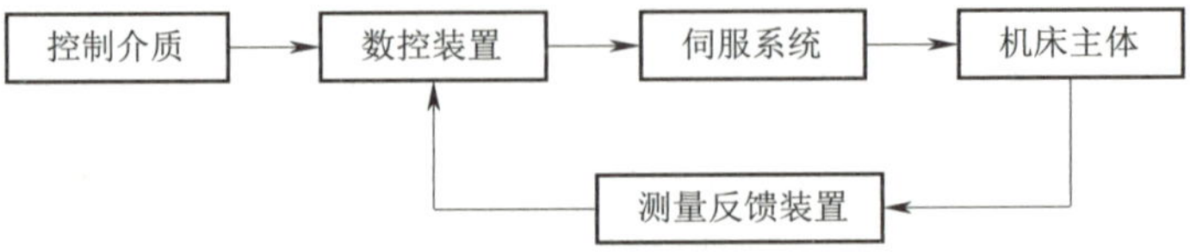

图 11-2　数控机床的组成

1. 控制介质

控制介质是指将零件加工信息传送到数控装置去的程序载体。控制介质有多种形式，随数控装置类型的不同而不同，常用的有闪存卡、移动硬盘、U 盘等（图 11-3）。随着计算机辅助设计 / 计算机辅助制造（CAD/CAM）技术的发展，在某些数控设备上，可利用 CAD/CAM 软件先在计算机上编程，然后通过计算机与数控系统通信，将程序和数据直接传送给数控装置。

a)　　b)　　c)

图 11-3　控制介质

a）闪存卡　b）移动硬盘　c）U 盘

2. 数控装置

数控装置是数控机床的核心。现代数控装置通常是一台带有专门系统软件的专用计算机，如图 11-4 所示是某数控车床的数控装置。它由输入装置（如键盘）、控制运算器和输出装置（如显示器）等构成。它接受控制介质上的数字化信息或输入装置输入的数字化信息，经过控制软件或逻辑电路进行编译、运算和逻辑处理后，输出各种信号和指令，控制机床的各个部分，进行规定的、有序的运动。

3. 伺服系统

伺服系统由驱动装置和执行部件（如伺服电动机）组成，它是数控系统的执行机构，如图 11-5 所示。伺服系统分为进给伺服系统和主轴伺服系统。伺服系统的作用是把来自 CNC 的指令信号转换为机床移动部件的运动，它相当于手工操作人员的手，使工作台（或溜板）精确定位或按规定的轨迹作严格的相对运动，最后加工出符合图样要求的零件。伺服系统作为数控机床的重要组成部分，其本身的性能直接影响整个数控机床的精度和速度。

4. 测量反馈装置

测量反馈装置的作用是通过测量元件将机床移动的实际位置、速度参数检测出来，转换成电信号，并反馈到 CNC 装置中，使 CNC 能随时判断机床的实际位置、速度是否与指令一致，并发出相应指令，纠正所产生的误差。测量反馈装置安装在数控机床的工作台或丝杠上，相当于普通机床的刻度盘和人的眼睛。

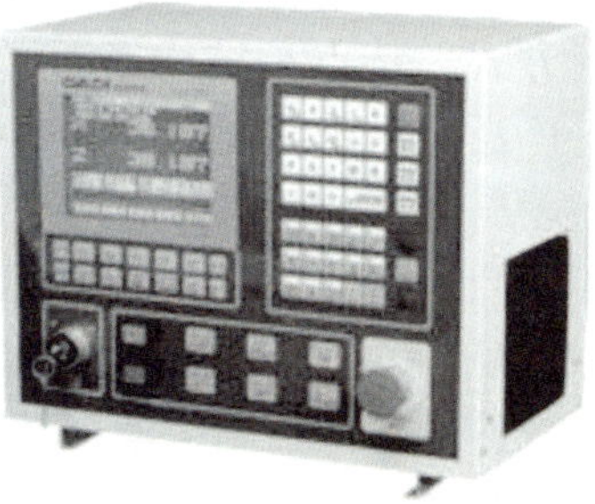

图 11-4　数控装置

a)　　b)

图 11-5　伺服系统

a）伺服电动机　b）驱动装置

5. 机床主体

机床主体是数控机床的本体，主要包括床身、主轴、进给机构等机械部件，还有冷却、润滑、转位部件，如换刀装置、夹紧装置等辅助装置。

三、数控机床的工作过程

数控机床加工工件时，首先要将被加工工件零件图上的几何信息和工艺信息，按规定的代码和格式编成数控加工程序，然后将加工程序输入到数控装置，再由数控装置控制机床主运动的变速、启停，进给运动的方向、速度和位移量，以及其他诸如刀具选择交换、工件夹紧松开和冷却润滑的启、停等动作，使刀具与工件及其他辅助装置严格地按照加工程序规定的顺序、路线和参数进行工作，从而加工出形状、尺寸与精度符合要求的工件。其工作过程如图 11-6 所示。

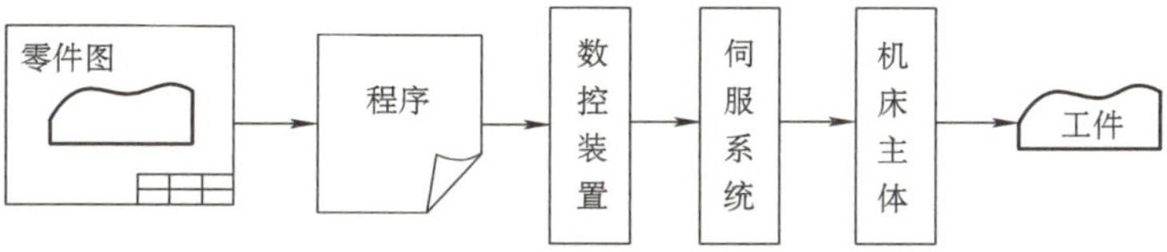

图 11-6　数控机床的工作过程

四、数控机床的分类

1. 按工艺用途分类

（1）金属切削类数控机床

分别有数控车床、数控铣床、数控磨床、数控镗床以及加工中心等。这些机床的动作与运动都是数字化控制，具有较高的生产率和自动化程度，特别是加工中心，它是一种带有自动换刀装置，能进行铣、钻、镗削加工的复合型数控机床。

（2）金属成形类及特种加工类数控机床

它是指金属切削类以外的数控机床。数控弯管机、数控线切割机床、数控电火花成形机床等等都是这一类数控机床。

2. 按控制方式分类

数控机床按照对被控量有无检测装置可分为开环控制和闭环控制两种。在闭环系统中，根据检测装置安放的部位又分为全闭环控制和半闭环控制两种。

（1）开环控制系统

开环控制系统是指没有位置检测反馈装置的控制方式。特点是结构简单、价格低廉，但难以实现运动部件的快速控制。机床加工精度不高，广泛应用于速度中等的小型设备的驱动控制中。

（2）半闭环控制系统

半闭环控制系统是指在电动机轴或丝杠的端部装有角位移、角速度检测装置，通过位置检测反馈装置反馈给数控装置的比较器与输入指令比较，用差值控制运动部件。特点是调试方便、有良好的系统稳定性、结构紧凑，但在机械传动链的误差无法得到校正或消除。因有很好的精度和精度保持性，使用广泛。

（3）闭环控制系统

是在机床最终的运动部件的相应位置安装直线或回转式检测装置，将直接测量到的位移或角位移反馈到数控装置的比较器中，与输入指令位移量比较，用差值控制运动部件。优点是将机械传动链的全部环节都包含在闭环内，精度取决于检测装置的精度，超过半闭环系统。缺点是价格昂贵、对机构和传动链要求严格，不然会引起振荡，降低系统的稳定性。

§11–2 数控机床的主要机械结构及特点

一、数控机床的主要机械结构

数控机床的机械结构与普通机床相似，主要有以下几部分组成：

1. 主传动系统

它包括动力源、传动件及主运动执行件（主轴）等，其功用是将驱动装置的运动及动力传给执行件，以实现主切削运动。

2. 进给传动系统

它包括动力源、传动件及进给运动执行件（工作台、刀架）等，其功用是将伺服驱动装置的运动与动力传给执行件，以实现进给切削运动。

3. 基础支承件

它包括床身、立柱、导轨、滑座、工作台等，它支承机床的各主要部件，并使它们在静止或运动中保持相对正确的位置。

4. 辅助装置

辅助装置视数控机床的不同而异，如自动换刀系统、液压气动系统、润滑冷却装置等。

图 11–7 为立式加工中心外形图，机床能实现强力切削、高速定位和随机换刀，其电气控制柜及气动装置都安装在设备后侧，减少了占地面积，并配有全封闭式安全防护罩和自动排屑装置。

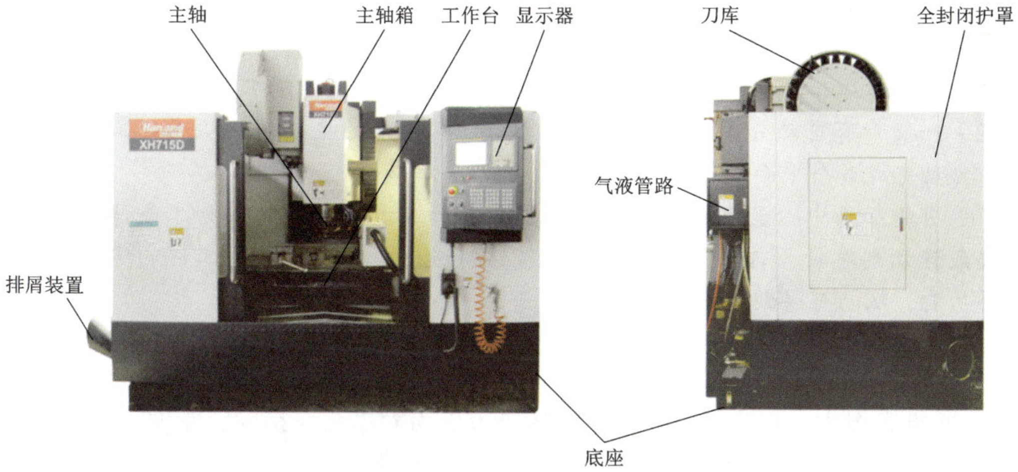

图 11-7　立式加工中心

知识链接

加工中心是在数控铣床的基础上发展而来的一种高度自动化的加工设备。它是一种带有刀库（图 11-8）和自动换刀装置的数控机床，又称为自动换刀数控机床或多工序数控机床。工件经一次装夹后，数控系统能控制机床按不同工序自动选择和更换刀具，自动改变机床主轴转速、进给量和刀具相对工件的运动轨迹及其他辅助功能，连续地对工件各表面自动进行铣（车）、钻、扩、铰、镗、攻螺纹等多种工序的加工，适用于加工凸轮、箱体、支架、盖板、模具等各种复杂型面的零件。

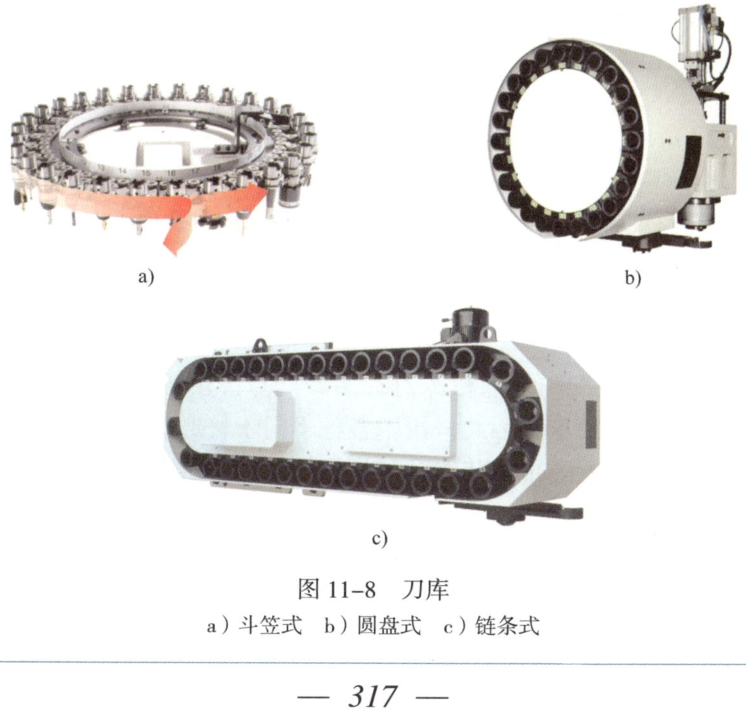

图 11-8　刀库

a）斗笠式　b）圆盘式　c）链条式

加工中心的主要结构特点：

（1）具有刀库和自动换刀装置，加工中心是由数控系统控制机床自动更换刀具。

（2）一般带有自动分度回转工作台或可自动转角度的主轴箱，从而使工件在一次装夹后，自动完成多个平面或多个角度位置的多工序加工。

（3）有的加工中心具有自适应控制功能，在加工过程中能随着加工条件的变化而自动调整最佳切削参数，自动改变机床主轴转速、进给量和刀具相对工件的运动轨迹及其他辅助功能，从而可得到更好的加工质量。

二、主要机械结构的特点

与普通机床相比，数控机床的传动机构要求更为简单，在精度、刚度、摩擦、抗振性等方面要求更高，而且传动和变速系统要便于实现自动化。其主要机械结构特点有如下几个方面：

1. 主运动常用交流或直流电动机拖动，简化了主传动系统的机械结构。而且采用交流或直流电动机拖动，转速高、功率大、速度变换迅速可靠，能无级变速。

2. 主轴部件和支承件均采用了刚度和抗振性较好的机械结构，如采用动静轴承的主轴部件、钢板焊接结构的支承件等。

3. 采用了摩擦因数很低的塑料滑动导轨、滚动导轨、静压导轨，以提高数控机床运动的快速响应特性。

4. 进给传动中，一方面采用无间隙的传动装置和元件，如既消除间隙又减少摩擦的滚珠丝杠螺母副、静压蜗杆蜗条副以及预加载荷的双齿轮齿条副；另一方面采取消除措施，如偏心套式、锥度齿轮式及斜齿轮垫片错齿式等消除结构。

5. 采用多主轴、多刀架结构以及刀具与工件的自动夹紧装置、自动换刀装置和自动排屑装置、自动润滑冷却装置等，减少了停机时间，提高了单位时间内的切削效率。

§11–3 数控机床机械部分的装配

数控机床机械部分的装配与普通机床有许多共同点。由于数控机床在传动精度、灵敏度和稳定性等方面有较高的要求，因此采用了各种不同于普通机床的结构，下面仅就数控机床进给驱动系统中常用的无间隙传动装置及装配做简要的介绍。

一、滚珠丝杠副的装配

滚珠丝杠副（滚动螺旋）是实现回转运动与直线运动相互转换的传动装置，具有摩擦损失小、传动效率高、运动平稳、精度高、寿命长及可以预紧等优点，在各类中、小型数控机床进给系统中得到普遍的应用。

1. 滚珠丝杠副的结构

如图 11–9 所示，滚珠丝杠副主要由滚珠丝杠、滚珠和滚珠螺母组成。滚珠丝杠副的结构形式很多，主要区别在于滚道法向截形、滚珠循环方式以及消除轴向间隙的调整预紧方法三个方面。

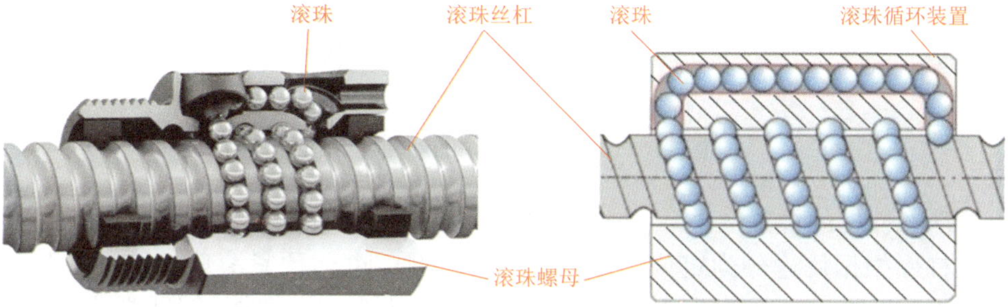

图 11–9　滚珠丝杠副

（1）滚道法向截形

滚道法向截形是指在节圆柱面上，导程为公称导程且通过滚珠中心的螺旋线的法平面与滚道表面的交线。按滚道法向截形分为双圆弧滚道和单圆弧滚道两种。

（2）滚珠循环方式

按滚珠在整个循环过程中与丝杠表面的接触情况，滚珠的循环方式可分为内循环和外循环两种。

内循环方式的滚珠在循环过程中始终与丝杠表面保持接触。如图 11–10 所示，在螺母的侧面孔内装有接通相邻滚道的反向器，利用反向器引导滚珠越过丝杠滚道顶部进入相邻滚道，形成一个循环闭路，称为 1 列。一般在同一螺母上装有 2 ~ 4 个反向器并沿螺母圆周均匀分布，故有 2 ~ 4 列。内循环方式的优点是滚珠循环的闭路短、流畅性好、效率高、螺母的径向尺寸也较小。

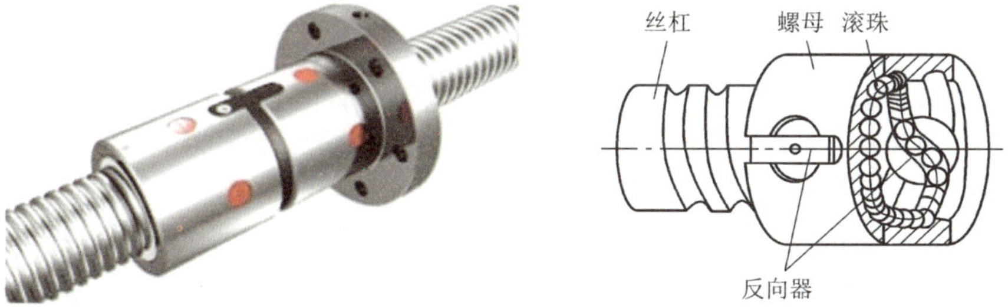

图 11–10　滚珠丝杠副的内循环方式

外循环方式中的滚珠在循环反向时，完全脱离丝杠滚道，在螺母体内或体外做循环运动，常用的外循环方式有端盖式、插管式和螺旋槽式。如图 11–11 所示为插管式外循环，弯管两端插入与螺纹滚道相切的两个孔内，引导滚珠进入弯管，形成一个循环闭路，再用压板和螺钉将弯管固定。可做到多列，提高承载能力。插管式外循环结构简单，制造容易，但径向尺寸大，且弯管两端耐磨性和抗冲击性差。

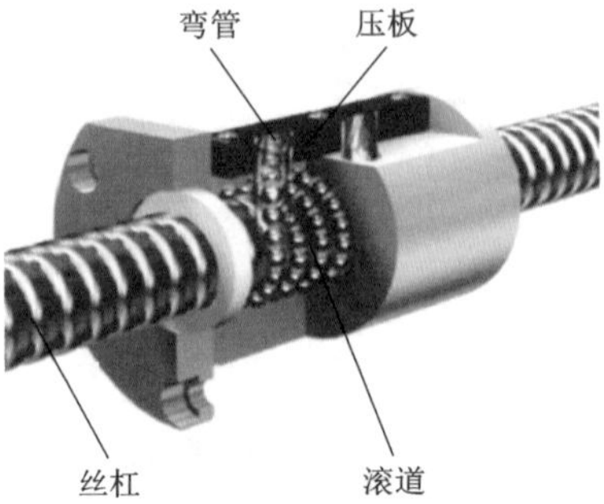

图 11-11　滚珠丝杠副的外循环方式

（3）滚珠丝杠副的预紧

滚珠丝杠副根据用途分为定位滚珠丝杠副（P 型，也称预紧滚珠丝杠副）和传动滚珠丝杠副（T 型）两种，其预紧原理与普通丝杠传动副相同。但滚珠丝杠副要求的传动精度更高，常用的调整预紧方法有下列三种：

1）垫片预紧　如图 11-12 所示，通过调整垫片的厚度 Δ，使螺母产生轴向位移，以达到轴向间隙的消除和预紧目的。这种结构简单可靠、刚度好，但调整较困难，且不能在工作中随意调整。

2）螺纹预紧　如图 11-13 所示，旋转两个圆螺母可使螺母相对丝杠作轴向移动，在消除了轴向间隙之后将其锁紧。这种调整方法具有结构紧凑、工作可靠、调整方便等优点，故应用较广。缺点是不很精确。

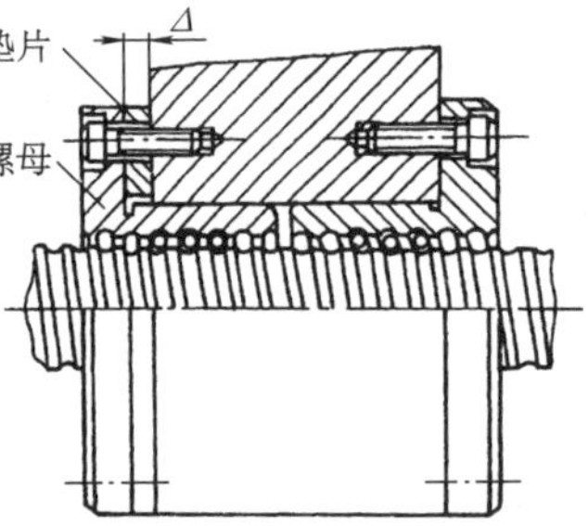

图 11-12　垫片预紧

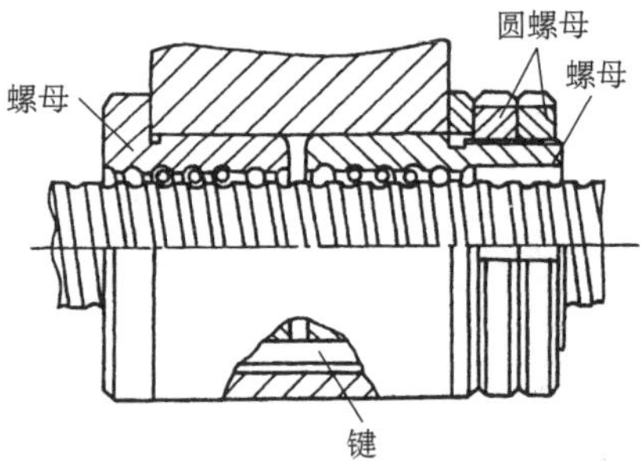

图 11-13　螺纹预紧

3）齿差预紧　如图 11-14 所示，调整时先取下内齿轮 2、3（两内齿轮相差一齿），将两个螺母相对螺母座同方向转动一定的齿数，然后把内齿轮复位固定。此时，两个螺母之间的轴向相对位置发生变化，从而达到调整的目的。两齿轮同方向均转动 1 个齿的轴向调整量 ΔS 可以用下式计算：

$$\Delta S=P/(z_1z_2)$$

式中　P——螺距，mm；

z_1、z_2——齿数（z_1、z_2 相差一齿）。

这种调整方式的结构复杂，但调整方便，并可以通过简单的计算获得精确的调整量，实现定量精密微调，是目前应用较

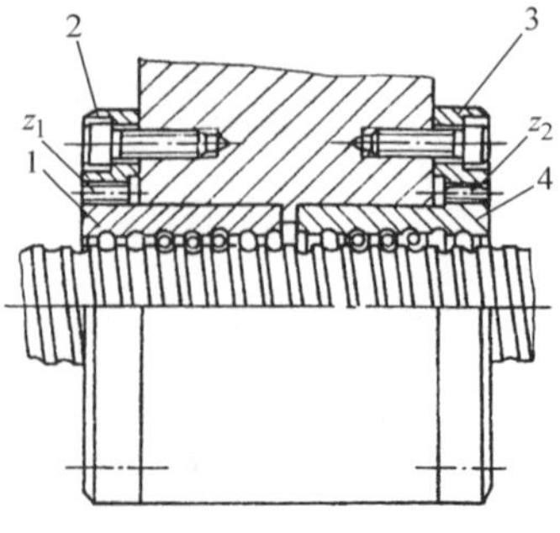

图 11-14　齿差预紧

1、4—螺母　2、3—内齿轮

广的一种结构。

2. 滚珠丝杠副的支承

数控机床的进给机构要获得较高的传动刚度，除了加强滚珠丝杠副本身的刚度外，滚珠丝杠副的支承结构刚度也是不可忽视的因素。为了提高轴向刚度，滚珠丝杠常用推力轴承支座，常用的支承方式有以下几种：

（1）一端装推力轴承

如图 11–15a 所示，这种安装方式的承载能力小，轴向刚度低，只适用于短丝杠。一般用于数控机床的调节环节或升降台式数控铣床的垂直坐标中。

（2）一端装推力轴承，另一端装向心球轴承

如图 11–15b 所示，此种方式可用于丝杠较长的情况。应将止推轴承远离热源（如液压马达）及丝杠上的常用段，以减少丝杠的热变形影响。

（3）两端装推力轴承

如图 11–15c 所示，把推力轴承装在滚珠丝杠的两端，并施加预紧拉力，有助于提高传动刚度。但这种安装方式对丝杠的热变形较为敏感。

（4）两端装推力轴承及向心球轴承

如图 11–15d 所示，为了提高丝杠的刚度，它的两端采用双重支承，如止推轴承和向心球轴承，并施加预紧拉力。这种结构方式可使丝杠的热变形转化为止推轴承的预紧力。

（5）使用滚珠丝杠专用轴承

如图 11–16 所示，这是一种能承受很大轴向力的特殊向心推力滚珠轴承，其接触面加大到 60°，增加了滚珠数目并相应减少了滚珠直径，其轴向刚度比一般推力轴承提高 2 倍以上，使用也极为方便。

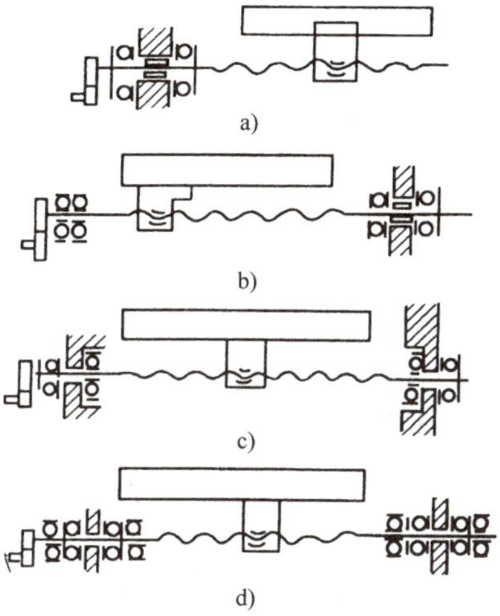

图 11–15　滚珠丝杠常用支承方式

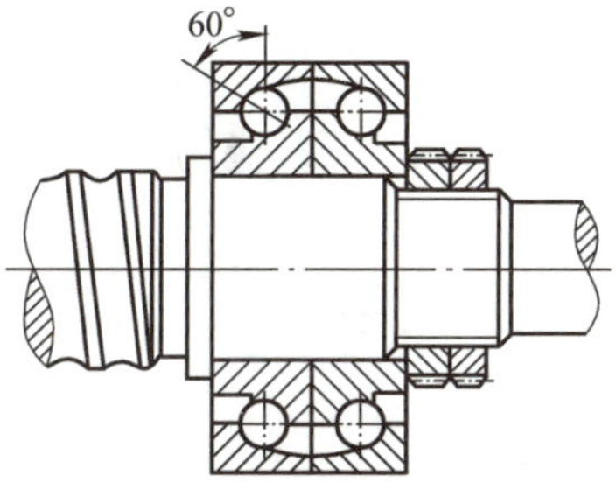

图 11–16　滚珠丝杠专用轴承

3. 滚珠螺母的密封及滚珠丝杠的保护

滚珠丝杠副必须用润滑油或锂基润滑脂进行润滑，以提高耐磨性及传动效率。润滑脂加在螺纹滚道和安装螺母的壳体空间内，润滑油则通过壳体上的油孔注入螺母空间内。

制造误差和预紧变形量以微米计算的滚珠丝杠副，对于润滑油的质量和微小的磨损特别敏感。因此，实施有效地密封和保持润滑油的清洁显得十分必要。

通常采用毛毡圈对滚珠螺母进行密封，毛毡圈的厚度为螺距的 2 ~ 3 倍，而且内孔做成螺纹的形状，使之紧密包住丝杠，并装入螺母两端的槽孔内。密封圈除了采用柔软的毛毡之外，还可以采用耐油橡胶或尼龙材料。由于密封圈和丝杠直接接触，因此防尘效果较好，为了避免摩擦力矩，可以采用由较硬的塑料制成的非接触式迷宫密封圈，内孔做成与丝杠螺纹滚道相反的形状，并留有一定间隙。

对于暴露在外面的丝杠，一般采用螺旋钢带、伸缩套筒、锥形套管以及折叠式塑料或

人造革等形式的防护罩，以防止尘埃和磨粒沾附到丝杠表面。这几种防护罩与导轨的防护罩有相似之处，一段连接在滚珠螺母的端面，另一端固定在滚珠丝杠的支承座上。

二、齿侧间隙补偿机构的装配

数控机床的机械进给装置中常用齿轮副来达到一定的传动比和转矩要求。由于齿轮的齿侧间隙影响传动精度及系统的稳定性。因此，齿轮副常采用各种消除齿侧间隙的措施，以提高机床的加工精度。常用的消隙措施有下列几种：

1. 刚性调整法

刚性调整法是指调整之后齿侧间隙不能自动补偿的调整方法。采用这种方法调整的齿轮传动有较好的传动刚度，而且结构比较简单。

图 11–17 所示为偏心轴套式消除齿侧间隙结构。齿轮 1 装在电动机轴上，调整偏心轴套可以改变齿轮 1 和 2 之间的中心距，从而消除齿侧间隙。

图 11–18 是用一个带有锥度的齿轮来消除间隙的结构。将一对齿轮（1 和 2）的轮齿沿齿宽方向制成稍带锥度，改变垫片的厚度就改变了齿轮 1 和齿轮 2 的轴向相对位置，从而消除齿侧间隙。

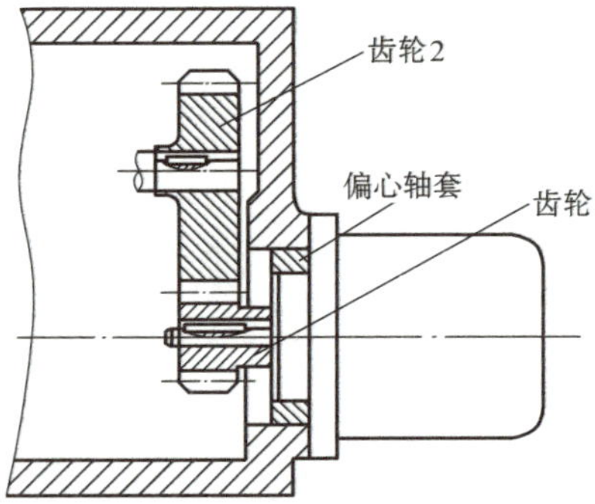

图 11–17　偏心轴套式消除间隙结构

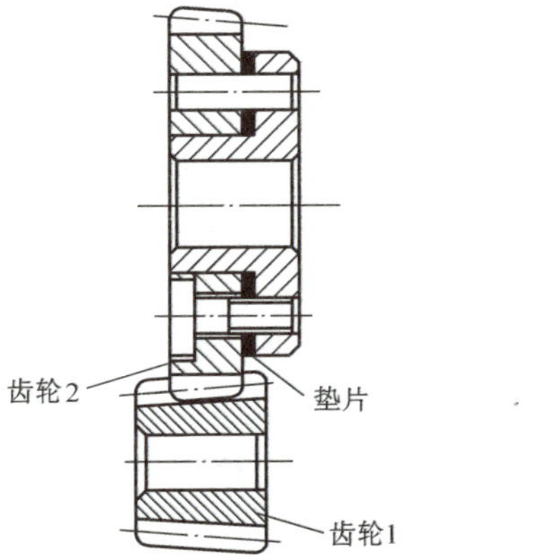

图 11–18　锥齿轮消除间隙结构

2. 柔性调整法

柔性调整法是指调整之后齿侧间隙可以自动补偿的调整方法。这种方法一般都采用调整压力弹簧的压力来消除齿侧间隙，并在齿轮的齿厚和周节有变化的情况下，也能保持无间隙啮合，但这种结构较复杂，轴向尺寸大，传动精度低，同时，传动平稳性也差。

图 11–19 所示为轴向压簧调整的方法。两个薄片斜齿轮 1 和 2 用键滑套在轴 6 上，用螺母 5 来调节压力弹簧 3 的轴向压力，使齿轮 1 和 2 的左右齿面分别与宽斜齿轮 7 齿槽的左右侧面贴紧。

图 11–20 所示为周向弹簧调整的方法。两个齿数相同的薄片齿轮 1 和 2 与另一个宽齿轮相啮合，齿轮 1 空套在齿轮 2 上，可以相对回转。每个齿轮端面分别均匀加工有四个螺孔，可分别装上凸耳 3 和 8，齿轮 1 的端面还有四个通孔，凸耳 8 可以从中穿过，弹簧 4 分别钩在调节螺钉 7 和凸耳 3 上。旋转螺母 5 和 6 可以调整弹簧 4 的拉力，弹簧的拉力可以使薄片齿轮错位，即两片薄齿轮的左、右齿面分别与宽齿轮齿槽的右、左贴紧，消除了齿侧间隙。

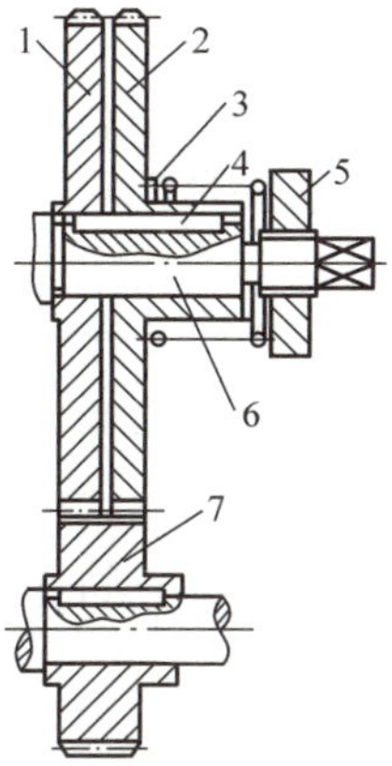

图 11-19　轴向压簧调整

1、2—齿轮　3—压力弹簧　4—键
5—螺母　6—轴　7—宽斜齿轮

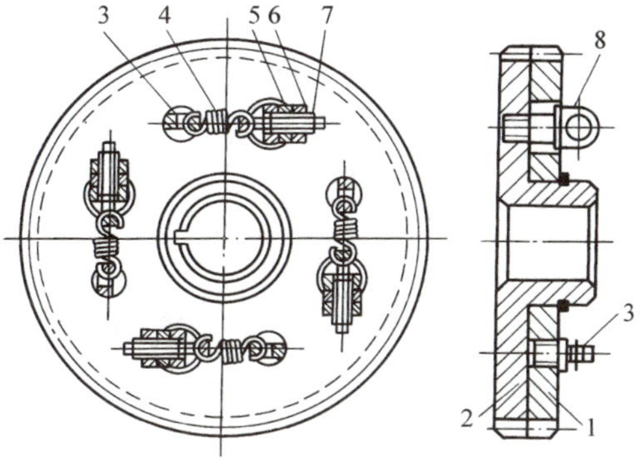

图 11-20　周向弹簧调整

1、2—齿轮　3、8—凸耳　4—弹簧
5、6—旋转螺母　7—调节螺钉

三、键连接间隙补偿机构的装配

数控机床进给传动装置中，齿轮等传动件与轴上键连接的配合间隙，如同齿侧间隙一样，也会影响工件加工精度，应将其消除。图 11–21 所示为消除键连接间隙的两种措施。图 11–21a 为双键连接结构，用紧定螺钉顶紧以消除间隙。图 11–21b 所示为楔形销连接结构，用螺母拉紧楔形销以消除间隙。

图 11–22 所示为一种可获得无间隙传动的无键连接结构。5 和 6 是一对相互配研接触良好的弹性锥形胀套，拧紧螺钉 2，通过圆环 3 和 4 将它们压紧时，内锥形胀套 5 的内孔缩小，外锥形胀套 6 的外圆胀大，依靠摩擦力将传动件 7 和轴 1 连接在一起。锥形胀套的对数，根据所需传递的转矩大小，可以是一对或几对。

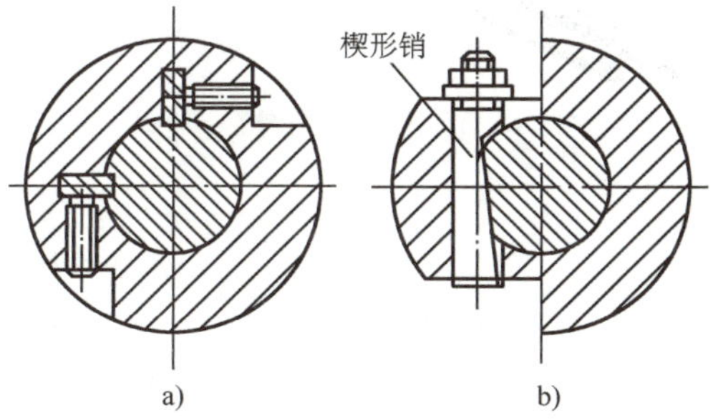

图 11–21　键连接间隙消除方法

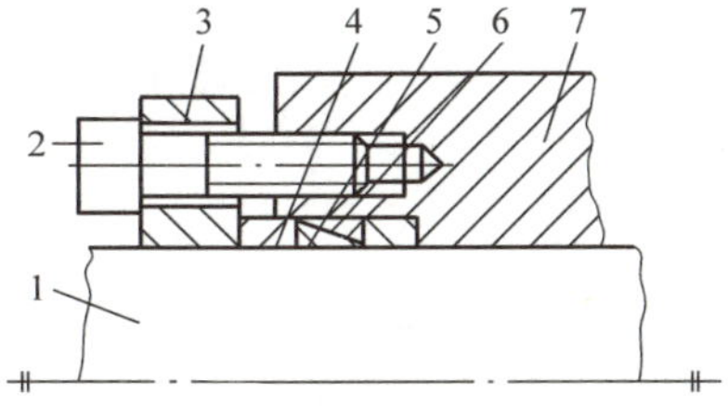

图 11–22　无键连接结构

1—轴　2—螺钉　3、4—圆环　5—内锥形胀套
6—外锥形胀套　7—传动件

四、数控机床的导轨

数控机床使用的导轨，从类型来说尽管也是分为滚动导轨、滑动导轨和静压导轨，但在导轨材料和结构上与普通机床的导轨有显著的不同。数控机床的导轨对导向精度、精度保持性、摩擦特性、运动平稳性和灵敏性都有更高的要求。

1. 滚动导轨

滚动导轨的特点是：灵敏度高，摩擦阻力小，且其动静摩擦因数相差甚微，因而运动均匀，尤其是低速运动时，不易产生爬行现象；定位精度高，运动平稳，微量移动准确；磨损小，精度保持性好，寿命长；但抗振性较差，对防护要求高，结构复杂，制造较困难，成本较高。现代数控机床常采用的滚动导轨有滚动导轨块和直线滚动导轨两种。

（1）滚柱导轨块

是一种滚柱在导轨块体中做无限循环运动的滚动导轨，其结构如图 11–23 所示。在使用时，导轨块体安装在运动部件上，每一导轨至少用两块，滚柱导轨块的数目与导轨的长度和负载的大小有关，与之相配的导轨多用镶钢淬火导轨。当运动部件移动时，滚柱 3 在支承部件的导轨面与导轨块体 6 之间滚动，通过返向器实现循环往复滚动。滚动导轨块的特点是刚度高，承载能力大，便于拆装。

（2）滚动直线导轨

滚动直线导轨的结构如图 11–24 所示，主要由直线导轨、滑块（滑块体、返向器、密封件等）和滚动体（滚珠或滚柱）等组成。由于它将直线导轨和滑块组合在一起，作为独立的标准导轨副部件由专门生产厂家制造，故又称单元式滚动直线导轨。在使用时，直线导轨固定在不运动部件上，滑块固定在运动部件上。当滑块沿直线导轨运动时，滚动体在直线导轨和滑块的滚道内滚动，并通过返向器实现循环往复滚动。

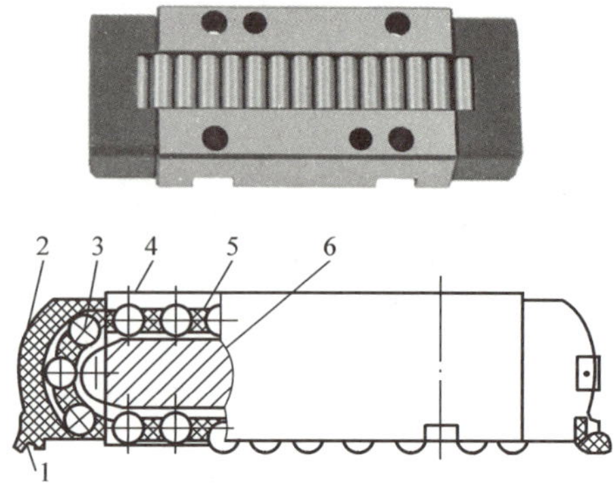

图 11–23　滚柱导轨块的结构

1—防护板　2—返向器　3—滚柱　4—导向片　5—保持器　6—导轨块体

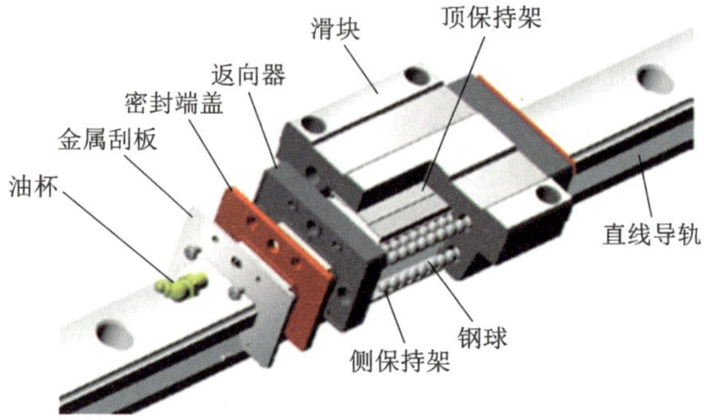

图 11–24　滚动直线导轨的结构

2. 塑料滑动导轨

塑料滑动导轨具有摩擦因数小，且动静摩擦因数差值很小，能防止低速爬行现象，耐磨性、抗撕伤能力强，加工性和化学稳定性好，工艺简单，成本低，并具有良好的润滑性和抗振性。塑料导轨多与铸铁导轨或淬硬的钢导轨相配使用，有注塑导轨和贴塑导轨之分。

（1）注塑导轨

注塑导轨如图 11–25 所示。注塑导轨以环氧树脂为基体，加入二硫化钼、胶体石墨 TiO_2 等制成的抗磨涂层的材料。可用涂覆工艺或压注成形工艺涂到预先加工成锯齿形状的导轨上，涂层厚度为 1.5 ~ 2.5 mm。塑料涂层导轨摩擦因数小，在无润滑油的情况下仍有较好的润滑和防爬行的效果，多用于大型和重型机床上。

（2）贴塑导轨

在导轨滑动面上贴一层抗磨的塑料软带，与之相配的导轨滑动面经淬火和磨削加工。软带以聚四氟乙烯为基体，添加合金粉和氧化物制成。塑料软带可切成任意大小和形状，用黏结剂粘接在导轨基面上。由于这类导轨软带用粘接的方法，故称为贴塑导轨。贴塑工艺过程是：先将导轨粘贴面加工至表面粗糙度值 $Ra3.2 \sim 1.6\ \mu m$，为了对软带起定位作用，导轨粘贴面应加工成 0.5 ~ 1.0 mm 深的凹槽，如图 11–26 所示，再以丙酮清洗粘贴面，用黏结剂粘贴，加压初固化 1 ~ 2 h 后，再合拢到配对的固定导轨或专用夹具上，施加一定的压力，并在室温下固化 24 h，取下清除余胶，在上面开出油槽并进行精加工。

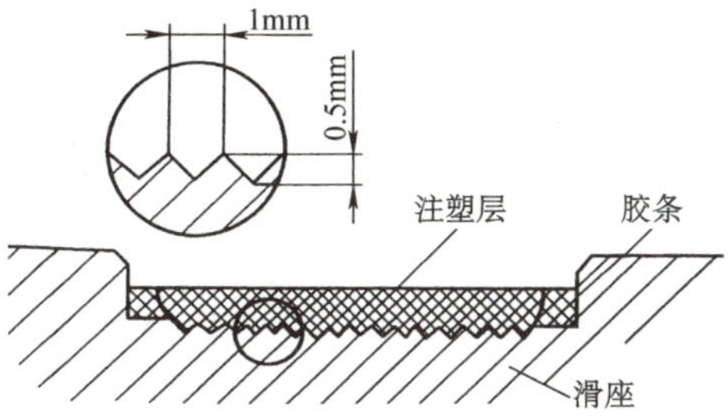

图 11–25　注塑导轨

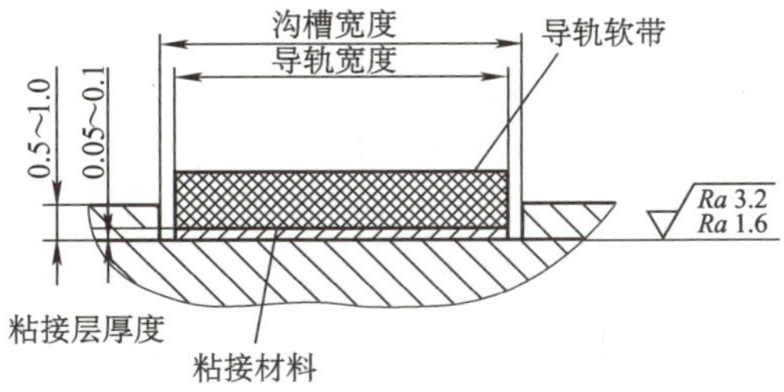

图 11–26　贴塑导轨的粘接

3. 静压导轨

静压导轨的滑动面之间开有油腔，将有一定压力的油通过节流器输入油腔，形成压力油膜，浮起运动部件，使导轨工作表面处于纯液体摩擦状态，不产生磨损，精度保持性好。同时摩擦因数低（一般为 0.005 ~ 0.001），低速时不易产生爬行，承载能力大，刚度好，油液有吸振作用，抗振性好，导轨摩擦发热也小。但其结构复杂，需配置一套专门的供油系统，制造成本较高。静压导轨分为开式和闭式两种。

开式静压导轨的工作原理如图 11–27 所示。液压泵 3 启动后，油经滤油器 2 吸入，用溢流阀 4 调节供油压力 p，再经过精滤油器 5，通过节流器 6 降压至 p_r（油腔压力）进入导轨的油腔，并通过导轨间隙向外流出，回到油池。油腔压力形成浮力将运动部件（工作台导轨）9 浮起，形成一定的导轨间隙 h_0。当载荷增大时，运动部件下沉，导轨间隙减小，液阻增加，流量减小，从而使油经过节流器时的压力损失减小，油腔压力 p_r 增大，直至与载荷 W 平衡。

闭式静压导轨在上、下导轨面上都开有油腔，可以承受双向外载荷，保证运动部件工作平稳。

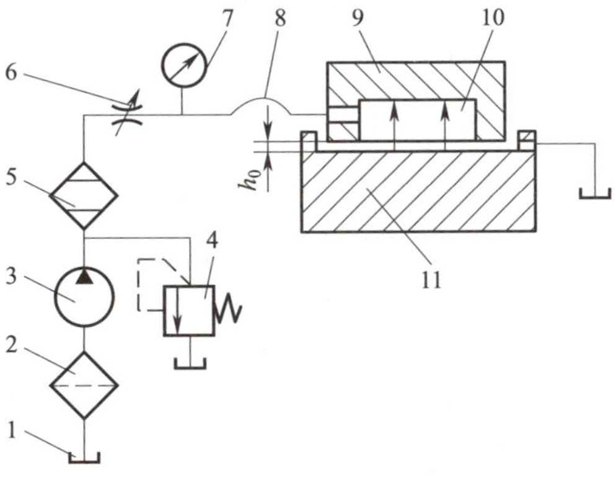

图 11–27　静压导轨工作原理

1—油池　2—滤油器　3—液压泵　4—溢流阀
5—精滤油器　6—节流器　7—压力表　8—软管
9—工作台导轨　10—油腔　11—机床床身导轨

§11-4 数控机床的维护

数控机床是一种自动化程度高、加工精度高的先进加工设备，要做好维护保养工作，以延长元器件的寿命和零部件的磨损周期，预防各种故障，提高数控机床的平均无故障工作时间和使用寿命。使用数控机床时注意以下几点：

一、数控系统的维护

1. 严格遵守操作规程和日常维护制度。

2. 防止灰尘进入数控装置内，漂浮的灰尘和金属粉末容易引起元器件间绝缘电阻下降，从而出现故障甚至损坏元器件。

3. 定时清扫控制柜的散热通风系统。

4. 经常监视数控系统的电源电压，电源电压范围在额定值的 85% ~ 110%。

5. 定期更换存储器用电池。

6. 数控机床不宜长期封存，长期不用会导致存储系统故障，导致数据的丢失，要经常给数控系统通电或使数控机床运行温机程序。

7. 做好备用电路板的维护。

二、机械部件的维护

1. 刀库及换刀机械手的维护

（1）用手动方式往刀库上装刀时，要保证装到位，检查刀座上的锁紧是否可靠。

（2）严禁把超重、超长的刀具装入刀库，防止机械手换刀时掉刀或刀具与工件、夹具等发生碰撞。

（3）采用顺序选刀方式须注意刀具放置在刀库上的顺序是否正确。其他选刀方式也要注意所换刀具号是否与所需刀具一致，防止换错刀具导致事故发生。

（4）注意保持刀具刀柄和刀套的清洁。

（5）经常检查刀库的回零位置是否正确，检查机床主轴回换刀点位置是否到位，并及时调整，否则不能完成换刀动作。

（6）开机时，应先使刀库和机械手空运行，检查各部分工作是否正常，特别是各行程开关和电磁阀能否正常动作。

2. 滚珠丝杠副的维护

（1）定期检查、调整丝杠螺母副的轴向间隙，保证反向传动精度和轴向刚度。

（2）定期检查丝杠支承与床身的连接是否松动以及支承轴承是否损坏。如有以上问题要及时紧固松动部位，更换支承轴承。

（3）采用润滑脂的滚珠丝杠，每半年清洗一次丝杠上的旧油脂，更换新油脂。用润滑油润滑的滚珠丝杠，每天机床工作前加油一次。

（4）注意避免硬质灰尘或切屑进入丝杠防护罩和工作过程中碰击防护罩，防护装置有损坏要及时更换。

3. 主传动链的维护

（1）定期调整主轴驱动带的松紧程度。

（2）防止各种杂质进入油箱，并定期更换润滑油。

（3）保持主轴与刀柄连接部位的清洁。及时调整液压缸和活塞的位移量。

（4）要及时调整配重。

三、辅助装置的维护

1. 液压系统的维护

（1）定期过滤或更换油液。

（2）控制液压系统中油液的温度。

（3）防止液压系统泄漏。

（4）定期检查、清洗油箱和管路。

（5）执行日常点检查制度。

2. 气动系统的维护

（1）清除压缩空气的杂质和水分。

（2）检查系统中油雾器的供油量。

（3）保持系统的密封性。

（4）注意调节工作压力。

（5）清洗或更换气动元件、滤芯。

思考与练习

1. 数控机床有何特点？
2. 数控机床由哪几部分组成？各部分的基本功能是什么？
3. 简述数控机床的工作原理。
4. 数控机床的机械结构主要包括哪几部分？
5. 滚珠丝杠副中的滚珠循环方式可分为哪两类？试比较其结构特点及应用场合？
6. 试述滚珠丝杠副轴向间隙调整和预紧的基本原理。
7. 如何对滚珠丝杠进行保护？
8. 齿侧间隙补偿机构的消隙措施有哪几种？各有何特点？
9. 数控机床使用的导轨分为哪几类？各有何特点？

附　　录

附表 1　　　　　　**高速钢麻花钻切削用量参数**

进给量参数					
钻头直径 *d*/mm	<3	3 ~ 6	>6 ~ 12	>12 ~ 25	>25
进给量 *f*/（mm/r）	0.025 ~ 0.05	>0.05 ~ 0.10	>0.10 ~ 0.18	>0.18 ~ 0.38	>0.38 ~ 0.62

切削速度参数					
加工材料	硬度 HB	切削速度 *v*/（m/min）	加工材料	硬度 HB	切削速度 *v*/（m/min）
低碳钢	100 ~ 125 >125 ~ 175 >175 ~ 225	27 24 21	可锻铸铁	110 ~ 160 >160 ~ 200 >200 ~ 240 >240 ~ 280	42 25 20 12
中、高碳钢	125 ~ 175 >175 ~ 225 >225 ~ 275 >275 ~ 325	22 20 15 12	球墨铸铁	140 ~ 190 >190 ~ 225 >225 ~ 260 >260 ~ 300	30 21 17 12
合金钢	175 ~ 225 >225 ~ 275 >275 ~ 325 >325 ~ 375	18 15	灰铸铁	100 ~ 140 >140 ~ 190 >190 ~ 220 >220 ~ 260 >260 ~ 320	33 27 21 15 9

附表 2　　**加工 H7、H8、H9 级孔的手用铰刀直径公差（摘自 GB/T 1131.1—2004）**　　mm

直径范围		极限偏差		
大于	至	H7 级	H8 级	H9 级
—	3	+0.008 +0.004	+0.011 +0.006	+0.021 +0.012
3	6	+0.010 +0.005	+0.015 +0.008	+0.025 +0.014

续表

直径范围		极限偏差		
大于	至	H7 级	H8 级	H9 级
6	10	+0.012 +0.006	+0.018 +0.010	+0.030 +0.017
10	18	+0.015 +0.008	+0.022 +0.012	+0.036 +0.020
18	30	+0.017 +0.009	+0.028 +0.016	+0.044 +0.025
30	50	+0.021 +0.012	+0.033 +0.019	+0.052 +0.030
50	80	+0.025 +0.014	+0.039 +0.022	+0.062 +0.036

附表 3　　普通螺纹直径与螺距标准组合系列（摘自 GB/T 193—2003）

公称直径 *D*、*d*/mm			螺距 *P*/mm										
第 1 系列	第 2 系列	第 3 系列	粗牙	细牙									
				3	2	1.5	1.25	1	0.75	0.5	0.35	0.25	0.2
1			0.25										0.2
	1.1		0.25										0.2
1.2			0.25										0.2
	1.4		0.3										0.2
1.6			0.35										0.2
	1.8		0.35										0.2
2			0.4									0.25	
	2.2		0.45									0.25	
2.5			0.45								0.35		
3			0.5								0.35		
	3.5		0.6								0.35		
4			0.7							0.5			
	4.5		0.75							0.5			
5			0.8							0.5			
		5.5								0.5			
6			1						0.75				

续表

公称直径 D、d/mm			螺距 P/mm										
第 1 系列	第 2 系列	第 3 系列	粗牙	细牙									
				3	2	1.5	1.25	1	0.75	0.5	0.35	0.25	0.2
	7		1						0.75				
8			1.25					1	0.75				
		9	1.25					1	0.75				
10			1.5				1.25	1	0.75				
		11	1.5			1.5		1	0.75				
12			1.75				1.25	1					
	14		2			1.5	1.25[a]	1					
		15				1.5		1					
16			2			1.5		1					
		17				1.5		1					
	18		2.5		2	1.5		1					
20			2.5		2	1.5		1					
	22		2.5		2	1.5		1					
24			3		2	1.5		1					
		25			2	1.5		1					
		26				1.5							
	27		3		2	1.5		1					
		28			2	1.5		1					
30			3.5	（3）	2	1.5		1					
		32			2	1.5							
	33		3.5	（3）	2	1.5							
		35[b]				1.5							
36			4	3	2	1.5							
		38				1.5							
	39		4	3	2	1.5							

注：在表内，应选择与直径处于同一行内的螺距；优先选用第一系列直径，其次选择第二系列直径，最后选择第三系列直径；尽可能地避免选用括号内的螺距；表内带注（a、b）的两个规格的螺纹应仅用于其所限定的特定场合使用。

附表 4　　普通螺纹攻螺纹前钻底孔的钻头直径　　mm

螺纹直径 D	螺距 P	钻头直径 d_0	
		铸铁、青铜、黄铜	钢、可锻铸铁、紫铜、层压板
2	0.4	1.6	1.6
	0.25	1.75	1.75
2.5	0.45	2.05	2.05
	0.35	2.15	2.15
3	0.5	2.5	2.5
	0.35	2.65	2.65
4	0.7	3.3	3.3
	0.5	3.5	3.5
5	0.8	4.1	4.2
	0.5	4.5	4.5
6	1	4.9	5
	0.75	5.2	5.2
8	1.25	6.6	6.7
	1	6.9	7
	0.75	7.1	7.2
10	1.5	8.4	8.5
	1.25	8.6	8.7
	1	8.9	9
	0.75	9.1	9.2
12	1.75	10.1	10.2
	1.5	10.4	10.5
	1.25	10.6	10.7
	1	10.9	11

螺纹直径 D	螺距 P	钻头直径 d_0	
		铸铁、青铜、黄铜	钢、可锻铸铁、紫铜、层压板
14	2	11.8	12
	1.5	12.4	12.5
	1	12.9	13
16	2	13.8	14
	1.5	14.4	14.5
	1	14.9	15
18	2.5	15.3	15.5
	2	15.8	16
	1.5	16.4	16.5
	1	16.9	17
20	2.5	17.3	17.5
	2	17.8	18
	1.5	18.4	18.5
	1	18.9	19
22	2.5	19.3	19.5
	2	19.8	20
	1.5	20.4	20.5
	1	20.9	21
24	3	20.7	21
	2	21.8	22
	1.5	22.4	22.5
	1	22.9	23

附表 5　　英制螺纹、圆柱管螺纹攻螺纹前钻底孔的钻头直径

英制螺纹				圆柱管螺纹		
螺纹直径 /in	牙 /in	钻头直径 /mm		螺纹直径 /in	牙 /in	钻头直径 /mm
		铸铁、青铜、黄铜	钢、可锻铸铁			
3/16	24	3.8	3.9	1/8	28	8.8
1/4	20	5.1	5.2	1/4	19	11.7
5/16	18	6.6	6.7	3/8	19	15.2
3/8	16	8	8.1	1/2	14	18.9
1/2	12	10.6	10.7	3/4	14	24.4
5/8	11	13.6	13.8	1	11	30.6
3/4	10	16.6	16.8	1 1/4	11	39.2
7/8	9	19.5	19.7	1 3/8	11	41.6
1	8	22.3	22.5	1 1/2	11	45.1
1 1/8	7	25	25.2			
1 1/4	7	28.2	28.4			
1 1/2	6	34	34.2			
1 3/4	5	39.5	39.7			
2	4 1/2	45.3	45.6			

附表 6　　圆锥管螺纹攻螺纹前钻底孔的钻头直径

55° 圆锥管螺纹			60° 圆锥管螺纹		
公称直径 /in	牙 /in	钻头直径 /mm	公称直径 /in	牙 /in	钻头直径 /mm
1/8	28	8.4	1/8	27	8.6
1/4	19	11.2	1/4	18	11.1
3/8	19	14.7	3/8	18	14.5
1/2	14	18.3	1/2	14	17.9
3/4	14	23.6	3/4	14	23.2
1	11	29.7	1	11½	29.2
1¼	11	38.3	1¼	11½	37.9
1½	11	44.1	1½	11½	43.9
2	11	55.8	2	11½	56

附表 7　　圆板牙套螺纹时圆杆直径

粗牙普通螺纹				英制螺纹			圆柱管螺纹		
螺纹直径 /mm	螺距 /mm	螺杆直径 /mm		螺纹直径 /in	螺杆直径 /mm		螺纹直径 /in	管子外径 /mm	
		最小直径	最大直径		最小直径	最大直径		最小直径	最大直径
M6	1	5.8	5.9	1/4	5.9	6	1/8	9.4	9.5
M8	1.25	7.8	7.9	5/16	7.4	7.6	1/4	12.7	13
M10	1.5	9.75	9.85	3/8	9	9.2	3/8	16.2	16.5
M12	1.75	11.75	11.9	1/2	12	12.2	1/2	20.5	20.8
M14	2	13.7	13.85	—	—	—	5/8	22.5	22.8
M16	2	15.7	15.85	5/8	15.2	15.4	3/4	26	26.3
M18	2.5	17.7	17.85	—	—	—	7/8	29.8	30.1
M20	2.5	19.7	19.85	3/4	18.3	18.5	1	32.8	33.1
M22	2.5	21.7	21.85	7/8	21.4	21.6	1⅛	37.4	37.7
M24	3	23.65	23.8	1	24.5	24.8	1¼	41.4	41.7
M27	3	26.65	26.8	1¼	30.7	31	1⅜	43.8	44.1
M30	3.5	29.6	29.8	—	—	—	1½	47.3	47.6
M36	4	35.6	35.8	1½	37	37.3	—	—	—
M42	4.5	41.55	41.75	—	—	—	—	—	—
M48	5	47.5	47.7	—	—	—	—	—	—
M52	5	51.5	51.7	—	—	—	—	—	—
M60	5.5	59.45	59.7	—	—	—	—	—	—
M64	6	63.4	6.37	—	—	—	—	—	—
M68	6	67.4	67.7	—	—	—	—	—	—

附表 8　　车床、钻床类组、系划分表（摘自 GB/T 15375—2008）

一、车床类 C					
组		系		主参数	
代号	名称	代号	名称	折算系数	名称
0	仪表小型车床	0	仪表台式精整车床	1/10	床身上最大回转直径
		1			
		2	小型排刀车床	1	最大棒料直径
		3	仪表转塔车床	1	最大棒料直径
		4	仪表卡盘车床	1/10	床身上最大回转直径
		5	仪表精整车床	1/10	床身上最大回转直径
		6	仪表卧式车床	1/10	床身上最大回转直径
		7	仪表棒料车床	1	最大棒料直径
		8	仪表轴车床	1/10	床身上最大回转直径
		9	仪表卡盘精整车床	1/10	床身上最大回转直径

续表

组		系		主参数	
代号	名称	代号	名称	折算系数	名称
1	单轴自动车床	0	主轴箱固定型自动车床	1	最大棒料直径
		1	单轴纵切自动车床	1	最大棒料直径
		2	单轴横切自动车床	1	最大棒料直径
		3	单轴转塔自动车床	1	最大棒料直径
		4	单轴卡盘自动车床	1/10	床身上最大回转直径
		5			
		6	正面操作自动车床	1	最大车削直径
		7			
		8			
		9			
2	多轴自动、半自动车床	0	多轴平行作业棒料自动车床	1	最大棒料直径
		1	多轴棒料自动车床	1	最大棒料直径
		2	多轴卡盘自动车床	1/10	卡盘直径
		3			
		4	多轴可调棒料自动车床	1	最大棒料直径
		5	多轴可调卡盘自动车床	1/10	卡盘直径
		6	立式多轴半自动车床	1/10	最大车削直径
		7	立式多轴平行作业半自动车床	1/10	最大车削直径
		8			
		9			
3	回转、转塔车床	0	回轮车床	1	最大棒料直径
		1	滑鞍转塔车床	1/10	卡盘直径
		2	棒料滑枕转塔车床	1	最大棒料直径
		3	滑枕转塔车床	1/10	卡盘直径
		4	组合式转塔车床	1/10	最大车削直径
		5	横移转塔机床	1/10	最大车削直径
		6	立式双轴转塔车床	1/10	最大车削直径
		7	立式转塔机床	1/10	最大车削直径
		8	立式卡盘车床	1/10	卡盘直径
		9			
4	曲轴及凸轮轴车床	0	旋风切削曲轴车床	1/100	转盘内孔直径
		1	曲轴车床	1/10	最大工件回转直径
		2	曲轴主轴颈车床	1/10	最大工件回转直径
		3	曲轴连杆轴颈车床	1/10	最大工件回转直径
		4			
		5	多刀凸轮轴车床	1/10	最大工件回转直径
		6	凸轮轴车床	1/10	最大工件回转直径
		7	凸轮轴中轴颈车床	1/10	最大工件回转直径
		8	凸轮轴端轴颈车床	1/10	最大工件回转直径
		9	凸轮轴凸轮车床	1/10	最大工件回转直径
5	立式车床	0			
		1	单柱立式车床	1/100	最大车削直径
		2	双柱立式车床	1/100	最大车削直径
		3	单柱移动立式车床	1/100	最大车削直径
		4	双柱移动立式车床	1/100	最大车削直径
		5	工作台移动单柱立式车床	1/100	最大车削直径
		6			
		7	定梁单柱立式车床	1/100	最大车削直径
		8	定梁双柱立式车床	1/100	最大车削直径
		9			

续表

组		系		主参数	
代号	名称	代号	名称	折算系数	名称
6	落地及卧式车床	0	落地车床	1/100	最大工件回转直径
		1	卧式车床	1/10	床身上最大回转直径
		2	马鞍车床	1/10	床身上最大回转直径
		3	轴车床	1/10	床身上最大回转直径
		4	卡盘车床	1/10	床身上最大回转直径
		5	球面车床	1/10	床身上最大回转直径
		6	主轴箱移动型卡盘车床	1/10	床身上最大回转直径
		7			
		8			
		9			
7	仿形及多刀车床	0	转塔仿形机床	1/10	刀架上最大车削直径
		1	仿形机床	1/10	刀架上最大车削直径
		2	卡盘仿形机床	1/10	刀架上最大车削直径
		3	立式仿形机床	1/10	最大车削直径
		4	转塔卡盘多刀车床	1/10	刀架上最大车削直径
		5	多刀车床	1/10	刀架上最大车削直径
		6	卡盘多刀车床	1/10	刀架上最大车削直径
		7	立式多刀车床	1/10	刀架上最大车削直径
		8	异形多刀车床	1/10	刀架上最大车削直径
		9			
8	轮、轴、辊、锭及铲齿车床	0	车轮车床	1/100	最大工件直径
		1	车轴车床	1/10	最大工件直径
		2	动轮曲拐销车床	1/100	最大工件直径
		3	轴颈车床	1/100	最大工件直径
		4	轧辊车床	1/10	最大工件直径
		5	钢锭车床	1/10	最大工件直径
		6			
		7	立式车轮车床	1/100	最大工件直径
		8			
		9	铲齿车床	1/10	最大工件直径
9	其他车床	0	落地镗车床	1/10	最大工件回转直径
		1			
		2	单能半自动车床	1/10	刀架上最大车削直径
		3	气缸套镗车床	1/10	床身上最大回转直径
		4			
		5	活塞车床	1/10	最大车削直径
		6	轴承车床	1/10	最大车削直径
		7	活塞环车床	1/10	最大车削直径
		8	钢锭模车床	1/10	最大车削直径
		9			

续表

二、钻床类 Z					
组		系		主参数	
代号	名称	代号	名称	折算系数	名称
1	坐标镗钻床	0	台式坐标镗钻床	1/10	工作台面宽度
		1			
		2			
		3	立式坐标镗钻床	1/10	工作台面宽度
		4	转塔坐标镗钻床	1/10	工作台面宽度
		5			
		6	定臂坐标镗钻床	1/10	工作台面宽度
		7			
		8			
		9			
2	深孔钻床	0	深孔钻床		
		1			最大钻孔直径
		2			
		3		1/10	
		4			
		5			
		6			
		7			
		8			
		9			
3	摇臂钻床	0	摇臂钻床	1	最大钻孔直径
		1	万向摇臂钻床	1	最大钻孔直径
		2	车式摇臂钻床	1	最大钻孔直径
		3	滑座摇臂钻床	1	最大钻孔直径
		4	坐标摇臂钻床	1	最大钻孔直径
		5	滑座万向摇臂钻床	1	最大钻孔直径
		6	无底座式万向摇臂钻床	1	最大钻孔直径
		7	移动万向摇臂钻床	1	最大钻孔直径
		8	龙门式钻床	1	最大钻孔直径
		9			
4	台式钻床	0	台式钻床	1	最大钻孔直径
		1	工作台台式钻床	1	最大钻孔直径
		2	可调多轴台式钻床	1	最大钻孔直径
		3	转塔台式钻床	1	最大钻孔直径
		4	台式攻钻床	1	最大钻孔直径
		5			
		6	台式排钻床	1	最大钻孔直径
		7			
		8			
		9			
5	立式钻床	0	圆柱立式钻床	1	最大钻孔直径
		1	方柱立式钻床	1	最大钻孔直径
		2	可调多轴立式钻床	1	最大钻孔直径
		3	转塔立式钻床	1	最大钻孔直径
		4	圆方柱立式钻床	1	最大钻孔直径
		5	龙门型立式钻床	1	最大钻孔直径
		6	立式排钻床	1	最大钻孔直径
		7	十字工作台立式钻床	1	最大钻孔直径
		8	柱动式钻削加工中心	1	最大钻孔直径
		9	升降十字工作台立式钻床	1	最大钻孔直径

续表

组		系		主参数	
代号	名称	代号	名称	折算系数	名称
6	卧式钻床	0			
		1	卧式钻床	1	最大钻孔直径
		2			
		3			
		4			
		5			
		6			
		7			
		8			
		9			
7	铣钻床	0	台式铣钻床	1	最大钻孔直径
		1	立式铣钻床	1	最大钻孔直径
		2			
		3			
		4	龙门式铣钻床	1	最大钻孔直径
		5	十字工作台立式铣钻床	1	最大钻孔直径
		6	镗铣钻床	1	最大钻孔直径
		7	磨铣钻床	1	最大钻孔直径
		8			
		9			
8	中心孔钻床	0			
		1	中心孔钻床	1/10	最大工件直径
		2	平端面中心孔钻床	1/10	最大工件直径
		3			
		4			
		5			
		6			
		7			
		8			
		9			
9	其他钻床	0	双面卧式玻璃钻床	1	最大钻孔直径
		1	数控印刷板钻床	1	最大钻孔直径
		2	数控印刷板铣钻床	1	最大钻孔直径
		3			
		4			
		5			
		6			
		7			
		8			
		9			

附表 9

卧式车床精度标准（摘自 GB/T 4020—1997）

<table>
<tr><th rowspan="3">序号</th><th rowspan="3">简图</th><th rowspan="3">检验项目</th><th colspan="3">公差①/mm</th><th rowspan="3">检验工具</th><th rowspan="3">检验方法
参照 GB/T 17421.1
的有关条文</th></tr>
<tr><th>精密级</th><th colspan="2">普通级</th></tr>
<tr><th>$D_a \leqslant 500$ 和
$DC \leqslant 1\,500$</th><th>$D_a \leqslant 800$</th><th>$800<D_a \leqslant 1\,600$</th></tr>
<tr><td rowspan="11">G1</td><td rowspan="11">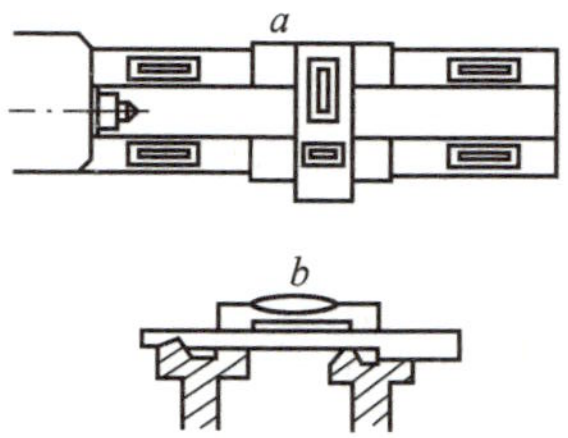</td><td rowspan="10">A—床身导轨调平
a）纵向：导轨在垂直平面内的直线度</td><td rowspan="2">$DC \leqslant 500$
0.01（凸）</td><td colspan="2">$DC \leqslant 500$</td><td rowspan="10">精密水平仪、光学仪器或其他方法</td><td rowspan="10">a）3.1.1，3.2.1，5.2.1.2.2.1 和 5.2.1.2.2.2 条
应沿导轨全长在等距离各位置上检验
水平仪可以放在横向滑板上
当导轨不是水平面时，则用一个如 5.2.1.2.2.1 条图 12 所示的特殊平尺</td></tr>
<tr><td>0.01（凸）</td><td>0.015（凸）</td></tr>
<tr><td rowspan="4">$500<DC \leqslant 1\,000$
0.015（凸）
局部公差②
任意 250 测量长度上为 0.005</td><td colspan="2">$500<DC \leqslant 1\,000$</td></tr>
<tr><td>0.02（凸）</td><td>0.03（凸）</td></tr>
<tr><td colspan="2">局部公差
任意 250 测量长度上为</td></tr>
<tr><td>0.007 5</td><td>0.01</td></tr>
<tr><td rowspan="4">$1\,000<DC \leqslant 1\,500$
0.02（凸）
局部公差②
任意 250 测量长度上为 0.005</td><td colspan="2">$DC>1\,000$
最大工件长度每增加 1 000 公差增加</td></tr>
<tr><td>0.01</td><td>0.02</td></tr>
<tr><td colspan="2">局部公差
任意 500 测量长度上为</td></tr>
<tr><td>0.015</td><td>0.02</td></tr>
<tr><td>b）横向：导轨应在同一平面内</td><td>b）水平仪的变化
0.03/1 000</td><td colspan="2">b）水平仪的变化 0.04/1 000</td><td>精密水平仪</td><td>b）5.4.1.2.7 条
水平仪应横放在导轨上，并沿导轨全长在等距离各位置上进行检验
在任何位置上水平仪的变化均不得超过公差值</td></tr>
</table>

续表

<table>
<tr><th rowspan="3">序号</th><th rowspan="3">简图</th><th rowspan="3">检验项目</th><th colspan="3">公差[①]/mm</th><th rowspan="3">检验工具</th><th rowspan="3">检验方法
参照 GB/T 17421.1
的有关条文</th></tr>
<tr><th>精密级</th><th colspan="2">普通级</th></tr>
<tr><th>$D_a \leqslant 500$ 和
$DC \leqslant 1\ 500$</th><th>$D_a \leqslant 800$</th><th>$800 < D_a \leqslant 1\ 600$</th></tr>
<tr><td rowspan="6">G2</td><td rowspan="6">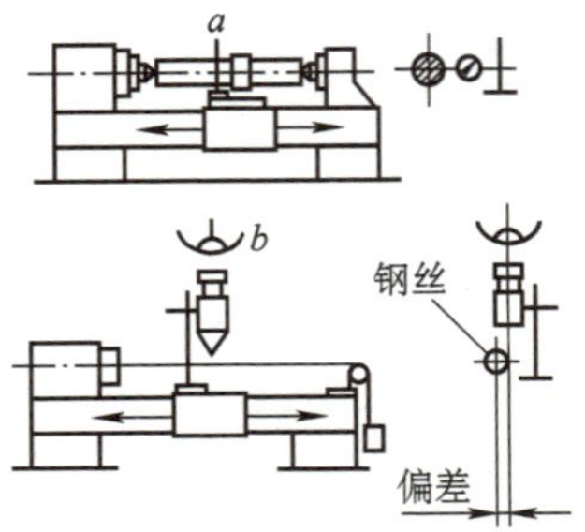</td><td rowspan="6">B—溜板
溜板移动在水平面内的直线度
在两顶尖轴线和刀尖所确定的平面内检验</td><td rowspan="2">$DC \leqslant 500$
0.01</td><td colspan="2">$DC \leqslant 500$</td><td rowspan="6">a）对于 $DC \leqslant$ 2 000 mm：指示器和两顶尖间的检验棒或平尺
b）不管 DC 为任何值：钢丝和显微镜或光学方法</td><td rowspan="6">a）5.2.3.2.3 a） 和 5.2.3.2.1 条
指示器测头触及检验棒的正面母线（可以用具有两平行面的平尺代替检验棒）
顶尖间检验棒的长度应尽可能等于 DC 值
b）5.2.1.2.3 和 2.3.2.3b 条</td></tr>
<tr><td>0.015</td><td>0.02</td></tr>
<tr><td>$500 < DC \leqslant 1\ 000$
0.015</td><td>0.02</td><td>0.025</td></tr>
<tr><td rowspan="3">$1\ 000 < DC \leqslant 1\ 500$
0.02</td><td colspan="2">$DC > 1\ 000$
最大工件长度每增加 1 000 公差增加 0.005
最大公差</td></tr>
<tr><td>0.03</td><td>0.05</td></tr>
<tr></tr>
<tr><td rowspan="3">G3</td><td rowspan="3">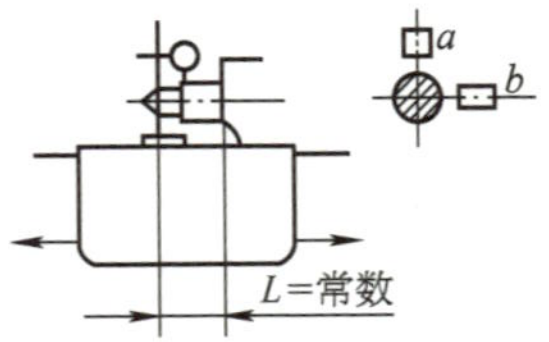</td><td rowspan="3">尾座移动对溜板移动的平行度：
a）在水平面内
b）在垂直平面内</td><td rowspan="3">a）0.02 局部公差，任意 500 测量长度上为 0.01
b）0.03 局部公差，任意 500 测量长度上为 0.02</td><td colspan="2">$DC \leqslant 1\ 500$</td><td rowspan="3">指示器</td><td rowspan="3">5.4.2.2.5 条
尾座尽可能靠近溜板，在二者一起移动时测取读数：保持尾座套筒锁紧，使固定在溜板上的指示器的测头始终触及同一点</td></tr>
<tr><td>a）和 b）0.03</td><td>a）和 b）0.04</td></tr>
<tr><td colspan="2">局部公差
任意 500 测量长度上为 0.02
$DC > 1\ 500$
a）和 b）0.04
局部公差
任意 500 测量长度上为 0.03</td></tr>
<tr><td rowspan="2">G4</td><td rowspan="2">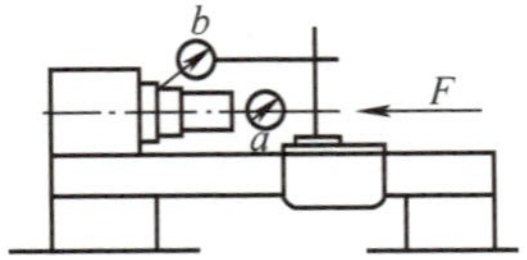</td><td rowspan="2">C—主轴
a）主轴轴向窜动
b）主轴轴肩支承面的跳动</td><td rowspan="2">a）0.005
b）0.01 包括轴向窜动</td><td>a）0.01
b）0.02</td><td>a）0.015
b）0.02</td><td rowspan="2">指示器和专用检具</td><td rowspan="2">5.6.2，5.6.2.1.2，5.6.2.2.2 和 5.6.3.2 条
指示器的位置见 5.6.2，5.6.2.2 和 5.6.3.2 条的图 59 至图 64 和图 67。检验 a）和 b）时施加力 F 的数值由制造厂规定[③]</td></tr>
<tr><td colspan="2">包括轴向窜动</td></tr>
</table>

序号	简图	检验项目	公差①/mm			检验工具	检验方法 参照 GB/T 17421.1 的有关条文
			精密级	普通级			
			$D_a \leqslant 500$ 和 $DC \leqslant 1\ 500$	$D_a \leqslant 800$	$800<D_a \leqslant 1\ 600$		
G5	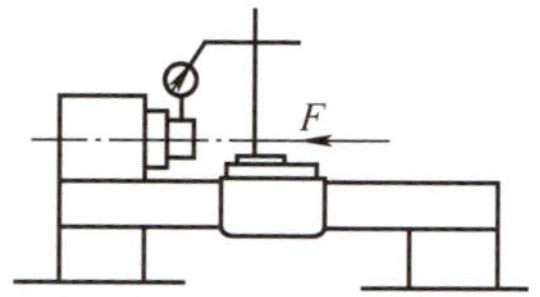	主轴定心轴颈的径向跳动	0.007	0.01	0.015	指示器	5.6.1.2.2 和 5.6.2.1.2 条 施加力 *F* 的数值由制造厂规定③ 如主轴端部是锥体，则指示器测头应垂直于锥体母线安置
G6	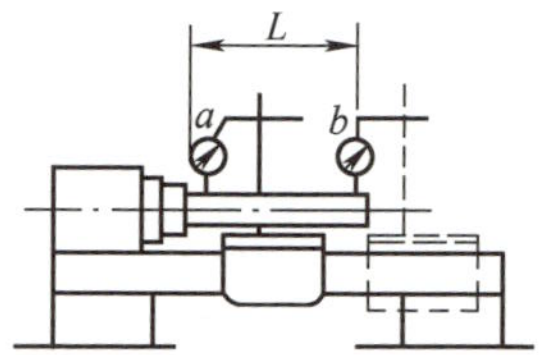	主轴轴线的径向跳动： a）靠近主轴端面 b）距主轴端面 $D_a/2$ 或不超过 300 mm1）	a）0.005 b）在 300 测量长度上为 0.015，在 200 测量长度上为 0.01，在 100 测量长度上为 0.005	a）0.01 b）在 300 测量长度上为 0.02	a）0.015 b）在 500 测量长度上为 0.05	指示器和检验棒	5.6.1.2.3 条 注：1）对于 D_a>800 mm 的车床，其测量长度可增加至 500 mm
G7	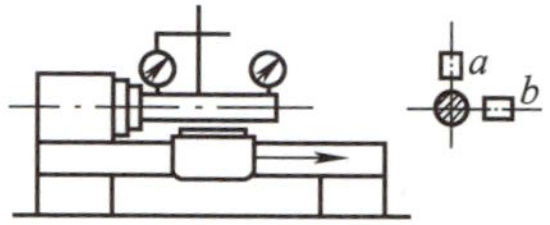	主轴轴线对溜板纵向移动的平行度： 测量长度 $D_a/2$ 或不超过 300 mm1） a）在水平面内 b）在垂直平面内	a）在 300 测量长度上为 0.01 向前 b）在 300 测量长度上为 0.02 向上	a）在 300 测量长度上为 0.015 向前 b）在 300 测量长度上为 0.02 向上	a）在 500 测量长度上为 0.03 向前 b）在 500 测量长度上为 0.04 向上	指示器和检验棒	5.4.1.2.1，5.4.2.2.3 和 3.2.2 条 注：1）对于 D_a>800 mm 的车床，其测量长度可增加至 500 mm

续表

序号	简图	检验项目	公差[①]/mm			检验工具	检验方法 参照 GB/T 17421.1 的有关条文
			精密级	普通级			
			$D_a \leqslant 500$ 和 $DC \leqslant 1\ 500$	$D_a \leqslant 800$	$800<D_a \leqslant 1\ 600$		
G8	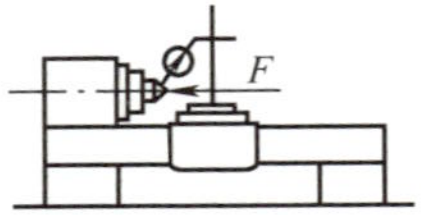	主轴顶尖的径向跳动	0.01	0.015	0.02	指示器	5.6.1.2.2 和 5.6.2.1.1 条 指示器垂直于主轴顶尖锥面上。因为规定的公差是在与主轴轴线垂直平面内的，所以读数应除以 $\cos\alpha$，α 为锥体的半锥角。施加力 F 的数值应由制造厂规定[③]
G9	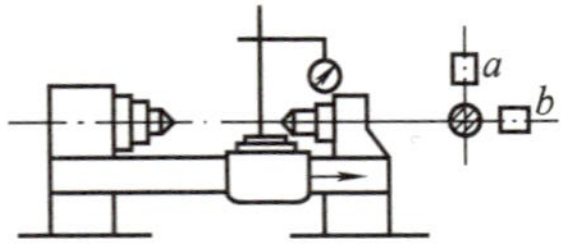	D—尾座 尾座套筒轴线对溜板移动的平行度： a）在水平面内 b）在垂直平面内	a）在 100 测量长度上为 0.01 向前 b）在 100 测量长度上为 0.015 向上	a）在 100 测量长度上为 0.015 向前 b）在 100 测量长度上为 0.02 向上	a）在 100 测量长度上为 0.02 向前 b）在 100 测量长度上为 0.03 向上	指示器	5.4.2.2.3 条 尾座套筒伸出定长后，应按正常工作状态锁紧
G10	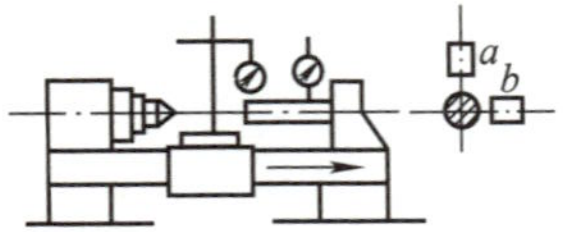	尾座套筒锥孔轴线对溜板移动的平行度： 测量长度为 $D_a/4$ 或不超过 300 mm[1)] a）在水平面内 b）在垂直平面内	a）在 300 测量长度上为 0.02 向前 b）在 300 测量长度上为 0.02 向上	a）在 300 测量长度上为 0.03 向前 b）在 300 测量长度上为 0.03 向上	a）在 500 测量长度上为 0.05 向前 b）在 500 测量长度上为 0.05 向上	指示器和检验棒	5.4.2.2.3 条 尾座套筒按正常工作状况锁紧 注：1）对于 $D_a>800$ mm 的车床，其测量长度可增加至 500 mm

续表

序号	简图	检验项目	公差[①]/mm			检验工具	检验方法参照 GB/T 17421.1 的有关条文
			精密级	普通级			
			$D_a \leqslant 500$ 和 $DC \leqslant 1\ 500$	$D_a \leqslant 800$	$800<D_a \leqslant 1\ 600$		
G11	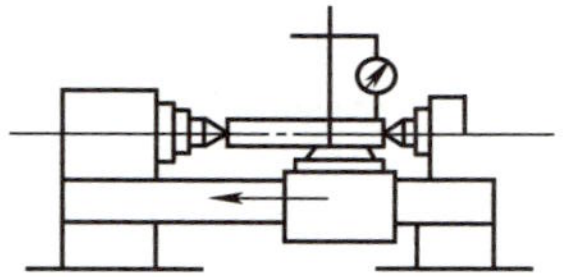	E—顶尖 主轴和尾座两顶尖的等高度	0.02 尾座顶尖高于主轴顶尖	0.04 尾座顶尖高于主轴顶尖	0.06 尾座顶尖高于主轴顶尖	指示器和检验棒	5.4.2.2.3 和 3.2.2 指示器测头触及检验棒上母线。尾座和尾座套筒按正常工作状况锁紧，在检验棒两末端位置测取读数
G12	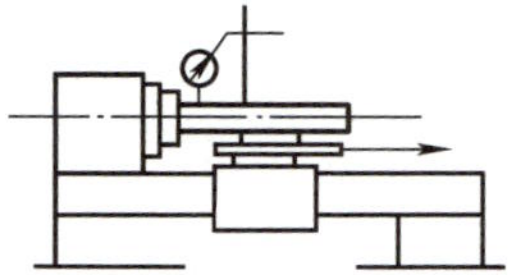	F—小滑板 小滑板纵向移动对主轴轴线的平行度	在 150 测量长度上为 0.015	在 300 测量长度上为 0.04		指示器和检验棒	5.4.2.2.3 条 调整好小滑板与主轴轴线在水平面内的平行之后，在垂直平面内检验（仅在小滑板的工作位置内）
G13	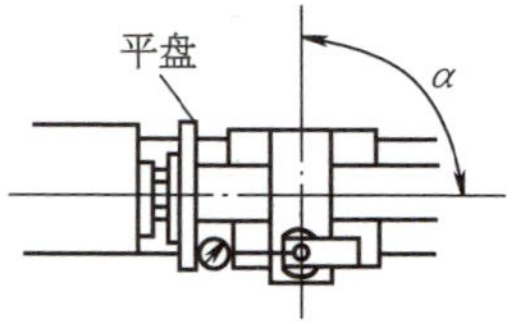	G—中滑板 中滑板横向移动对主轴轴线的垂直度	0.01/300 偏差方向 $\alpha \geqslant 90°$	0.02/300 偏差方向 $\alpha \geqslant 90°$		指示器和平盘或平尺	5.5.2.2.3 和 3.2.2 条

序号	简图	检验项目	公差[①]/mm			检验工具	检验方法 参照 GB/T 17421.1 的有关条文
			精密级	普通级			
			$D_a \leqslant 500$ 和 $DC \leqslant 1\,500$	$D_a \leqslant 800$	$800<D_a \leqslant 1\,600$		
G14	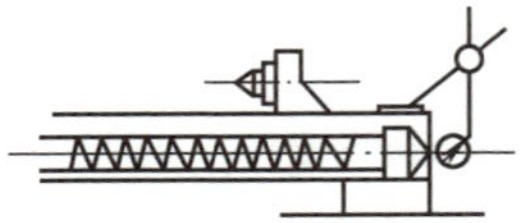	H—丝杠 丝杠的轴向窜动	0.01	0.015	0.02	指示器	5.6.2.2.1 和 5.6.2.2.2 条 如果进行 P3 工作精度检验，则此项可以删除
G15	 	由丝杠所产生的螺距累积误差	a）任意 300 测量长度上为 0.03 b）任意 60 测量长度上为 0.01	a）在 300 测量长度上为 $DC \leqslant 2\,000$ 0.04 $DC>2\,000$ 最大工件长度每增加 1 000，公差增加 0.005 最大公差 0.05 b）任意 60 测量长度上为 0.015		电传感器、标准丝杠、长度规和指示器	6.1 和 6.2 条 螺距精度用电传感器和两顶尖顶紧一根长度为 300 mm 的标准丝杠，测头触及螺纹的侧面检验。普通级车床还可用长度规和指示器一起使用，以便比较主轴转过几周后，溜板移动的相应长度 对于这两种等级的车床来说，丝杠精度记录均应符合规定（在指定长度上沿变换 90° 的 4 条母线向前检查） 注：测量方法和允差由制造厂和用户协商，误差可以在 300 mm 范围内检查

<table>
<tr><th rowspan="3">序号</th><th rowspan="3">简图</th><th rowspan="3">检验性质</th><th rowspan="3">切削条件</th><th rowspan="3">检验项目</th><th colspan="3">公差[①]/mm</th><th rowspan="3">检验工具</th><th rowspan="3">检验方法参照 GB/T 17421.1 的有关条文</th></tr>
<tr><th>精密级</th><th colspan="2">普通级</th></tr>
<tr><th>$D_a \leqslant 500$ 和 $DC \leqslant 1\ 500$</th><th>$D_a \leqslant 800$</th><th>$800 < D_a \leqslant 1\ 600$</th></tr>
<tr><td rowspan="3">P1</td><td rowspan="3">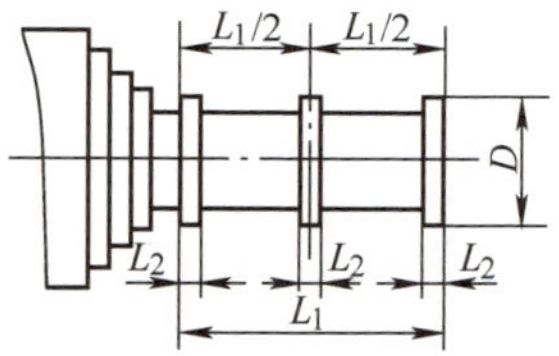</td><td rowspan="3">车削夹在卡盘中的圆柱试件[④]（圆柱试件也可插入主轴锥孔中）$D \geqslant D_a/8$
$L_1=0.5D_a$
$L_{1max}=500$ mm
$L_{2max}=20$ mm</td><td rowspan="3">用单刃刀具在圆柱体上车削三段直径（如果 $L_1<50$ mm 则车削两段直径）</td><td rowspan="3">精车外圆
a）圆度
试件固定端环带处的直径变化，至少取四个读数（见 GB/T 1958）
b）在纵截面内直径的一致性
在同一纵向截面内测得的试件各端环带处加工后直径间的变化，应当是大直径靠近主轴端</td><td rowspan="2">a）0.007
b）0.02
$L_1=300$</td><td>a）0.01
b）0.04</td><td>a）0.02
b）0.04</td><td rowspan="3">圆度仪或外径千分尺</td><td rowspan="3">3.1 和 3.2.2 条
4.1 和 4.2 条</td></tr>
<tr><td colspan="2">$L_1=300$</td></tr>
<tr><td colspan="3">相邻环带间的差值不应超过两端环带之间测量差值的 75%（只有两个环带时除外）</td></tr>
<tr><td>P2</td><td>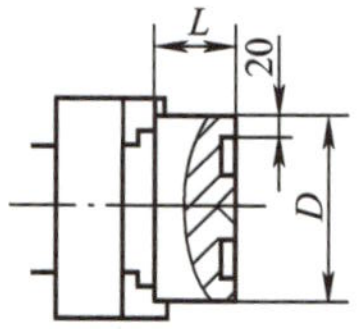</td><td>车削夹在卡盘中的圆柱试件[④]
$D \geqslant 0.5D_a$
$L_{max}=D_a/8$</td><td>车削垂直于主轴的平面（仅车两段或三段平面，其中之一为中间平面）</td><td>精车端面的平面度只许凹</td><td>300 直径上为 0.015</td><td colspan="2">300 直径上为 0.025</td><td>平尺和量块或指示器</td><td>3.1 和 3.2.2 条
4.1 和 4.2 条</td></tr>
</table>

续表

序号	简图	检验性质	切削条件	检验项目	公差[①]/mm			检验工具	检验方法参照 GB/T 17421.1 的有关条文
					精密级	普通级			
					$D_a \leqslant 500$ 和 $DC \leqslant 1\,500$	$D_a \leqslant 800$	$800<D_a \leqslant 1\,600$		
P3	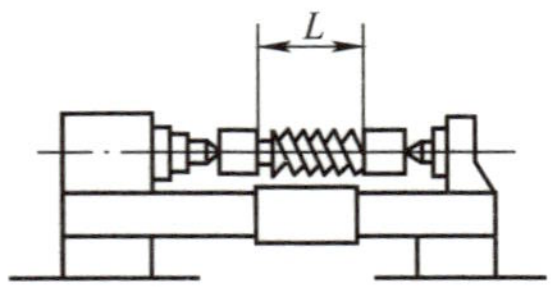	圆柱试件[④]的螺纹加工 L=300 mm 车三角形螺纹（GB/T 192）	从丝杠某一点开始切削螺纹，试件的直径和螺距应尽可能接近丝杠的直径和螺距	精车 300 mm 长螺纹的螺距累积误差	a）在 300 测量长度上为 0.03 b）任意 60 测量长度上为 0.01	a）在 300 测量长度上为： $DC \leqslant 2\,000$ 0.04 $DC>2\,000$ 最大工件长度每增加 1 000，公差增加 0.005 最大公差 0.05 b）任意 60 测量长度上为 0.015		专用检验工具	3.1 和 3.2.2 条 4.1 和 4.2 条 6.1 和 6.2 条 螺纹应当洁净，无凹陷或波纹

① DC= 最大工件长度，D_a= 床身上最大回转直径。

②形状位置公差通常是指整个形状位置上的公差，它不能满意地限制局部长度上的允许偏差，为此可建立一个针对全长上的一部分而言的局部公差来达到目的。

③ F 为消除主轴轴承的轴向游隙而施加的恒定力。

④试件用易切钢或铸铁件。